普通高等院校建筑环境与能源应用工程专业系列教材

# 建筑力学

肖明葵　张来仪　黄　超　编

中国建材工业出版社

图书在版编目（CIP）数据

建筑力学/肖明葵，张来仪，黄超编．—北京：中国建材工业出版社，2012.8（2019.1重印）

普通高等院校建筑环境与能源应用工程专业系列教材

ISBN 978-7-5160-0168-4

Ⅰ．①建… Ⅱ．①肖… ②张…③黄… Ⅲ．①建筑力学—高等学校—教材 Ⅳ．①TU3

中国版本图书馆CIP数据核字(2012)第170404号

## 内 容 简 介

“建筑力学”课程是土建类专业一门重要的专业基础课，内容涵盖了土建类专业的“理论力学”“材料力学”和“结构力学”三大力学课程。《建筑力学》这本教材力求使学生在建立力学基本概念、掌握力学基本理论的同时，了解各类实际工程结构的力学模型、结构构件、结构的受力和变形特征，掌握构件、结构的应力和变形的计算方法，强度、刚度和稳定性的概念及计算方法，为解决实际工程中简单的力学问题奠定理论知识基础。

建筑力学

肖明葵　张来仪　黄超　编

出版发行：中国建材工业出版社

地　　址：北京市海淀区三里河路1号

邮　　编：100044

经　　销：全国各地新华书店

印　　刷：北京雁林吉兆印刷有限公司

开　　本：787mm×1092mm　1/16

印　　张：18.25

字　　数：466千字

版　　次：2012年8月第1版

印　　次：2019年1月第5次

定　　价：**49.50元**

**本社网址：www.jccbs.com.cn**

**本书如出现印装质量问题，由我社发行部负责调换。联系电话：(010) 88386906**

# 前言

建筑力学是研究建筑物或者构筑物（称为结构）及其组成部分（称为结构构件）力学性能的一门学科，是建筑学、城市规划、景观设计、建筑工程管理、工程造价等专业的一门重要的技术基础课程，也是这些相关专业的技术人员必需的理论基础知识。

本书根据教育部高等学校力学教学指导委员会力学基础课程教学指导分委员会的《高等学校理工科非力学专业力学基础课程教学基本要求》（2012 年 4 月高等教育出版社出版），并针对上述各个专业对建筑力学课程的基本要求编写。本书可作为上述专业本科大学生课程教材，同时可为从事土建类工程的技术人员提供参考。

本书系统地阐述了建筑力学的基本概念、基本理论和工程应用，推导了建筑力学的基本定理和基本公式，介绍了静定和超静定杆系结构和构件的内力和应力、变形和位移、应变的计算方法；构件的强度、刚度的概念及其分析方法；结构的几何组成规律分析；结构和构件的稳定性等问题。在基本理论和基本公式的推导中，力求注重力学现象的物理概念和内在联系，注重推导思路的严密性和逻辑性，以培养学生的思维能力；在内容的编写中，选编了一些工程实例，以培养学生应用力学理论与分析方法去解决实际工程问题的能力。

全书共 13 章，由肖明葵、张来仪和黄超编写，其中，肖明葵编写第 1、2、3、4 章；张来仪编写第 5、7、10、11、12 章；黄超编写第 6、8、9、13 章。张继丁、昌继盛和肖亚荣参加了本书插图的绘制等工作。

本书集各位编写人员的多年教学经验和体会编写而成，是各位编者心血的结晶。由于时间和编写水平有限，书中难免有缺点和错误，恳请广大读者批评指正。

编者

# 目　　录

注："*"代表选学内容。

# 第1章　绪　　论

**本章基本内容：**

本章介绍建筑力学的研究对象、课程特点及其在工程中的应用，介绍本书编写的五个方面的内容。讨论结构和构件的强度、刚度和稳定性的概念，刚体和变形体的概念，以及建筑力学分析中的基本假设。

## 1.1　建筑力学的研究对象和任务

**建筑物和构筑物**是人类生存和劳动所必需的空间，从古至今，人类经历了从群居树上，到居住山洞、茅草屋的历史。随着生产力的发展和技术进步，人类建造了木屋、土屋和石屋，直至发展到今天的现代建筑。现代建筑的发展不仅仅能够满足人类生活和生产的基本需要，也是一个国家政治、经济和文化发展的标志。现代建筑的发展依赖于建筑力学和建筑材料科学的发展，从古代的赵州桥，采用石材，应用了“拱”的力学原理，到现代的北京“鸟巢”、目前世界第一高楼“台北 101”等，采用钢材和混凝土材料，发展和应用了大型复杂结构的力学分析原理和方法，无一不体现了科技的进步和发展。

**建筑力学**是研究建筑物或者构筑物（称为结构）及其组成部分（称为结构构件）力学性能的一门学科。在建筑物或构筑物中起骨架作用的物体称为**建筑结构**，组成建筑结构的基本部件有杆、梁、板、柱子等，统称为**构件**，构件和结构起着**承受力和传递力**的作用。

建筑物或构筑物按照其几何特征可以分成**杆系结构、板壳结构**和**实体结构**等几种类型。杆系结构是由若干杆件通过一定的方式连接起来组成的结构，杆件是在长度方向上远大于其横截面尺寸的结构构件，又分为曲杆和直杆，如图 1-1 所示。工程上常用的杆系结构有梁、拱、框架结构、刚架和排架结构、桁架结构和网架结构等等，如图 1-2 所示。板和壳体都是厚度方向尺寸远小于长宽方向尺寸、宽而薄的构件。平面形状的构件称为板，曲面形状的构件称为壳，如图 1-3（a）（b）所示。由板和壳体组成的结构称为板壳结构，一般钢筋混凝土建筑物的楼面结构为平板结构，一些特殊形体的建筑屋面如悉尼歌剧院的屋面、厂房的马

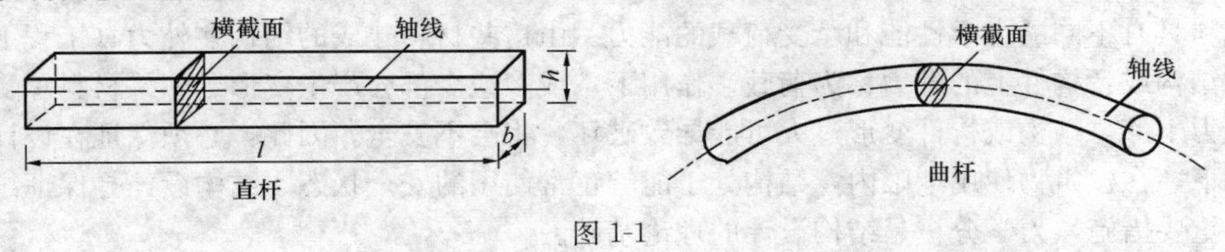


图 1-1

鞍形屋面等都是壳体结构，如图 1-4（a）（b）所示。块体结构是在长、宽和高三个方向都有一定相对接近的比例尺寸的结构，如图 1-3（c）所示，这类结构在工程上用作堤坝、挡土墙、建筑物或构筑物的独立式、条带式基础和片筏式基础等，如图 1-4（c）所示。

(a)

(b)

(c)

图 1-2

（a）广东科技中心网架；（b）施工中的框架结构；（c）某厂房屋架——桁架

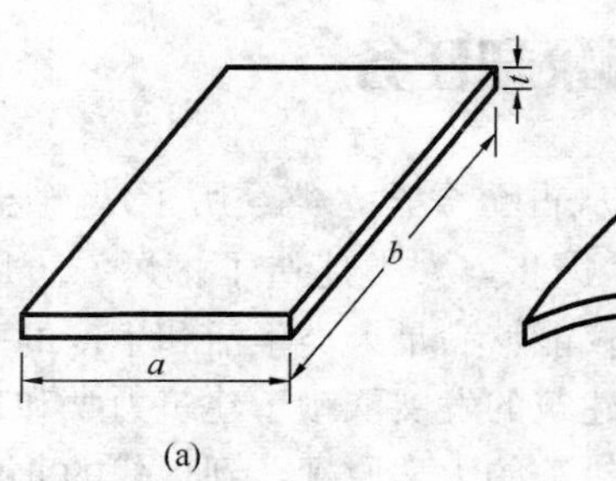


(a)

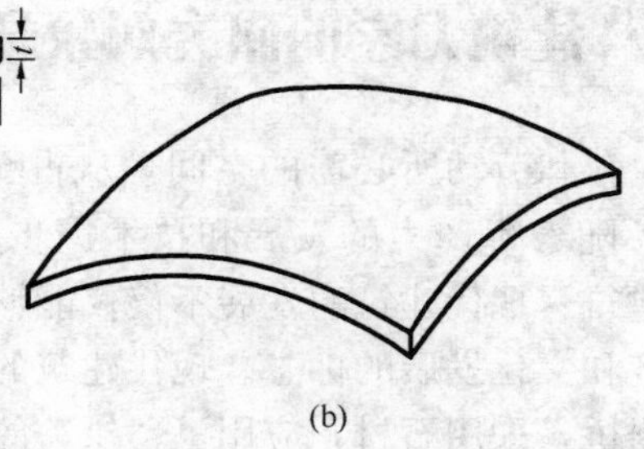

(b)

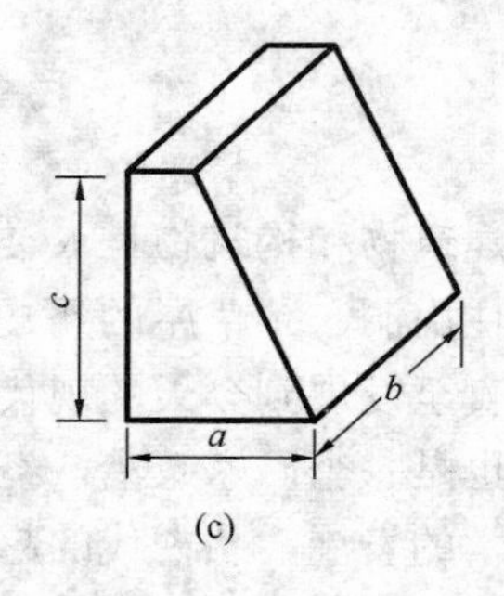


(c)

图 1-3

（a）平板；（b）壳体；（c）实体

(a)

(b)

(c)

图 1-4

（a）某仓库平面楼盖；（b）悉尼歌剧院；（c）三峡大坝

所有的建筑物或构筑物都可能由石材、钢材、混凝土或者木材等固体建筑材料做成，每种材料具有不同的力学性能和承受荷载的能力。由这些材料建成的结构在外力（工程上将作用在结构或者构件上的外力称为**荷载**）作用下，或多或少都会产生变形。如果材料承受荷载的能力不够，结构或构件变形过大可能导致破坏，将会不安全。因此，必须保证在设计荷载作用下，在建筑物使用期限内，结构处于能够正常使用的安全状态。结构设计是保证结构安全的重要措施，力学分析是结构设计的理论基础。

结构物是否能够安全建成并且正常工作，取决于结构构件的力学性能、结构的几何组成是否合理，以及结构承受荷载的情况。在建筑物的设计和施工阶段，都需要对拟建的建筑物和构筑物进行力学分析。对于不同的构件和结构体系进行力学分析，所需要的力学知识的侧重面不同，深度和广度也不同。例如对于杆系结构的力学分析，采用建筑力学所涵盖的理论力学、材料力学和结构力学知识就可以进行分析，而对于板壳结构和块体结构，就还需要用到弹性力学或板壳理论进行力学分析。如果结构或构件在过大的荷载作用下产生塑性变形（即有不可恢复的残留变形），则需要采用塑性力学进行分析。建筑力学课程针对弹性杆状构件和杆系结构，分析用作结构构件的材料在荷载或其他影响因素（如温度变化、基础沉降等等）作用下的力学性能、建筑物或构筑物的几何组成以及在荷载作用下结构的承载能力和变形状态。本教材编写的主要内容包括以下五个方面。

（1）常见工程结构体系的计算简图，常见荷载类型、约束类型及受力分析、力系合成（简化）与平衡的理论和方法。

（2）杆系结构的几何组成规律分析，合理的结构几何组成是保证所设计的杆件体系成为能够承受荷载的结构体系的必要条件。

（3）结构和构件的强度问题。强度是指结构构件或结构承受荷载和抵抗破坏的能力，与构件所用材料的力学性质、构件的截面几何形状和尺寸，以及所承受荷载的类型和大小有关。因此，在讨论强度问题时，需要讨论材料的力学性质、截面的几何性质、构件的内力和应力等与强度有关的问题，以便在设计荷载确定后，设计构件的几何形状和尺寸。

（4）刚度问题。刚度是指结构或构件抵抗变形的能力。满足强度条件可以保证结构在设计荷载作用下不致破坏，但如果结构或构件的变形过大，超过结构设计规范所规定的范围，就有可能会影响正常使用，因此，需要讨论构件的变形和应变、结构的位移等与刚度有关的问题，以便设计时控制变形和位移。

（5）稳定性问题是指构件在荷载作用下应该能够保持原有的稳定平衡状态。某些细长构件或结构在荷载作用下可能不能保持原有形状下的平衡，即丧失稳定性，产生失稳破坏，因此，有必要进行结构的稳定性分析。

建筑力学的任务是通过研究结构的强度、刚度、稳定性，材料的力学性能，结构的几何组成规则，在保证结构既安全可靠又经济节约的前提下，为构件选择合适的材料、确定合理的截面形状和尺寸，提供计算理论及计算方法，为结构设计提供力学分析依据。

## 1.2　建筑力学的两种分析模型及基本假设

### 1.2.1　两种分析模型

实际工程中采用各种不同的材料，建成形式多样的建筑结构物。这些结构物所承受的荷载和受到的其他影响因素都不尽相同，因此，对于实际工程结构若不加简化，进行力学分析相当复杂，甚至是不可能的。在力学分析中，首先需要对实际结构采用抽象化的方法，即根据所研究的不同问题，抓住主要的、起决定作用的因素，忽略次要的、偶然的因素，对实际结构进行科学的抽象化，根据分析侧重点的不同，建立力学分析模型。力学分析中，视所考虑的因素，主要有两种分析模型：刚体和变形体模型。

**刚体是指在运动中和受力作用后，形状和大小都不发生改变，而且内部各点之间的距离保持不变的物体。**刚体是从实际物体抽象得来的一种理想化的力学模型，自然界中并不存在。实际上，任何物体在力的作用下都将发生变形，变形是物体的一个重要性质。但如果物体的变形尺寸与其原始尺寸相比很小，在所研究的力学问题中，忽略这种变形后不会引起显著的误差时，就可以把这个物体抽象化为刚体，从而使所研究的问题得到简化。在进行力系的简化和平衡分析时，就可以先把结构或构件看成是刚体。

当物体的微小变形在所研究的问题中转化为主要因素时，就不能再把此物体看做刚体，而必须视为**变形体**。例如需要分析结构或构件的内力和变形、强度、刚度和稳定性的问题时，变形成为主要因素，是所需要研究的基本性质之一，就必须把所分析的结构看成是可变形的固体，简称为变形体。

### 1.2.2 力学分析中的基本假设

对实际工程中采用的材料进行完全真实的力学分析也是相当困难的，同样需要进行简化。为应用现有的数学演绎方法，在建筑力学分析中，对分析的材料常采用均匀连续性、各向同性假设、小变形假设和线弹性假设。

均匀连续性假设是**假设变形固体由同种性质的材料构成，在其整个体积内部毫无空隙地、连续地充满了同种性质的材料。**采用了均匀连续性假设后，就可以在构件中截取任何微小部分进行分析，继而将结果应用于整体。同时，在分析中可以采用连续函数的数学演绎方法。

各向同性假设认为**变形固体沿各个方向的力学性能均相同。**在各个方向具有相同力学性能的材料称为**各向同性**材料，如果材料在不同方向上具有不同的力学性能，则称为**各向异性**材料。常用的工程材料中从微观上看都是各向异性的，但是像钢材、玻璃等材料从宏观上表现出各向同性性质，木材和一些种类的复合材料都是各向异性的材料。严格来说，混凝土也是各向异性的材料，但是，在结构分析中，对于浇筑很好的混凝土，为了计算简化而看成是各向同性材料。

小变形假设指实际工程中的**构件在荷载作用下，其变形与构件的原尺寸相比通常很小，可以忽略不计，称这一类变形为小变形。**采用小变形假设，分析变形固体的平衡问题时，就可以按照变形前的原始尺寸计算。不考虑变形，计算结果误差很小，可以忽略，但计算工作则大为简化。

线弹性假设是针对结构变形而言的。在荷载作用下，一般工程材料制成的构件都要产生变形。如果荷载不超过一定的范围，在荷载卸去后，构件能够恢复到原来的形状；如果荷载过大，则在卸载后，构件只能部分复原，而要残留一部分不能消失的变形。卸载后能够完全消失的那一部分变形称为**弹性变形**，而残留下来不能消失的那部分变形则称为**塑性变形**。**线弹性假设**是假设作用于变形固体上的外力与变形固体的弹性变形始终成正比例关系。由于许多结构构件在正常工作的条件下，其材料都处于线弹性变形状态，所以建筑力学研究的大部分问题都可以采用该假设。

建筑力学研究的对象是均质连续、各向同性的结构和结构构件的线弹性、小变形的力学模型。

## 1.3 建筑力学的课程特点及其在建筑工程中的应用

建筑力学是一门力学课程的分支，也是土木工程类专业的一门重要的专业基础课。学习建筑力学，掌握力学分析原理和计算方法，不仅可为后续的专业课程如钢筋混凝土结构、钢结构和建筑施工等课程提供力学基础知识，而且可为从事工程技术的工作人员解决一些常见工程中的力学问题，如简单构件的强度、刚度计算以及施工中的一些力学问题等。

建筑力学课程的特点是：理论推导概念性强、计算分析技巧性高、结合工程实际紧密，实践教学与理论教学并进。掌握平面结构体系的平衡条件及分析方法和平面结构的几何组成规律，分析建筑结构和构件在各种条件下的强度、刚度、稳定性等方面的问题；掌握平面静定结构的内力分析和位移计算，平面超静定结构体系在各种条件下的受力分析方法和相应的近似分析方法是本课程的基本要求。建筑力学课程实验是实践训练环节，通过实验课程，深化理论基础知识，培养独立分析问题和解决问题的能力。

建筑力学知识在工程中应用广泛，从建筑物的设计到施工，以及在使用期间的维修加固等都需要用到建筑力学知识。从建筑物的设计开始，就需要应用建筑力学知识分析建筑物的受力，构件的强度、刚度和稳定性等问题。在建筑施工中，脚手架的强度、刚度和稳定性问题是保障工人安全和施工正常进行的关键。建筑物在遭遇特大灾害后，如火灾或地震等，需要进行安全性评估鉴定，对于受到较轻破坏的可用结构，可能需要进行加固。例如，中国汶川 5.12 地震和日本 3.11 地震都造成大量建筑破坏，需要对破坏的建筑进行评估，破坏不太严重的建筑物需要加固，这些，都需要用到建筑力学的知识。总之，建筑力学是土建类专业技术人员必备的专业基础知识。

## 本 章 小 结

本章介绍了建筑力学的研究对象是杆系结构，建筑力学的任务是讨论杆系结构和构件的强度、刚度及稳定性的问题。对建筑力学同时分析刚体和变形体模型，分析中采用均匀连续性假设、各向同性假设和小变形假设。课程特点是理论课程与实验课程相结合，并与工程实际紧密结合。本章重点难点是对结构和构件的强度、刚度及稳定性的概念的掌握，对建筑力学分析的刚体和变形体的力学模型，以及均匀连续性假设、各向同性假设和小变形假设的概念的理解。

# 第 2 章　基本概念、基本公理和物体的受力分析

**本章基本内容：**

本章介绍静力学基本概念和基本公理，约束与约束反力的概念，工程中常见的几种约束及其反力特点，物体的受力分析和受力图。

## 2.1　静力学基本概念

### 2.1.1　力的概念

人们在劳动中感受到了力，牛顿定律从科学概念上定义了力。力是**物体与物体之间相互的机械作用，这种机械作用使物体的运动状态发生变化，同时使物体产生变形**。力的产生有两种不同的途径，一种是物体与物体之间的直接作用，另一种是通过场的相互作用。如拉力、压力、弹性力、摩擦力、流体压力和粘滞阻力等是通过物体之间的直接接触作用而产生的，而万有引力、静电引力等则是通过场的相互作用产生的。尽管力的产生有这两种不同的方式，其物理本质也不同，但力对物体的作用效应都主要表现在两个方面，一是使物体的运动状态发生改变，称为力的**运动效应**或**外效应**；二是使物体产生变形，称为力的**变形效应或内效应**。建筑力学同时研究力的这两种效应。

力对物体的作用效应取决于**力的三要素，即大小、方向和作用点**。力的大小反映物体之间相互机械作用的强弱程度，度量力的大小的单位采用国际单位制，“牛顿”（N）或“千牛顿”（kN），有 1kN＝1000N。力的方向包含了力所顺沿的直线（称为力的作用线）在空间的方位和力沿其作用线的指向，表示物体间的相互机械作用的方向性。力的作用点是物体间相互机械作用的位置。实际上，物体相互作用的位置是物体的一部分面积或体积，如果不能忽略力的作用面积或体积时，力就是分布在这一部分面积或体积上的，这种分布在某一面积或者体积上的力称为**分布力**，分布在某个面上的力，称为**面分布力**，例如，作用在某受压面上的水压力、作用在墙面或屋面的风压力等，不能忽略分布面积的大小，水压力和风压力都是面分布力；分布在某个体积上的力，称为**体分布力**，例如在重力坝的整个体积上分布的重力，当不能忽略分布体积的大小时，在整个体积上分布的重力就是体分布力。但如果力的作用面积或者体积相对于物体很小，或力的作用面积或体积可以忽略不计的情况，则可将其抽象为一个点，该点称为力的作用点。工程上常将作用于一个点上的力，称为集中力。

力的三要素表明，力是矢量，数学上采用一段有一定长度的有向线段表示一个矢量。力学中同样采用一段沿力的作用线的有向线段表示力矢量，此有向线段的起点或终点表示力的作用点，线段的长度按一定比例尺画出，表示力的大小（如果不在图中强调力的大小，线段的长度就不必严格按照比例画出），指向表示力的方向，故力是定位矢量。本书中用粗体字母表示力矢量，如 $\boldsymbol{F}$ 或 $\boldsymbol{G}$，而用普通字母表示力矢量的大小（即力矢量的模），如 $F$ 或 $G$。如图 2-1 所示，物体在 $A$ 点受到力 $\boldsymbol{F}$ 的作用。

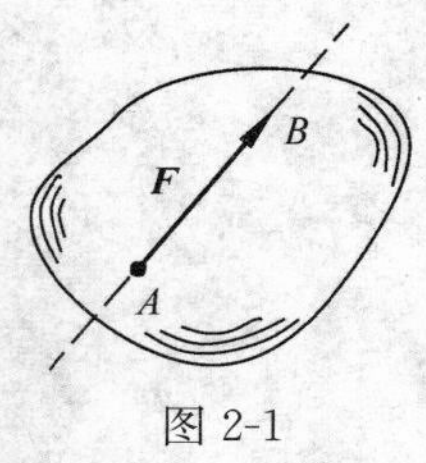

图 2-1

### 2.1.2　平衡的概念

**平衡是指物体相对于惯性参考系保持静止或作匀速直线平动的状态**。在一般的工程技术问题中，平衡常常都是相对于地球表面而言的。尤其在建筑工程中，建造的房屋、桥梁、水坝等建筑物和构筑物，都静止于地球表面上。而在地球表面的直线轨迹上作匀速直线运动的车辆等，都是相对于地球表面处于平衡状态的。平衡是物体机械运动的特殊情况，一切平衡都是相对的、有条件的和暂时的，而运动是绝对的和永恒的。

### 2.1.3　力系的概念

同时作用在同一物体上的一群力称为力系，根据力系中各个力的作用线在空间的分布情况，可将力系分为平面力系和空间力系。各力作用线位于同一平面内的力系称为**平面力系**，反之，各力作用线不在同一平面内的力系称为**空间力系**；平面力系和空间力系又分为**汇交力系、平行力系和一般力系**。汇交力系各力的作用线汇交于一点；平行力系各力的作用线相互平行；作用线既不汇交于一点又不相互平行的力系，称为一般力系；全部由力偶组成的力系称为**力偶系**。如果某两个不同的力系分别作用于同一物体，其作用效应相同，这两个力系则为**等效力系**。如果一个力系作用于物体而使物体处于平衡状态，该力系则为**平衡力系**。

## 2.2　静力学基本公理

力学公理是在长期实践中反复观察和总结出来的客观规律，并被认为是无须再证明的真理，是力学问题研究的基础。

**公理一**　二力平衡公理

**刚体在两个力的作用下保持平衡的必要与充分条件是：这两个力大小相等、方向相反、作用线沿同一直线。**如图 2-2 所示，刚体在 $\boldsymbol{F}_1$、$\boldsymbol{F}_2$ 两个力的作用下平衡。二力平衡公理是作用于刚体上最简单的力系平衡时所必须满足的条件，又称为二力**平衡条件**。二力平衡公理是力系简化的依据之一。

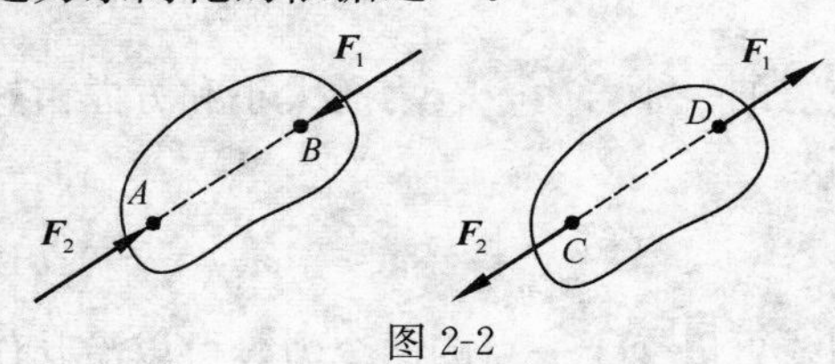

图 2-2

仅在两点受力作用并处于平衡的构件称为二力构件，或称为二力体。二力体上所受的二力必沿此二力作用点的连线，且等值、反向，如图 2-3（a）所示。如果构件为自重不计的直杆，仅在两端受力作用并处于平衡，则称为二力杆，如图 2-3

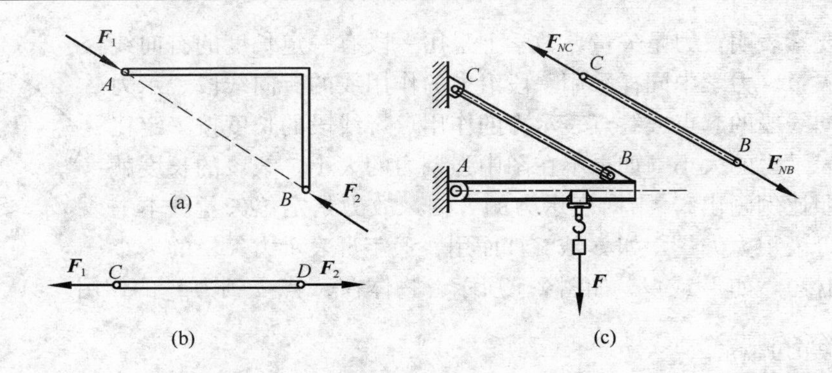


图 2-3

(b) 所示。如图 2-3 (c) 所示，简易起重设备的 $BC$ 杆就是二力杆。

**公理二** 加、减平衡力系公理

在作用于刚体的任一力系上，加上或减去任意平衡力系，都不会改变原力系对刚体的作用效应。这一公理是研究力系等效变换的依据。

推论：力在刚体上的可传性

作用于刚体上的力，可以沿其作用线滑移至刚体内任意一点，而不改变该力对刚体的作用效应。

应用加减平衡力系公理可以证明力的可传性。设在刚体的 $A$ 点作用一力 $\boldsymbol{F}$，在力 $\boldsymbol{F}$ 的作用线上任取一点 $B$，如图 2-4 (a) 所示，在 $B$ 点加上一对作用线沿 $AB$ 的平衡力系 $\boldsymbol{F}_1$ 和 $\boldsymbol{F}_2$，且使 $\boldsymbol{F}_1=-\boldsymbol{F}_2=\boldsymbol{F}$，如图 2-4 (b) 所示。由加减平衡力系公理知，$\boldsymbol{F}$、$\boldsymbol{F}_1$、$\boldsymbol{F}_2$ 三个力组成的力系对刚体的作用效应与原来作用于刚体的力 $\boldsymbol{F}$ 相同。并且，$\boldsymbol{F}$ 和 $\boldsymbol{F}_2$ 也是平衡力系，再由加减平衡力系公理，从该力系中去掉由 $\boldsymbol{F}$ 和 $\boldsymbol{F}_2$ 组成的平衡力系，剩下作用于刚体上 $B$ 点的力 $\boldsymbol{F}_1$，如图 2-4 (c) 所示，与原力 $\boldsymbol{F}$ 等效。即把原来作用在 $A$ 点的力 $\boldsymbol{F}$ 沿作用线移到了 $B$ 点。因此，作用于刚体上的力可以沿其作用线任意移动。因此，作用于刚体上的力矢量称为**滑移矢量**，其三要素可表述为：力的大小、方向和作用线。

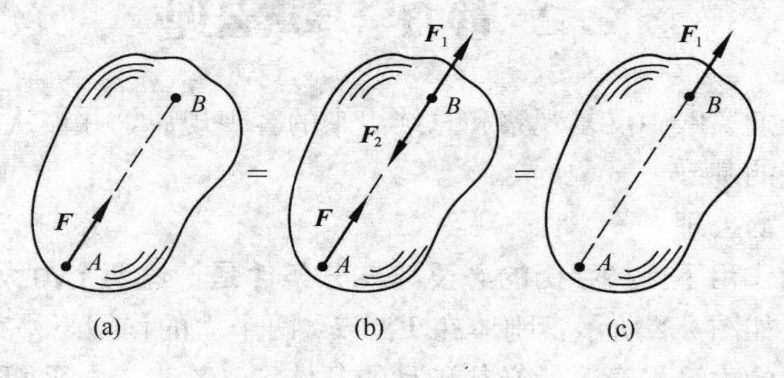


图 2-4

**公理三** 力的平行四边形法则

作用于物体上一点的两个力可以合成为作用于该点的一个合力，合力的大小和方向由这两个力为邻边所构成的平行四边形的对角线确定。即

$$\boldsymbol{F}_R=\boldsymbol{F}_1+\boldsymbol{F}_2 \tag{1-1}$$

由力的可传性可知，作用在刚体上的不同点，但作用线可以交于一点的两个力，可以沿其作

用线移动到作用线的交点。如图 2-5（a）所示，分别作用在 $AB$ 和 $AC$ 连线上的两个力 $\boldsymbol{F}_1$ 和 $\boldsymbol{F}_2$ 的作用线可以汇交于 $A$ 点，该两力称为**汇交力**，作用线的交点称为**汇交点**。将 $\boldsymbol{F}_1$ 和 $\boldsymbol{F}_2$ 沿作用线移动到 $A$ 点，作平行四边形，其对角线 $AD$ 即为求得的合力矢 $\boldsymbol{F}_R$，合力 $\boldsymbol{F}_R$ 的作用线通过原两力的汇交点。

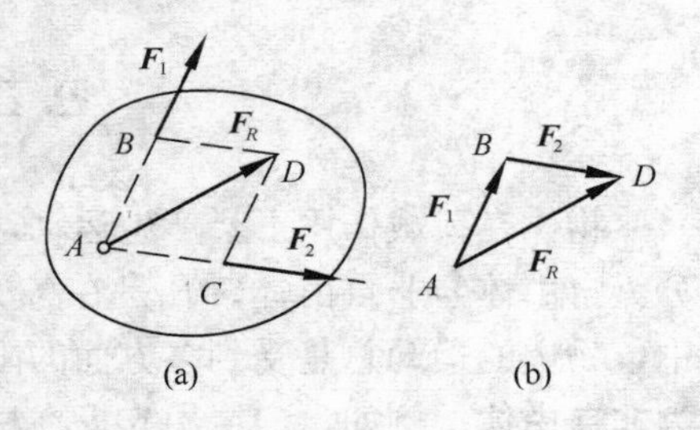

图 2-5

为了简便，作图时可直接将力矢 $\boldsymbol{F}_2$ 平移到力矢 $\boldsymbol{F}_1$ 的末端 $B$，连接 $A$、$D$ 两点即可求得合力矢 $\boldsymbol{F}_R$，如图 2-5（b）所示。这个三角形 $ABD$ 称为**力三角形**，这样求合力矢的作图方法称为力的**三角形法则**。力的平行四边形法则和力三角形法则是力系合成的主要依据。

根据力的平行四边形法则可将一个力分解为作用于同一点的两个分力。由于一条对角线可作出无数多个不同的平行四边形，因此，进行力的分解时，必须已知两个力的方向或者已知一个力的方向和大小，只有在这两个附加条件下，才能得到唯一的解答，否则解答是不唯一的。

**公理四**　三力平衡汇交定理

**刚体在不平行的三个力作用下平衡的必要条件是这三个力的作用线共面且汇交于一点。**

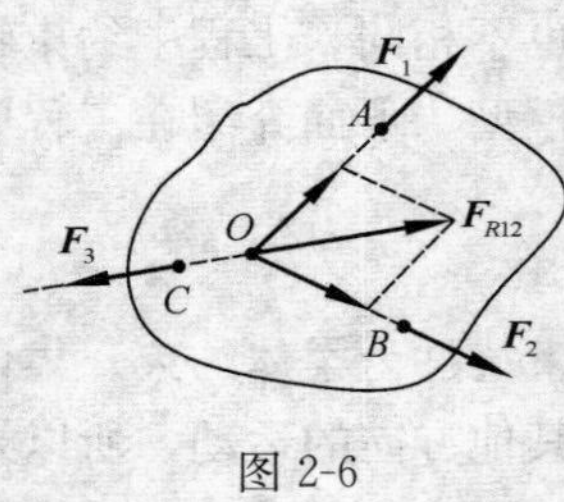

图 2-6

证明：设在刚体 $A$、$B$、$C$ 三点上分别作用了不平行的三个相互平衡的力 $\boldsymbol{F}_1$、$\boldsymbol{F}_2$、$\boldsymbol{F}_3$，如图 2-6 所示。由力的可传性可知，力 $\boldsymbol{F}_1$ 和 $\boldsymbol{F}_2$ 可沿其作用线移动到汇交点 $O$，再由力的平行四边形法则，得 $\boldsymbol{F}_1$ 和 $\boldsymbol{F}_2$ 的合力 $\boldsymbol{F}_{R12}$，力系处于平衡，则力 $\boldsymbol{F}_3$ 应与 $\boldsymbol{F}_{R12}$ 平衡。由二力平衡公理知，力 $\boldsymbol{F}_3$ 与 $\boldsymbol{F}_{R12}$ 必共线，因此，力 $\boldsymbol{F}_3$ 的作用线必通过 $\boldsymbol{O}$ 点并与力 $\boldsymbol{F}_1$ 和 $\boldsymbol{F}_2$ 共面。证毕。

三力平衡汇交定理只是三力平衡的必要条件，而不是充分条件。当刚体在不平行三力作用下平衡时，如果已知其中两个力作用线的交点，和第三个力的作用点，可用三力平衡定理确定第三个力的作用线方位。

**公理五**　作用与反作用定律

作用与反作用定律是指**两个物体相互**作用时，必然产生等值、反向、共线的作用力与反作用力，而作用力与反作用力是分别且同时作用在这两个物体上的。有作用力，必定有反作用力，两者总是同时出现，又同时消失。

**公理六**　刚化原理

**当变形体在某一力系作用下处于平衡时，可将此变形体刚化为刚体，其平衡状态不变。**

由刚化原理可知，刚体的平衡条件，也是变形体平衡的必要条件。因此，可将刚体的平衡条件，应用到变形体的平衡问题中去。但是，刚体的平衡条件，只是变形体平衡的必要条件，不是充分条件。例如，绳索在等值、反向、共线的两个拉力作用下处于平衡，如将绳索刚化为刚体，其平衡状态保持不变；但绳在两个等值、反向、共线的压力作用下就不能够平衡，就不能把压力作用下的绳索刚化为刚体。对于变形体的平衡来说，除了满足刚体平衡条件之外，还应满足与变形体的物理性质相关的附加条件。

## 2.3 约束与约束反力

物体在荷载作用下会产生运动，视物体在运动过程中是否受到其他物体对运动的限制，分为自由体与非自由体。凡是在各个方向上都不受限制的运动物体称为**自由体**。实际工程中，物体的运动总是受到多方面的限制，使其在某些方向的运动成为不可能，则这种物体称为**非自由体**。例如，房屋中支撑在柱子上的梁、大桥中架设在桥墩上的桥梁等，都是由于在柱子和桥墩的支承下处于平衡，都是非自由体。

对非自由体的运动所预加的限制条件称为**约束**。在静力平衡问题中讨论的约束总是通过物体之间的直接接触形成的，因此，把限制非自由体运动的周围物体称为非自由体的**约束物体**，简称为**约束**。例如上述例子中柱子是梁的约束，桥墩是桥梁的约束。

通常，物体在力的作用下，将产生运动或运动趋势。使得物体产生运动或者运动趋势的力，称为**主动力**（或称为**荷载**），主动力一般是已知的，如重力、土压力、水压力等。当物体沿着约束所限制的方向有运动或运动趋势时，约束就要限制物体的运动，即约束必然有阻碍物体运动的力作用于该物体。这种阻碍物体运动或运动趋势的力称为**约束反力**或**约束力**。约束反力作用在约束与被约束物体的接触点，方向总是与约束所能阻止的物体运动或运动趋势的方向相反，大小通常是未知的。

约束的类型不同，限制物体运动的方式不同，约束反力的类型也不相同。工程中约束物体多种多样，必须对约束物体进行抽象简化，得到合理准确的力学模型。下面介绍在工程中常见的几种约束类型及其约束反力的特性。

（1）柔体约束

由柔软而不计自重的绳索、钢缆绳、皮带、链条等所构成的约束统称为**柔体约束**。柔体约束只能限制物体沿柔体中心线拉伸方向的运动，而不能限制物体其他方向的运动，所以柔体约束的约束反力必定是作用在接触点，沿着柔体约束的中心线且背离被约束物体的拉力，用符号 $\boldsymbol{F}_T$ 表示。

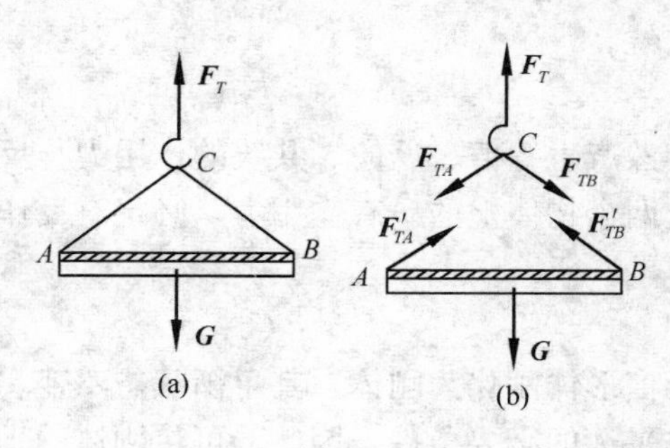


图 2-7

图 2-7（a）为一构件 $AB$ 通过钢绳 $ABC$ 由吊钩 $C$ 吊起，分别分析构件和吊钩的受力如图 2-7（b）所示。构件自身的重力 $\boldsymbol{G}$，在 $A$、$B$ 两点分别受到钢绳的拉力 $\boldsymbol{F}'_{TA}$ 和 $\boldsymbol{F}'_{TB}$ 的作用，$\boldsymbol{F}'_{TA}$ 和 $\boldsymbol{F}'_{TB}$ 的方向分别沿 $AC$ 和 $BC$；吊钩受到吊绳的拉力 $\boldsymbol{F}_{\mathrm{T}}$ 以及钢绳的拉力 $\boldsymbol{F}_{TA}$ 和 $\boldsymbol{F}_{TB}$ 的作用，$\boldsymbol{F}'_{TA}$ 和 $\boldsymbol{F}'_{TB}$ 与 $\boldsymbol{F}_{TA}$ 和 $\boldsymbol{F}_{TB}$ 分别是作用力与反作用力。

柔体约束在工程中应用较为广泛，例如图 2-8（a）为一过江索道，计算简图如图 2-8（b）所示。取出动滑轮 $C$ 进行受力分析，吊车重量为 $\boldsymbol{G}$，钢缆绳的拉力分别为 $\boldsymbol{F}'_{CAD}$ 与 $\boldsymbol{F}_{CA}$ 和 $\boldsymbol{F}_{CB}$，分别作用于 $C$ 点，沿各条缆绳的中心线。

（2）光滑接触面约束

若两物体通过直接接触限制运动，忽略摩擦，认为接触面光滑，就称为**光滑接触面约束**。这种约束只能限制物体沿着接触面，在接触点的公法线方向且指向物体的运动，而不能

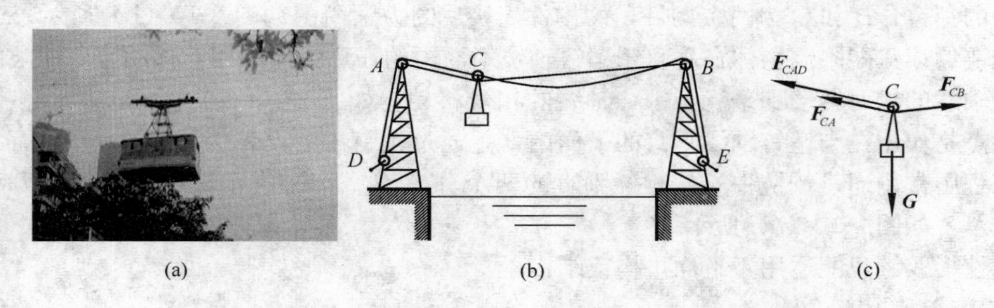


图 2-8

限制物体沿接触点处的切面方向或离开接触面的运动。因此，光滑接触面约束的约束反力特点是：通过接触点，方向沿接触面的公法线并指向被约束的物体（即为压力），通常用 $\boldsymbol{F}_N$ 表示。如图 2-9 所示。

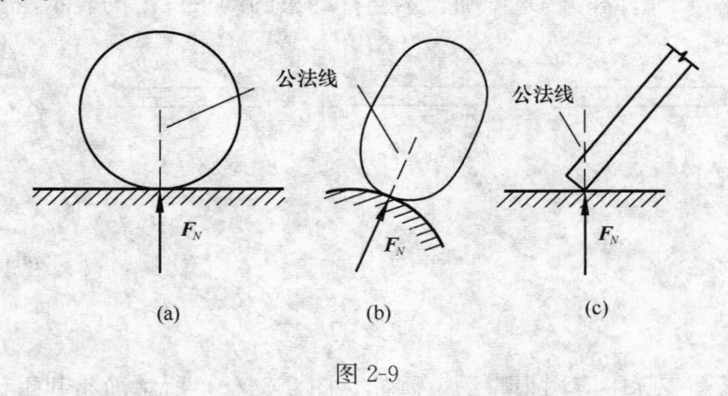


图 2-9

（3）光滑圆柱形铰链约束

光滑圆柱形铰链约束是用销钉连接构件的约束，约束方式是在需要连接的物体上分别钻上直径相同的圆孔，并用销钉插入需连接的物体的孔中，将物体连接起来，构成圆柱形铰链约束。如果不计销钉与物体孔壁间的摩擦，物体与销钉的接触面是光滑接触，这类约束称为**光滑圆柱形铰链约束**，简称**铰链约束**，或者称为**中间铰链约束**。铰链约束可连接多个物体，连接两个构件的光滑圆柱形铰链约束构造如图 2-10（a）所示，图 2-10（a）中 $A$ 为连接两

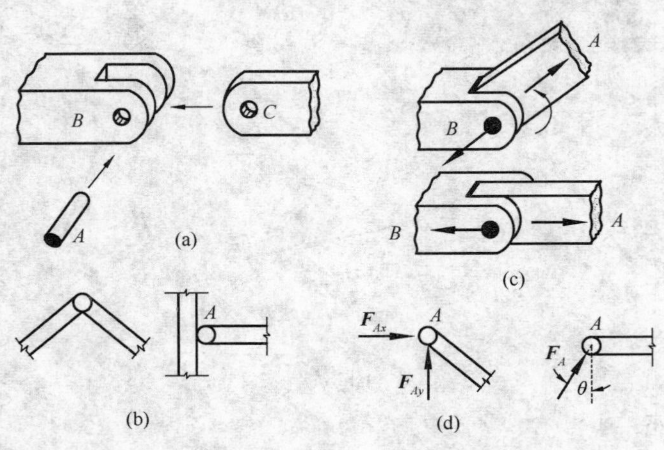


图 2-10

个构件的销钉，$B$ 和 $C$ 为两个构件，两构件连接后的力学简图如图 2-10（b）所示。光滑圆柱形铰链约束只能限制物体在垂直于销钉轴线平面内的任意方向的相对移动，不能限制物体绕销钉轴线的相对转动和平行于销钉轴线的相对移动，如图 2-10（c）所示。因此，约束反力的特点是作用在与销钉轴线垂直的平面内，并通过销钉中心（称为铰链中心），而方向待定。工程中常用通过铰链中心的相互垂直的两个分力 $\boldsymbol{F}_{Ax}$、$\boldsymbol{F}_{Ay}$ 表示，或者用一个力和一个夹角表示，如图 2-10（d）所示。

圆柱形铰链只能适用于平面机构或结构。

（4）链杆约束

**链杆**是两端用铰链与其他物体连接且中间不受力（不计自重）的直杆，如图 2-11（a）所示，链杆实际上是二力杆。由连杆构成的约束只能限制物体沿链杆轴线方向的运动，因此，链杆约束的约束反力沿链杆的中心线，既可为拉力也可为压力。图 2-11（b）表示链杆的力学简图，图 2-11（c）和（d）分别表示连杆约束的约束反力的表示法。

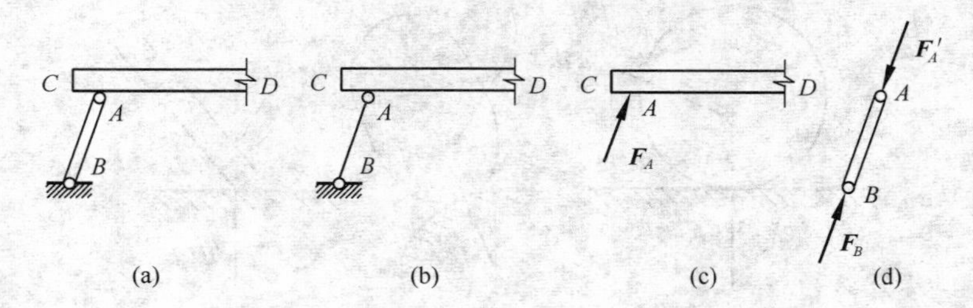


图 2-11

连杆约束在工程实际中应用很广泛，例如，图 2-3（c）所示简易起重设备的 $BC$ 杆是连杆约束。又如，图 2-12（a）中所示挖掘机，其计算简图如图 2-12（b）所示，图中，$A$、$B$、$C$、$D$、$E$、$H$ 等处均为铰链连接，如果不考虑各杆自重，杆 $EH$、$CD$ 和 $AB$ 均为链杆约束，其受力分析如图 2-12（c）所示。

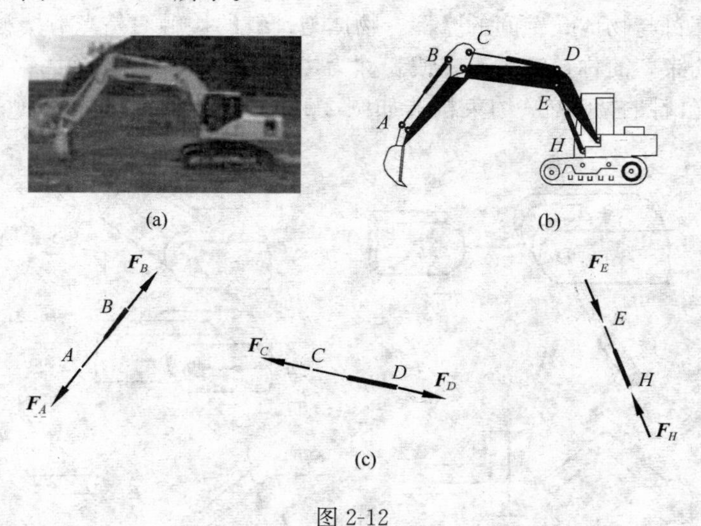


图 2-12

（5）固定铰支座

将结构物或构件与墙、柱、机座等支承物连接起来的装置称为**支座**。如果结构物或构件与支承物连接的方式采用光滑圆柱形铰链约束的方式，并且支座底板固定在支承物上而构成的支座，称为**固定铰支座**，如图 2-13（a）和（b）所示。

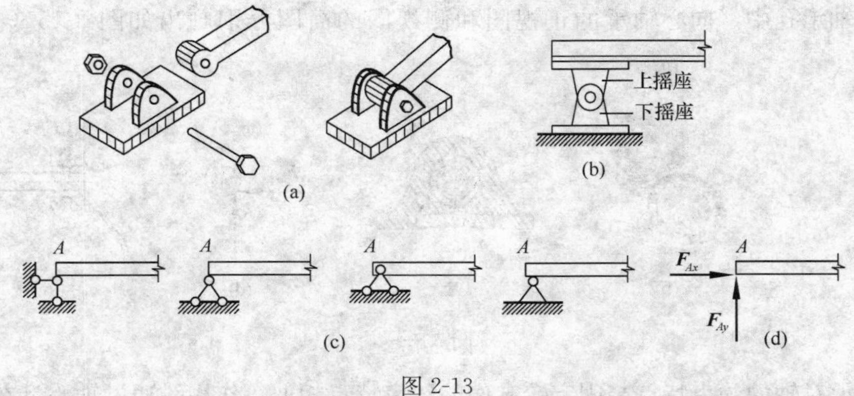


图 2-13

与光滑圆柱形铰链相比，固定铰支座只能限制结构物或构件在垂直于铰链轴线方向的任何移动，而不能限制绕铰链轴线的转动，也不能限制沿铰轴线方向的运动，是一种平面约束。因此，固定铰支座的约束反力的特点是作用线通过铰链中心，在垂直于铰链轴线的平面内，方向待定。可用两个相互垂直的分力 $\boldsymbol{F}_{Ax}$、$\boldsymbol{F}_{Ay}$ 表示。力学计算简图如图 2-13（c）所示形式，约束反力如图 2-13（d）所示。

（6）可动铰支座

与固定铰支座相比，如果铰支座的底座与支承物体之间没有固定，就只能在垂直于支座底板与支承物体的接触面这一个方向上限制物体的运动，而在沿支承面的方向上可以移动，也没有限制物体绕销钉中心（铰心）的转动，这种约束称为**可动铰支座**，或称为**活动铰支座**，又称**辊轴支座**，如图 2-14（a）所示。可以采用在支座底板安装几个可沿支承面滚动的辊轴的方式，构成**可动铰支座**。可动铰支座约束力学简图如图 2-14（b）所示的三种情况，其约束反力的特点是作用线通过铰链中心，且垂直于支承面，如图 2-14（c）所示。如果研究对象用一个固定铰支座和一个可动铰支座与支承物相连，称为**简支**，这是工程中最常见的约束。例 *AB* 梁的两端分别用固定铰支座和可动铰支座连接到支承物上，这样的梁就称为**简支梁**，如图 2-14（d）所示。一般工程中的门窗过梁和简单的桥梁，都可以简化为简支梁，如图 2-14（e）所示为一简易桥梁，力学简图可简化为如图 2-14（d）所示的简支梁。

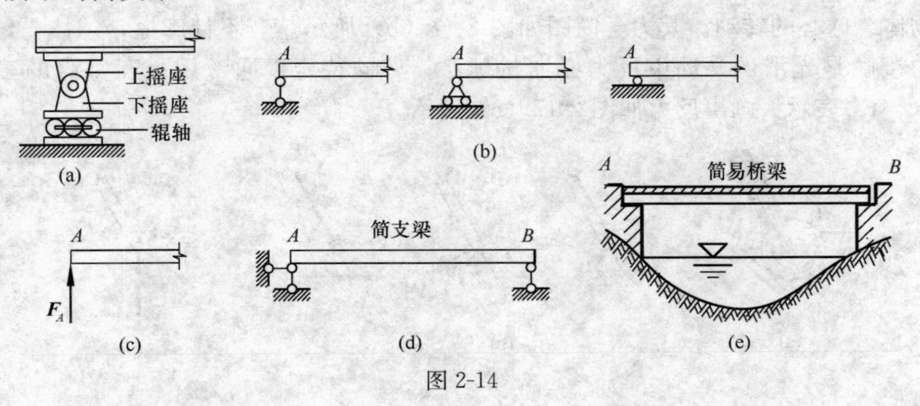


图 2-14

（7）轴承

**向心轴承支座**如图 2-15（a）所示，轴承装入轴承座中，取出的轴承如图 2-15（b）所示，轴插入轴承孔中。向心轴承的正视图和侧视图的简图分别画出如图 2-15（c）和（e）所示。

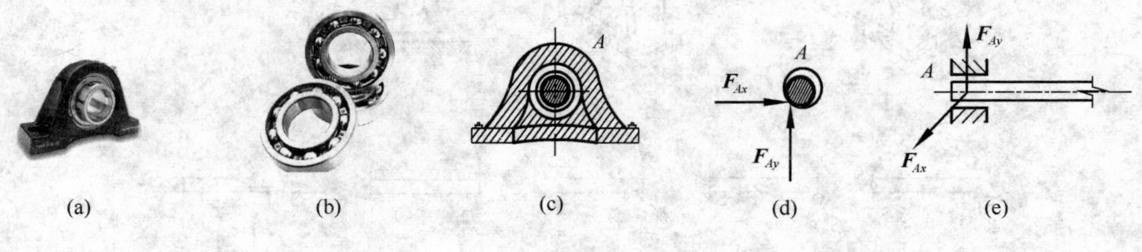


图 2-15

向心轴承对轴的约束特点与固定铰支座的约束特点相似，作用线通过轴心且在与轴垂直的平面上，方向待定，通常用相互垂直的两个分力 $\boldsymbol{F}_{Ax}$、$\boldsymbol{F}_{Ay}$ 表示，如图 2-15（d）和（e）所示。向心轴承又称为**径向轴承**。

**止推轴承**。用一光滑面将向心轴承圆孔的一端封闭，就成为止推轴承，如图 2-16（a）和（b）所示，力学简图如图 2-16（c）所示。止推轴承能同时限制轴的径向和沿止推方向的轴向的移动，所以约束反力常用垂直于轴向和沿轴向的三个分力 $\boldsymbol{F}_{Ax}$、$\boldsymbol{F}_{Ay}$、$\boldsymbol{F}_{Az}$ 表示，如图 2-16（d）所示。

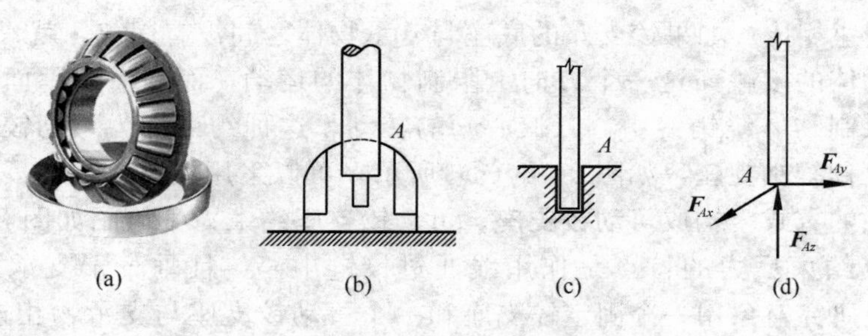


图 2-16

（8）球形铰链

在需要约束的构件上固结一球体，将球体置于球窝形的支座内，就构成了**球形铰链支座**，简称**球铰链**，如图 2-17（a）所示。球铰链可以限制物体沿空间任何方向的移动，但不能限制物体绕球心的转动。其力学简图如图 2-17（b）所示。若不计摩擦，球体与球窝形支座之间的接触是光滑的，约束反力必通过球心，方向待定，通常用相互垂直的三个分力 $\boldsymbol{F}_{Ax}$、$\boldsymbol{F}_{Ay}$、$\boldsymbol{F}_{Az}$ 表示。画出反力如图 2-17（c）所示。

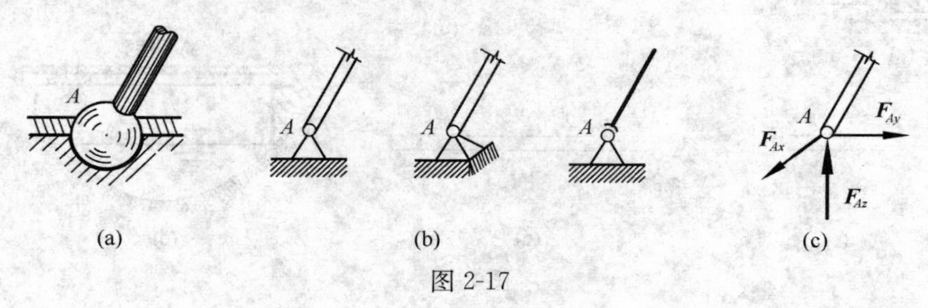


图 2-17

球形铰链约束常用于空间桁架结构（又称为网架）中各根桁杆的连接，例如图 2-18 所示的网架结构，各根桁杆均由球形铰链连接，而整体网架结构由球铰支座与结构的梁、柱等其他构件连接。

图 2-18　某网架结构

(9) 固定端约束

如果约束既限制被约束物体在各个方向上的移动，又限制被约束物体绕各个坐标轴的转动，这种约束称为**固定端约束**，或称**固定支座**。固定端约束在工程上的应用很多，例如图 2-19 (a) 所示现浇钢筋混凝土柱及基础，彼此整浇为一体。当认为基础完全刚性时，柱子可视为完全固定于基础顶面，基础形成了柱子的固定端约束；又如图 2-19 (b) 所示阳台挑梁，如果挑梁一端较长部分插入墙体，墙体可限制挑梁的移动和绕其与墙体接触端部的转动，墙体就形成了挑梁的固定端约束，固定端约束的力学简图如图 2-19 (c) 所示。

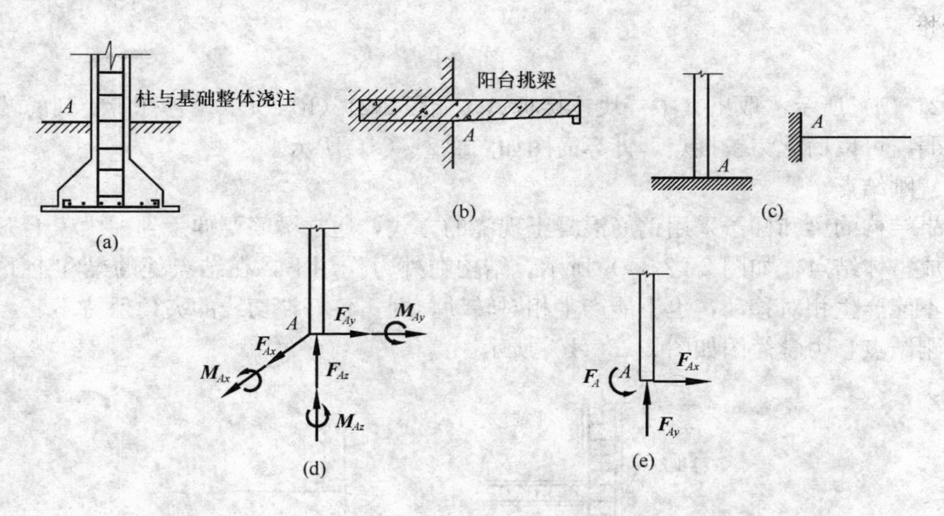


图 2-19

固定支座限制物体作任何移动和转动，因此，对被约束物体作用的约束反力有限制移动的反力和限制转动的反力偶（力偶是使得物体产生转动效应的一个独立的力学元素，有关概念在第 3 章中详述）。如果物体受到空间主动力系作用时，固定端约束对被约束物体的约束反力系也构成一空间力系，可简化为沿 3 个坐标方向的约束反力和绕 3 个坐标轴的约束反力偶，如图 2-19 (d) 所示；如果物体受到平面主动力系作用时，固定端约束对被约束物体的约束反力系也构成一平面力系，可简化为在平面内的两个坐标方向的约束反力和一个约束反力偶，如图 2-19 (e) 所示。

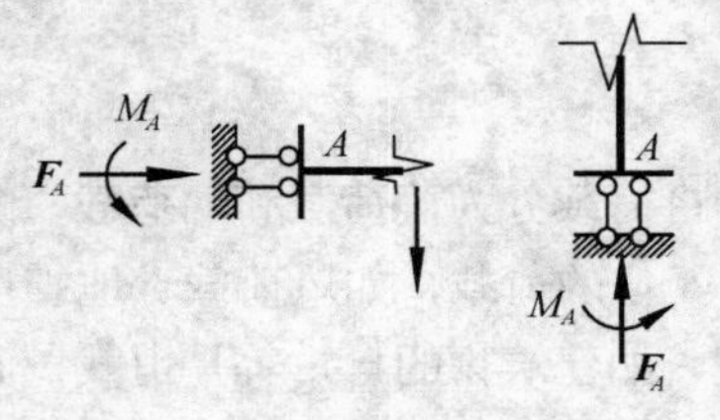


图 2-20

(10) 定向支座约束

在上述平面力系的固定端约束中，如果物体在一个方向上的移动不受限制，这种约束称为定向支座。定向支座约束的力学简化模型和约束反力如图 2-20 所示。

## 2.4 构件间连接方式的简化

工程实际中的结构复杂而多样，本课程讨论的杆系结构一般由多个构件彼此通过一定的连接方式组成，构件可为直杆或曲杆，杆件相连接处称为**结点**，根据连接方式的不同，结点可以分为铰接点和刚结点。

（1）铰接点

图 2-21 所示为一教室的简易屋架，为一平面桁架结构，各桁杆通过铆钉连接在钢板上，

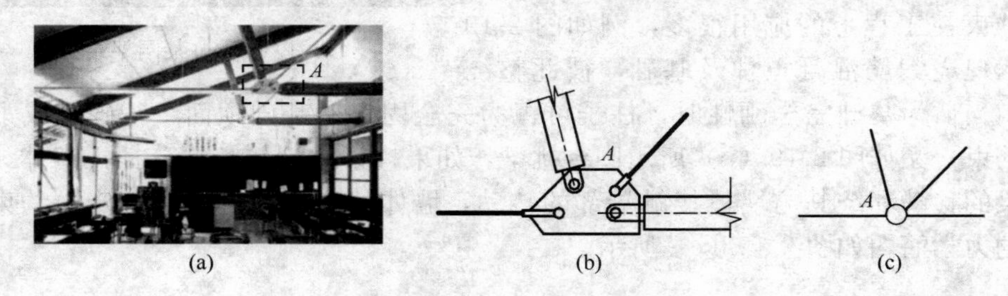


图 2-21

如图 2-21（a）所示。取出其中一块连接板 A，如图 2-21（b）所示。各杆所受到的转动约束能力较弱，可以简化为铰接点，计算简图如图 2-21（c）所示。

（2）刚结点

如果结构的梁和柱子采用钢筋混凝土现浇的方式，通常梁筋要伸入到柱中，上下柱筋贯通，形成整体结点，如图 2-22（a）所示。结构在外力作用下，在结点处的梁和上下柱几根杆件既不能产生相对移动，也不能产生相对转动，即，各杆端切线的夹角保持不变，这种结点称为刚结点，力学简图如图 2-22（b）所示。

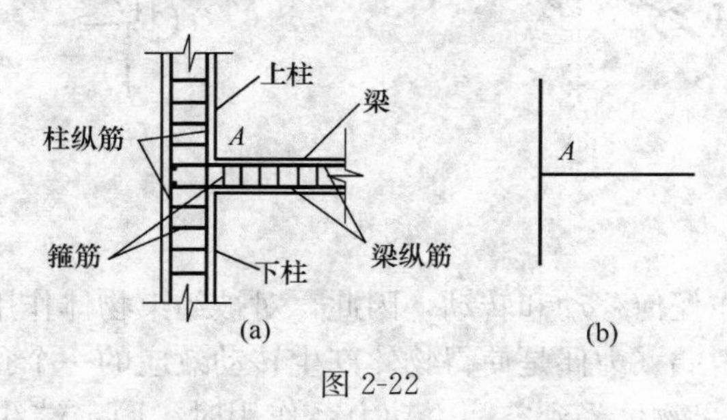


图 2-22

## 2.5 物体的受力分析与受力图

### 2.5.1 荷载和荷载集度

作用于物体上的主动力称为**荷载**。按其是否随时间而变化可将荷载分为**静荷载**和**动荷载**，静荷载作用在物体上，不随时间的变化而变化；动荷载是随时间而变化的荷载，如风荷载、地震荷载等都是动荷载。按其作用时间的长短可将荷载分为**恒载**和**活载**，如建筑物的自重等是恒载，而桥梁上的车辆、行人等是活载；按其作用线的分布情况，可分为**集中荷载**和**分布荷载**。

常采用**荷载集度**度量分布荷载。当荷载分布在某一体积上时，称为体荷载（如物体的重力），常用每单位体积上所受荷载的大小来度量，称为**体荷载集度**，单位是 $N/m^3$（牛顿/米$^3$）；当荷载分布于某一面积上时，称为面荷载（如风、雪、水、土等对物体的压力），它可以用每单位面积上所受荷载的大小来度量，称为**面荷载集度**，单位是 $N/m^2$（牛顿/米$^2$）；而当荷载分布于长条形状的体积或面积上时，则可简化为沿其长度方向中心线分布的线荷载，它常用单位长度上所受的荷载大小来度量，称为**线荷载集度**，用符号 $q$ 表示，单位是 N/m（牛顿/米）。如荷载分布均匀则称为**均布荷载**，否则为**非均布荷载**。

### 2.5.2　物体的受力分析和受力图

解决力学问题的第一步是对所研究的对象进行受力分析并画出受力图，步骤如下：

（1）根据题意，确定研究对象，并画出其分离体的简图，研究对象可以是一个物体、几个物体的组合或物体系统整体，这一步，称为取分离体；

（2）画出作用于研究对象上的全部主动力（荷载）；

（3）根据研究对象所受到的约束类型，画出相对应的约束反力。

画受力图时需注意以下几点：

（1）受力图中每一个力的符号、作用位置、方位及指向都要表示清楚，同一个力在不同的受力图上的表示符号应一致；

（2）受力图上只画出研究对象的简图（分离体图）和所受的全部外力，不画已被解除的约束，不画内力。受力图中的每一个力都要有来源，不能随意多画或者漏画。

下面举例说明如何取分离体和画受力图。

**例 2-1**　如图 2-23（a）所示简支梁 $AB$，$A$ 端为固定铰支座约束，$B$ 端为可动铰支座约束。在梁 $AC$ 段作用了荷载集度为 $q$ 的均布力，在点 $D$ 作用了集中力 $\boldsymbol{F}$，试画出梁的受力图。

**解**　取 $AB$ 梁为研究对象，解除 $A$、$B$ 两处的约束，并画出简图如图 2-23（a）所示。

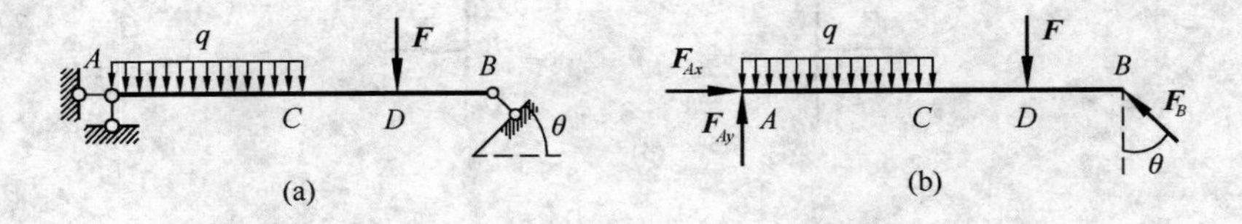


图 2-23

画出主动力为作用在梁 $AC$ 段的分布力和点 $D$ 的集中力 $\boldsymbol{F}$。根据约束类型画出 $A$、$B$ 处的约束反力，梁的 $B$ 端为可动铰支座，约束反力 $\boldsymbol{F}_B$ 过铰链中心且垂直于支承面，与铅垂线成 $\theta$ 角，假设指向铰链；$A$ 端为固定铰支座，约束反力应通过铰心，方向不确定，可用通过铰链中心 $A$ 且相互垂直的两个分力 $\boldsymbol{F}_{Ax}$、$\boldsymbol{F}_{Ay}$ 表示，如图 2-23（b）所示。

**例 2-2**　试画出图 2-24（a）所示简支刚架的受力图。

**解**　以 $AB$ 刚架为研究对象，解除 $A$、$B$ 两处的约束，取出分离体，画出作用在刚架上 $C$ 点的主动力，为水平集中力 $\boldsymbol{F}$；

简支刚架 $B$ 处是可动铰支座，约束反力 $\boldsymbol{F}_B$ 过铰链中心并垂直于支承面，假定指向铰链；$A$ 处为固定铰支座，约束反力过铰心而方向不确定，可用过铰链中心 $A$ 的两个分力 $\boldsymbol{F}_{Ax}$、$\boldsymbol{F}_{Ay}$ 表示，受力图如图 2-24（b）所示。

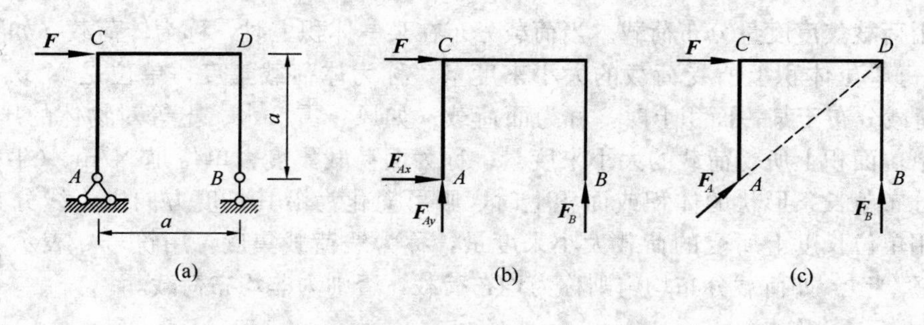


图 2-24

简支刚架仅在 $A$、$B$、$C$ 三点受到三个互不平行的力作用而平衡，根据三力平衡汇交定理，已知 $\boldsymbol{F}$ 与 $\boldsymbol{F}_B$ 的作用线相交于 $D$ 点，故 $A$ 处的反力 $\boldsymbol{F}_A$ 的作用线也应相交于 $D$ 点，从而确定 $\boldsymbol{F}_A$ 必沿 $A$、$D$ 两点连线，可画出受力图如图 2-24（c）所示。

**例 2-3**　三铰刚架受均布荷载作用如图 2-25（a）所示。试分别画出构件 $AC$、$BC$ 和整体刚架的受力图。

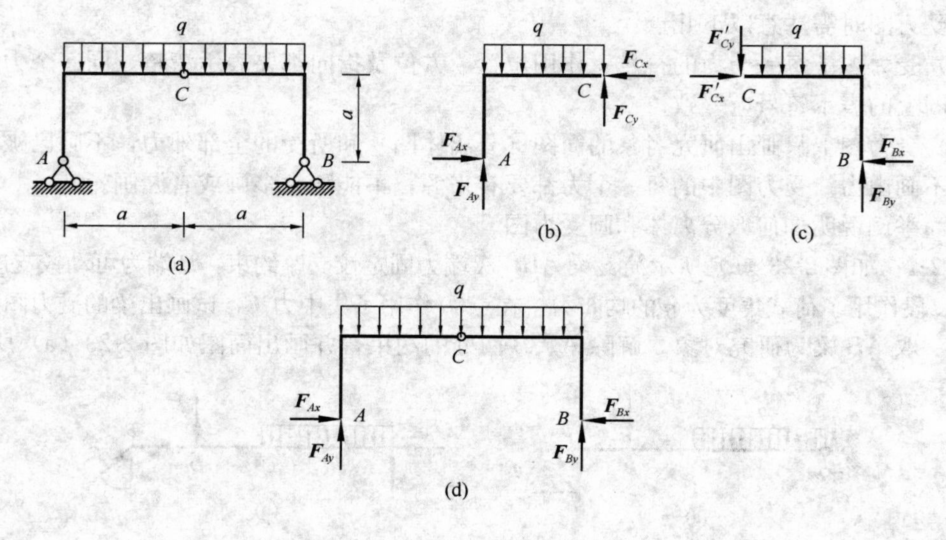


图 2-25

**解**　先取 $AC$ 为研究对象，$AC$ 受到均布荷载作用，在固定铰支座 $A$ 和通过中间铰链连接的 $BC$ 构件对其作用而平衡。解除 $A$、$C$ 两处的约束，单独画出 $AC$ 简图。在简图上画出作用在 $AC$ 上的均布荷载，分布集度不变，但是分布长度仅为 $a$。$AC$ 构件在 $A$ 点是固定铰支座约束，约束反力过铰心而方向不确定，可用过铰链中心 $A$ 的两个分力 $\boldsymbol{F}_{Ax}$、$\boldsymbol{F}_{Ay}$ 表示；在 $C$ 点是中间铰链约束，约束反力也是过铰心而方向不确定，可用过铰链中心 $C$ 的两个分力 $\boldsymbol{F}_{Cx}$、$\boldsymbol{F}_{Cy}$ 表示，如图 2-25（b）所示。

再取 $BC$ 构件为研究对象，解除 $B$、$C$ 两处约束，单独画出其简图。在简图上同样画出作用在 $BC$ 上分布长度为 $a$ 的均布荷载，$BC$ 构件在 $B$ 点是固定铰支座约束，约束反力过铰心而方向不确定，可用过铰链中心 $B$ 的两个分力 $\boldsymbol{F}_{Bx}$、$\boldsymbol{F}_{By}$ 表示，在 $C$ 点是中间铰链约束，约束反力也是过铰心而方向不确定，根据作用与反作用定律，作用在 $BC$ 的 $C$ 点处的两个力

分别与力 $\boldsymbol{F}_{Cx}$ 和 $\boldsymbol{F}_{Cy}$ 是作用力与反作用力的关系，以 $\boldsymbol{F}'_{Cx}$、$\boldsymbol{F}'_{Cy}$ 表示，有 $\boldsymbol{F}'_{Cx}=-\boldsymbol{F}_{Cx}$，$\boldsymbol{F}'_{Cy}=-\boldsymbol{F}_{Cy}$。如图 2-25（c）所示。

最后取整体三铰刚架为研究对象，解除 $A$、$B$ 两处的约束（$C$ 处约束未解除），单独画出其简图。画上分布长度为 $2a$ 的集度为 $q$ 的均布主动力，$A$、$B$ 支座的约束反力 $\boldsymbol{F}_{Ax}$、$\boldsymbol{F}_{Ay}$ 和 $\boldsymbol{F}_{Bx}$、$\boldsymbol{F}_{By}$。由于 $AC$ 和 $BC$ 两构件在 $C$ 处的相互作用力对 $ABC$ 整体而言是内力，内力总是成对出现，且等值、反向、共线，对同一研究对象而言，它不影响整体的平衡，故不必画出内力。三铰刚架 $ABC$ 的受力图如图 2-25（d）所示。注意（d）图中的 $\boldsymbol{F}_{Ax}$、$\boldsymbol{F}_{Ay}$ 和 $\boldsymbol{F}_{Bx}$、$\boldsymbol{F}_{By}$ 应分别与 $AC$、$BC$ 构件受力图中的 $\boldsymbol{F}_{Ax}$、$\boldsymbol{F}_{Ay}$ 和 $\boldsymbol{F}_{Bx}$、$\boldsymbol{F}_{By}$ 完全一致。

**例 2-4**　三铰拱受力作用如图 2-26（a）所示。试分别画出半拱 $AC$、$BC$ 和拱整体的受力图。

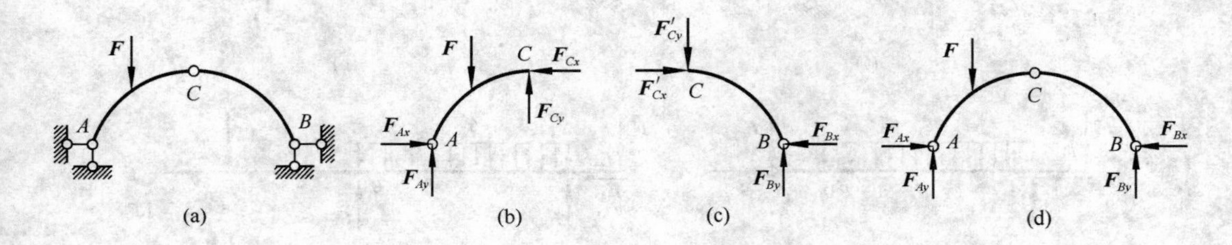


图 2-26

**解**　本题的三铰拱与例 2-3 题的三铰刚架相比较，所受的主动力不同，但是在 $A$、$B$、$C$ 点的约束情况完全相同，因此，约束反力可以完全按照例 2-3 题的画法画出，本题的受力分析如图 2-26（b）（c）和（d）所示。

本题还可以有另外一种受力分析方法，先取 $BC$ 为研究对象，解除 $B$、$C$ 两处的约束，单独画出 $BC$ 简图。由于不计自重，$BC$ 半拱仅在 $B$、$C$ 两点受力作用而平衡，故为二力构件。$B$、$C$ 两处反力 $\boldsymbol{F}_B$、$\boldsymbol{F}'_C$ 的作用线必沿 $B$、$C$ 两点的连线，且 $\boldsymbol{F}_B=-\boldsymbol{F}'_C$。受力分析如图 2-27（b）所示。

再取 $AC$ 半拱为研究对象，解除 $A$、$C$ 两处约束，单独画出其简图。$AC$ 半拱受到主动力 $\boldsymbol{F}$，$BC$ 半拱对它的反力 $\boldsymbol{F}_C$ 以及固定铰支座 $A$ 的反力 $\boldsymbol{F}_A$ 的作用而平衡。由作用与反作用定律有 $\boldsymbol{F}_C=-\boldsymbol{F}'_C$，且力 $\boldsymbol{F}_C$ 与 $\boldsymbol{F}$ 的作用线交于 $D$ 点，由三力平衡汇交定理，可以确定 $\boldsymbol{F}_A$ 的作用线必沿 $A$、$D$ 两点连线，其受力图如图 2-27（a）所示。

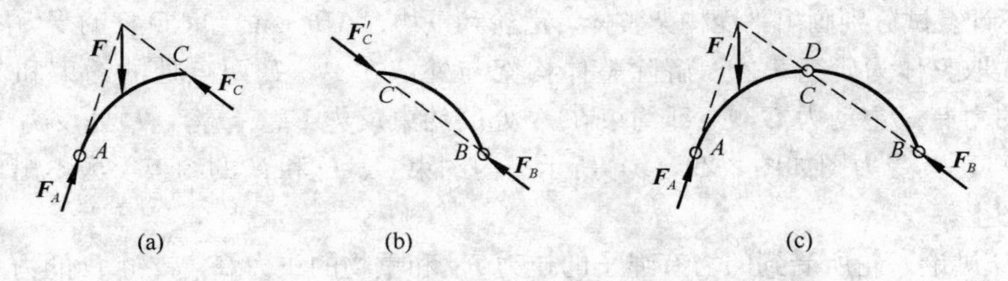


图 2-27

最后取整体三铰刚架为研究对象，只解除 $A$、$B$ 两处的约束，单独画出其简图。画上主动力 $\boldsymbol{F}$，约束反力 $\boldsymbol{F}_A$、$\boldsymbol{F}_B$，即画好整体三铰拱 $ABC$ 的受力图，如图 2-27（c）所示。而 $AC$ 和 $BC$ 两半拱在 $C$ 处的相互作用力，由于没有去掉约束，对 $ABC$ 整体而言是内力，故不必画出内力。

**例 2-5** 多跨梁如图 2-28（a）所示，由 $EC$ 伸臂梁和 $CD$ 梁在 $C$ 处铰接而成，$A$ 端为固定铰支座，$B$ 处和 $D$ 处为可动铰支座。在 $E$、$F$ 两点受集中力 $\boldsymbol{F}$ 作用，在 $AB$ 段受均布荷载作用，其荷载集度为 $q$。试分别画出 $EC$ 梁、$CD$ 梁和 $ED$ 梁整体的受力图。

**解** 先取 $CD$ 梁为研究对象，解除 $C$、$D$ 两处的约束，单独画出 $CD$ 梁的简图。在 $F$ 点画出主动力 $\boldsymbol{F}$，可动铰支座 $D$ 的反力 $\boldsymbol{F}_D$ 过铰心 $D$ 并垂直于支承面铅垂向上，铰链约束 $C$ 的反力过铰心 $C$，方向无法预先确定，可用作用于 $C$ 点的两正交分反力 $\boldsymbol{F}_{Cx}$、$\boldsymbol{F}_{Cy}$ 表示，$CD$ 梁的受力图如图 2-28（b）所示。

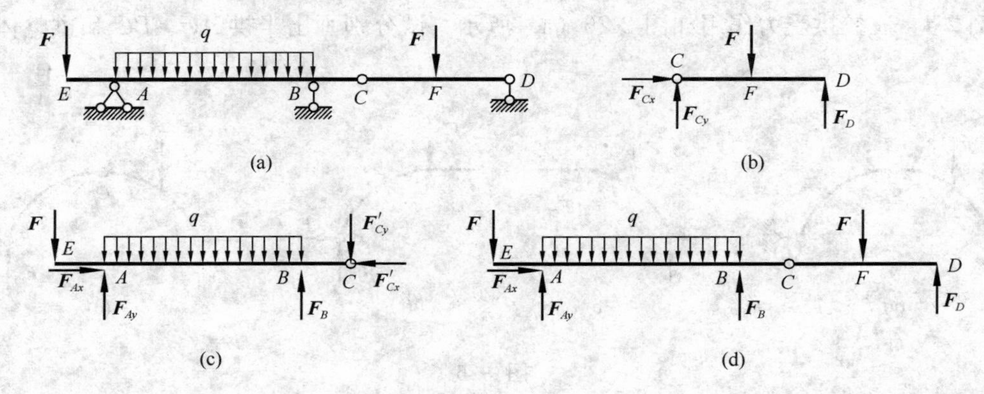


图 2-28

再取 $EC$ 梁为研究对象，解除 $A$、$C$ 两处约束，单独画出 $EC$ 的简图。在 $AB$ 段上画上集度为 $q$ 的线均布荷载，$EC$ 梁在铰链 $C$ 处受有 $DC$ 梁给它的反作用力 $\boldsymbol{F}'_{Cx}$、$\boldsymbol{F}'_{Cy}$，根据作用与反作用定律知 $\boldsymbol{F}'_{Cx}=-\boldsymbol{F}_{Cx}$，$\boldsymbol{F}'_{Cy}=-\boldsymbol{F}_{Cy}$。在梁 $EC$ 的 $B$ 处有可动铰支座 $B$ 的约束，约束反力 $\boldsymbol{F}_B$ 过铰心 $B$ 并垂直于支承面铅垂向上，在 $A$ 处有固定铰支座 $A$ 的约束，约束反力可用通过铰心 $A$ 的两正交分力 $\boldsymbol{F}_{Ax}$、$\boldsymbol{F}_{Ay}$ 表示，$EC$ 梁的受力图如图 2-28（c）所示。

最后，取 $AD$ 梁整体为研究对象，解除 $A$、$B$、$D$ 处约束，单独画出 $ED$ 梁的简图。画上主动力：在 $E$、$F$ 点的两个集中力 $\boldsymbol{F}$，$AB$ 段上的均布荷载 $q$；约束反力：$\boldsymbol{F}_{Ax}$、$\boldsymbol{F}_{Ay}$、$\boldsymbol{F}_B$ 和 $\boldsymbol{F}_D$。这时铰链 $C$ 处的相互作用力为内力，不用画出，$ED$ 梁的受力图如图 2-28（d）所示。

**例 2-6** 图 2-29（a）所示平面构架，由杆 $AB$、$AC$ 和 $CD$ 及滑轮铰接而成，$A$ 为固定铰支座，$B$ 为可动铰支座，一绳栓结于 $H$ 点，另一端绕过滑轮 $D$ 后连接一重为 $\boldsymbol{G}$ 的重物，各杆及滑轮自重不计。试分别画出平面构架整体、滑轮和重物、$AB$、$AC$ 和 $CD$ 杆的受力图。

**解** 先取整体为研究对象，解除整体构架与外部在 $A$、$B$ 两点处的约束和 $H$ 处的绳，系统受到的力有：主动力 $\boldsymbol{G}$，外部约束在 $A$ 处的约束反力 $\boldsymbol{F}_{Ax}$、$\boldsymbol{F}_{Ay}$，$B$ 处反力 $\boldsymbol{F}_B$ 及 $H$ 处绳的拉力 $\boldsymbol{F}_T$，其受力图如图 2-29（b）所示。内约束 $C$、$D$ 和 $E$ 的约束反力不出现在整体构架的受力图上。

取轮 $D$ 讨论，轮所受到的力有绳子的拉力 $\boldsymbol{F}_T$ 和重物的重力 $\boldsymbol{G}$，铰链 $D$ 的力 $\boldsymbol{F}_{Dx}$ 和 $\boldsymbol{F}_{Dy}$，受力图如图 2-29（c）所示。

取 $AC$ 杆讨论，由于不计自重，杆只在 $A$ 点和 $C$ 点受到力的作用，因此为二力杆，故 $A$ 点的力 $\boldsymbol{F}_{AC}$ 和 $C$ 点的力 $\boldsymbol{F}_{CA}$ 沿着杆的轴线，且此二力等值、反向，$AC$ 杆的受力图如图 2-29（d）所示。

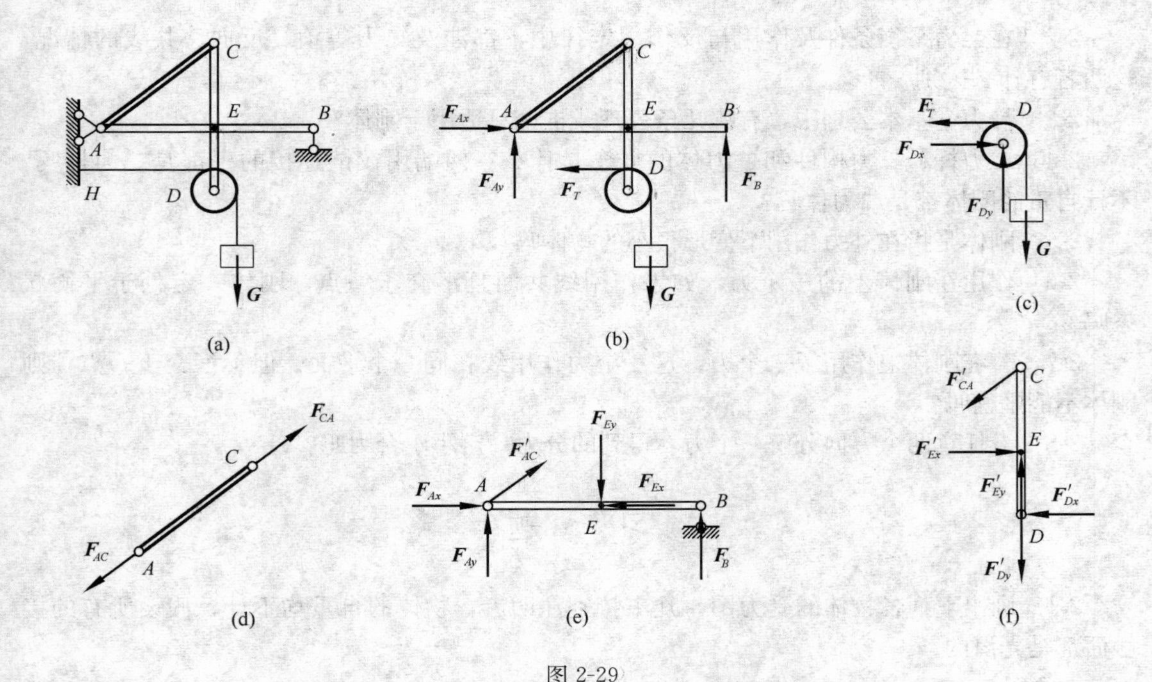


图 2-29

取 $AB$ 杆讨论，$AB$ 杆上没有主动力，只有作用在 $A$ 处的反力 $\boldsymbol{F}_{Ax}$、$\boldsymbol{F}_{Ay}$，$E$ 处为铰链约束，其反力可用 $\boldsymbol{F}_{Ex}$、$\boldsymbol{F}_{Ey}$ 表示，$B$ 处可动铰支座的反力 $\boldsymbol{F}_B$ 之外，还有 $AC$ 杆对 $AB$ 杆的反作用力 $\boldsymbol{F}'_{AC}$，且 $\boldsymbol{F}'_{AC}=-\boldsymbol{F}_{AC}$，$AB$ 杆的受力图如图 2-29（e）所示。

取 $CD$ 杆讨论，$CD$ 杆上也没有主动力作用，只有 $C$ 处受杆 $CA$ 的反作用力 $\boldsymbol{F}'_{CA}$，且 $\boldsymbol{F}'_{CA}=-\boldsymbol{F}_{CA}$，$E$ 处和 $D$ 处均为铰链约束，其反力可用 $\boldsymbol{F}'_{Ex}$、$\boldsymbol{F}'_{Ey}$ 和 $\boldsymbol{F}'_{Dx}$、$\boldsymbol{F}'_{Dy}$ 表示，且 $\boldsymbol{F}'_{Ex}=-\boldsymbol{F}_{Ex}$、$\boldsymbol{F}'_{Dy}=-\boldsymbol{F}_{Dy}$，$CD$ 杆的受力图如图 2-29（f）所示。

## 本 章 小 结

本章介绍了力和力系的概念；二力平衡公理、三力平衡汇交定理、力的平行四边形法则、加减平衡力系公理以及力的可传性等基本公理；介绍了主动力的概念与主动力分类、荷载集度；介绍了约束与约束反力的概念，以及工程中常见的几种约束及其反力特点，物体的受力分析和受力图。学习本章，需重点掌握约束与约束反力的概念，工程中常见的几种约束及其反力特点，熟练应用基本公理和约束反力的特点进行物体的受力分析。正确地画出受力图是这一章的难点。

## 思 考 题

2-1　试说明下列式子的意义和区别

（1）$F_1=F_2$，（2）$\boldsymbol{F}_1=\boldsymbol{F}_2$，（3）力 $\boldsymbol{F}_1$ 等于力 $\boldsymbol{F}_2$

2-2 在二力平衡条件及作用与反作用定律中，都涉及二力等值、反向、共线的情况，这两者有什么区别？

2-3 静力学基本公理中，有哪几条公理或推论只适用于刚体？

2-4 二力杆、二力构件和二力体的概念是什么？两端用铰链连接的杆都是二力杆吗？不计自重的刚体都是二力体吗？

2-5 刚体是指在外力作用下变形很小的物体吗？

2-6 作用在刚体上的三个力，如果作用线共面且汇交于一点，刚体一定处于平衡状态吗？

2-7 若在刚体上作用了三个力，这三个力作用线在同一个平面，但不汇交于一点，则刚体不能平衡吗？

2-8 沿任意两个方向分解一个力，得到的分力一定小于合力吗？

## 习 题

2-1 画出下列各物体的受力图，凡未特别注明者，物体的自重均不计，假设所有的接触面都是光滑的。

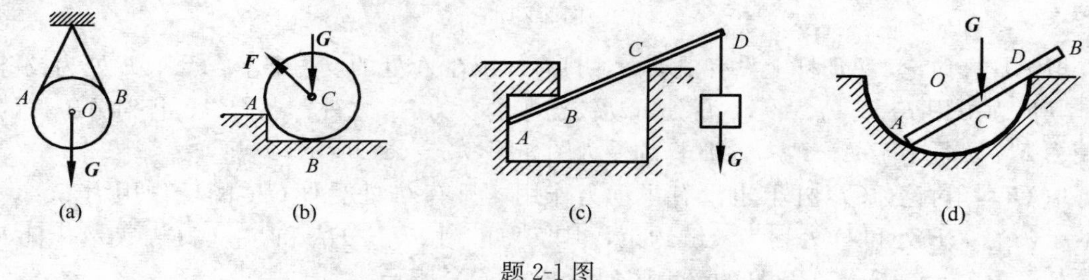


题 2-1 图

2-2 画出下列图中各梁的受力图，梁的自重均不计。

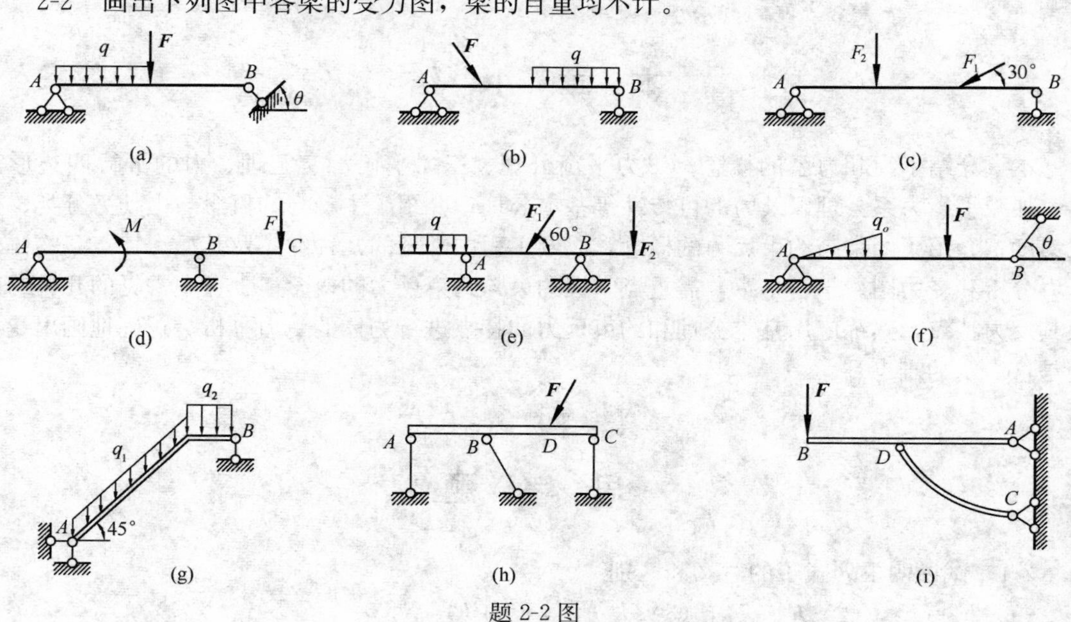


题 2-2 图

2-3　画出下列图中各刚架的受力图，刚架自重不计。

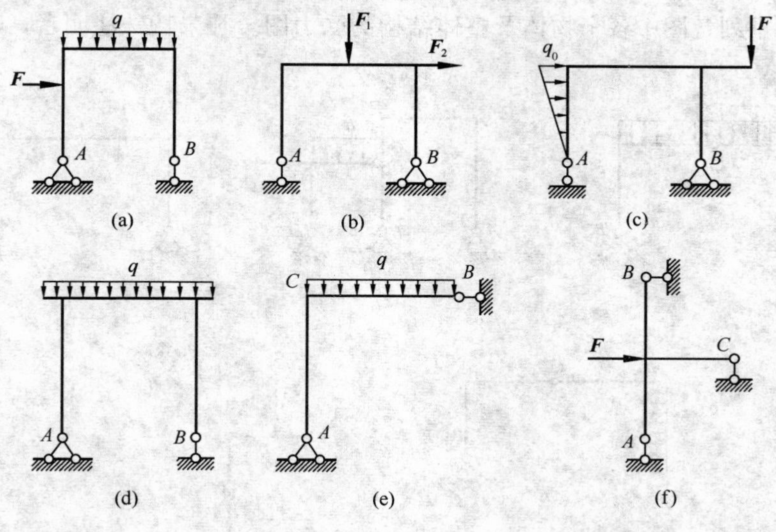


题 2-3 图

2-4　画出下列各图中指定物体的受力图。凡未特别注明者，物体的自重均不计，且所有接触面都是光滑的。

(a) $AC$ 杆、$BD$ 杆连同滑轮、整体；(b) $AB$ 杆、半球 $O$、整体；(c) $AC$ 杆、$BD$ 梁、$FG$ 杆

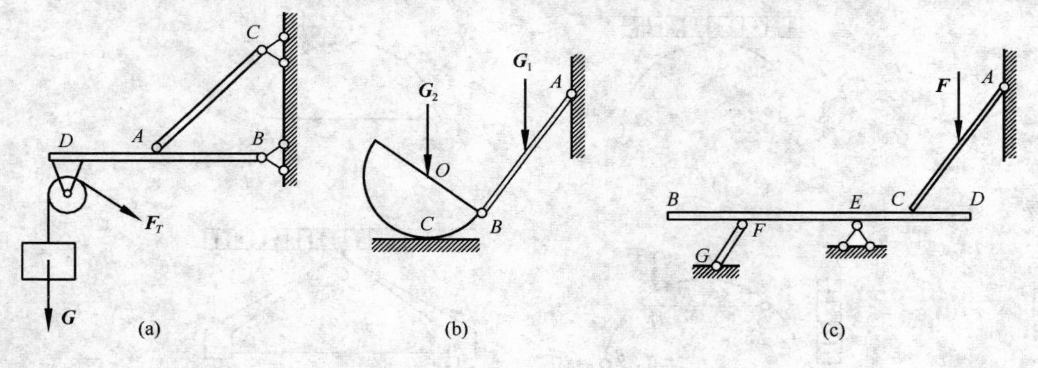


题 2-4 图

2-5　画出下列各图中指定物体的受力图。凡未特殊注明者，物体的自重均不计。

(a) $AB$ 梁、$BC$ 梁、整体；(b) $AB$ 梁、$BC$ 梁、$CD$ 梁、整体；(c) $AB$ 梁、$BC$ 梁、

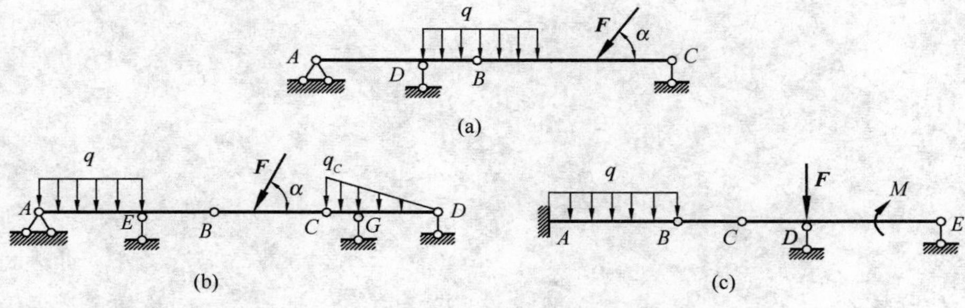


题 2-5 图

$CE$ 梁、整体

2-6　画出下列各图中各个物体及整体结构的受力图。凡未特殊注明者，物体的自重均不计。

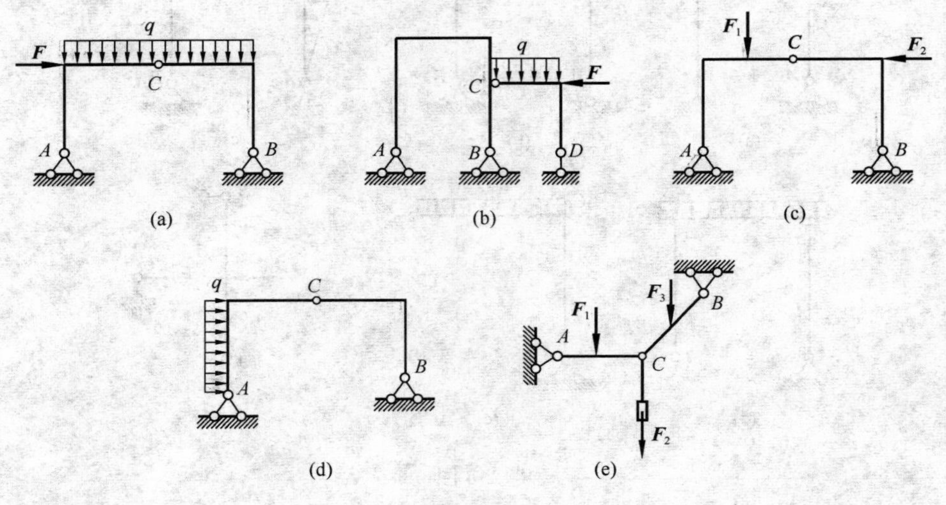


题 2-6 图

2-7　试画出图示三铰拱式屋架中各个物体及整体的受力图。

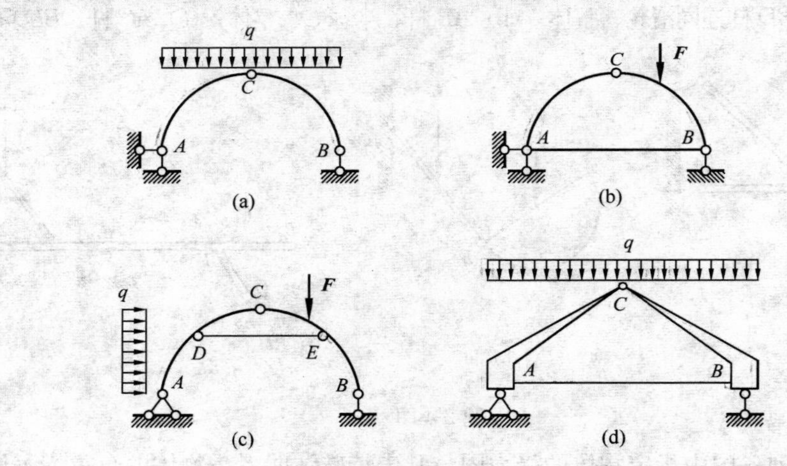


题 2-7 图

# 第 3 章　力系的简化

**本章基本内容：**

本章介绍力在坐标轴上的投影、合力投影定理，力对点之矩、力对轴之矩、合力之矩定理；力偶及其性质、力的平移定理。根据这些基本知识，分别介绍汇交力系的简化、平面一般力系的简化和空间力系的简化等各种力系的简化，介绍主矢量和主矩的概念，并对力系的简化结果进行分析。

## 3.1　力的投影与分解

### 3.1.1　力在平面直角坐标轴上的投影

设有一力 $\boldsymbol{F}$，在力 $\boldsymbol{F}$ 的作用线所在平面内建立 $Oxy$ 坐标系，将力 $\boldsymbol{F}$ 分别向两个坐标轴投影。从力 $\boldsymbol{F}$ 的始端和末端分别向 $x$ 轴的作垂线，可得垂足 $a$、$b$，将 $a$、$b$ 间的直线段 $ab$ 冠以适当的正负号，称为力 $\boldsymbol{F}$ 在 $x$ 轴上的投影，用 $\boldsymbol{F}_x$ 表示。通常，对于直线段 $ab$，若由 $a$ 到 $b$ 的指向与 $x$ 轴的正向一致，则投影 $\boldsymbol{F}_x$ 取正号，如图 3-1（a）所示；若由 $a$ 到 $b$ 的指向与 $x$ 轴的正向相反，则投影 $\boldsymbol{F}_x$ 取负号，如图 3-1（b）所示。同理，从力 $\boldsymbol{F}$ 的始端和末端分别向 $y$ 轴的作垂线，可得垂足 $c$、$d$，而 $c$、$d$ 间的直线段 $cd$ 冠以适当的正负号，称为力 $\boldsymbol{F}$ 在 $y$ 轴上的投影，用 $\boldsymbol{F}_y$ 表示。其正负符号与 $\boldsymbol{F}_x$ 的规定相同。若力 $\boldsymbol{F}$ 与 $x$ 和 $y$ 轴正向之间的夹角分别为 $\alpha$ 和 $\beta$，称为力的方向角，则有

$$\begin{aligned} F_x &= F\cos\alpha \\ F_y &= F\cos\beta \end{aligned} \tag{3-1}$$

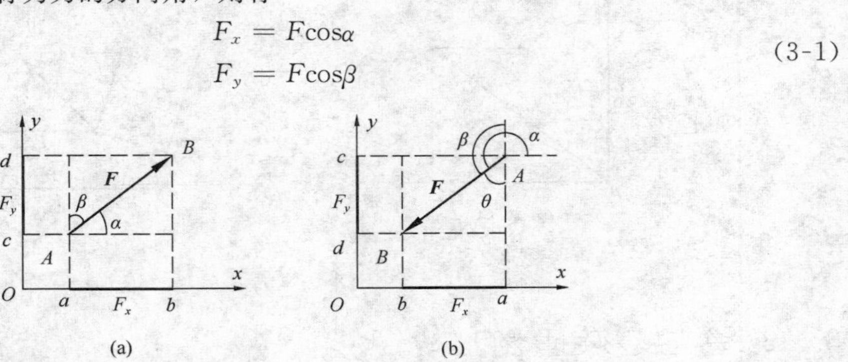


图 3-1

**即力在坐标轴上的投影等于力的大小乘以该力与轴正向之间夹角的余弦。**显然，**力在轴上的投影是一个代数量**。在实际运算时，可取力与轴之间的锐角计算投影的大小，然后再按

正负号的规定直接判断投影的正负。如图 3-1（b）所示，求力 $\boldsymbol{F}$ 在 $x$ 和 $y$ 轴上的投影时，可以先找出力 $\boldsymbol{F}$ 与 $y$ 轴所夹锐角 $\theta$，再由力 $\boldsymbol{F}$ 向坐标轴作垂线所得垂足的起点 $c$ 到终点 $d$ 与 $x$ 和 $y$ 轴的指向相反，可得

$$F_x = -F\sin\theta$$
$$F_y = -F\cos\theta$$

### 3.1.2　力沿平面直角坐标轴分解的解析表示

将力 $\boldsymbol{F}$ 沿平面直角坐标轴分解为两个正交分力 $\boldsymbol{F}_x$、$\boldsymbol{F}_y$，如图 3-2 所示，则有

$$\boldsymbol{F} = \boldsymbol{F}_x + \boldsymbol{F}_y \tag{3-2}$$

若以 $\boldsymbol{i}$、$\boldsymbol{j}$ 分别表示沿 $x$、$y$ 轴正向的单位矢量，则力 $\boldsymbol{F}$ 的两个正交分力可用力在对应轴上的投影与相应的单位矢量的乘积表示为

$$\left.\begin{aligned}\boldsymbol{F}_x &= F_x\boldsymbol{i}\\ \boldsymbol{F}_y &= F_y\boldsymbol{j}\end{aligned}\right\} \tag{3-3}$$

将式（3-3）代入式（3-2）中，可得力 $\boldsymbol{F}$ 的解析表达式为

$$\boldsymbol{F} = F_x\boldsymbol{i} + F_y\boldsymbol{j} \tag{3-4}$$

若已知力 $F$ 在直角坐标轴上的投影 $F_x$、$F_y$，则力 $\boldsymbol{F}$ 的大小和方向余弦可用下式计算

$$\left.\begin{aligned}F &= \sqrt{F_x^2 + F_y^2}\\ \cos(\boldsymbol{F},\boldsymbol{i}) &= \frac{F_x}{F}\\ \cos(\boldsymbol{F},\boldsymbol{j}) &= \frac{F_y}{F}\end{aligned}\right\} \tag{3-5}$$

必须注意：力沿坐标轴的分力与力在对应轴上的投影是两个不同的概念。力 $\boldsymbol{F}$ 沿坐标轴 $x$、$y$、$z$ 的分力 $\boldsymbol{F}_x$、$\boldsymbol{F}_y$、$\boldsymbol{F}_z$ 是矢量，它有大小、方向、作用线；而力在坐标轴上的投影 $F_x$、$F_y$、$F_z$ 是代数量。在直角坐标系中，力沿轴方向分解的分力大小与力在该轴上投影的绝对值相等，当坐标轴斜交时，如图 3-3 所示，力沿 $xy$ 轴方向的分力大小与力在该轴上投影的绝对值的大小不相等。

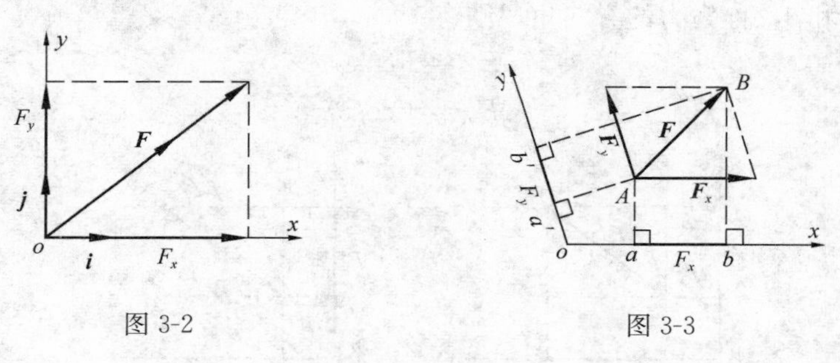


图 3-2　　图 3-3

### 3.1.3　合力投影定理

设有一汇交于 $O'$ 点的平面汇交力系，$\boldsymbol{F}_1$、$\boldsymbol{F}_2$、……、$\boldsymbol{F}_n$，由力的平行四边形法则可知，该汇交力系可以合成为一个合力，合力等于各个分力的矢量和，即：

$$\boldsymbol{F}_R = \boldsymbol{F}_1 + \boldsymbol{F}_2 + \cdots + \boldsymbol{F}_n = \sum \boldsymbol{F}_i \tag{3-6}$$

在各力作用线所在平面内建立直角坐标系 $Oxy$，并沿 $x$、$y$ 方向取单位矢量 $\boldsymbol{i}$、$\boldsymbol{j}$，如图 3-4 所示。将（3-6）式右端各分力写为解析表达式为

$$\boldsymbol{F}_i = F_{ix}\boldsymbol{i} + F_{iy}\boldsymbol{j} \quad (i = 1,2,\cdots,n) \tag{3-7}$$

（3-6）式左端的合力写为解析表达式为

$$\boldsymbol{F}_R = F_{Rx}\boldsymbol{i} + F_{Ry}\boldsymbol{j} \tag{3-8}$$

将式（3-7）和式（3-8）代入式（3-6）中得

$$F_{Rx}\boldsymbol{i} + F_{Ry}\boldsymbol{j} = \sum (F_{ix}\boldsymbol{i} + F_{iy}\boldsymbol{j}) = (\sum F_{ix})\boldsymbol{i} + (\sum F_{iy})\boldsymbol{j} \tag{3-9}$$

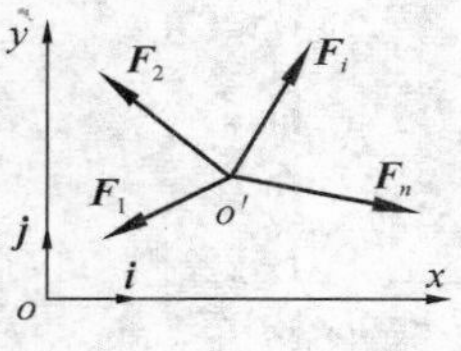

图 3-4

比较（3-9）式等式两端单位矢量 $\boldsymbol{i}$、$\boldsymbol{j}$ 前面的系数，可得

$$\begin{aligned} F_{Rx} &= \sum F_{ix} \\ F_{Ry} &= \sum F_{iy} \end{aligned} \tag{3-10}$$

（3-10）式表明，**合力在某坐标轴上的投影等于各个分力在同一坐标轴上投影的代数和，称为合力投影定理。**可以证明，对于空间力系，同样可以得到合力投影定理。

## 3.2　平面汇交力系的合成

汇交力系是各力作用线汇交于一点的力系，根据各力作用线在空间的分布又可以分为**空间汇交力系和平面汇交力系**。汇交力系的合成可以采用几何法和解析法，本书仅介绍使用较多的解析法，解析法以力在坐标轴上的投影的概念和合力投影定理为基础。

设如图 3-4 所示一各力作用线汇交于 $O'$ 点的平面汇交力系 $\boldsymbol{F}_1$、$\boldsymbol{F}_2$、……、$\boldsymbol{F}_n$，若以点 $O$ 为坐标原点，在力系的作用平面内建立 $Oxy$ 直角坐标系，将各力分别向 $x$、$y$ 轴投影，可得 $F_{1x}$，$F_{2x}$，……，$F_{nx}$ 和 $F_{1y}$，$F_{2y}$，……，$F_{ny}$，利用合力投影定理，可得合力在 $x$、$y$ 轴的投影为

$$\left.\begin{aligned} F_{Rx} &= \sum F_{ix} \\ F_{Ry} &= \sum F_{iy} \end{aligned}\right\} \tag{3-11}$$

求得合力的投影后，合力可表示为（3-11）式的形式，于是合力 $\boldsymbol{F}_R$ 的大小和方向余弦可分别求得为

$$\left.\begin{aligned} F_R = \sqrt{F_{Rx}^2 + F_{Ry}^2} &= \sqrt{(\sum F_x)^2 + (\sum F_y)^2} \\ \cos(\boldsymbol{F}_R,\boldsymbol{i}) &= \frac{F_{Rx}}{F_R} \\ \cos(\boldsymbol{F}_R,\boldsymbol{j}) &= \frac{F_{Ry}}{F_R} \end{aligned}\right\} \tag{3-12}$$

通常合力 $\boldsymbol{F}_R$ 的方向也可由合力 $\boldsymbol{F}_R$ 与 $x$ 轴所夹锐角 $\theta$ 确定，$\theta$ 的值由下式确定

$$\tan\theta = \left|\frac{F_{Ry}}{F_{Rx}}\right| \tag{3-13}$$

再由 $F_{Rx}$ 和 $F_{Ry}$ 的正负号来判定 $\boldsymbol{F}_R$ 的指向。合力作用线应通过力系中各个力的汇交点。

由此可知，对于由 $n$ 个力组成的**平面汇交力系总可以合成为一个合力，合力等于原力系各个分力的矢量和，其作用线通过原力系的汇交点**。

**例 3-1** 如图 3-5 所示一平面汇交力系，已知：$F_1=3\text{kN}$，$F_2=1\text{kN}$，$F_3=1.5\text{kN}$，$F_4=2\text{kN}$。各力方向如图所示。求此力系的合力 $\boldsymbol{F}_R$。

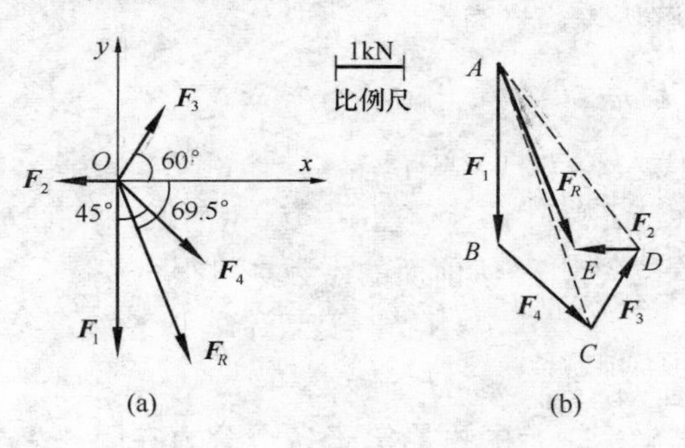


图 3-5

**解** 以力系的汇交点 $O$ 为坐标原点，建立直角坐标系 $Oxy$，由力在坐标轴上的投影定理和合力投影定理，采用解析法求解此力系的合力，可得合力在坐标轴上的投影

$$
\begin{aligned}
F_{Rx} &= \sum F_{xi} = -F_2 + F_3\cos60^\circ + F_4\cos45^\circ \\
&= -1\text{kN} + 1.5\text{kN}\cdot\cos60^\circ + 2\text{kN}\cdot\cos45^\circ = 1.164\text{kN} \\
F_{Ry} &= \sum F_{yi} = -F_1 + F_3\sin60^\circ - F_4\sin45^\circ \\
&= -3\text{kN} + 1.5\text{kN}\cdot\sin60^\circ - 2\text{kN}\cdot\sin45^\circ = -3.115\text{kN}
\end{aligned}
$$

合力 $\boldsymbol{F}_R$ 的大小：$F_R=\sqrt{F_{Rx}^2+F_{Ry}^2}=\sqrt{(1.164\text{kN})^2+(3.115\text{kN})^2}=3.325\text{kN}$

合力 $\boldsymbol{F}_R$ 的与 $x$ 轴所夹锐角 $\theta$

$$
\tan\theta=\left|\frac{F_{Ry}}{F_{Rx}}\right|=\frac{3.115}{1.164}=2.676
$$

$$
\theta=69.5^\circ
$$

对于平面汇交力系还可以采用几何法合成。几何法的依据是力的平行四边形法则和力三角形法则，并由此推导出力多边形法则。几何法须按照给定的比例尺画出力多边形，以本题为例，如图 3-5 所示，选定一比例尺，利用力三角形法则，首先将 $\boldsymbol{F}_1$ 和 $\boldsymbol{F}_4$ 首尾相接，连接 $\boldsymbol{F}_1$ 的起点到 $\boldsymbol{F}_4$ 的终点，可得到 $\boldsymbol{F}_1$ 和 $\boldsymbol{F}_4$ 的合力，如图 3-5（b）中虚线 $AC$，再与 $\boldsymbol{F}_3$ 合成，得到 $\boldsymbol{F}_1$、$\boldsymbol{F}_4$ 和 $\boldsymbol{F}_3$ 的合力，如图 3-5（b）中虚线 $AD$，最后与 $\boldsymbol{F}_2$ 合成，得到原力系 4 个力的合力 $\boldsymbol{F}_R$，$\boldsymbol{F}_R$ 的大小可由比例尺量出为 3.325kN，方向从 $A$ 指向 $E$ 点，作用线通过原力系的汇交点。从图 3-5 中可以看出，采用力三角形法则合成 4 个力时，中间过程可以省略，可直接将原力系按照一定的比例尺依次首尾相接画出，可得到一个**力多边形**，最后连接第一个力的起点和最后一个力的终点，形成力多边形的封闭边。力多边形的封闭边的长度表示了原力系合力的大小，作用线的方位和指向表示合力的方向。这种汇交力系合成的几何法称为**力多边形法则**。力多边形法则可以用于任意 $n$ 个力的合成。

需要说明的是，将各力依次首尾相接作力多边形时，与力的次序无关，例如在本例中，各力依次选用的是 $\boldsymbol{F}_4$、$\boldsymbol{F}_1$、$\boldsymbol{F}_3$ 和 $\boldsymbol{F}_2$，如果按照另外的顺序，只是改变力多边形的形状，合力的大小和方向不会改变。

另外，在图 3-5（b）中，$AC$ 和 $AD$ 表示合力，应该用矢量表示，由于采用力多边形法则对力系进行合成时，中间过程可以省略，因此本例中画成了虚线。

## 3.3　平面力系中的力对点之矩、力偶及其性质、力的平移定理

### 3.3.1　平面力系中力对点之矩

在力的作用下，物体将可能发生移动和转动，力的转动效应用力对点之矩来度量。

以用扳手拧螺帽为例说明力对点之矩的概念。如图 3-6 所示，作用在扳手上 $A$ 点的力 $\boldsymbol{F}$ 能使扳手绕 $O$ 点（或绕通过 $O$ 点并垂直于图面的轴）逆时针转动。转动效应取决于力 $\boldsymbol{F}$ 的大小和力 $\boldsymbol{F}$ 的作用线到 $O$ 点的垂直距离 $h$，与乘积 $F \cdot h$ 成正比。如果力 $\boldsymbol{F}$ 的指向不同，使扳手绕 $O$ 点转动的转向也不同。因此，规定 $F \cdot h$ 冠以适当的正负号作为力 $\boldsymbol{F}$ 使物体绕 $O$ 点发生转动效应的度量，称为**力 $\boldsymbol{F}$ 对 $\boldsymbol{O}$ 点之矩**。用符号 $M_O(\boldsymbol{F})$ 表示，即

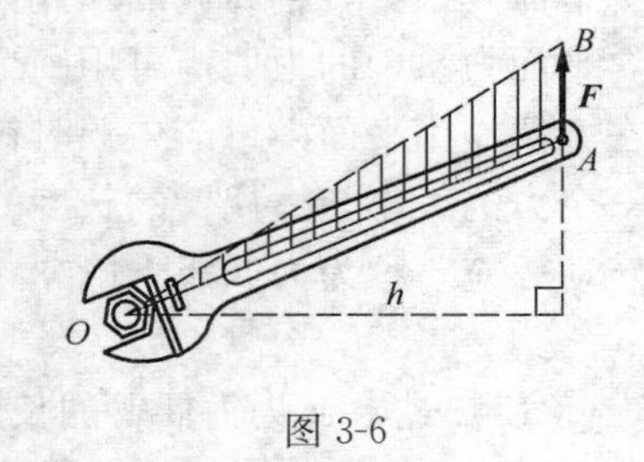


图 3-6

$$M_O(\boldsymbol{F}) = \pm Fh \tag{3-14}$$

式（3-14）中，点 $O$ 称为**力矩中心**，简称为**矩心**；$h$ 称为**力臂**；力 $\boldsymbol{F}$ 与矩心 $O$ 决定的平面称为**力矩作用平面**；乘积 $Fh$ 为**力矩的大小**，而正负号表示在力矩平面内力使物体绕矩心，即绕过矩心且垂直于力矩平面的轴的转向，通常规定**逆时针转向的力矩为正值，顺时针转向的力矩为负值。**（3-14）式还表明，力 $\boldsymbol{F}$ 对 $O$ 点之矩的大小等于以力 $\boldsymbol{F}$ 为底边，矩心 $O$ 为顶点所构成的三角形面积的两倍，即 $M_O(\boldsymbol{F}) = \pm 2\triangle OAB$ 面积，如图 3-6 所示。在平面力系问题中，力对点之矩的作用效应只取决于力矩的大小和转向，因此是一代数量。

力矩的单位是牛顿·米（N·m）或千牛顿·米（kN·m）。

作用于物体上的力可对于任意点取矩，矩心可以选择在所研究物体上的固定点，或者不固定的点，甚至物体以外的点，对于矩心的选择无任何限制。但是，由于力 $\boldsymbol{F}$ 对 $O$ 点之矩不仅与力 $\boldsymbol{F}$ 有关，同时还与矩心 $O$ 的位置有关，一般力矩将随矩心位置选择不同而异。因此必须指明矩心，力对点之矩才有意义。

由（3-14）式可知，当力 $\boldsymbol{F}$ 的作用线通过矩心 $O$（即力臂 $h=0$）时，此力对于该矩心的力矩等于零；如果将力 $\boldsymbol{F}$ 沿其作用线移动，该力对指定点的力矩不会发生改变。

### 3.3.2　平面力系中的力偶与力偶矩、力偶系的合成

（1）力偶与力偶矩

**大小相等、方向相反、作用线不共线但相互平行的一对力所构成的力系称为力偶。**如图 3-7 所示，记作（$\boldsymbol{F}$，$\boldsymbol{F}'$）。力偶作用在物体上，只能使物体产生转动效应，而不产生移动效应。例如用双手转动汽车方向盘［图 3-8（a）］以及用丝锥攻丝［图 3-8（b）］等都是力偶的作用实例。力偶中两力作用线所决定的平面称为**力偶作用面**，两力作用线间的垂直距离 $d$ 称为**力偶臂**。

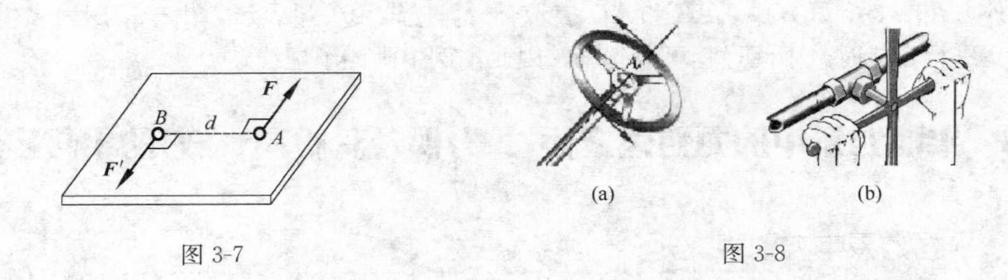


图 3-7　　　　图 3-8

平面力系中，各力偶的作用效应只取决于力偶的大小和在力偶作用平面内的转向。因此，平面力系中的力偶矩可用一个代数量表示。与平面力系中力对点之矩一样，力偶使得物体在力偶作用平面内可产生顺时针或者逆时针的转动，因此，**在平面力系中，可以用力偶中的一个力的大小与力偶臂的长度的乘积，并冠以适当的正负号后所得的代数量**，来表示力偶的转动效应，**称为力偶矩**。以 $m$（$\boldsymbol{F}$，$\boldsymbol{F}'$）表示力偶（$\boldsymbol{F}$，$\boldsymbol{F}'$）的矩，则有

$$m(\boldsymbol{F},\boldsymbol{F}') = \pm Fd \tag{3-15}$$

（3-15）式中 $d$ 为力偶臂的长度，当力偶使得物体逆时针转动时取正号，顺时针转动时取负号。

**力偶矩的单位**与力对点之矩的单位相同，也为牛顿·米（N·m）或千牛顿·米（kN·m）。

（2）力偶的性质

组成力偶的两个平行力满足等值、反向、不共线的条件，与单独一个力一样，都是独立的最基本的力学量。其性质如下：

**性质一　力偶不能与一个力等效，即力偶没有合力。力偶中的二力在任一轴上投影的代数和为零，但力偶不是平衡力系，力偶是最简单的力系。**

一个力可以使物体产生移动效应，也可以使物体产生绕某点（或某轴）的转动效应，而力偶不能使物体产生移动效应，只能使物体产生转动效应。因此，力偶不能与一个力等效，即力偶中的两个力不可能合成为一个合力，力偶只能与力偶等效。

**性质二　力偶中的两力对力偶作用平面内任意点之矩的和恒等于力偶矩，而与矩心位置无关。**

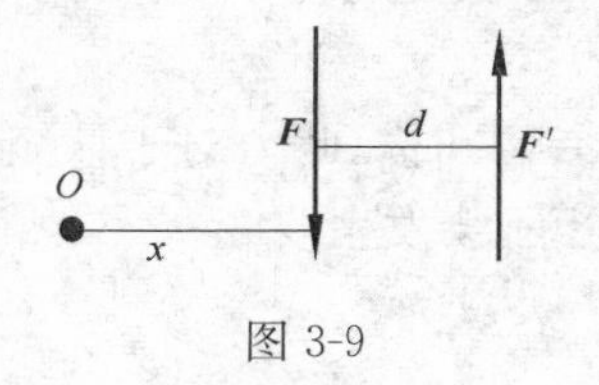


图 3-9

设有一力偶（$\boldsymbol{F}$，$\boldsymbol{F}'$），在力偶作用平面内任取一点 $O$ 为矩心，如图 3-9 所示。求得力偶（$\boldsymbol{F}$，$\boldsymbol{F}'$）的两个力对 $O$ 点之矩的代数和，有

$$m_O(\boldsymbol{F}) + m_O(\boldsymbol{F}') = -Fx + F'(x+d) = Fd = m(\boldsymbol{F},\boldsymbol{F}')$$

这一性质是力偶与力对点之矩的主要区别。

**性质三　力偶矩是力偶对刚体作用效应的唯一度量，因而在同一平面内的两力偶等效的必要与充分条件是这两力偶矩相等，称为力偶等效性质。**

由力偶的这一性质，可得出如下推论：

（1）只要力偶矩不变，力偶可在其作用面内任意移动和转动，而不改变它对刚体的效应；

（2）只要力偶矩不变，可以相应地改变组成力偶的力和力偶臂的大小，都不会改变原力

偶对刚体的作用效应。

如用两手转动方向盘时，两手的相对位置可以作用于方向盘的任何地方，只要两手作用于方向盘上的力组成的力偶的力偶矩不变，则它们使方向盘转动的效应就是完全相同的。又如用螺丝刀拧螺钉时，只要力偶矩的大小和转向保持不变，长螺丝刀与短螺丝刀的效果相同。

由此可见，力偶中的力，力偶臂和力偶在其作用面内的位置都不是力偶的特征量，只有**力偶矩是力偶对刚体作用效应的唯一度量**。因此，常用一段带箭头的弧线表示力偶，其中弧线所在平面代表力偶作用面，箭头表示力偶在其作用面内的转向，$M$（或 $m$）表示力偶矩大小，如图 3-10 所示的几种表示方法是相同的。

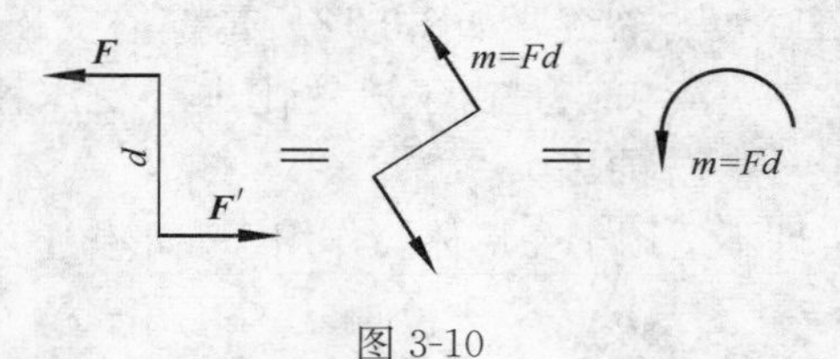


图 3-10

（3）平面力偶系的合成

同时作用在同一个物体上的若干个力偶组成的力系称为**力偶系**，如果力偶系中所有力偶的作用平面都在同一个平面，则称为**平面力偶系。**

单个力偶作用下，只能使得物体产生转动效应，并且，力偶的转动效应由力偶矩确定，所以，物体在平面力偶系的作用下，也只能产生转动效应，并且，平面力偶系的转动效应应为各力偶转动效应的总和，即，平面力偶系实际上与一个力偶等效。因此，**平面力偶系可以合成为一个合力偶，称为原力偶系的合力偶，其合力偶矩等于原力偶系各力偶之矩的代数和。**如以 $M$ 表示合力偶之矩，$m_1$、$m_2$、……、$m_n$ 表示原力偶系的各个力偶之矩，则有：

$$M = m_1 + m_2 + \cdots + m_n = \sum m \tag{3-16}$$

## 3.3.3　力的平移定理

力 $\boldsymbol{F}$ 作用于刚体上的 $A$ 点，如图 3-11（a）所示。在刚体上任取一点 $B$，根据加减平衡力系公理，在 $B$ 点加上两个等值反向的力 $\boldsymbol{F}'$ 和 $\boldsymbol{F}''$，使它们与力 $\boldsymbol{F}$ 平行，且 $\boldsymbol{F}' = -\boldsymbol{F}'' = \boldsymbol{F}$，如图 3-11（b）所示。显然，三个力 $\boldsymbol{F}$、$\boldsymbol{F}'$、$\boldsymbol{F}''$ 组成的新力系与原来的一个力 $\boldsymbol{F}$ 等效。而 $\boldsymbol{F}$ 和 $\boldsymbol{F}''$ 可组成一个力偶，因此，这三个力可看做是一个作用在 $B$ 点的力 $\boldsymbol{F}'$ 和一个力偶（$\boldsymbol{F}$，$\boldsymbol{F}''$）。这样，就把原来作用于 $A$ 点的力 $\boldsymbol{F}$ 平移到另一点 $B$，但同时附加了一个相应的力偶，如图 3-11（c）所示。附加力偶的矩为

$$m = M_B(\boldsymbol{F}) = Fd$$

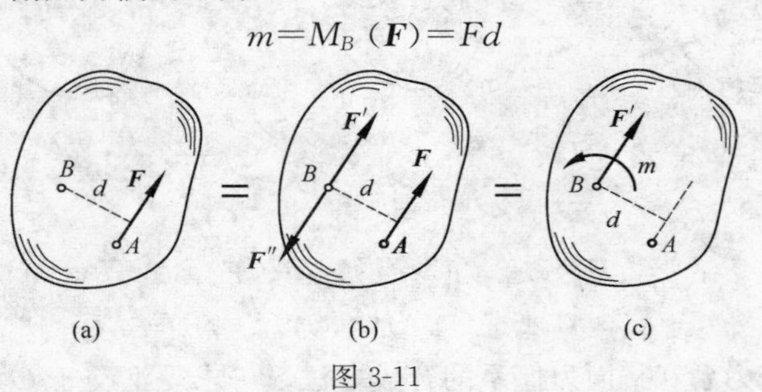


图 3-11

由此可得**力的平移定理**：作用在刚体上某点 $A$ 的力可以等效地平移到刚体上任一点 $B$（称平移点），平移的结果得到作用于新的作用点 $\boldsymbol{B}$，大小和方向与原力相同的力，和在该力与该平移点所决定的平面内的一个附加力偶，此附加力偶的力偶矩等于原力对平移点之矩。

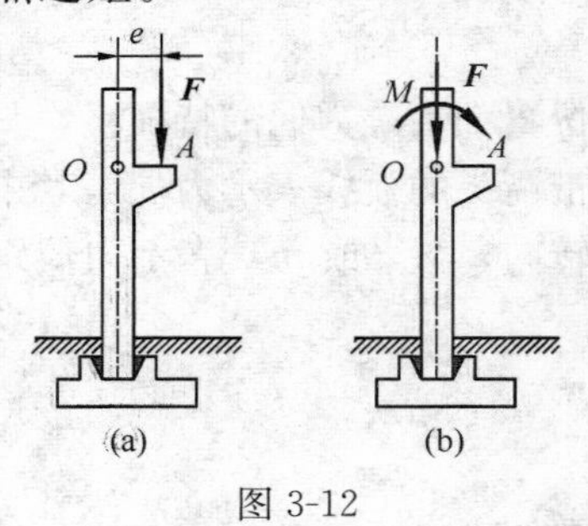

图 3-12

反过来，根据力的平移定理，也可以将平面内的一个力和一个力偶用作用在平面内另一点的力来等效替换。

力的平移定理是力系向一点简化的依据，也可用来解释一些实际问题。例如，可解释土木工程中偏心受压柱为什么比中心受压柱更容易发生倾斜或者在一侧出现裂缝，如图3-12所示偏心受压柱，根据力的平移定理可知，是由于该柱比中心受压柱多受一个力偶 $M$ 作用的原因。

必须注意，力的平移定理不适用于变形体，作用于变形体上不同点的力将使得变形体产生不同的变形效应。

## 3.4 平面一般力系的简化

### 3.4.1 主矢量和主矩

平面一般力系是作用线位于同一平面的力系，利用力的平移定理、平面汇交力系的合成以及平面力偶系的合力偶矩的合成方法，可对平面一般力系进行简化。

设一平面一般力系由分别作用于同一平面内 $A_1$、$A_2$、……、$A_n$ 的力 $\boldsymbol{F}_1$、$\boldsymbol{F}_2$、……、$\boldsymbol{F}_n$ 组成，如图 3-13（a）所示。取 $Oxy$ 平面为该力系所在的平面，在平面内任找一点 $O$ 作为简化中心，利用力的平移定理，将原力系各力向简化中心 $O$ 平移，得到一个汇交于 $O$ 点的平面汇交力系和一个附加的平面力偶系，该平面汇交力系各力的大小和方向与原力系中各力的大小和方向对应相等，附加的平面力偶系的各力偶矩等于原力系各力对于简化中心之矩，如图 3-13（b）所示。

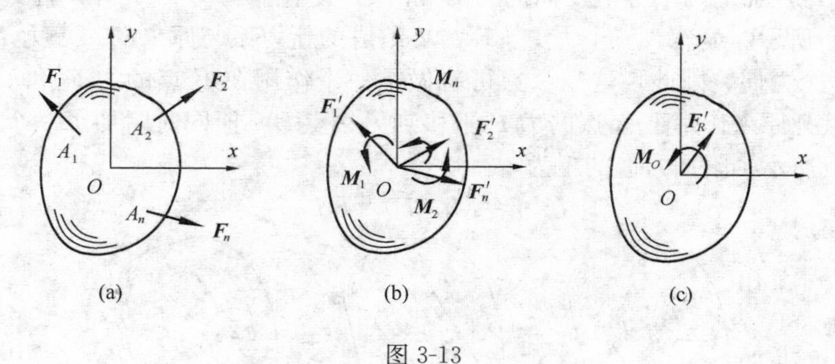

图 3-13

有
$$\boldsymbol{F}'_1=\boldsymbol{F}_1,\ \boldsymbol{F}'_2=\boldsymbol{F}_2,\ \cdots,\ \boldsymbol{F}'_n=\boldsymbol{F}_n$$

$$m_1=M_O(\boldsymbol{F}_1),m_2=M_O(\boldsymbol{F}_2),\cdots,m_n=M_O(\boldsymbol{F}_n)$$

再利用平面汇交力系和平面力偶系的合成方法，可求得汇交于 $O$ 点的平面汇交力系的合力以及附加的平面力偶系的合力偶矩。

$$\boldsymbol{F}_R=\sum \boldsymbol{F}'_i=\sum \boldsymbol{F}_i \tag{3-17}$$

$$M_O=\sum m_i \tag{3-18}$$

此时，原力系向 $O$ 点简化为位于 $Oxy$ 平面内的一个合力和一个合力偶，它们被分别称为平面一般力系向简化中心 $O$ 简化所得的主矢量 $\boldsymbol{F}'_R$ 和主矩 $M_O$，如图 3-13（c）所示。

由平面汇交力系的合成方法，可得主矢量的大小和方向余弦为：

$$\left.\begin{aligned} F'_R&=\sqrt{(\sum F_x)^2+(\sum F_y)^2}\\ \cos(\boldsymbol{F}'_R,\boldsymbol{i})&=\sum F_x/F'_R\\ \cos(\boldsymbol{F}'_R,\boldsymbol{j})&=\sum F_y/F'_R \end{aligned}\right\} \tag{3-19}$$

由于各附加力偶都位于 $Oxy$ 平面内，组成一平面力偶系，因此，其合力偶矩，即力系对 $O$ 点的主矩为代数量，主矩 $M_O$ 的大小为

$$M_O=\sum m_i=\sum M_O(\boldsymbol{F}_i) \tag{3-20}$$

综上所述，可得如下结论：平面一般力系向作用平面内任一点简化，**得到一个力和一个力偶。该力的作用线通过简化中心，其大小和方向决定于力系的主矢量，主矢量等于力系中各力的矢量和；力偶的作用面即为力系所在的平面，其力偶矩决定于力系对简化中心的主矩，主矩等于原力系中各力对简化中心之矩的代数和。**力系的主矢量与简化中心位置无关，而主矩一般与简化中心位置有关。

### 3.4.2　简化结果分析

（1）若 $\boldsymbol{F}'_R\neq0$，$M_O=0$，则力系可简化为一作用线通过简化中心的合力 $\boldsymbol{F}_R$，且合力等于主矢量，有 $\boldsymbol{F}_R=\boldsymbol{F}'_R=\sum\boldsymbol{F}$。

（2）若 $\boldsymbol{F}'_R=0$，$M_O\neq0$，则力系可简化为一作用在力系平面内的合力偶，其力偶矩等于主矩，$M=M_O=\sum M_O(\boldsymbol{F})$，此时 $M$ 与简化中心位置无关。

（3）若 $\boldsymbol{F}'_R\neq0$，$M_O\neq0$，则可有力的平移定理的逆运算将力系可进一步简化为一合力 $\boldsymbol{F}_R$，且 $\boldsymbol{F}_R=\boldsymbol{F}'_R=\sum\boldsymbol{F}$，合力 $\boldsymbol{F}_R$ 的作用线位置可由简化中心 $O$ 到合力作用线的垂直距离 $d$ 表示，亦可由合力作用线与 $x$ 轴的交点坐标 $x$ 表示，如图 3-14 所示。其中图 3-14（b）中的 $d$ 由下式计算

$$d=|M_O|/F'_R \tag{3-21}$$

合力 $\boldsymbol{F}_R$ 在主矢量 $\boldsymbol{F}'_R$ 的哪一侧，可由合力 $\boldsymbol{F}_R$ 对 $O$ 点之矩的转向应与主矩 $M_O$ 的转向一致来确定。如直接用坐标 $x$ 来确定合力 $\boldsymbol{F}_R$ 的作用线位置，由下式计算

$$x=M_O/F'_{Ry} \tag{3-22}$$

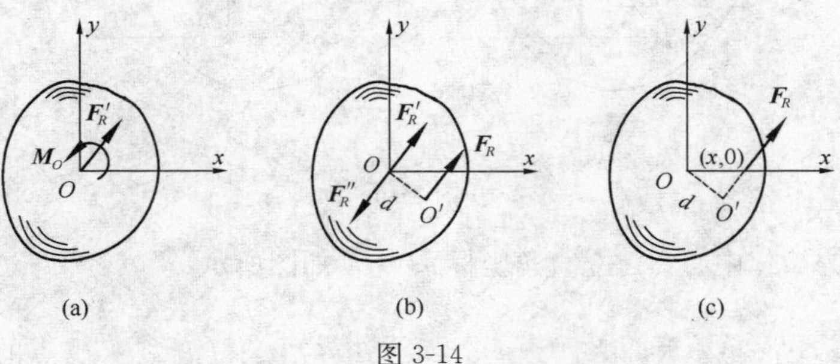


图 3-14

（4）若 $\boldsymbol{F}'_R=0$，$M_O=0$，则力系平衡。这种情况将在第四章中讨论。

综上所述，平面一般力系的最后简化结果为下列 3 种情况之一：（1）若 $\boldsymbol{F}_R=0$，$M_O\neq 0$，则简化为一合力偶；（2）若 $\boldsymbol{F}_R\neq 0$，$M_O=0$，则可简化为一合力，或者 $\boldsymbol{F}_R\neq 0$，$M_O\neq 0$，可以进一步简化为一合力；（3）若 $\boldsymbol{F}_R=0$，$M_O=0$，则力系平衡。

### 3.4.3 合力之矩定理

由前面的讨论可知，只要力系的主矢量向任一简化中心 $O$ 简化所得的主矢量 $\boldsymbol{F}_R\neq 0$，则无论主矩 $M_O$ 是否为零，原力系最终都可以简化为一个合力，从图 3-14 可知，合力 $\boldsymbol{F}_R$ 对简化中心 $O$ 之矩为

$$M_O(\boldsymbol{F}_R)=F_R\cdot d=M_O$$

由（3-23）式可知，主矩 $M_O=\sum M_O(\boldsymbol{F}_i)$，可得

$$M_O(\boldsymbol{F}_R)=\sum M_O(\boldsymbol{F}_i) \tag{3-23}$$

即，平面一般力系的合力对任一点之矩等于力系中所有的各个分力对于同一点之矩的代数和，这称为合力之矩定理。

当求力对某点之矩时，可以利用合力之矩定理简化计算。例如当 $a$、$b$、$\boldsymbol{F}$、$\theta$ 均为已知，计算图 3-15 中力 $\boldsymbol{F}$ 对 $A$ 点之矩时，直接计算矩心 $A$ 到力 $\boldsymbol{F}$ 作用线的垂直距离 $h$ 较麻烦。如果将力 $\boldsymbol{F}$ 分解为互相垂直的两个分力 $\boldsymbol{F}_x$ 和 $\boldsymbol{F}_y$，利用合力矩定理，则可方便地计算出力 $\boldsymbol{F}$ 对 $A$ 点之矩为

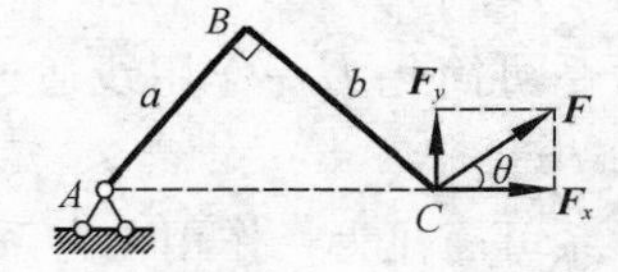


图 3-15

$$M_A(\boldsymbol{F})=M_A(\boldsymbol{F}_x)+M_A(\boldsymbol{F}_y)=0+F\sin\theta\cdot\sqrt{a^2+b^2}=F\sqrt{a^2+b^2}\sin\theta$$

**例 3-2** 如图 3-16(a)所示物体上作用的平面力系，已知：$F_1=150\text{N}$，$F_2=200\text{N}$，$F_3=250\text{N}$，$M=40\text{N}\cdot\text{m}$，$OA=20\text{cm}$，$OB=40\text{cm}$，$OC=50\text{cm}$。求该力系简化的最后结果。

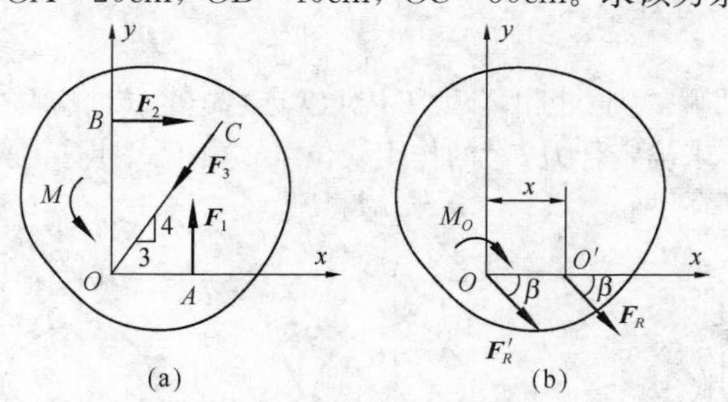


图 3-16

**解** 以 $O$ 点为简化中心，建立直角坐标系 $Oxy$ 如图所示。

计算主矢量 $\boldsymbol{F}'_R$：

主矢量在 $x$ 轴上的投影：

$$F'_{Rx}=\sum F_x=F_2-F_3\cdot\frac{3}{5}=200N-250N\times\frac{3}{5}=50\text{N}$$

主矢量在 $y$ 轴上的投形：

$$F'_{Ry}=\sum F_y=F_1-F_3\cdot\frac{4}{5}=150N-250N\times\frac{4}{5}=-50\text{N}$$

主矢量的大小：

$$F'_R=\sqrt{(\sum F_x)^2+(\sum F_y)^2}=\sqrt{(50\text{N})^2+(-50\text{N})^2}=50\sqrt{2}\,\text{N}=70.71\text{N}$$

主矢量的方向：

$$\cos(\boldsymbol{F}'_R,\boldsymbol{i})=\frac{F'_{Rx}}{F'_R}=\frac{50}{50\sqrt{2}}=\frac{\sqrt{2}}{2}=0.707$$

主矢量与 $x$ 轴所夹锐角：$\beta=(\boldsymbol{F}'_R,\boldsymbol{i})=45°$，如图 3-16 (b)所示。

计算主矩 $M_O$

$$\begin{aligned}M_O&=\sum M_O(\boldsymbol{F})=M+F_1\cdot\overline{OA}-F_2\cdot\overline{OB}\\&=40\text{N}\cdot\text{m}+150\text{N}\times0.2\text{m}-200\text{N}\times0.4\text{m}=-10\text{N}\cdot\text{m}\end{aligned}$$

求合力 $\boldsymbol{F}_\text{R}$ 的作用线位置

由于主矢量、主矩都不为零，所以这个力系简化的最后结果为一合力 $\boldsymbol{F}_R$。如图 3-16 (b) 所示，$\boldsymbol{F}_R$ 的大小和方向与主矢量 $\boldsymbol{F}'_R$ 相同。而合力 $\boldsymbol{F}_R$ 与 $x$ 轴的交点坐标为

$$x=\frac{M_O}{F'_{Ry}}=\frac{-10\text{kN}\cdot\text{m}}{-50\text{kN}}=0.2\text{m}$$

### 3.4.4　沿直线分布的同向线荷载的合力

在工程中，结构常常受到分布在狭长面积或体积上的平行分布荷载的作用，或者在某个方向上荷载集度相同的荷载，这些情况都可简化为线荷载研究。平面结构所受的线荷载，常见的是沿某一直线并垂直于该直线连续分布的同向平行力系。如图 3-17 所示为一分布长度为 $l$，荷载集度沿直线变化的线分布荷载。为求该分布荷载的合力 $\boldsymbol{F}$，以 $A$ 为坐标原点，建立直角坐标系 $Axy$。在距 $A$ 横坐标为 $x$ 处的线荷载集度为 $q(x)$，取 $\mathrm{d}x$ 微段，在 $\mathrm{d}x$ 微段上，线荷载集度可视为不变。作用在 $\mathrm{d}x$ 微段上分布力系合力的大小为 $\mathrm{d}F=q(x)\mathrm{d}x$，为 $\mathrm{d}x$ 段上荷载图形的面积。整个线荷载的合力大小为

$$F=\int_0^l \mathrm{d}F=\int_0^l q(x)\mathrm{d}x,$$

可知，线荷载合力的大小为 $AB$ 段上荷载图形面积的大小。

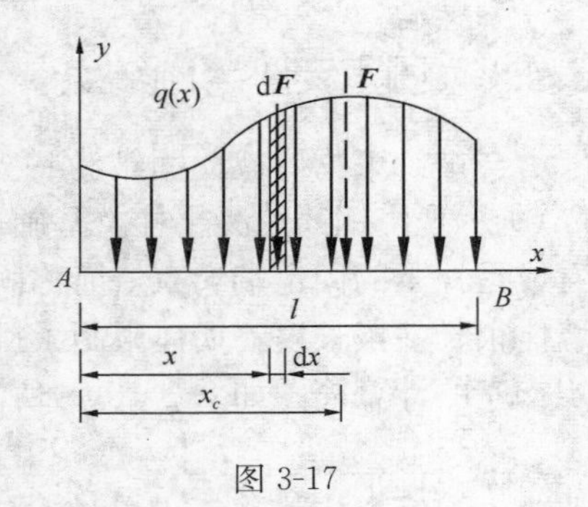


图 3-17

应用合力之矩定理求合力作用线位置。设合力 $\boldsymbol{F}$ 作用线与 $x$ 轴交点坐标为 $x_c$，由

$$M_A(\boldsymbol{F})=\sum M_A(\boldsymbol{F}_i)$$

可得

$$-Fx_c=-\int_0^l \mathrm{d}F\cdot x=-\int_0^l q(x)\cdot x\mathrm{d}x$$

$$x_c = \frac{\int_0^l q(x) \cdot x \mathrm{d}x}{F}$$

$x_c$ 是线段 $AB$ 上荷载图形的形心的 $x$ 坐标。

由此可知，沿直线且垂直于该直线分布的同向线荷载，其合力的大小等于荷载图形的面积，方向与原荷载方向相同，作用线通过荷载图形的形心。

工程上常见的几种线分布荷载有均布荷载、三角形分布荷载和梯形分布荷载等，这几种分布荷载的合力及其作用线位置如图 3-18（a）（b）（c）（d）（e）所示，其中，梯形荷载可看做集度为 $q_A$ 的均布荷载和最大集度为 $q_B-q_A$（设 $q_B>q_A$）的三角形分布荷载叠加而成，这两部分的合力分别为 $\boldsymbol{F}_1$ 和 $\boldsymbol{F}_2$，如图 3-18（d)所示；或者看成是最大集度分别为 $q_A$ 和 $q_B$ 的两个三角形荷载的叠加。如图 3-18（e)所示。

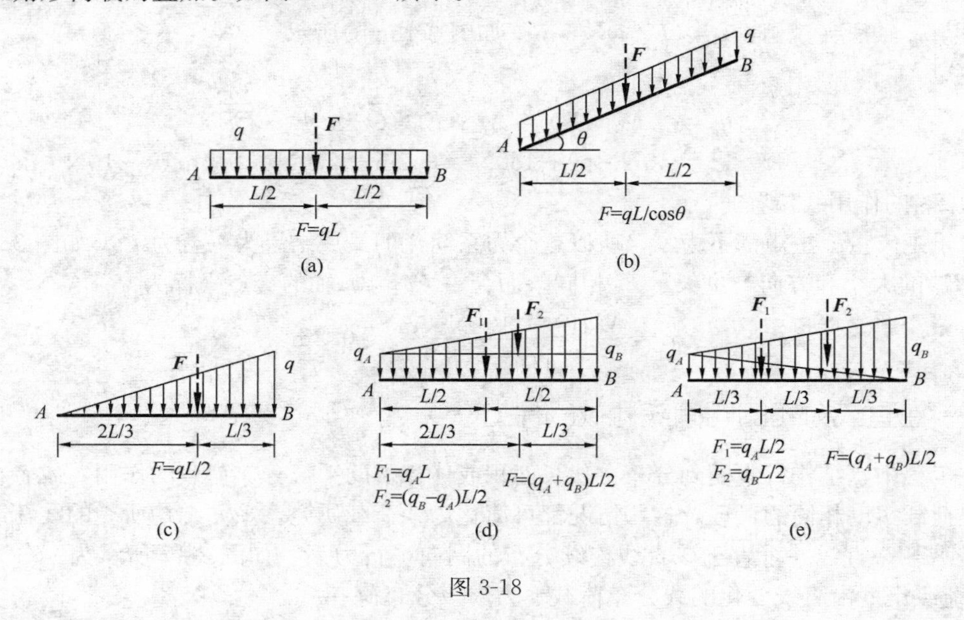


图 3-18

### 3.4.5 固定支座与刚结点

与被约束物体彼此固结为一整体的约束，称为固定端支座，简称固定支座。如图 3-19（a)所示现浇钢筋混凝土柱及基础，当柱子与基础整体浇铸，彼此固结为一体时，基础可以看成是柱子的固定端约束，简称固定支座；如图 3-19(b)的阳台挑梁，在挑梁的 A 端，插入墙体很长一段长度，墙体限制了挑梁的移动和转动，因此，也构成了挑梁的固定端约束。固定支座的计算简图如图 3-19(c)所示，被固定支座约束的物体不能作任何的移动和转动。当

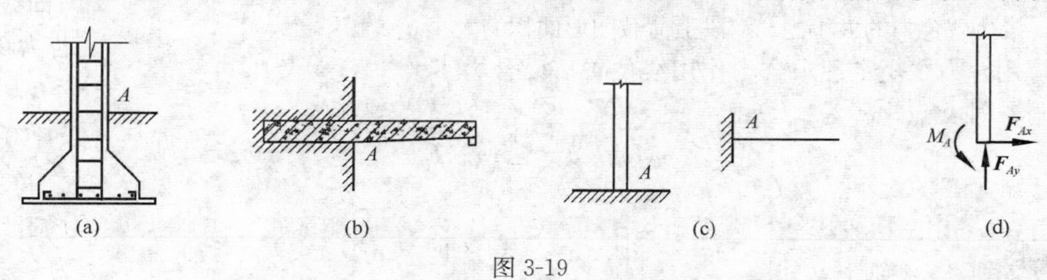


图 3-19

被固定支座约束的物体所受的主动力系是位于同一平面(如 $Axy$ 平面)的平面力系时，约束反力系也是位于该平面内的一个平面力系，向 $A$ 点简化时，通常用三个分量 $\boldsymbol{F}_{Ax}$、$\boldsymbol{F}_{Ay}$、$M_A$ 来表示，如图 3-19(d)所示。

当两物体刚性连接形成一整体，在连接点处彼此不能有任何的相对移动和转动时，这样的连接点称为刚结点。例如钢筋混凝土框架和钢框架结构中的梁与柱的连接点处，上柱、下柱与梁被整体浇注成一整体，如图 3-20(a)所示为一钢筋混凝土框架的边柱与梁的连接点，梁和柱子的钢筋相互伸入，并整体浇筑，成为刚性结点。刚结点的约束性质和约束反力的构成情况与固定支座完全一致。其计算简图如图 3-20(b)所示，在刚结点 $A$ 处，上下柱端和梁端都不能作相对移动和相对转动。因此，分析刚结点连接的柱子或梁时，在柱端或梁段连接处所受的力与固定端约束相同。

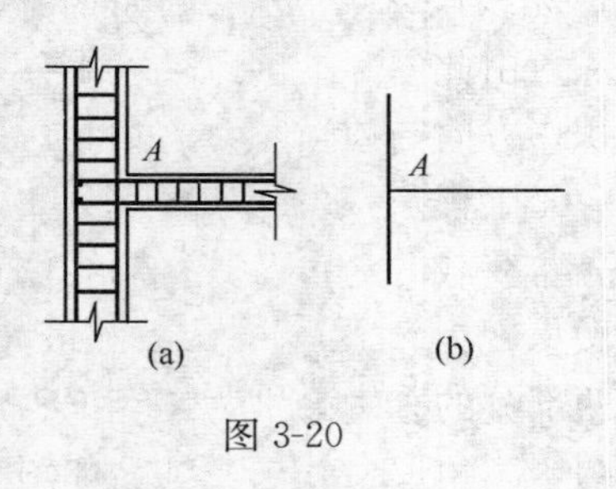

图 3-20

## *3.5　空间汇交力系的合成

### 3.5.1　力在空间直角坐标轴上的投影

力 $\boldsymbol{F}$ 在空间直角坐标轴上的投影有两种计算方法。

(1) 直接投影法

已知力 $\boldsymbol{F}$ 的大小和力 $\boldsymbol{F}$ 与空间直角坐标轴 $x$、$y$、$z$ 正向的夹角分别为 $\alpha$、$\beta$、$\gamma$（称为力 $F$ 的方向角），如图 3-21所示，则力 $\boldsymbol{F}$ 在空间直角坐标轴 $x$、$y$、$z$ 轴上的投影分别等于力的大小乘以力的相应的方向角的余弦，即

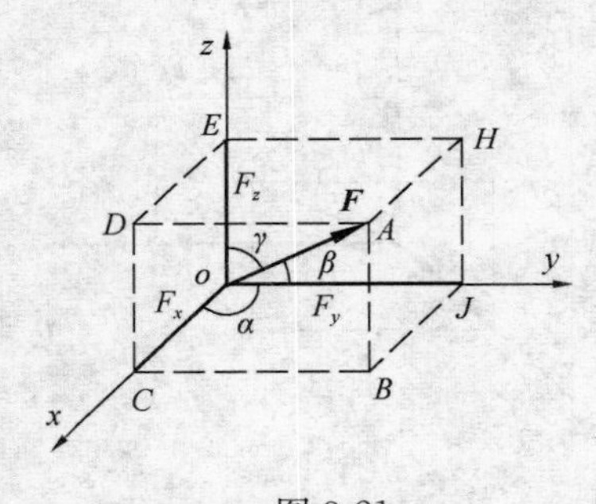

图 3-21

$$\left.\begin{aligned} F_x &= F\cos\alpha \\ F_y &= F\cos\beta \\ F_z &= F\cos\gamma \end{aligned}\right\} \tag{3-24}$$

(3-24) 式称为直接投影式或一次投影式，这种方法称为直接投影法或一次投影法。直接投影法的表达式较简捷。

(2) 二次投影法

二次投影法首先将力投影到某个平面，再投影到轴上。将一力 $\boldsymbol{F}$ 向 $Oxy$ 平面投影，与向轴投影一样，分别从力 $\boldsymbol{F}$ 的始端和末端作 $Oxy$ 平面的垂线，可得垂足 $a$ 到 $b$ 的有向线段，因此，力 $\boldsymbol{F}$ 在 $Oxy$ 平面上的投影为一矢量 $\boldsymbol{ab}$，用 $\boldsymbol{F}_{xy}$ 表示，如图 3-22 (a)所示。若力 $\boldsymbol{F}$ 与 $Oxy$ 平面夹角为 $\theta$，则投影力矢 $\boldsymbol{F}_{xy}$ 的大小为

$$F_{xy} = F\cos\theta \tag{3-25}$$

已知力 $\boldsymbol{F}$ 的大小、力 $\boldsymbol{F}$ 与 $Oxy$ 平面的夹角 $\theta$，以及力 $\boldsymbol{F}$ 在 $Oxy$ 平面上的投影 $\boldsymbol{F}_{xy}$ 与 $x$ 轴的夹角 $\varphi$，采用二次投影法，可先将力 $\boldsymbol{F}$ 投影到 $Oxy$ 平面上得力矢量 $\boldsymbol{F}_{xy}$，再将力矢量 $\boldsymbol{F}_{xy}$ 分别投影到 $x$、$y$ 轴上，如图 3-22 (b)所示，得到力 $\boldsymbol{F}$ 在三个直角坐标轴上的投影为

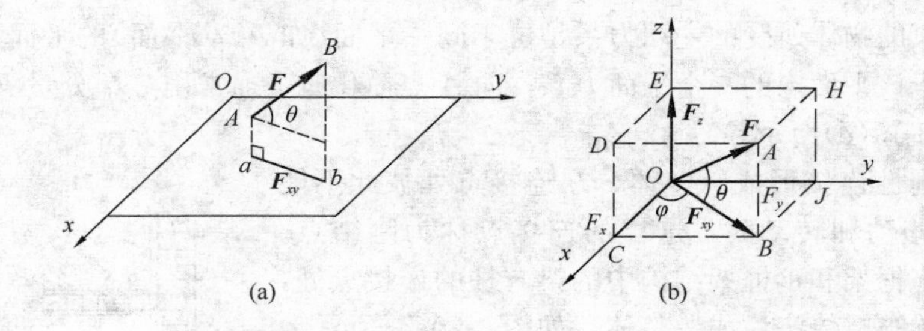


图 3-22

$$\left.\begin{aligned} F_x &= F\cos\theta\cos\varphi \\ F_y &= F\cos\theta\sin\varphi \\ F_z &= F\sin\theta \end{aligned}\right\} \tag{3-26}$$

(3-26）式称为二次投影式。这种方法称为二次投影法。二次投影法在工程实际中用得较为普遍。

## 3.5.2 力沿直角坐标轴分解的解析表示

将力 $\boldsymbol{F}$ 沿空间直角坐标轴分解为三个正交分力 $\boldsymbol{F}_x$、$\boldsymbol{F}_y$、$\boldsymbol{F}_z$，如图 3-23 所示，则有

$$\boldsymbol{F} = \boldsymbol{F}_x + \boldsymbol{F}_y + \boldsymbol{F}_z \tag{3-27}$$

若以 $\boldsymbol{i}$、$\boldsymbol{j}$、$\boldsymbol{k}$ 分别表示沿 $x$、$y$、$z$ 轴正向的单位矢量，则力 $\boldsymbol{F}$ 的三个正交分力可用力在对应轴上的投影与相应的单位矢量的乘积表示为

$$\left.\begin{aligned} \boldsymbol{F}_x &= F_x\boldsymbol{i} \\ \boldsymbol{F}_y &= F_y\boldsymbol{j} \\ \boldsymbol{F}_z &= F_z\boldsymbol{k} \end{aligned}\right\} \tag{3-28}$$

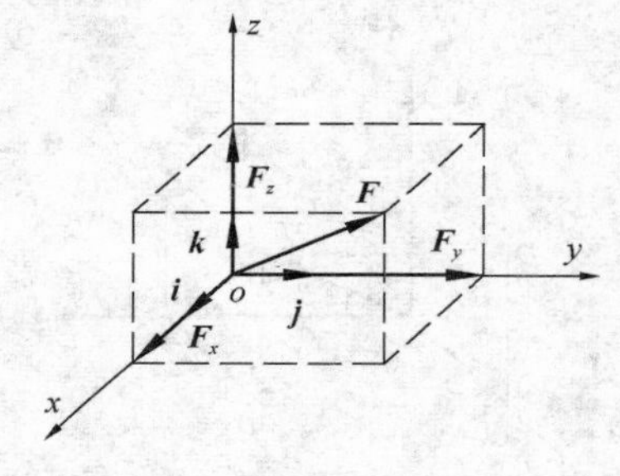


图 3-23

将式（3-28）代入式（3-27）中，可得力 $\boldsymbol{F}$ 的解析表达式为

$$\boldsymbol{F} = F_x\boldsymbol{i} + F_y\boldsymbol{j} + F_z\boldsymbol{k} \tag{3-29}$$

若已知力 $\boldsymbol{F}$ 在三个直角坐标轴上的投影 $\boldsymbol{F}_x$、$\boldsymbol{F}_y$、$\boldsymbol{F}_z$，则力 $\boldsymbol{F}$ 的大小和方向余弦可用下列各式计算

$$\left.\begin{aligned} \boldsymbol{F} &= \sqrt{F_x^2 + F_y^2 + F_z^2} \\ \cos(\boldsymbol{F},\boldsymbol{i}) &= \frac{F_x}{F} \\ \cos(\boldsymbol{F},\boldsymbol{j}) &= \frac{F_y}{F} \\ \cos(\boldsymbol{F},\boldsymbol{k}) &= \frac{F_z}{F} \end{aligned}\right\} \tag{3-30}$$

### 3.5.3　空间汇交力系的合成

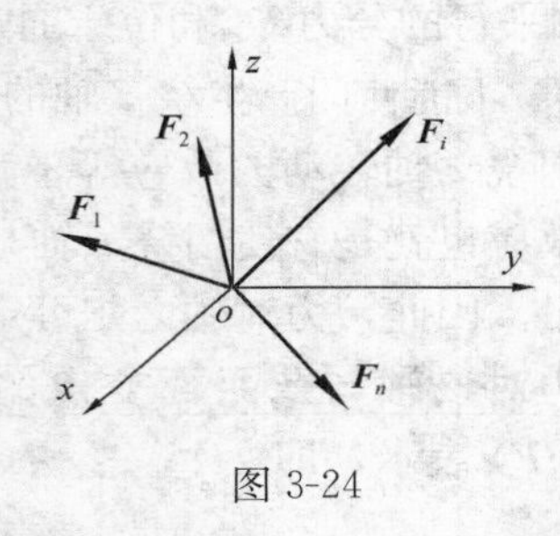

图 3-24

设有一各力作用线汇交于 $O$ 点的空间汇交力系 $\boldsymbol{F}_1$、$\boldsymbol{F}_2$、……、$\boldsymbol{F}_n$，若以汇交点 $O$ 为坐标原点，建立直角坐标系 $Oxyz$，如图 3-24 所示。若已知各力的方向角，可求出力系中的各力在坐标轴 $x$、$y$、$z$ 上的投影为 $F_{1x}$，$F_{2x}$，……，$F_{nx}$、$F_{1y}$，$F_{2y}$，……，$F_{ny}$ 和 $F_{1z}$，$F_{2z}$，……，$F_{nz}$，根据合力投影定理，算出合力 $\boldsymbol{F_R}$ 的投影 $F_{Rx}$，$F_{Ry}$，$F_{Rz}$，即可求出合力 $\boldsymbol{F_R}$ 的大小和方向余弦分别为

$$\left.\begin{aligned} F_R &= \sqrt{F_{Rx}^2+F_{Ry}^2+F_{Rz}^2} = \sqrt{(\sum F_x)^2+(\sum F_y)^2+(\sum F_z)^2} \\ \cos(\boldsymbol{F}_R,\boldsymbol{i}) &= \frac{F_{Rx}}{F_R} \\ \cos(\boldsymbol{F}_R,\boldsymbol{j}) &= \frac{F_{Ry}}{F_R} \\ \cos(\boldsymbol{F}_R,\boldsymbol{k}) &= \frac{F_{Rz}}{F_R} \end{aligned}\right\} \tag{3-31}$$

同样，空间汇交力系的合力作用线也通过原力系的汇交点。

**空间汇交力系可以合成为一个合力，合力等于原力系各个分力的矢量和，其作用线通过原力系的汇交点。**

## *3.6　空间一般力系的合成

### 3.6.1　力对轴之矩

（1）力对轴之矩的概念

平面力系的力 $\boldsymbol{F}$ 对 $O$ 点之矩实际是力 $\boldsymbol{F}$ 对通过 $O$ 点并垂直于力矩作用平面的轴之矩，可以使物体绕该轴转动。在日常生活和工程实际中，如开关门窗、电动绞车等，都是力使得物体绕轴转动的实例。

采用力对轴之矩的概念度量力使物体绕轴转动的效应，以开门为例来说明。如图 3-25

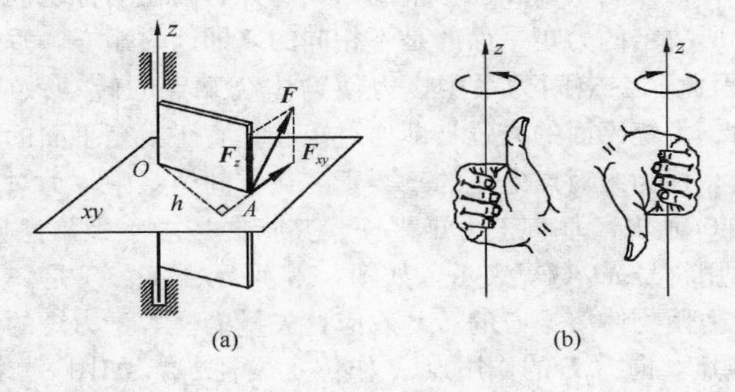

图 3-25

(a)所示，在门上 $A$ 点作用一力 $\boldsymbol{F}$。为了确定力 $\boldsymbol{F}$ 使门绕轴 $z$ 转动的效应，将力 $\boldsymbol{F}$ 分解为与

$z$ 轴平行的分力 $\boldsymbol{F}_z$ 和位于通过 $A$ 点且垂直于 $z$ 轴的 $xy$ 平面内的分力 $\boldsymbol{F}_{xy}$。与 z 轴平行的分力 $\boldsymbol{F}_z$ 不能使门产生绕 $z$ 轴的转动效应，只有分力 $\boldsymbol{F}_{xy}$ 而才能使门绕 $z$ 轴转动，因此，力 $\boldsymbol{F}$ 使门绕 $z$ 轴转动的效应等于其分力 $\boldsymbol{F}_{xy}$ 使门绕 $z$ 轴转动的效应。而分力 $\boldsymbol{F}_{xy}$ 使门绕 $z$ 轴转动的效应也就是它使门绕 $z$ 轴与 $xy$ 平面的交点 $O$ 转动的效应，可以用分力 $\boldsymbol{F}_{xy}$ 对 $O$ 点之矩来度量。因此，**力对轴之矩**可定义为：**力对某轴之矩等于力 $\boldsymbol{F}$ 在垂直于该轴的任一平面上的分力对该轴与此平面交点的矩，并用以作为力使物体绕该轴转动效应的度量。**用符号 $M_z(\boldsymbol{F})$ 表示，即

$$M_z(\boldsymbol{F}) = M_O(\boldsymbol{F}_{xy}) = \pm F_{xy}h \tag{3-32}$$

**力对轴之矩是代数量，**其正负号按**右手螺旋法则确定，**即，将右手四指握轴，并以它们的弯曲方向表示力 $\boldsymbol{F}$ 使物体绕 $z$ 轴的转向，若伸直的大拇指的指向与 $z$ 轴正向一致，则规定力矩为正，反之为负，如图 3-25 (b)所示。由力对轴之矩的定义可知**当力的作用线与轴平行或相交时，即力与轴共面时，力对该轴之矩等于零。**

力对轴之矩的单位是牛顿·米（N·m）或千牛顿·米（kN·m）。

(2) 力对直角坐标轴之矩的解析表达式

设作用于刚体上 $A$ 点的力 $\boldsymbol{F}$ 在三个坐标轴上的投影分别为 $F_x$、$F_y$、$F_z$，力作用点 $A$ 相对于矩心 $O$ 的位置矢径 $\boldsymbol{r}_{AO}$ 在坐标轴上的投影为 $x$、$y$、$z$，如图 3-26 所示。根据力对轴之矩的定义式（3-33）以及平面汇交力系合力矩定理，可得力 $\boldsymbol{F}$ 对 $Oz$ 轴之矩为

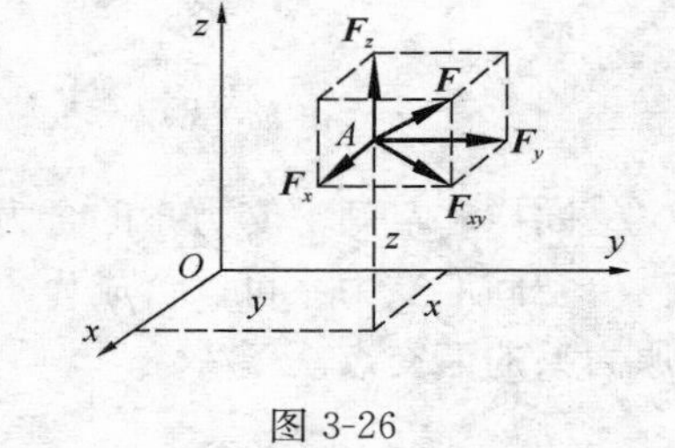


图 3-26

$$M_z(\boldsymbol{F}) = M_O(\boldsymbol{F}_{xy}) = M_O(\boldsymbol{F}_x) + M_O(\boldsymbol{F}_y) = xF_y - yF_x$$

也可类似地写出力 $\boldsymbol{F}$ 对 $Ox$ 轴和 $Oy$ 轴之矩，则力 $\boldsymbol{F}$ 对直角坐标轴之矩的解析表达式为

$$\left.\begin{aligned} M_x(\boldsymbol{F}) &= yF_Z - zF_Y \\ M_y(\boldsymbol{F}) &= zF_x - xF_z \\ M_z(\boldsymbol{F}) &= xF_y - yF_x \end{aligned}\right\} \tag{3-33}$$

## 3.6.2 空间力系中力对点之矩、力对点之矩与力对通过该点的轴之矩的关系

在平面力系中，各力的作用线与矩心所决定的力矩平面是相同的，因此，只需用力矩的大小和转向（正负号），即，用代数量就足以表明力使物体绕矩心的转动效应。

在空间力系中，各力作用线不在同一平面内，研究各力使物体绕同一点转动时，各力的作用线与同一个矩心所决定的力矩平面的是不相同的（即通过矩心，垂直于力矩平面的转轴的方位各不相同）。因此，在空间力系中，力使物体绕某点的转动效应取决于**力矩的大小**（即力和力臂的乘积）、**力矩平面的方位**（即通过矩心垂直于力矩平面的转动轴的方位）和**力矩的转向**这三个因素，称为**力对点之矩的三要素。**在空间力系中，力对点之矩需用一个矢量表示，该矢量从矩心 O 画出，垂直于力矩平面，其指向按右手螺旋法则确定，这个矢量称为**力对点之矩矢量，**用符号 $\boldsymbol{M}_O(\boldsymbol{F})$ 表示，如图 3-27 所示。$\boldsymbol{M}_O(\boldsymbol{F})$ 是一个作用线通过矩心的定位矢量，用以度量力使物体绕矩心的转动效应，矢量的模等于力矩的大小。

如以矩心 $O$ 为原点，向力 $\boldsymbol{F}$ 的作用点 $A$ 作位置矢径 $\boldsymbol{r}_{AO}$，如图 3-27 所示。则力 $\boldsymbol{F}$ 对 $O$ 点之矩可用矢积表示为：

$$\boldsymbol{M}_O(\boldsymbol{F}) = \boldsymbol{r}_{AO} \times \boldsymbol{F} \tag{3-34}$$

式（3-34）表明，**力对于任一点之矩等于该位置矢径与力的矢积**。由于矢量 $\boldsymbol{r}_{AO}$ 和 $\boldsymbol{F}$ 都服从矢量合成法则，故它们的矢积也必然服从矢量合成法则。所以，**矩心相同的各力矩矢量符合矢量合成法则**。

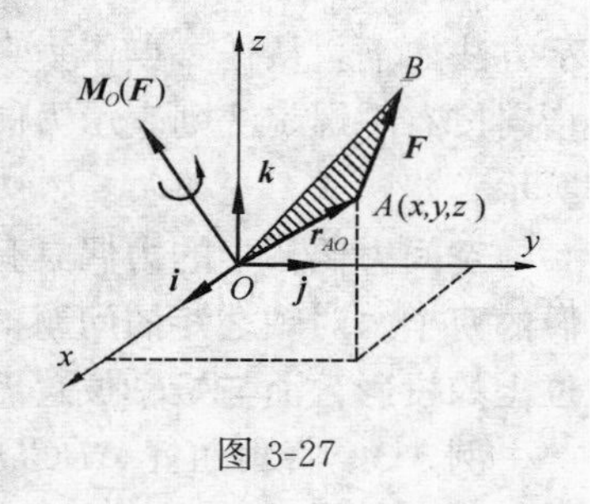


图 3-27

如以矩心 $O$ 为原点建立空间直角坐标系 $Oxyz$，如图 3-27 所示。沿坐标轴方向取单位矢量 $\boldsymbol{i}$、$\boldsymbol{j}$、$\boldsymbol{k}$，以 $x$、$y$、$z$ 和 $F_x$、$F_y$、$F_z$ 分别表示位置矢径 $\boldsymbol{r}_{AO}$ 和力 $\boldsymbol{F}$ 在对应坐标轴上的投影，则有

$$\boldsymbol{r}_{AO} = x\boldsymbol{i} + y\boldsymbol{i} + z\boldsymbol{k}$$
$$\boldsymbol{F} = F_x\boldsymbol{i} + F_y\boldsymbol{j} + F_z\boldsymbol{k}$$

式（3-35）改写为力对点之矩矢量的解析表达式

$$\boldsymbol{M}_O(\boldsymbol{F}) = \boldsymbol{r}_{AO} \times \boldsymbol{F} = \begin{vmatrix} \boldsymbol{i} & \boldsymbol{j} & \boldsymbol{k} \\ x & y & z \\ F_x & F_y & F_z \end{vmatrix}$$
$$= (yF_z - zF_y)\boldsymbol{i} + (zF_x - xF_z)\boldsymbol{j} + (xF_y - yF_x)\boldsymbol{k} \tag{3-35}$$

将式（3-35）与式（3-29）对比可得力对点之矩矢量在坐标轴上的投影的表达式为

$$\left.\begin{aligned} [\boldsymbol{M}_O(\boldsymbol{F})]_x &= yF_z - zF_y \\ [\boldsymbol{M}_O(\boldsymbol{F})]_y &= zF_x - xF_z \\ [\boldsymbol{M}_O(\boldsymbol{F})]_x &= xF_y - yF_x \end{aligned}\right\} \tag{3-36}$$

比较式（3-36）与（3-33），可得

$$\left.\begin{aligned} [\boldsymbol{M}_O(\boldsymbol{F})]_x &= M_x(\boldsymbol{F}) \\ [\boldsymbol{M}_O(\boldsymbol{F})]_y &= M_y(\boldsymbol{F}) \\ [\boldsymbol{M}_O(\boldsymbol{F})]_z &= M_z(\boldsymbol{F}) \end{aligned}\right\} \tag{3-37}$$

即**力对点之矩矢量在通过该点的某轴上的投影，等于力对该轴的矩**。这就是力对点之矩与力对通过该点的轴之矩的关系，通常称为**力矩关系定理**。

根据式（3-36）和式（3-37），可将式（3-35）改写为：

$$\boldsymbol{M}_O(\boldsymbol{F}) = M_x(\boldsymbol{F})\boldsymbol{i} + M_y(\boldsymbol{F})\boldsymbol{j} + M_z(\boldsymbol{F})\boldsymbol{k} \tag{3-38}$$

可见，**力使物体绕某点的转动效应等于力使物体同时分别绕过该点的三根相互垂直的轴的转动效应的总和**。这是力矩关系定理的另一种表述。

应用力矩关系定理可以通过计算力对正交坐标系中三根坐标轴之矩来计算力对坐标原点之矩，也可通过力对点之矩来求力对轴之矩。

### 3.6.3　力偶矩矢量

力偶对物体的转动效应不但与力偶中任何一个力 $\boldsymbol{F}$（或 $\boldsymbol{F}'$）的大小和力偶臂 $d$ 的乘积 $F \cdot d$（或 $F' \cdot d$）有关，而且与力偶作用面在空间中的方位及力偶在其作用平面内的转向有关。因此，在一般情况下，力偶的转动效应取决于**力偶的三要素，即**，力偶中任一力的大小与力偶臂的乘积 $F \cdot d$、力偶作用面的方位以及力偶在其作用面内的转向。力偶的三个要素可用一个矢量完整地表示出来，这个矢量称为**力偶矩矢**，用符号 $\boldsymbol{M}$ 表示。其表

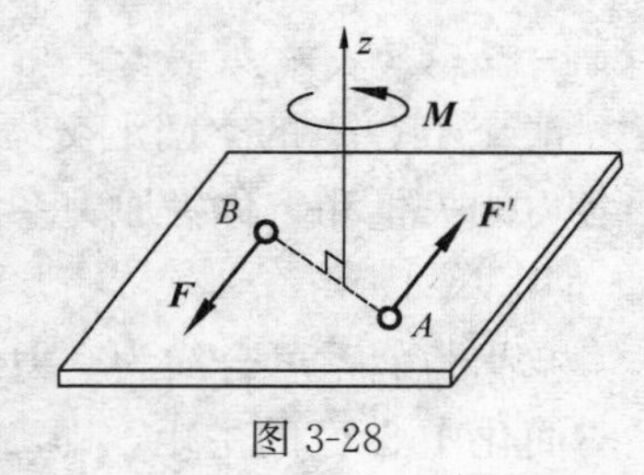


图 3-28

示方法如下：从任一点作垂直于力偶作用面的矢量 $\boldsymbol{M}$，矢量的方位表示力偶作用面的方位，指向按右手螺旋法则表示力偶的转向，矢量的模等于力偶矩的大小 $|\boldsymbol{M}| = F \cdot d$，如图 3-28 所示。

**空间力偶系中的力偶具有与平面力偶系中的力偶相同的性质，只是性质二还可以针对力偶的两个力对轴之矩的问题，即：力偶中的两力对任意轴之矩之和恒等于力偶矩矢在该轴方位上的投影，而与矩轴位置无关。**

**例 3-3** 直角曲杆 $ABCD$ 的 $A$ 端为固定端，在自由端 $D$ 处受到平行于 $x$ 轴的力 $\boldsymbol{F}$ 的作用，如图 3-29 所示。已知 $F = 100\text{N}$，$a = 0.2\text{m}, b = 0.15\text{m}$，$c = 0.125\text{m}$，求力 $\boldsymbol{F}$ 对 $A$ 点之矩。

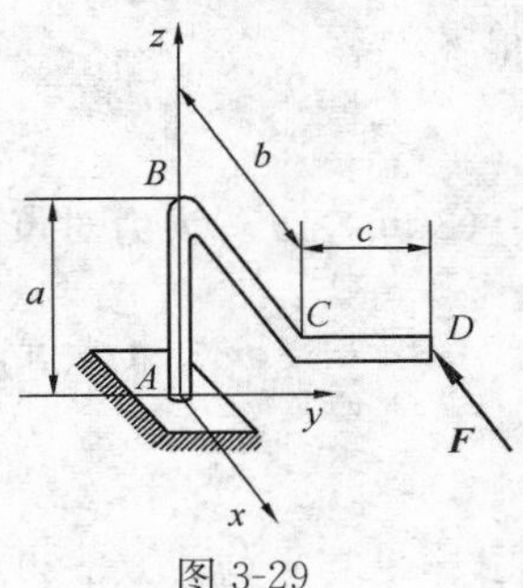

图 3-29

**解** 以矩心 $A$ 为原点建立直角坐标系 $Axyz$，计算力 $\boldsymbol{F}$ 对各坐标轴之矩

$$M_x(\boldsymbol{F}) = 0$$

$$M_y(\boldsymbol{F}) = F \cdot a = -20\text{N} \cdot \text{m}$$

$$M_z(\boldsymbol{F}) = F \cdot c = 12.5\text{N} \cdot \text{m}$$

由此得 $$M_O(\boldsymbol{F}) = 12.5\boldsymbol{j} - 20.0\boldsymbol{k} \ \text{N} \cdot \text{m}$$

## 3.6.4 空间一般力系的简化

空间一般力系是力系中最普遍的情形，是指**各力作用线分布在空间的任意力系**，其他各种力系都是它的特例。

1. 空间一般力系向一点简化

设一空间一般力系作用在刚体上，如图 3-30 (a)所示，与平面一般力系的简化方法相同，在空间任选一点 $O$ 作为简化中心，根据力的平移定理，将各力平移至 $O$ 点，并附加一个相应的力偶。这样可得到一个汇交于 $O$ 点的空间汇交力系 $\boldsymbol{F}'_1$，$\boldsymbol{F}'_2 \cdots\cdots \boldsymbol{F}'_n$，以及力偶矩矢分别为 $\boldsymbol{M}_1$，$\boldsymbol{M}_2$，……，$\boldsymbol{M}_n$ 的空间力偶系，如图 3-30 (b)所示。其中

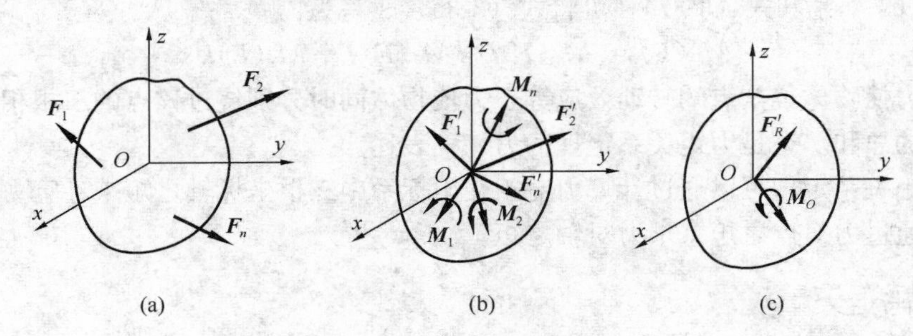

图 3-30

$$\boldsymbol{F}'_1 = \boldsymbol{F}_1,\ \boldsymbol{F}'_2 = \boldsymbol{F}_2,\ \cdots,\ \boldsymbol{F}'_n = \boldsymbol{F}_n,\ \boldsymbol{M}_1 = \boldsymbol{M}_O(F_1),\ \boldsymbol{M}_2 = \boldsymbol{M}_O(\boldsymbol{F}_2),\ \cdots,\ \boldsymbol{M}_n = \boldsymbol{M}_O(\boldsymbol{F}_n)。$$

汇交于 $O$ 点的空间汇交力系可合成为作用线通过 $O$ 点的一个力 $\boldsymbol{M}'_R$，其力矢等于原力系中各力的矢量和，称为原力系的**主矢量**，即

$$\boldsymbol{M}'_R = \sum \boldsymbol{M}' = \sum \boldsymbol{M} \tag{3-39}$$

空间力偶系可合成为一力偶，其力偶矩矢 $\boldsymbol{M}_O$ 等于各附加力偶矩矢的矢量和，称为原力系对简化中心 $O$ 的主矩，即

$$M_O = \sum M_i = \sum M_O(F) \tag{3-40}$$

由此可得结论：**空间一般力系向任一点 $O$ 简化，一般可得一个力和一个力偶，它们对刚体的作用效果与原力系等效；此力作用线通过简化中心，其大小和方向决定于力系的主矢量，此力偶的力偶矩矢量决定于力系对简化中心的主矩。**如图 3-30（c）所示。不难看出，力系的主矢量与简化中心位置无关，主矩一般与简化中心的位置有关，故应注以下标来表明简化中心的位置。

如果过简化中心作直角坐标系 $Oxyz$，如图 3-30 所示，则力系的主矢量和主矩可用解析法计算。

（1）主矢量 $\boldsymbol{F}'_R$ 的计算

设 $F'_{Rx}, F'_{Ry}, F'_{Rz}$ 和 $F_x, F_y, F_z$ 分别表示主矢量 $\boldsymbol{F}'_R$ 和力系中第 $i$ 个力 $\boldsymbol{F}_i$ 在坐标轴上的投影，则：

$$\left.\begin{aligned} F'_{Rx} &= \sum F_x \\ F'_{Ry} &= \sum F_y \\ F'_{Rz} &= \sum F_z \end{aligned}\right\} \tag{3-41}$$

由此可得主矢量的大小和方向余弦为：

$$\left.\begin{aligned} &F'_R = \sqrt{(\sum F_x)^2 + (\sum F_y)^2 + (\sum F_z)^2} \\ &\cos(\boldsymbol{F}'_R, \boldsymbol{i}) = F'_{Rx}/F'_R \\ &\cos(\boldsymbol{F}'_R, \boldsymbol{j}) = F'_{Ry}/F'_R \\ &\cos(\boldsymbol{F}'_R, \boldsymbol{k}) = F'_{Rz}/F'_R \end{aligned}\right\} \tag{3-42}$$

（2）主矩 $\boldsymbol{M_O}$ 的计算

以 $M_{Ox}$，$M_{Oy}$，$M_{Oz}$ 分别表示主矩 $\boldsymbol{M}_O$ 在坐标轴上的投影，根据力对点之矩与力对轴之矩的关系，将式（3-39）两端分别在坐标轴上投影得：

$$\left.\begin{aligned} M_{Ox} &= [\sum M_O(\boldsymbol{F})]_x = \sum M_x(\boldsymbol{F}) \\ M_{Oy} &= [\sum M_O(\boldsymbol{F})]_y = \sum M_y(\boldsymbol{F}) \\ M_{Oz} &= [\sum M_O(\boldsymbol{F})]_z = \sum M_z(\boldsymbol{F}) \end{aligned}\right\} \tag{3-43}$$

由此可得到力系对 $O$ 点的主矩的大小和方向余弦为

$$\left.\begin{aligned} &M_O = \sqrt{[\sum M_x(\boldsymbol{F})]^2 + [\sum M_y(\boldsymbol{F})]^2 + [\sum M_z(\boldsymbol{F})]^2} \\ &\cos(\boldsymbol{M}_O, \boldsymbol{i}) = M_{Ox}/M_O \\ &\cos(\boldsymbol{M}_O, \boldsymbol{j}) = M_{Oy}/M_O \\ &\cos(\boldsymbol{M}_O, \boldsymbol{k}) = M_{Oz}/M_O \end{aligned}\right\} \tag{3-44}$$

2．简化结果分析

空间一般力系简化为一个作用线通过简化中心 $O$ 的主矢量 $\boldsymbol{F}'_R$ 及一个对于简化中心 $O$ 的主矩 $\boldsymbol{M}_O$，分析该力系简化的最后结果。

（1）若 $\boldsymbol{F}'_R = \boldsymbol{0}$，$\boldsymbol{M}_O \neq 0$，表明原力系和一个力偶等效，即力系可简化为一合力偶，其力偶矩矢就等于原力系对简化中心的主矩 $\boldsymbol{M_O}$。由于力偶矩矢与矩心位置无关，因此，在这种情况下，主矩与简化中心位置无关。

（2）若 $\boldsymbol{F}'_R \neq 0$，$\boldsymbol{M}_O = 0$，表明原力系和一个力等效，即力系可简化为一作用线通过简化

中心的合力，其大小和方向等于原力系的主矢量。

(3) 若 $\boldsymbol{F}'_R \neq 0$，$\boldsymbol{M}_O \neq 0$，且 $\boldsymbol{F}'_R \perp \boldsymbol{M}_O$，如图 3-31 (a)所示。此时，力 $\boldsymbol{F}'_R$ 和力偶矩矢为 $\boldsymbol{M}_O$ 的力偶 ($\boldsymbol{F}''_R$，$\boldsymbol{F}_R$) 在同一平面内，如图 3-31 (b)所示。若取 $\boldsymbol{F}_R = -\boldsymbol{F}''_R = \boldsymbol{F}'_R$，则可将 $\boldsymbol{F}'_R$ 与力偶 ($\boldsymbol{F}''_R$，$\boldsymbol{F}_R$) 进一步简化为一作用线通过 $O$ 点的一个合力 $\boldsymbol{F}_R$，如图 3-31 (c)所示。合力的力矢等于原力系的主矢量，其作用线到简化中心 $O$ 的距离为

$$d = |\boldsymbol{M}_O| / |\boldsymbol{F}_R| \tag{3-45}$$

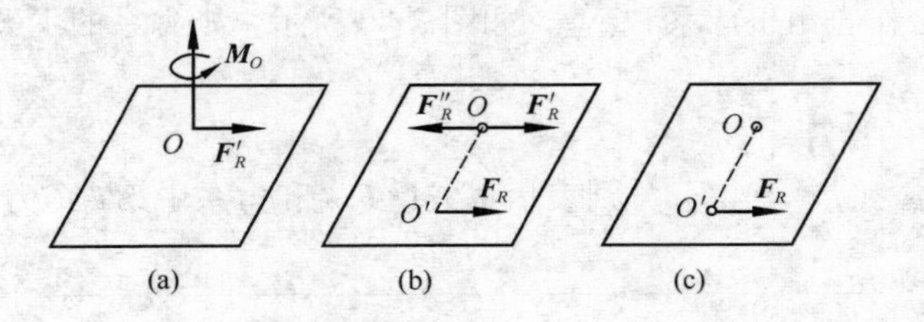


图 3-31

由图 3-31 (b)可知，力偶 ($\boldsymbol{F}''_R$，$\boldsymbol{F}_R$) 的矩 $\boldsymbol{M}_O$ 等于合力 $\boldsymbol{F}_R$ 对 $O$ 点的矩，即

$$\boldsymbol{M}_O = \boldsymbol{M}_O(\boldsymbol{F}_R)$$

又根据式 (3-40)，有

$$\boldsymbol{M}_O = \sum \boldsymbol{M}_O(\boldsymbol{F})$$

因此有

$$\boldsymbol{M}_O(\boldsymbol{F}_R) = \sum \boldsymbol{M}_O(\boldsymbol{F}) \tag{3-46}$$

**即空间一般力系的合力对任一点的矩等于各分力对同一点的矩的矢量和。这就是空间一般力系的合力矩定理。**

根据力对点之矩与力对轴之矩的关系，把上式投影到过 $O$ 点的任一轴 $z$ 上，可得

$$M_z(\boldsymbol{F}_R) = \sum M_z(\boldsymbol{F}) \tag{3-47}$$

即空间一般力系的合力对任一轴的矩等于各分力对同一轴的矩的代数和。

(4) 若 $\boldsymbol{F}'_R \neq 0$，$\boldsymbol{M}_O \neq 0$，且 $\boldsymbol{F}'_R \parallel \boldsymbol{M}_O$，这时力系不能再进一步简化，如图 3-32 所示。这种由一个力和一个在力垂直平面内的力偶组成的力系，称为力螺旋。如果力螺旋中的力矢 $\boldsymbol{F}_R$ 与力偶矩矢 $\boldsymbol{M}_O$ 的指向相同，如图 3-32 (a)，称为右手螺旋；若 $\boldsymbol{F}_R$ 与 $\boldsymbol{M}_O$ 的指向相反，如图 3-32 (b)，则称为左手螺旋。力螺旋中力 $\boldsymbol{F}_R$ 的作用线称为该力系的中心轴，在上述情况下，中心轴通过简化中心。

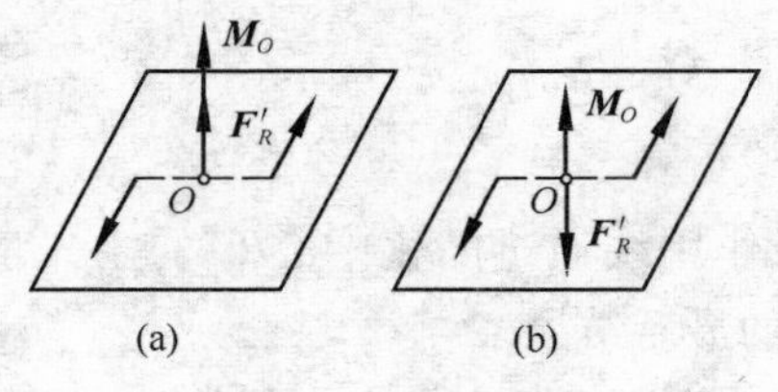


图 3-32

(5) 若 $\boldsymbol{F}'_R \neq 0$，$\boldsymbol{M}_O \neq 0$，且 $\boldsymbol{F}'_R$ 与 $\boldsymbol{M}_O$ 既不垂直，又不平行，如图 3-33 (a)所示。那么可将 $\boldsymbol{M}_O$ 分解为与 $\boldsymbol{F}_R$ 平行及垂直的两个分矢量 $\boldsymbol{M}_O$ 和 $\boldsymbol{M}''_O$，如图 3-33 (b)所示。显然 $\boldsymbol{F}_R$ 与

$\boldsymbol{M}''_O$ 可合成为一作用线通过 $O'$ 点的一个力 $\boldsymbol{F}_R$。由于力偶矩矢量是自由矢量，故可将 $\boldsymbol{M}_O$ 平行移至 $O$ 点，使之与 $\boldsymbol{F}_R$ 共线。这样得到一个力螺旋，其中心轴不再通过简化中心 $O$，而是通过另一点 $O$，如图 3-33（c）所示。且 $O$、$O'$ 两点之间的距离 $d=\left|\dfrac{\boldsymbol{M}''_O}{\boldsymbol{F}'_R}\right|=\dfrac{M_O\sin\theta}{F'_R}$，这就是空间一般力系简化的最一般情况。

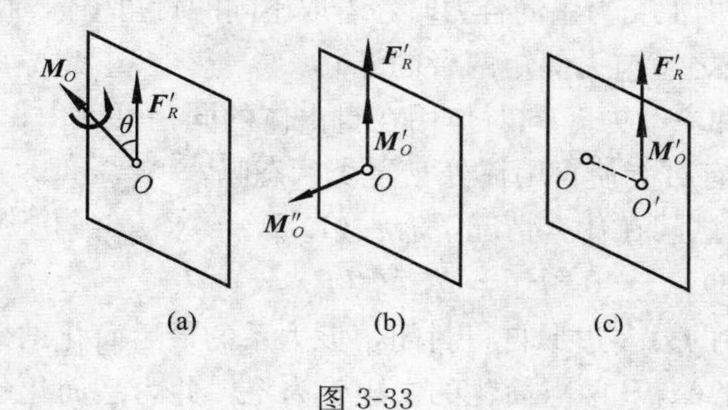


图 3-33

当空间一般力系向任一点简化时，若主矢量 $\boldsymbol{F}'_R=0$，主矩 $\boldsymbol{M}_O=0$，则力系平衡，这种情况将在第四章中讨论。

3. 空间力系中的固定支座的约束反力

在 3.4.5 小节平面力系讨论中介绍了固定端约束，或固定支座，当被约束物体受到空间一般力系作用时，固定端约束将限制被约束物体在空间任意方向的移动和绕任意轴的转动，因此固定支座对被约束物体的约束反力系也构成一空间力系，将此约束反力系向固定端端部 $A$ 点简化得一主矢量 $\boldsymbol{F}_{RA}$ 和一力偶矩矢为 $\boldsymbol{M}_A$ 的主矩。主矢量 $\boldsymbol{F}_{RA}$ 和主矩 $\boldsymbol{M}_A$ 分别为固定端 $A$ 的约束反力和反力偶，一般将它们沿坐标轴分解，以 6 个分量表示，如图 3-34 所示为一受空间任意力系作用的柱子在固定端处的约束反力简化的情况。

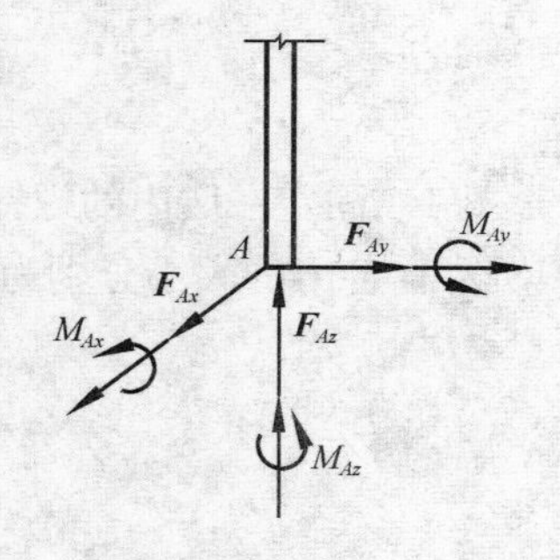


图 3-34

同理，对于在 3.4.5 小节中讨论的刚结点，如果刚结点所连接的梁柱受到空间力系的作用，在梁柱刚结点处的约束反力也应构成空间力系，在柱端（或梁端）所受约束性质和约束反力的构成情况与图 3-34 表示的固定支座的约束反力完全一致。

## 本　章　小　结

本章介绍了力在坐标轴上的投影、合力投影定理，力对点之矩、力对轴之矩、合力之矩定理；力偶及其性质、力的平移定理。在此基础上，分别介绍了汇交力系、平面一般力系的简化和空间力系等各种力系的简化方法，介绍主矢量和主矩的概念，并对力系的简化结果进行分析，得出平面一般力系简化的最终结果为一个力或者一个力偶，空间一般力系简化的最终结果可以为一个力、一个力偶或者一个力螺旋 3 种情况。本章的重点是掌握力在坐标轴上的投影、合力投影定理，力对点之矩、力偶及其性质、力的平移定理等，掌握一般力系的简化方法。难点是一般力系的简化问题，尤其是空间一般力系的简化及其简化结果的讨论。

## 思 考 题

3-1　合力一定比分力大，对吗？试举例说明。

3-2　用解析法求平面汇交力系的合力时，若取不同的直角坐标轴，所求得合力是否相同？

3-3　试比较力对点之矩与力偶矩两者的异同。

3-4　主动力偶 $M$ 和主动力 $\boldsymbol{F}$ 同时作用在自由体的同一平面内，如果适当地变化力 $\boldsymbol{F}$ 的大小、方向和作用点，有可能使自由体处于平衡状态吗？

3-5　设有一力 $\boldsymbol{F}$，试问在什么情况下有：(1) $F_x=0$，$F_y=0$，$M_x(\boldsymbol{F})=0$；(2)$F_x=0$，$F_y\neq0$,$M_x(\boldsymbol{F})\neq0$；(3)$F_x\neq0$，$F_y\neq0$，$M_x(\boldsymbol{F})\neq0$。

3-6　如果一般力系的力多边形自行封闭，该力系的最后简化结果可能是什么？

3-7　某平面力系向 $A$、$B$ 两点简化的主矩皆为零，此力系简化的结果可能是一个力吗？可能是一个力偶吗？可能平衡吗？

3-8　某平面力系向同一平面内任一点简化的结果都相同，此力系的最后简化结果可能是什么？

3-9　设某一般力系向一点简化得到一合力，如另选适当的点为简化中心，问该力系能否简化为一力偶，为什么？

## 习　　题

3-1　固定在墙内的螺钉上作用有三个力，这三个力在同一平面上，各力的分布情况如图所示，各力的大小分别为 $F_1=3\text{kN}$，$F_2=4\text{kN}$，$F_3=5\text{kN}$，求这三力的合力。

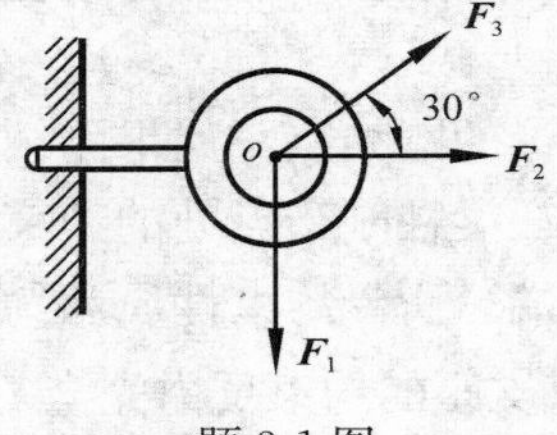


题 3-1 图

3-2　试计算下列各图中力 $\boldsymbol{F}$ 对 $A$ 点的之矩。

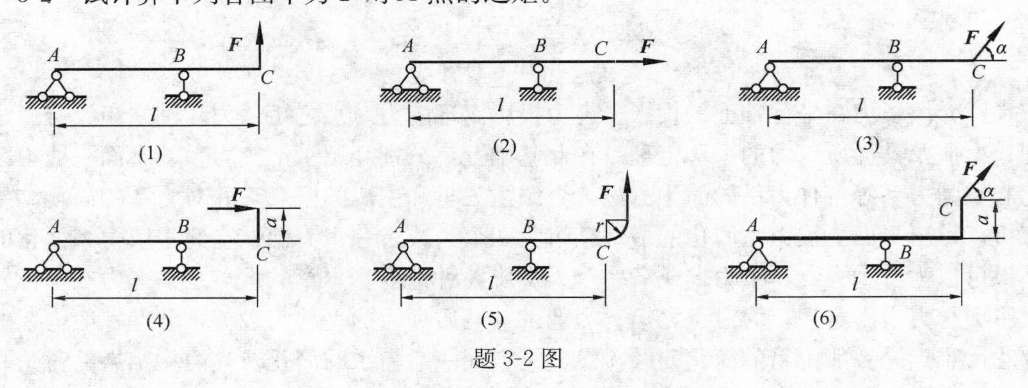


题 3-2 图

3-3　试求图中所示力 $\boldsymbol{F}$ 对 $A$ 点之矩。设 $F$、$r_1$、$r_2$ 及 $\theta$ 均为已知，$F$ 作用在 $B$ 点，与半径为 $r_1$ 的圆相切。

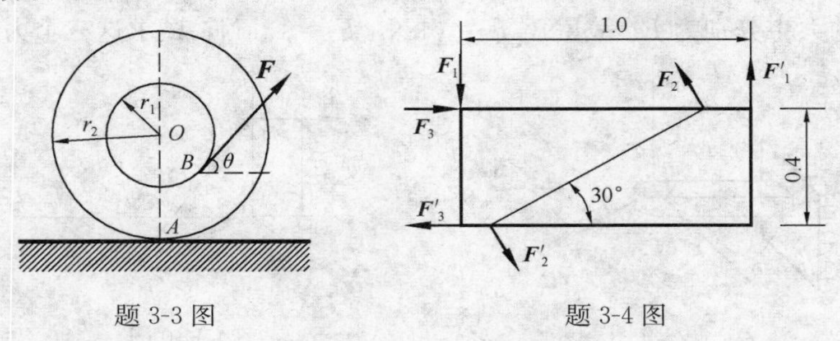


题 3-3 图　　　　题 3-4 图

3-4　有三个力偶（$\boldsymbol{F}_1,\boldsymbol{F}'_1$），（$\boldsymbol{F}_2,\boldsymbol{F}'_2$），（$\boldsymbol{F}_3,\boldsymbol{F}'_3$）作用在图示刚体上。已知 $F_1=200\text{N}$，$F_2=600\text{N}$，$F_3=400\text{N}$，图中长度单位是 m，试求合力偶矩。

3-5　图示平面力系中 $F_1=40\sqrt{2}\,\text{N}$，$F_2=80\text{N}$，$F_3=40\text{N}$，$F_4=110\text{N}$，$M=2000\text{N}\cdot\text{mm}$。各力作用位置如题 3-5 图所示，图中尺寸的单位为 mm。求：(1) 力系向 $O$ 点的简化结果；(2) 力系的合力的大小、方向及作用位置。

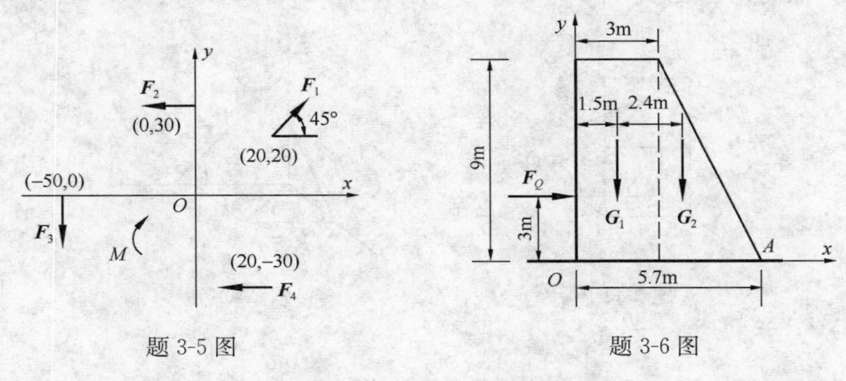


题 3-5 图　　　　题 3-6 图

3-6　重力坝受力情形如图所求。设单位长坝体重 $G_1=500\text{kN}$，$G_2=200\text{kN}$，而水压力的合力大小为 $\boldsymbol{F}_Q=400\text{kN}$。求力系合力 $\boldsymbol{F}_R$ 的大小和方向，以及合力与基础 $OA$ 的交点到点 $O$ 的距离。

3-7　图示正方形 $OABC$，边长 $L=2\text{m}$，受平面力系作用。已知：$q=200\text{N/m}$，$F=400\sqrt{2}\,\text{N}$，$M=150\text{N}\cdot\text{m}$。试求力系向 $O$ 点简化的主矢和主矩。

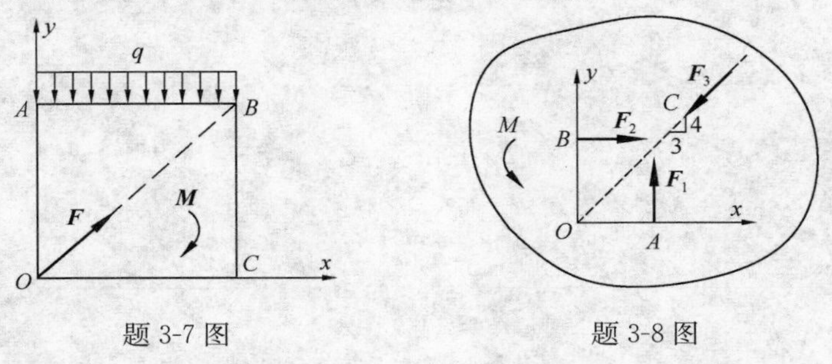


题 3-7 图　　　　题 3-8 图

3-8　作用在某物体上一水平力系如图所示，已知：$F_1=150\text{N}$，$F_2=200\text{N}$，$F_3=250\text{N}$，

$M=40\text{N}\cdot\text{m}$，$OA=20\text{cm}$，$OB=40\text{cm}$，$OC=50\text{cm}$。求该力系简化的最后结果。

3-9　在光滑的固定环上作用有三个力，这三个力不在同一平面上，各力的分布情况如图所示，各力的大小分别为 $F_1=3\text{kN}$，$F_2=6\text{kN}$，$F_3=12\text{kN}$，试求这三个力的合力。

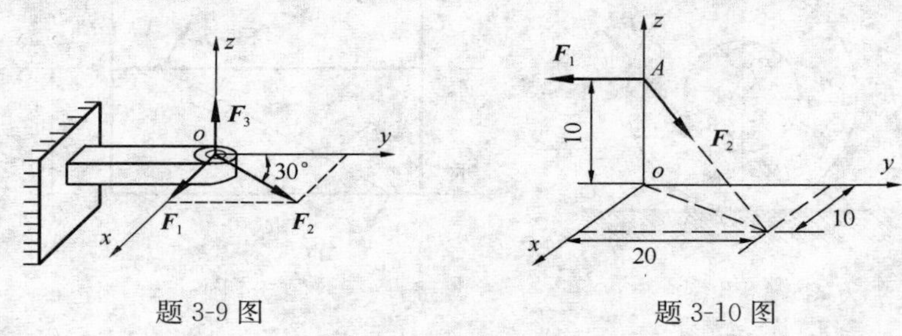


题 3-9 图　　题 3-10 图

3-10　已知力 $F_1=2\text{kN}$，$F_2=1\text{kN}$，分别作用于 $A$ 点，如图所示，图中长度单位为 cm。试分别求 $\boldsymbol{F}_1$ 和 $\boldsymbol{F}_2$ 对 $O$ 点之矩矢。

3-11　力 $\boldsymbol{F}$ 沿边长为 $a$ 的正立方体对角线作用如图所示。试计算力 $\boldsymbol{F}$ 对各坐标轴之矩。

3-12　设有一力系：$F_1=F_2=F$，$m=Fa$ 已知 $\overline{OA}=\overline{OB}=\overline{OE}=a$，如图所示。试求这些力系向 $O$ 点简化的结果。

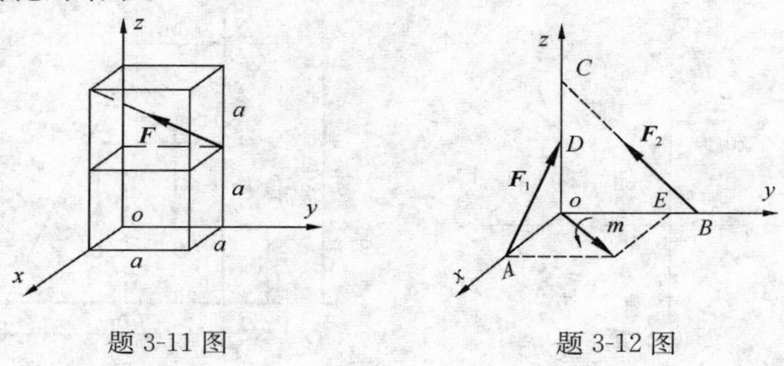


题 3-11 图　　题 3-12 图

# 第4章　力系的平衡

**本章基本内容：**

在上一章研究力系的简化理论及其应用的基础上，本章根据力系简化的结果，推导出平面汇交力系、平面平行力系、力偶系、平面一般力系和空间一般力系的平衡条件和平衡方程，并讨论这些平衡方程在工程实际中的应用。一般力系的平衡问题，特别是平面一般力系的平衡问题，在工程实际中常用。一般力系的平衡问题是整个静力学的重点，包括单个物体的平衡和由若干个物体组成的物体系统的平衡。本章分别介绍和讨论单个物体的平衡问题、物体系统的平衡问题以及静定与超静定问题的概念。

## 4.1　平面汇交力系的平衡方程

由3.2.1的讨论可知，平面汇交力系各力作用线交于一点，可以合成为一个合力，因此，平面汇交力系平衡的必要与充分条件是力系的合力为零，即

$$\boldsymbol{F}_R = \sum \boldsymbol{F} = 0 \tag{4-1}$$

由（3-12）式可知，合力的大小 $F_R$ 为 $F_R = \sqrt{(\sum F_x)^2 + (\sum F_y)^2}$，当 $\boldsymbol{F}_R = 0$ 时，必有

$$\begin{aligned} \sum F_x &= 0 \\ \sum F_y &= 0 \end{aligned} \tag{4-2}$$

反之，若（4-2）式成立，必有 $\boldsymbol{F}_R = 0$。（4-2）式称为平面汇交力系的平衡方程，方程表示了平面汇交力系的解析条件，即，**平面汇交力系平衡的必要与充分条件是力系中所有各力在任一坐标轴上投影的代数和均为零。**

**例4-1**　试求例2-2所示简支刚架的 $A$、$B$ 支座反力，已知作用于刚架 $C$ 点一集中力 $\boldsymbol{F}$。刚架的尺寸如图4-1(a)所示。

**解**　首先解除简支刚架 $A$、$B$ 处的约束，取分离体 $ACB$，由例2-2的受力分析可知，在 $B$ 处为可动铰支座约束，约束反力为 $\boldsymbol{F}_B$。$A$ 处为固定铰支座，约束反力过铰心 $A$，方向不定。但由于简支刚架只在 $A$、$B$、$C$ 三点受到3个互不平行的力的作用，由三力平衡定理可知，主动力 $F$ 与 $B$ 处的约束反力 $\boldsymbol{F}_B$ 的作用线交于 $D$，因此，固定铰支座 $A$ 的约束反力 $\boldsymbol{F}_A$ 的作用线应过 $AD$ 连线，如图4-1(b)所示，$\boldsymbol{F}$、$\boldsymbol{F}_A$ 和 $\boldsymbol{F}_B$ 为一个汇交于 $D$ 点

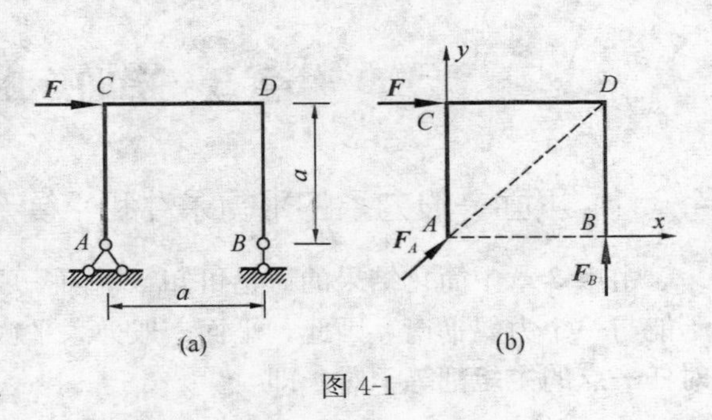


图4-1

的平面汇交力系。以 $A$ 点为坐标原点，建立 $Axy$ 平面坐标系，由（4-2）式建立平衡方程并求解得：

$$\sum F_x = 0:\quad F_A\cos45^\circ + F = 0,\ F_A = -\sqrt{2}F$$

$$\sum F_y = 0:\quad F_A\sin45^\circ + F_B = 0,\ F_B = -\frac{\sqrt{2}}{2}F_A = F$$

所求得的 $\boldsymbol{F}_A$ 为负值，说明 $\boldsymbol{F}_A$ 的方向应该指向左下方。

## 4.2 平面力偶系的平衡条件和平衡方程

由作用平面为同一平面的若干力偶组成的力系称为平面力偶系。由 3.3.2 的讨论可知，平面力偶系可以合成为一个合力偶，合力偶之矩等于各个分力偶之矩的代数和，即 $M=\Sigma m$。若力偶系的合力偶之矩为零，则物体在该力偶系的作用下将不会转动，而处于平衡。反之，如物体在平面力偶系的作用下处于平衡，则该力偶系的合力偶矩必为零。因此，**平面力偶系平衡的充分必要条件是力偶系的合力偶之矩为零**，即力偶系中各力偶的代数和等于零，有

$$\Sigma m = 0 \tag{4-3}$$

（4-3）式称为平面力偶系的平衡方程。

**例 4-2** 如图 4-2 (a)所示简支梁 $AB$，$A$ 端为固定铰支座约束，$B$ 端为可动铰支座约束。在梁上作用了矩为 $m_1=10\text{kN}\cdot\text{m}$ 和 $m_2=20\text{kN}\cdot\text{m}$ 的两个力偶，梁的跨度 $l=5\text{m}$，$\theta=30^\circ$，试求梁 $A$、$B$ 支座的反力。

图 4-2

**解** 取 $AB$ 梁作为研究对象。$AB$ 梁在两个力偶 $m_1$、$m_2$ 和支座反力 $\boldsymbol{F}_A$ 和 $\boldsymbol{F}_B$ 的作用下处于平衡，由于梁所受到的主动力只有力偶，故约束反力 $\boldsymbol{F}_A$ 和 $\boldsymbol{F}_B$ 也构成力偶，应等值、反向，平行，受力分析如图 4-2 (b)所示。由力偶系的平衡方程（4-3）式得

$$\Sigma m = 0:\quad m_1 - m_2 + F_A\cdot\cos 30^\circ\cdot 5 = 0$$

$$F_A = F_B = \frac{m_2 - m_1}{5\cos 30^\circ} = \frac{4\sqrt{3}}{3}\text{kN}$$

## 4.3 平面一般力系的平衡

### 4.3.1 平面一般力系的平衡条件和平衡方程

由第 3 章中简化结果的讨论可知，平面一般力系可以简化为主矢量和主矩。由于一个力不能与一个力偶平衡，因此，平面一般力系平衡的必要与充分条件是：**力系的主矢量和力系对任一点的主矩都等于零。**即

$$\left.\begin{aligned} \boldsymbol{F}'_R &= 0 \\ M_O &= 0 \end{aligned}\right\} \tag{4-4}$$

将第 3 章中得出的主矢量和主矩的表达式（3-19）和式（3-20）代入式（4-4）中，可得上述平衡条件的解析表达式为：

$$\left.\begin{aligned} \sum F_x &= 0 \\ \sum F_y &= 0 \\ \sum M_O(\boldsymbol{F}) &= 0 \end{aligned}\right\} \tag{4-5}$$

（4-5）式中，前两式是**投影方程**，第三式是**力矩方程**，是平面一般力系的基本形式的**平衡方程**。三个方程表示了平面一般力系平衡的必要与充分的解析条件，即：**力系中各力在力系作用平面内任一直角坐标轴上投影的代数和为零，同时各力对力系平面内任一点之矩的代数和也为零。**

（4-5）式的三个方程彼此独立，可以求解 3 个未知量。

### 4.3.2　平面一般力系平衡方程的其他形式

平面一般力系除了基本形式的平衡方程以外，还有下列两种形式的的平衡方程。

（1）二力矩形式的平衡方程

$$\left.\begin{aligned} \sum F_x &= 0 \\ \sum M_A(\boldsymbol{F}) &= 0 \\ \sum M_B(\boldsymbol{F}) &= 0 \end{aligned}\right\} \tag{4-6}$$

其中 $A$、$B$ 两矩心连线不能垂直于所选投影轴（$x$ 轴）。

如力系平衡，则其主矢量和对任一点的主矩均为零，故式（4-6）必然成立。在（4-6）式中，若后两式成立，则力系或简化为一作用线通过 $A$、$B$ 两点的合力，或者为一平衡力系。又若第一式也成立，则表明力系即使能简化为一合力，此力的作用线也只能与 $x$ 轴垂直，但还需满足（4-6）式的附加条件，即 $A$、$B$ 两矩心连线不能与 $x$ 轴垂直，因此，力系就不可能简化为一个合力，而应为平衡力系。（4-6）式成立充分表明力系是平衡的。

（2）三矩式平衡方程

$$\left.\begin{aligned} \sum M_A(\boldsymbol{F}) &= 0 \\ \sum M_B(\boldsymbol{F}) &= 0 \\ \sum M_C(\boldsymbol{F}) &= 0 \end{aligned}\right\} \tag{4-7}$$

其中 $A$、$B$、$C$ 三点不能共直线。

在（4-7）式中，若前两式成立，则力系或简化为一作用线通过 $A$、$B$ 两点的合力，或者为一平衡力系。又若第三式也成立，则表明力系即使能简化为一合力，此力的作用线通过的 $C$ 点必然在 $A$、$B$ 两点的连线上，但还需满足（4-7）式的附加条件，即 $A$、$B$、$C$ 三点不能共线，因此，力系必为平衡力系。

平面一般力系的平衡方程虽然有上述 3 种不同的形式，但对于一个处于平衡的物体却只能建立 3 个独立的平衡方程式，任何第四个平衡方程式都只是力系平衡的必然结果，为前 3 个方程式的线性组合，因而不是独立方程，不能求解未知量。在应用上述平衡方程解题时，可以针对具体问题灵活选用一种形式的平衡方程，力求在所建立的平衡方程中，能够一个方程式只含一个未知量，以使计算简便。

## 4.3.3 平面平行力系的平衡方程

平面平行力系是各力作用线位于同一个平面且相互平行的力系，其平衡方程可以由平面一般力系的平衡方程直接推导出来。若取 $x$ 轴与各力作用线垂直，则有，$\sum F_x = 0$，成为恒等式，平衡方程只有两个，有以下两种形式：

(1) 平衡方程基本形式

$$\left.\begin{aligned}\sum F_y = 0\\ \sum M_O(\boldsymbol{F}) = 0\end{aligned}\right\} \tag{4-8}$$

(2) 二矩式平衡方程

$$\left.\begin{aligned}\sum M_A(\boldsymbol{F}) = 0\\ \sum M_B(\boldsymbol{F}) = 0\end{aligned}\right\} \tag{4-9}$$

其中 $A$、$B$ 连线不能与各力平行。

这种平衡方程的正确性可由读者自行推导及证明。

**例 4-3** 如例 2-1 中所示简支梁，$A$ 处固定铰支座约束，$B$ 处可动铰支座约束。在 $AC$ 段作用了荷载集度为 $q=5\text{kN/m}$ 的均布荷载，在 $D$ 点处作用一集中力 $F=10\text{kN}$，$\theta=60°$，各尺寸如图 4-3 (a)所示。试求 $A$、$B$ 支座的约束反力。

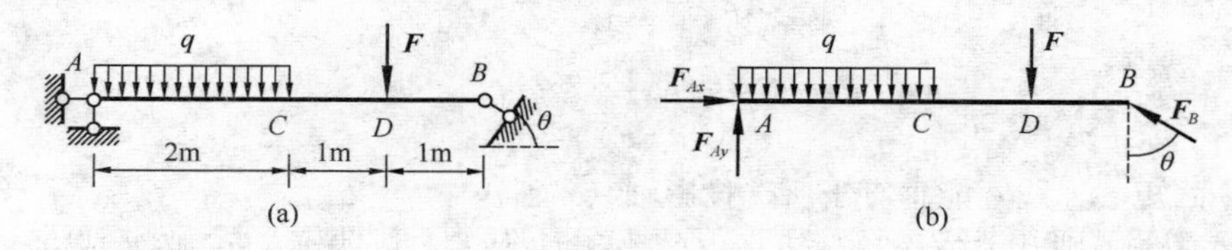


图 4-3

**解** 由例 2-1 知，简支梁的受力分析如图 4-3 (b)所示。简支梁所受的均布荷载 $q$、集中力 $\boldsymbol{F}$ 和 $A$、$B$ 支座的约束反力 $\boldsymbol{F}_{Ax}$、$\boldsymbol{F}_{Ay}$、$\boldsymbol{F}_B$ 构成一平面一般力系，建立平衡方程

$\sum M_A(\boldsymbol{F}) = 0$：　　$F_B\cos\theta \cdot 4 - F \cdot 3 - q \cdot 2 \cdot 1 = 0$

$$F_B = \frac{1}{2}(F \cdot 3 + q \cdot 2 \cdot 1) = 20\text{kN}$$

$\sum F_x = 0$：　　$F_{Ax} - F_B\sin\theta = 0$

$$F_{Ax} = F_B\sin\theta = 10\sqrt{3}\,\text{kN}$$

$\sum F_y = 0$：　　$F_{Ay} + F_B\cos\theta - q \cdot 2 - F = 0$

$$F_{Ay} = F + q \cdot 2 - F_B\cos\theta = 10\text{kN}$$

**例 4-4** 梁 $AC$ 用三根连杆支承在水平位置，受荷载如图 4-4 (a)所示。已知 $F_1 = 20\text{kN}$，$F_2 = 40\text{kN}$，试求 $A$、$B$、$C$ 处的约束反力。

**解** 取 $AC$ 梁为研究对象，各连杆约束的约束反力通过杆轴线，画出 $AC$ 梁的受力图如图 4-4 所示 (b)，已知的主动力 $\boldsymbol{F}_1$ 和 $\boldsymbol{F}_2$，未知的约束反力 $\boldsymbol{F}_{NA}$，$\boldsymbol{F}_{NB}$，$\boldsymbol{F}_{NC}$ 构成一平面一般力系。本题如果采用基本形式的平衡方程求解，则在两个投影方程中都包含有两个未知力，需要求解联立方程。如果采用二力矩式平衡方程，首先选择未知力 $\boldsymbol{F}_{NA}$ 和 $\boldsymbol{F}_{NB}$ 的交点 $O$ 作为矩心，建立力矩方程，则可以求出未知力 $\boldsymbol{F}_{NC}$，再对 $A$ 点或者 $B$ 点建立力矩方程，则可以再求出一个未知力，如果采用二力矩式，则需再建立一个投影方程，可求出全部未知力；也可

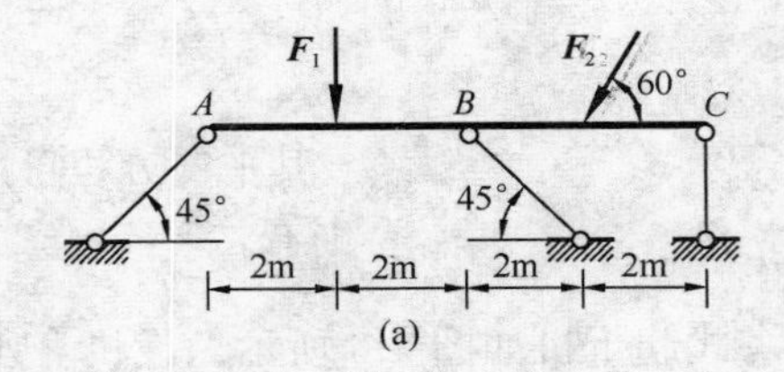


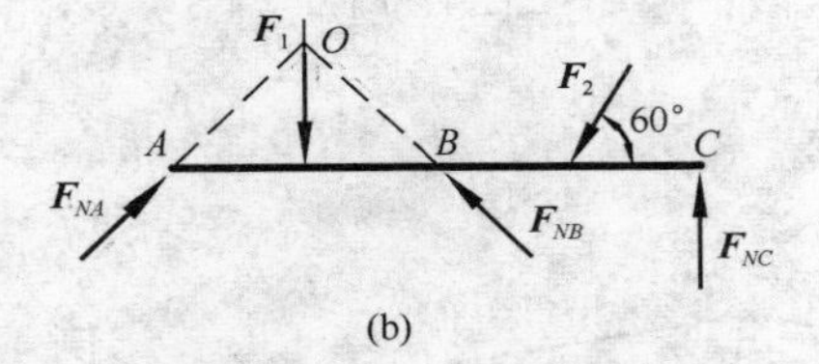


图 4-4

以采用三力矩式求解其余的未知力。本题分别采用二力矩式和三力矩式平衡方程求解，在建立力矩平衡方程时，对于斜向作用的力，要分解成为两个沿坐标轴方向相互正交的分力，再利用合力之矩定理求该力对所选矩心之矩，以使得计算简便。

采用二力矩式平衡方程求解，首先建立力矩方程。应尽量选择多个未知力的交点作为矩心，以便减少方程中的未知量，因此，先对 $O$ 点建立力矩平衡方程，

$\sum m_O(\boldsymbol{F})=0$：　$F_{NC}\times 6-F_2\cos60^\circ\times 2-F_2\sin60^\circ\times 4=0$

$$F_{NC}=29.8\text{kN}$$

再取未知力 $\boldsymbol{F}_{NB}$ 的作用点 $B$ 点为矩心，建立力矩平衡方程

$\sum m_B(\boldsymbol{F})=0$：　$F_{NC}\times 4+F_1\times 2-F_2\sin60^\circ\times 2-F_{NA}\sin45^\circ\times 4=0$

$$F_{NA}=31.8\text{kN}$$

最后由投影方程

$\sum F_x=0$：　$F_{NA}\cos45^\circ-F_{NB}\cos 45^\circ-F_2\cos60^\circ=0$

$$F_{NA}=3.5\text{kN}$$

采用三力矩式平衡方程求解时，保留前两个力矩方程，舍去第三个投影方程，再对未知力 $\boldsymbol{F}_{NA}$ 的作用点 $A$ 点建立力矩平衡方程

$\sum m_A(\boldsymbol{F})=0$：　$F_{NC}\times 8-F_1\times 2-F_2\sin 60^\circ\times 6+F_{NB}\sin45^\circ\times 4=0$

$$F_{NB}=3.5\text{kN}$$

**例 4-5**　试求图 4-5 (a)所示悬臂梁固定支座 $A$ 的约束反力。梁上受线荷载作用，线荷载最大集度为 $q_B$，梁长度为 $l$。

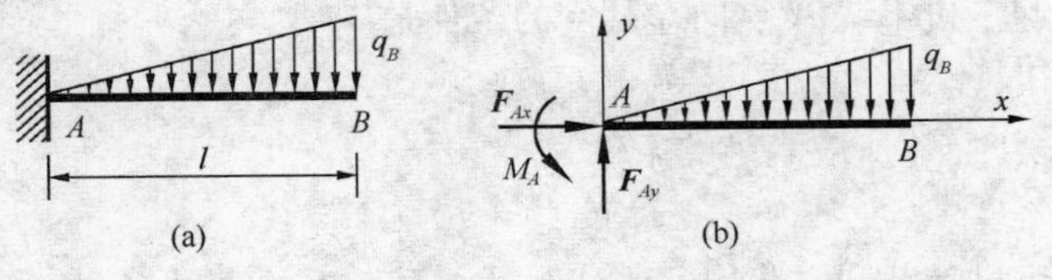


图 4-5

**解**　取 $AB$ 梁为研究对象，画出 $AB$ 梁的受力图如图 4-5 (b)所示。已知的主动力：线性分布荷载，未知的三个约束反力 $\boldsymbol{F}_{Ax}$、$\boldsymbol{F}_{Ay}$、$M_A$，组成一平面一般力系。由于未知反力 $\boldsymbol{F}_{Ax}$、$\boldsymbol{F}_{Ay}$ 相互正交，且交于 $A$ 点，而约束反力偶在任一轴上投影均为零且对其作用平面内任一点之矩恒等于力偶矩 $\boldsymbol{M}_A$，而与矩心位置无关，故选择平衡方程的基本形式。以 $A$ 为坐标原点，建立 $Axy$ 坐标系，列平衡方程

$\sum F_x=0$：　$F_{Ax}=0$

$\sum F_y=0$：　$F_{Ay}-\dfrac{1}{2}q_B l=0$　　$F_{Ay}=\dfrac{1}{2}q_B l$

选 $A$ 为矩心建立力矩方程

$$\sum M_A(\boldsymbol{F})=0: \qquad M_A-\frac{1}{2}q_Bl\cdot\frac{2l}{3}=0$$

$$M_A=\frac{1}{3}q_Bl^2$$

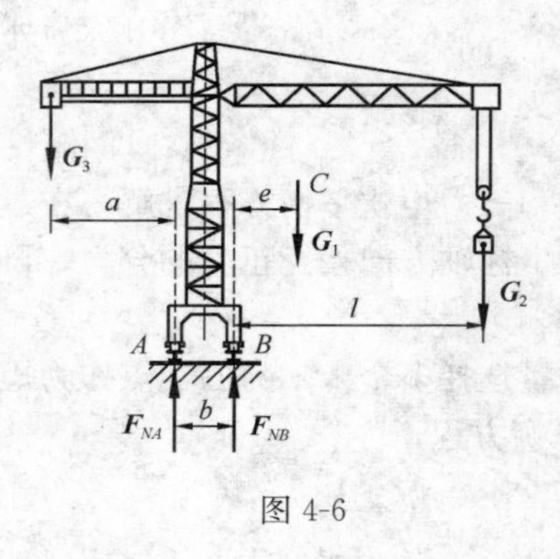


图 4-6

**例 4-6** 塔式起重机如图 4-6 所示。设机身所受重力为 $\boldsymbol{G}_1$，且作用线距右轨 $B$ 为 $e$，载重的重力 $\boldsymbol{G}_2$ 距右轨的最大距离为 $l$，轨距 $AB=b$，为使得起重机满载和空载时均不致翻倒，加上平衡重 $\boldsymbol{G}_3$，求平衡重的重力 $\boldsymbol{G}_3$ 距左轨 $A$ 的距离 $a$。

**解** 以起重机整体为研究对象。起重机不致翻倒时，其所受的主动力 $\boldsymbol{G}_1$、$\boldsymbol{G}_2$、$\boldsymbol{G}_3$ 和约束反力 $\boldsymbol{F_A}$、$\boldsymbol{F_B}$ 组成一平衡的平面平行力系，受力图如图 4-6 所示。满载且载重 $\boldsymbol{G}_2$ 距右轨最远时，起重机有绕 $B$ 点往右翻倒的趋势，以 $B$ 为矩心，建立平衡方程为

$$\sum M_B(\boldsymbol{F})=0: \qquad -G_1\cdot e-G_2\cdot l+G_3(a+b)-F_{NA}\cdot b=0$$

$$F_{NA}=[G_3(a+b)-G_2l-G_1e]/b$$

起重机若不绕 $B$ 点往右翻倒的条件是

$$F_{NA}\geqslant 0$$

其中等号对应起重机处于翻倒与不翻倒的临界状态。由以上两式可得到满载且平衡时 $\boldsymbol{G}_3$ 距左轨的距离所应满足的条件为

$$a\geqslant\frac{G_1e+G_2l-G_3b}{G_3}$$

空载（$G_2=0$）时，起重机有绕 $A$ 点向左翻倒的趋势，以 $A$ 为矩心，建立平衡方程

$$\sum M_A(\boldsymbol{F})=0: \qquad -G_1\cdot(b+e)+G_3\cdot a+F_{NB}\cdot b=0$$

$$F_{NB}=[G_1(b+e)-G_3a]/b$$

这种情况下，起重机不绕 $A$ 点向左翻倒的条件是

$$F_{NB}\geqslant 0$$

于是空载且平衡时 $G_3$ 所应满足的条件为

$$a\leqslant G_1(e+b)/G_3$$

由此可见，起重机满载和空载均不致翻倒时，平衡重的重量 $G_3$ 与左轨的距离 $a$ 所应满足的条件为

$$\frac{G_1e+G_2l-G_3b}{G_3}\leqslant a\leqslant\frac{G_1(e+b)}{G_3}$$

## 4.4 物体系统的平衡

（1）物体系统

在实际工程中，常遇到的研究对象不是某单个的物体，而是由若干个物体借助某些约束

按一定方式组成的系统，称为**物体系统**，因此，需要研究物体系统的平衡问题。

物体系统平衡时，组成物体系统的每个物体也处于平衡。因此，分析物体系统的平衡，可选择整个系统为研究对象，也可选择其中某部分或某个物体为研究对象，取出所选研究对象，画出其分离体和受力图，建立相应的平衡方程，即可解出所需求解的未知量。

通常，物体系统所受到的约束有**外约束**和**内约束**，物体系统受到外界物体的约束称为**外约束**，而物体系统内，各个物体的相互联系称为内约束。外界物体的作用力称为外力，而系统内各个物体间相互的作用力称为**内力**。内力是成对出现，并等值、反向、共线，且同时作用在研究的物体系统上的，每对内力必然自相抵消，在研究物体系统的平衡问题时，内力不应出现在受力图和平衡方程中。但内力、外力的划分是相对于所取的研究对象而言的，当取整个物体系统作为研究对象时，系统内部各个物体相互作用的力都是内力，但如果只取物体系统内某部分物体作为研究对象，则应将物体系统从两物体的连接处拆开，取出所需要研究的部分，这时，两部分物体间的相互作用力就变成了所选的研究对象的外力，而应该出现在研究对象的受力图和平衡方程中了。

（2）物体系统的组成方式及荷载传递规律

物体系统的平衡问题是静力学的重点和难点，求解时需要分清物体系统的组成方式和荷载传递规律，进行比较复杂的物体受力分析，并且灵活运用各类平衡方程。

由于组成物体系统的物体个数，连接方式、约束类型等都不尽相同，工程实际中的物体系统种类繁多。但按其组成方式和荷载传递规律可将物体系统归纳为有主次之分的物体系统、无主次之分的物体系统和运动机构系统三大类。

有主次之分的物体系统由主要部分（或称基本部分）和次要部分（或称附属部分）组成。**主要部分在外约束作用下能独立承受荷载并维持平衡。次要部分在外约束作用下不能独立承受荷载和维持平衡，必须依赖内约束与主要部分或其他次要部分连接才能承受荷载和维持平衡。**

有主次之分的物体系统的荷载传递规律是：**作用在次要部分上的荷载，传递给与它相关的主要部分，但作用在主要部分的荷载，不传递给次要部分**，也不传递给与它无关的主要部分。研究这类物体系统的平衡问题时，应先分析次要部分，再分析主要部分。如图 4-7 所示多跨静定梁，*EABC* 梁为主要部分，可以独立承受荷载保持平衡，而 *CD* 梁为次要部分（附属部分），单独的 *CD* 梁不能平衡，必须通过中间铰链 *C* 连接到 *EABC* 梁上，依赖于 *EABC* 梁才能承受荷载，保持平衡。因此，*CD* 梁上所受的荷载 $\boldsymbol{F}$ 要通过中间铰链 *C* 传递到主要部分 *EABC* 梁上去，而 *EABC* 梁上所受的均布荷载不传递到 *CD* 梁上。

又如，图 4-8 所示两跨刚架，也是有主次之分的结构，刚架 *AB* 是主要部分，能够独立承受荷载维持平衡，*CD* 半刚架是次要部分，依赖于 *AB* 刚架才能承受荷载和维持平衡。作用在 *CD* 半刚架上的荷载通过中间铰链约束传递到 *AB* 刚架上。

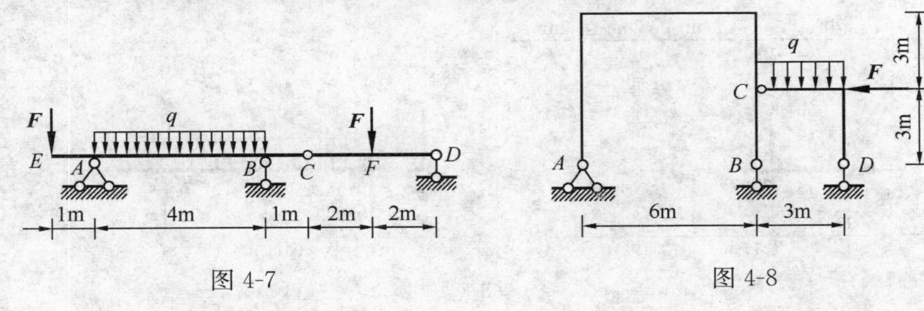


图 4-7　　图 4-8

无主次之分的物体系统中，各个物体都不能独立承受荷载，必须通过内约束的连接成为整体共同承受荷载并维持平衡。因此，无主次之分的物体系统的荷载传递规律是：作用在某部分上的荷载，一般要通过与其他部分相互连接的内约束，依次传递到其他部分上去，引起各相关部分物体约束的约束反力。如图 4-9 所示三铰刚架、图 4-10 所示的拱和 4-11 所示的组合结构都是无主次之分的结构。在研究这类物体系统的平衡问题时，可选取其中任一部分分析，但通常选择荷载及约束作用较为简洁的部分研究。

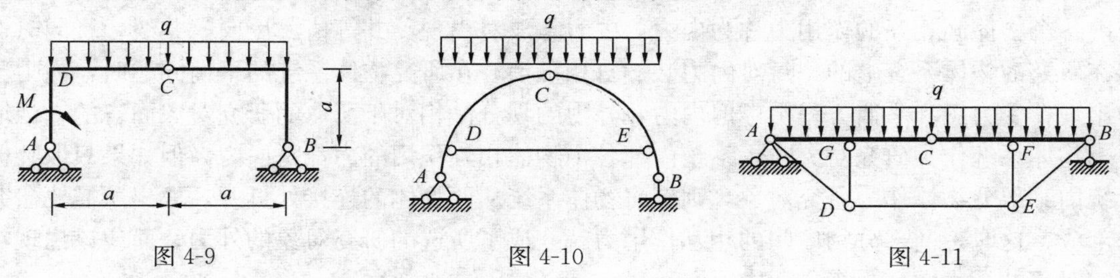


图 4-9　　图 4-10　　图 4-11

运动机构系统指的是没有被完全约束住，而能实现既定运动，只有当作用其上的主动力之间满足一定关系时，才会平衡的物体系统。例如图 4-12 所示曲柄滑块机构，作用在曲柄 $OA$ 上的力偶与作用在滑块 $B$ 上的力 $\boldsymbol{F}$ 必须要满足一定的条件，才能够使得机构处于平衡。作用于运动机构系统的荷载传递规律是**沿机构运动传动顺序逐个构件进行传递，从而引起各构件的约束反力。**因此，求解机构平衡问题时，通常是由已知到未知依运动传动顺序逐个选取研究对象求解。有关运动机构的平衡问题本书不作要求，介绍从略。

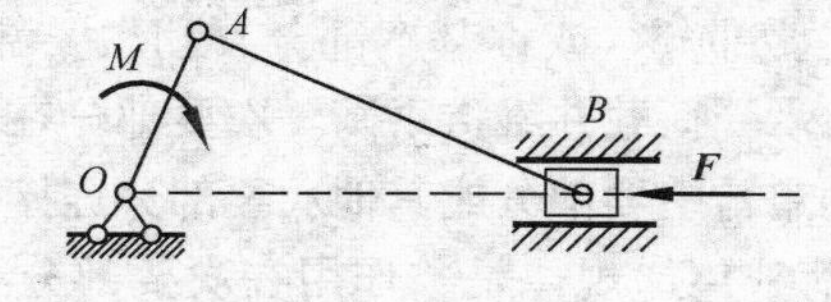


图 4-12

(3) 求解物体系统约束反力例题

**例 4-7**　在图 4-13 (a)所示的多跨梁中，已知 $F=20\text{kN}$，$q=15\text{kN/m}$。试求 $A$、$B$、$D$ 处的约束反力。

**解**　这是一个由主要部分 $EABC$ 和次要部分 $CD$ 组成的物体系统，首先分析整体，画出整体的受力图如图 4-13 (b)所示。在此受力图中含有 4 个未知量 $\boldsymbol{F}_{Ax}$、$\boldsymbol{F}_{Ay}$、$\boldsymbol{F}_{B}$ 及 $\boldsymbol{F}_{D}$，由

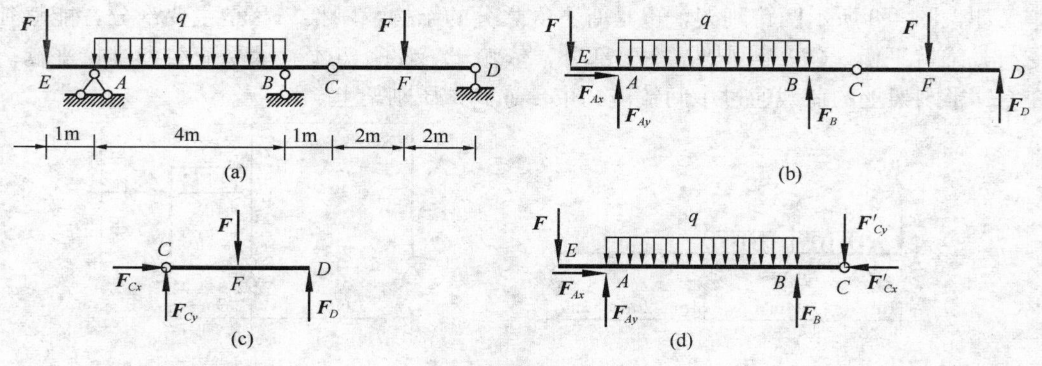


图 4-13

于是平面一般力系，此研究对象只能列出 3 个平衡方程，不能将此 4 个未知量全部求解，故必须分开研究。

取次要部分 $CD$ 分析，受力图如图 4-13 (c)所示，以 $C$ 为矩心，建立平衡方程为

$\sum M_C(\boldsymbol{F})=0$：　　　$F_D\cdot 4-F\cdot 2=0$，$F_D=10\text{kN}$

求得 $\boldsymbol{F}_D$ 以后，可以取主要部分 $EABC$ 为研究对象，也可以取整体多跨梁为研究对象分析 $A$、$B$ 的约束反力。受力分析分别如图 4-13 (b)和（d）所示，从这两个图可以看出，如果取主要部分 $EABC$ 为研究对象，则需要在分析次要部分 $CD$ 时，求出中间铰链 $C$ 的约束反力，如果取整体多跨梁为研究对象分析，中间铰链 $C$ 的约束属于内约束，约束力是内力，可以不必求出。为简便运算，取整体作为研究对象，受力分析如图 4-13 (b)所示，建立平衡方程并求解得

$\sum F_x=0$：　　　$F_{Ax}=0$

$\sum M_B(F)=0$：　　$F\times 5\text{m}+q\times 4\text{m}\times 2\text{m}-F\times 3\text{m}+F_D\times 5\text{m}-F_{Ay}\times 4\text{m}=0$

$$F_{Ay}=\frac{1}{4}(F\times 5+q\times 4\times 2-F\times 3+F_D\times 5)$$

$$=\frac{1}{4m}(20\text{kN}\times 5\text{m}+15\text{kN}\times 4\text{m}\times 2\text{m}-20\text{kN}\times 3\text{m}+10\text{kN}\times 5\text{m})$$

$$=52.5\text{kN}$$

$\sum M_A(F)=0$：　　$F\times 1-q\times 4\times 2-F\times 7+F_D\times 9+F_B\times 4=0$

$$F_B=\frac{1}{4}(-F\times 1+q\times 4\times 2+F\times 7-F_D\times 9)$$

$$=\frac{1}{4\text{m}}(-20\text{kN}\times 1\text{m}+15\text{kN}\times 4\text{m}\times 2\text{m}+20\text{kN}\times 7\text{m}-10\text{kN}\times 9\text{m})$$

$$=37.5\text{kN}$$

**例 4-8**　如图 4-14 (a)所示平面结构，由悬臂刚架 $ABC$ 和梁 $CD$ 铰接而成。$A$ 处为固定端约束，$D$ 处为可动铰支座约束，已知 $F=10\text{kN}$，$q_B=6\text{kN/m}$。试求 $A$、$C$、$D$ 处的约束反力。

**解**　这也是一个有主次之分的结构，悬臂刚架 $ABC$ 是主要部分，可以独立承受荷载，梁 $CD$ 是次要部分，不能独立承受荷载，由铰链 $C$ 与悬臂刚架 $ABC$ 铰接，依赖悬臂刚架的作用承受荷载。首先分析整体，画出整体的受力图如图 4-14 (b)所示。此受力图中有 4 个未知量 $\boldsymbol{F}_{Ax}$、$\boldsymbol{F}_{Ay}$、$\boldsymbol{F}_A$ 及 $\boldsymbol{F}_D$，由于对于平面一般力系，一个研究对象只能建立 3 个独立的平衡方程，不能将此 4 个未知量全部求解，故必须分开研究。

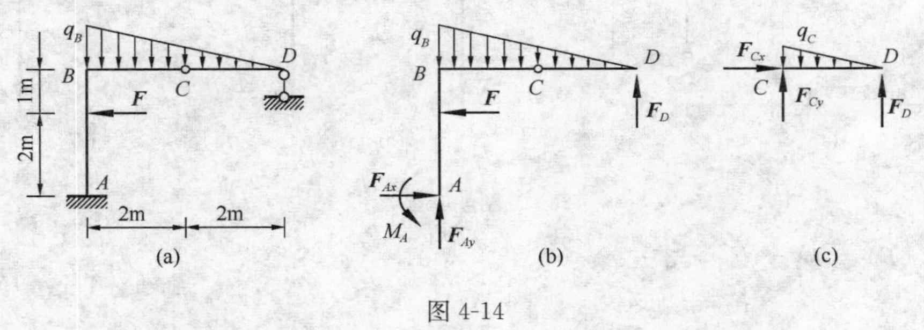


图 4-14

取次要部分 $CD$ 分析，受力图如图 4-14 (c)所示，$C$ 点处的线荷载集度：$q_C=\dfrac{2}{4}q_B=3\text{kN/m}$。以 $C$ 为矩心，建立平衡方程为

$\sum F_x = 0$：　$F_{Cx} = 0$

$\sum M_C\,(\boldsymbol{F}) = 0$：　$F_D \times 2 - \frac{1}{2} q_C \times 2 \times \frac{1}{3} \times 2 = 0$，

$$F_D = 1\text{kN}$$

$\sum F_y = 0$：　$F_{Cy} + F_D - \frac{1}{2} q_C \times 2 = 0$，

$$F_{Cy} = 2\text{kN}$$

求得 $\boldsymbol{F}_D$ 以后，可以取主要部分 $ABC$ 为研究对象，也可以取整体研究对象分析固定端 $A$ 的约束反力。如果取主要部分 $ABC$ 为研究对象，则需要在分析次要部分 $CD$ 时，求出中间铰链 $C$ 的约束反力，而且，取出的分离体上，分布主动力会出现梯形分布荷载，计算较为麻烦。如果取整体为研究对象分析，中间铰链 $C$ 的约束属于内约束，约束力是内力，可以不必求出。并且，分布主动力仍为三角形分布荷载，求解相对简单一些。为简便运算，取整体为研究对象，受力分析如图 4-14（b），列平衡方程：

$\sum F_x = 0$：　　　　　　$F_{Ax} - F = 0$，

$$F_{Ax} = 10\text{kN}$$

$\sum F_y = 0$：　$F_{Ay} + F_D - \frac{1}{2} q_B \times 4 = 0$

$$F_{Ay} = 11\text{kN}$$

$\sum M_A(\boldsymbol{F}) = 0$：　$M_A + F \times 2 + F_D \times 4 - \frac{1}{2} q_B \times 4 \times \frac{1}{3} \times 4 = 0$

$$M_A = -8\text{kN} \cdot \text{m}$$

**例 4-9**　如图 4-15（a）所示两跨静定刚架，自重不计。已知：$F = 30\text{kN}$，$q = 10\text{kN/m}$。试求 $A$、$B$、$D$ 处的约束反力。

**解**　这是一个由基本部分刚架 $AB$ 和附属的半刚架 $CD$ 所组成的系统。

作用在附属部分 $CD$ 上的荷载要传递到基本部分 $AB$ 上去，故应先研究附属部分 $CD$。拆开铰链 $C$，$AB$ 和 $CD$ 部分的受力图分别如图 4-15(b)和(c)所示。分析 $CD$，以 $C$ 为矩心，建立平衡方程

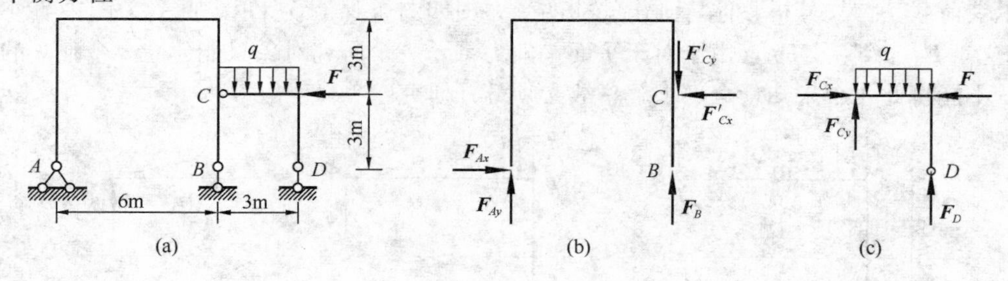


图 4-15

$\sum M_C\,(\boldsymbol{F}) = 0$：　$F_D \times 3 - q \times 3 \times 1.5 = 0$

$$F_D = 15\text{kN}$$

$\sum F_x = 0$：　$F_{Cx} - F = 0$

$$F_{Cx} = 30\text{kN}$$

$\sum F_y = 0$：　$F_{Cy} + F_D - q \times 3 = 0\, F_{Cy} = 15\text{kN}$

由作用与反作用定律知，$F'_{Cx}=F_{Cx}$，$F'_{Cy}=F_{Cy}$，再对基本部分 $AB$ 建立平衡方程求解得

$\sum M_A(\boldsymbol{F})=0$：　$F_B\times 6+F'_{Cx}\times 3-F'_{Cy}\times 6=0$

$$F_B=0$$

$\sum F_x=0$：　$F_{Ax}-F'_{Cx}=0$

$$F_{Ax}=F'_{Cx}=30\text{kN}$$

$\sum F_y=0$：　$F_{Ay}-F'_{Cy}=0$

$$F_{Ay}=F'_{Cy}=15\text{kN}$$

**例 4-10**　如图 4-16 (a)所示三铰刚架，在顶部受荷载集度为 $q=20\text{kN/m}$，并沿水平方向均匀分布的铅垂荷载作用，及力偶矩为 $M$ 的力偶作用，$M=30\text{kN}\cdot\text{m}$。已知 $a=3\text{m}$，刚架自重不计，试求 $A$、$B$、$C$ 处约束反力。

**解**　三铰刚架是一个无主次之分的物体系统。首先分析整体，受力图如图 4-16 (b)所示，可以看出，整体受力图中有 $A$、$B$ 支座的 4 个未知力，但由于支座在同一水平线上，其中 3 个未知力的作用线交于一点，故可以此交点为矩心，对整体刚架建立力矩平衡方程为

$\sum M_A(\boldsymbol{F})=0$：　$F_{By}\times 6-M-q\times 6\times\dfrac{6}{2}=0$

$$F_{By}=65\text{kN}$$

同样可建立平衡方程

$\sum M_B(\boldsymbol{F})=0$：　$-M+q\times 6\times\dfrac{6}{2}-F_{Ay}\times 6=0$

$$F_{Ay}=55\text{kN}$$

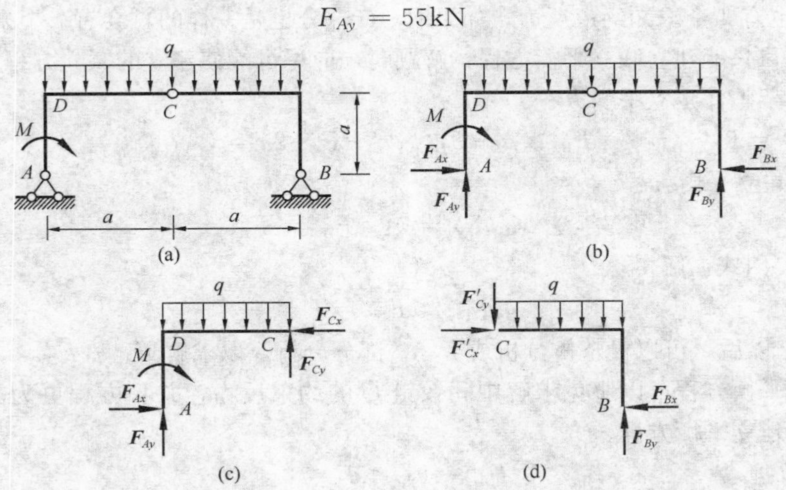


图 4-16

再拆开中间铰链 $C$，$AC$ 部分和 $BC$ 部分的受力分析如图 4-16(c)(d)所示。选择 $BC$ 部分，建立平衡方程求解得

$\sum M_c(\boldsymbol{F})=0$：　$-q\times 3\times\dfrac{3}{2}+F_{By}\times 3-F_{Bx}\times 3=0$

$$F_{Bx}=35\text{kN}$$

$\sum F_x=0$：　$F_{Bx}+F_{Cx}=0$

$$F_{Cx}=35\text{kN}$$

$\Sigma F_y = 0$：　$-q \times 3 + F_{By} + F'_{Cy} = 0$

$$F'_{Cy} = -5\text{kN}$$

回到整体分析，建立平衡方程：

$\Sigma F_x = 0$：　$F_{Ax} - F_{Bx} = 0$

$$F_{Ax} = 35\text{kN}$$

**例 4-11**　如图 4-17 (a)所示 $A$、$B$ 支座不在同一条水平线上的三铰刚架，结构尺寸如图所示。在 $D$ 点受 $F$ 力的作用，试求 $A$、$B$ 支座的约束反力。

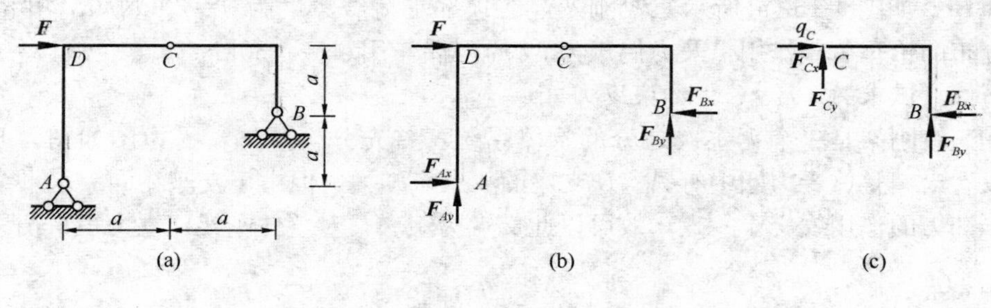


图 4-17

**解**　这也是一个无主次之分的物体系统，首先研究整体，受力分析如图 4-17 (b)所示。由于支座不在同一水平线上，对整体建立平衡方程时，无论建立投影方程或是力矩方程，都会出现两个未知约束反力。如果从 $C$ 铰链拆开，取出 $BC$，受力分析 4-17 (c)所示，可以看出，$BC$ 部分也有 4 个未知约束反力，如果取 $AC$ 部分也是一样的，会有 4 个未知约束反力，因此，这类题目只能建立联立平衡方程，解题时，应尽可能使建立的联立方程简单一些。

首先对刚架整体建立平衡方程

$\sum M_A(\boldsymbol{F}) = 0$：　$F_{By} \times a + F_{Bx} \times a - F \times 2a = 0$　　(1)

再对 $BC$ 部分建立平衡方程

$$\sum M_C(\boldsymbol{F}) = 0：\quad F_{By} = F_{Bx} \tag{2}$$

联立（1）（2）两式，解得

$$F_{Bx} = F_{By} = F$$

求得 $\boldsymbol{F}_{Bx}$ 和 $\boldsymbol{F}_{By}$ 以后，可以对整体分析或者 $AC$ 部分分析，以求解 $F_{Ax}$ 和 $F_{Ay}$。本题中，回到刚架整体建立平衡方程可以避免求解中间铰链 $C$ 的约束反力，并且方程更为简单一些。因此，对于整体建立平衡方程

$\sum F_x = 0$：　$F_{Ax} - F_{Bx} + F = 0$

$$F_{Ax} = 0$$

$\sum F_y = 0$：　$F_{Ay} + F_{By} = 0$

$$F_{Ay} = -F_{By} = -F$$

## * 4.5　空间一般力系的平衡

由空间一般力系的简化结果可知，空间一般力系向一点简化一般得到一个主矢量和一个主矩，它们不能相互平衡，因此，空间一般力系平衡的必要条件是力系的主矢量 $\boldsymbol{F}'_R$ 和主矩

$\boldsymbol{M}_O$ 必须分别等于零；反之，如果 $\boldsymbol{F}'_R=0$，$\boldsymbol{M}_O=0$，则力系向简化中心 $O$ 点简化所得的空间汇交力系和空间力偶系分别各自平衡，故原力系一定是平衡力系。即，$\boldsymbol{F}'_R=0$，$\boldsymbol{M}_O=0$ 是空间一般力系平衡的充分条件。因此，空间一般力系平衡的必要充分条件是：**力系的主矢量和对于任一点的主矩都等于零。** 即

$$\left.\begin{aligned}\boldsymbol{F}'_R&=0\\ \boldsymbol{M}_O&=0\end{aligned}\right\}\tag{4-10}$$

利用主矢量和主矩的计算式（3-42）和式（3-44），可将上述平衡条件用解析式表示为

$$\left.\begin{aligned}\sum F_x&=0\\ \sum F_y&=0\\ \sum F_z&=0\\ \sum M_x(\boldsymbol{F})&=0\\ \sum M_y(\boldsymbol{F})&=0\\ \sum M_z(\boldsymbol{F})&=0\end{aligned}\right\}\tag{4-11}$$

**即空间一般力系平衡的解析条件是力系中所有各力在任一轴上投影的代数和为零，同时力系中各力对任一轴力矩的代数和也为零。** 式（4-11）称为空间一般力系的平衡方程。

由式（4-11）求解空间一般力系的平衡问题时，所选各投影轴不必一定正交，且所选各力矩轴也不必一定与投影轴重合。与平面一般力系的平衡方程一样，可以有其他形式的空间一般力系的平衡方程，例如四力矩式、五力矩式和六力矩式，关于这些形式的平衡方程及其限制条件，此处不作介绍。读者在使用时，可用力矩方程取代投影方程求解，但独立平衡方程总数仍然只有6个。

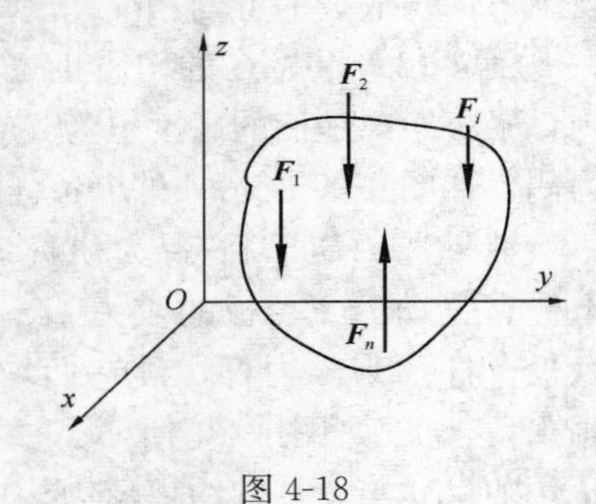


图4-18

作为空间一般力系的一个特例，空间平行力系是所有各力的作用线分布在空间且相互平行的力系。如图4-18所示物体受到一空间平行力系作用，如令 $z$ 轴与这些力平行，则各力对于 $z$ 轴的矩及各力在 $x$ 轴和 $y$ 轴上的投影都等于零。因而在平衡方程（4-11）中，第一、第二和第六个方程为恒等式。因此，空间平行力系只有三个独立平衡方程。即：

$$\left.\begin{aligned}\sum F_z&=0\\ \sum M_x(\boldsymbol{F})&=0\\ \sum M_y(\boldsymbol{F})&=0\end{aligned}\right\}\tag{4-12}$$

**例4-12**　如图4-19所示悬臂刚架 $ABC$，$A$ 端固定在基础上，在刚架的 $C$ 点分别作用有沿 $y$ 轴和 $x$ 轴的水平力 $\boldsymbol{F}_1$ 和 $\boldsymbol{F}_2$，在 $BC$ 段作用有集度为 $q$ 的铅垂均布荷载。已知：$F_1=20\text{kN}$，$F_2=30\text{kN}$，$q=10\text{kN/m}$，$h=3\text{m}$，$l=4\text{m}$，忽略刚架的重量，试求固定端 $A$ 的约束反力。

**解**　选取刚架 $ABC$ 为研究对象，由于 $A$ 是固定端，且作用在刚架上的主动力为空间力系，故 $A$ 端的约束反力可用三个相互垂直的分力 $\boldsymbol{F}_{Ax}$、$\boldsymbol{F}_{Ay}$、$\boldsymbol{F}_{Az}$ 和力偶矩矢分别为 $\boldsymbol{M}_{Ax}$、$\boldsymbol{M}_{Ay}$、$\boldsymbol{M}_{Az}$ 的三个分力偶表示。

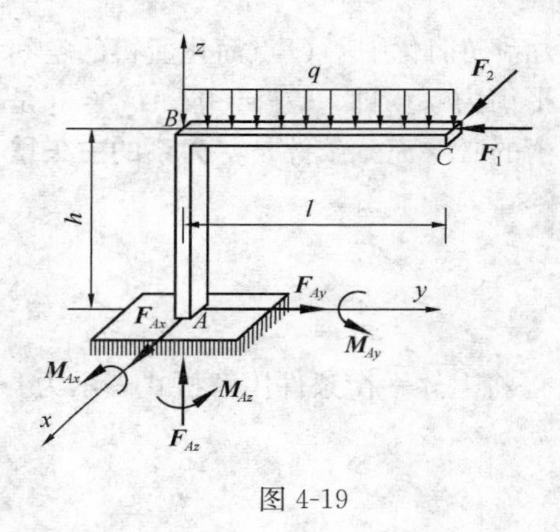


图 4-19

刚架受力图如 4-19 所示。因此这是一个空间一般力系的平衡问题，故用空间一般力系的平衡方程求解。建立图示 $Axyz$ 坐标系，列平衡方程并求解

$$\sum F_x = 0: \quad F_{Ax} + F_2 = 0$$

$$F_{Ax} = -30\text{kN}$$

$$\sum F_y = 0: \quad F_{Ay} - F_1 = 0$$

$$F_{Ay} = 20\text{kN}$$

$$\sum F_z = 0: \quad F_{Az} - ql = 0$$

$$F_{Az} = 40\text{kN}$$

$$\sum M_x(\boldsymbol{F}) = 0: \quad M_{Ax} + F_1 h - \frac{1}{2}ql^2 = 0$$

$$M_{Ax} = 20\text{kN} \cdot \text{m}$$

$$\sum M_y(\boldsymbol{F}) = 0: \quad M_{Ay} + F_2 h = 0$$

$$M_{Ay} = -90\text{kN} \cdot \text{m}$$

$$\sum M_z(\boldsymbol{F}) = 0: \quad M_{Az} - F_2 l = 0$$

$$M_{Az} = 120\text{kN} \cdot \text{m}$$

因假设未知约束反力沿坐标轴正向，所以解出的负值表示该约束反力或约束反力偶矢的实际方向与假设的方向相反。

**例 4-13** 重为 $\boldsymbol{G}$ 的均质正方形平台，边长为 $a$，用 6 根不计重量的直杆支承的水平面内，平板距离地面的高度也为 $a$，沿 $AB$ 边受水平力 $\boldsymbol{F}$ 作用，板面上作用了矩为 $\boldsymbol{M}$ 的一个力偶，如图 4-20 所示，试求各杆的内力。

**解** 选 $ABCD$ 平台为研究对象，板上受有主动力 $\boldsymbol{F}$、板的重力 $\boldsymbol{G}$、力偶 $\boldsymbol{M}$，六根直杆均为二力杆，设它们均受拉力，画出受力图如图 4-20 所示。主动力 $\boldsymbol{F}$、$\boldsymbol{G}$、力偶 $\boldsymbol{M}$ 与 6 杆的约束反力构成一空间一般力系，故可用空间一般力系的平衡方程求解。建立图示直角坐标系。为避免求解联立方程，应注意列写平衡方程的次序。从受力图分析可知，可首选对 $y$ 轴的投影方程，有

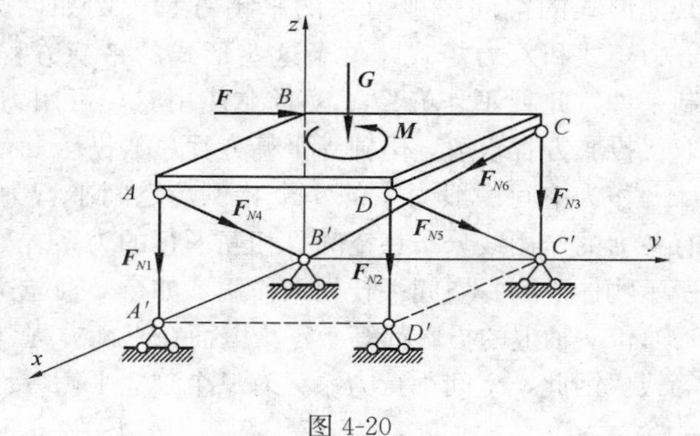


图 4-20

$$\sum F_y = 0: \qquad F - F_{N6}\cos 45^\circ = 0$$

$$F_{N6} = \sqrt{2}F$$

其次可选由 $A$ 指向 $D$ 的 $AD$ 轴为力矩轴，列力矩方程

$$\sum M_{AD}(\boldsymbol{F}_i) = 0: \qquad -G \cdot \frac{a}{2} - F_{N3} \cdot a = 0,$$

$$F_{N3} = -\frac{G}{2}$$

又可选由 $z$ 轴为力矩轴，列力矩方程

$$\sum M_z(\boldsymbol{F}_i)=0:\quad M+F_{N5}\cos45^\circ\cdot a=0$$

$$F_{N5}=-\frac{\sqrt{2}M}{a}$$

又可选由 $A$ 指向 $C$ 的 $AC$ 轴为力矩轴，列力矩方程

$$\sum M_{AC}(\boldsymbol{F}_i)=0:\quad F_{N2}\cdot\frac{\sqrt{2}a}{2}+F_{N5}\sin45^\circ\frac{\sqrt{2}a}{2}=0$$

$$F_{N2}=-F_{N5}=\frac{M}{a}$$

又可选由 $C'$ 指向 $C$ 的 $C'C$ 轴为力矩轴，列力矩方程

$$\sum M_{C'C}(\boldsymbol{F}_i)=0:\quad M-F_{N4}\cos45^\circ\cdot a=0$$

$$F_{N4}=\frac{\sqrt{2}M}{a}$$

最后可选 $y$ 轴为力矩轴，列力矩方程

$$\sum M_y(\boldsymbol{F}_i)=0:\quad (F_{N1}+F_{N2})a+G\cdot\frac{a}{2}=0,$$

$$F_{N1}=-\frac{M}{a}-\frac{G}{2}$$

求得 $\boldsymbol{F}_{N1}$，$\boldsymbol{F}_{N3}$ 的结果为负号，说明它们的实际方向与图示相反，为压力。解本题时，采用了5个力矩方程。由于选用部分力矩方程代替投影方程，通过适当选择力矩轴，做到一个方程只含一个未知力。

## 4.6　工程中常见的几种结构及其计算简图

工程中常见的结构按照结构组成形式的不同，有梁、刚架、框架、排架、桁架、网架、拱和其他组合结构等，组成这些结构的构件按照受力情况的不同分为桁杆式构件和梁式构件，桁杆式构件是只沿杆轴线受力且自重不计的构件，梁式构件则是在杆件的任意部位可以受力的构件。由第二章的讨论可知，按照支承约束的不同，工程中常见的结构又分为简支结构、固支结构和混合支承结构。

### 4.6.1　桁架与网架结构

（1）桁架

桁架在工程实际中有广泛的应用，常见的有大跨度建筑的屋架、桥梁桁架、起重机、输电线塔、水闸闸门、油田井架及电视塔的塔架等。图4-21所示为桥梁桁架计算简图，图

(a)

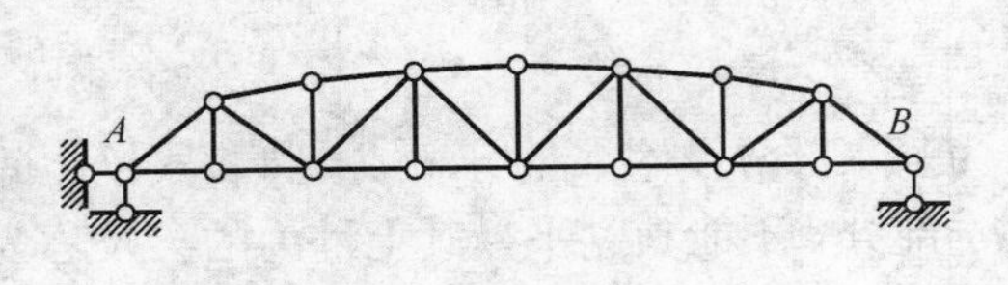


(b)

图4-21

4-22所示为一水闸闸门及计算简图，图 4-23 所示为两种简易屋架平面桁架的计算简图。桁架的实际构造和受力情况比较复杂，但在计算桁架的内力时，为简化计算，实际工程中常采用将桁架简化为各节点均为光滑铰链连接，各杆件自重不计，轴线均为直线并通过铰心，且外力都作用在结点上的理想桁架，有关桁架各杆内力的计算方法将在第 7 章详细介绍。

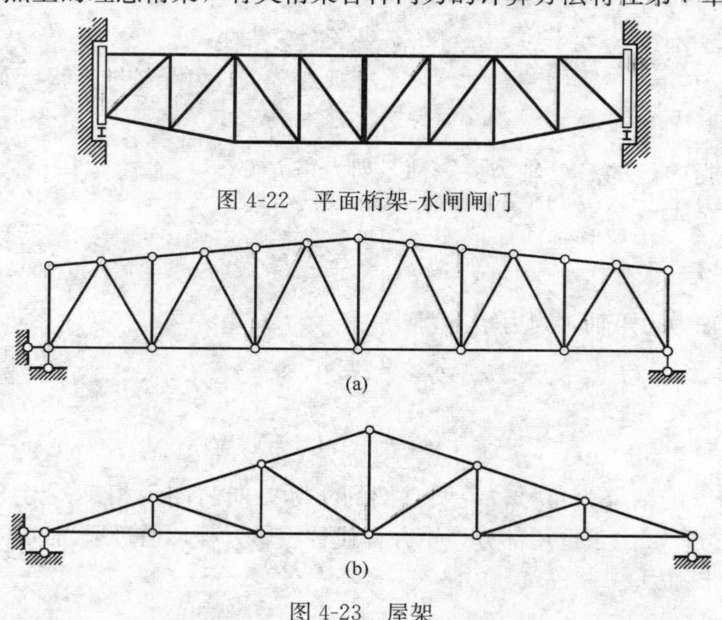


图 4-22　平面桁架-水闸闸门

图 4-23　屋架

如果桁架所有的杆件都在同一平面内，这种桁架称为平面桁架，如果桁架的杆件不在同一平面，则为空间桁架。

(2) 网架

网架是由若干杆件按照一定的网格形式，通过节点连接而成的空间结构，是空间桁架的一种类型，因此，网架结构的各杆件主要承受拉力或压力。网架结构在工程上主要用于大跨度屋盖结构，如图 2-18 所示。本教材不涉及网架的计算，对其介绍从略。

### 4.6.2　多跨静定梁结构

在第二章中介绍的简支梁和伸臂梁是最简单的梁结构。多跨静定梁一般用于桥梁结构，由多个单跨静定梁相互支承或联结而成。从几何构造看，多跨静定梁按其相互间的支承关系

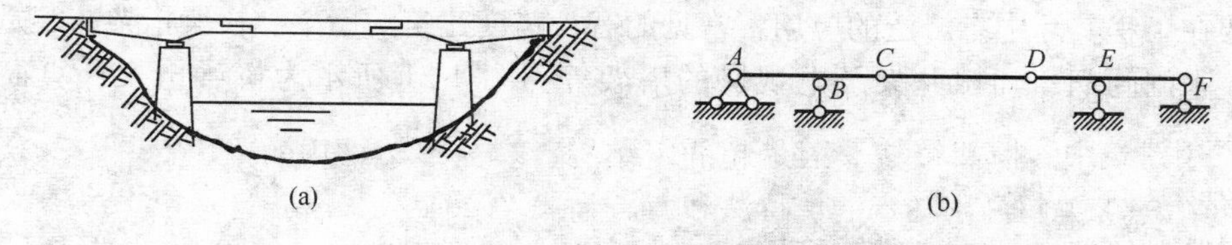


图 4-24

可分为基本部分及附属部分组成。将各段梁之间的约束解除后，仍能平衡其上外力的梁段称为基本部分，不能独立平衡其上外力的梁段称为附属部分。如图 4-24(a) 所示桥结构，可以简化为多跨静定梁结构，其计算简图如图 4-24(b)所示，其中 $CD$ 梁段是附属部分，$ABC$ 和 $DEF$ 梁为基本部分。多跨静定梁的各支座反力的计算在前面物体系统的平衡问题中已经作

了介绍，内力计算在第 7 章介绍。

### 4.6.3　刚架、框架与排架结构

（1）刚架

刚架是由梁和柱组成的结构，各杆件主要受弯。刚架的结点主要是刚结点，也可以有部分铰结点或组合结点，与基础的连接可以是刚性连接，也可是铰链连接。工程上采用的刚架形式多样，各类刚架的计算简图和内力分析将在本书第 7 章和第 11 章分别介绍。

（2）框架结构

框架是现代工程中常见的结构，由柱与直线形、弧形或折线型横梁以刚性结点连接而构成的承重骨架体系，由梁和柱组成框架共同抵抗使用过程中出现的水平荷载和竖向荷载。框架结构与基础的连接一般是刚性连接，即固定端约束，框架结构组成形式多样，有单层、单跨，多层、多跨，对称或非对称的多种框架。一般常采用钢材或钢筋混凝土框架，或者采用钢与钢筋混凝土混合框架等。其中最常用的是混凝土框架，如图 4-25(a)所示为一正在施工中的钢筋混凝土框架结构，其梁柱连接的方式如图 4-25(b)所示，为刚性连接的刚结点。框架结构的计算简图如图 4-25(d)所示，是一空间结构，如果取出其中一榀框架，则可以看成是平面框架，如图 4-25(e)所示。

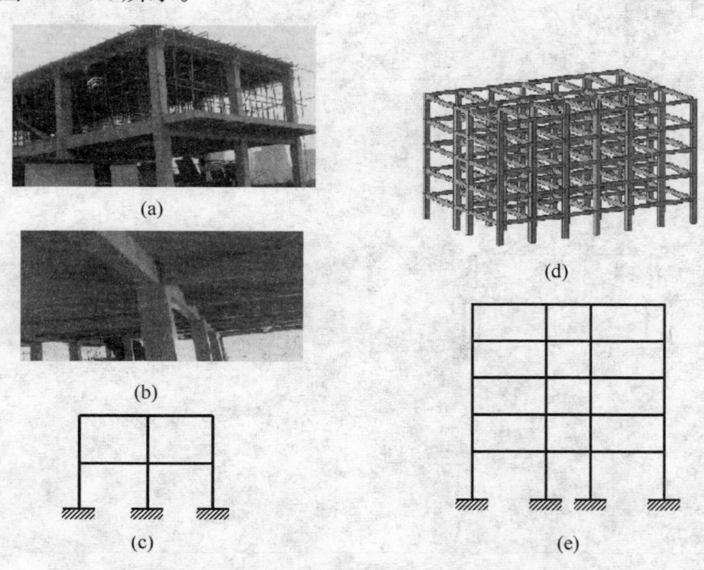


图 4-25

框架结构以自重轻，节省材料，且可较灵活地配合建筑平面布置等优点，广泛地应用于工业与民用建筑中。框架结构一般是超静定结构，有关框架结构的内力分析可以采用在第 11 章中介绍的求解超静定结构的位移法和弯矩分配法求解。

（3）排架结构

排架结构是由屋架或屋面梁、柱和基础组合的单层承重骨架体系，一般屋架或屋面梁是简支在柱顶上的，柱子的一端嵌固在基础中，这种承重体系称为排架。排架结构有多种形式，按房屋功能需要分为单跨和多跨，对称和不对称，等高与不等高，有吊车与无吊车等。排架结构在纵向一般用连系构件和支撑系统组成空间系统，形成稳定的结构。按其构成的材

料有钢筋混凝土排架，钢排架结构，或采用钢屋架、钢筋混凝土柱组合而成的组合排架，视房屋的跨度大小，厂房的使用要求等因素可选用不同材料的排架结构。排架结构也是建筑中尤其是在单层厂房中，应用非常广泛的结构。

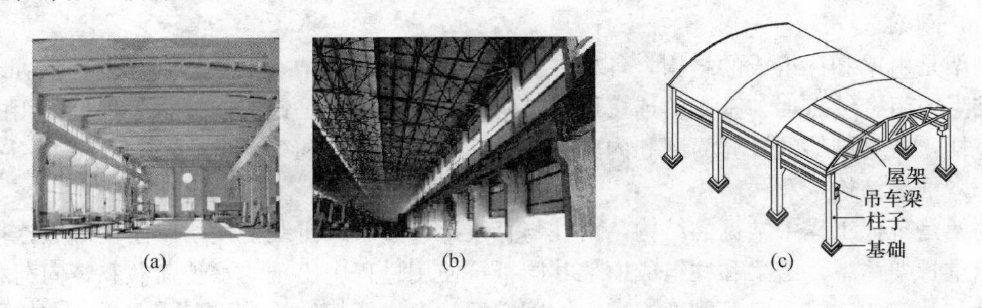


图 4-26

如图 4-26(a)所示为一单层厂房排架，图 4-26(b)所示为厂房内部屋架和牛腿，图 4-26(c)所示为排架的示意图。图 4-27(a)(b)(c)(d)所示分别为单跨和多跨，对称和不对称，等高与不等高的厂房排架结构。排架结构的屋架可以简化为刚度无穷大的横梁，柱子为刚度不相等的变截面柱，图 4-27(c)所示排架的计算简图可以表示为图 4-27(e)图的形式。排架的内力计算可采用第 11 章的方法。

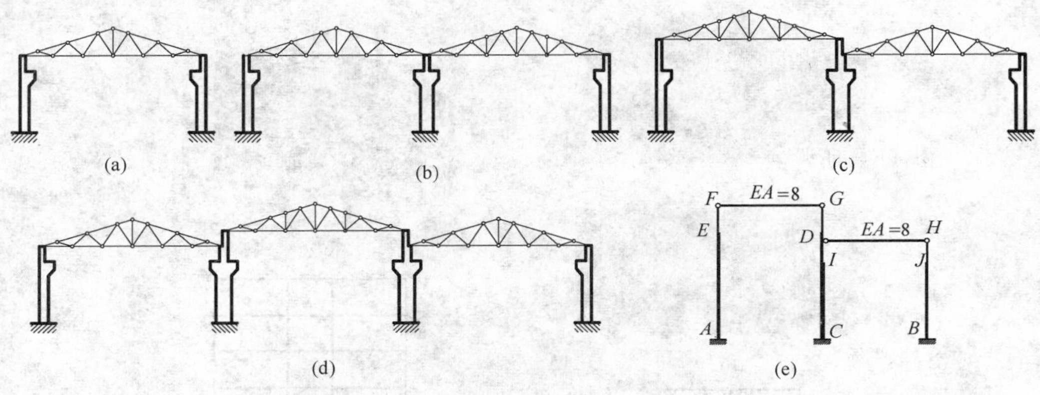


图 4-27

## 4.6.4　拱结构

拱结构是一种主要承受轴向压力并由两端推力维持平衡的曲线或折线形结构。是在工程上应用比较广泛的结构型式之一，在房屋建筑、地下建筑、桥梁及水工建筑中常采用。我国于公元 600—605 年建成的跨度为 37.02m 的河北赵州桥，这一世界建桥史上的光辉范例就是拱的力学原理利用的一个典型实例。

拱结构由拱圈及其支座组成，支座可做成能承受垂直力、水平推力以及弯矩的支墩；也可用墙、柱或基础承受垂直力而用拉杆承受水平推力。拱圈主要承受轴向压力，从而能节省材料、提高刚度、跨越较大空间，可作为屋面、桥梁、隧道、涵管、礼堂、展览馆、体育馆、火车站、飞机库等的大跨屋盖承重结构，有利于使用砖、石、混凝土等抗压强度高、抗拉强度低的廉价建筑材料。一般的屋盖、吊车梁、过梁、挡土墙等承重结构以及地下建筑、桥梁、水坝、码头等的承重结构，均可采用拱。

如图 4-28（a）所示为一拱桥，由立柱、纵梁和拱肋组成，如图 4-28（b）所示。图 4-28（a）所示拱桥可以简化为三铰拱，计算简图如图 4-28（c）所示，三铰拱是静定结构。拱的形式多样，常见的有两铰拱、三铰拱和无铰拱，带拉杆和不带拉杆的拱，这些拱的具体形式和力学计算将在第 7 章中详述。

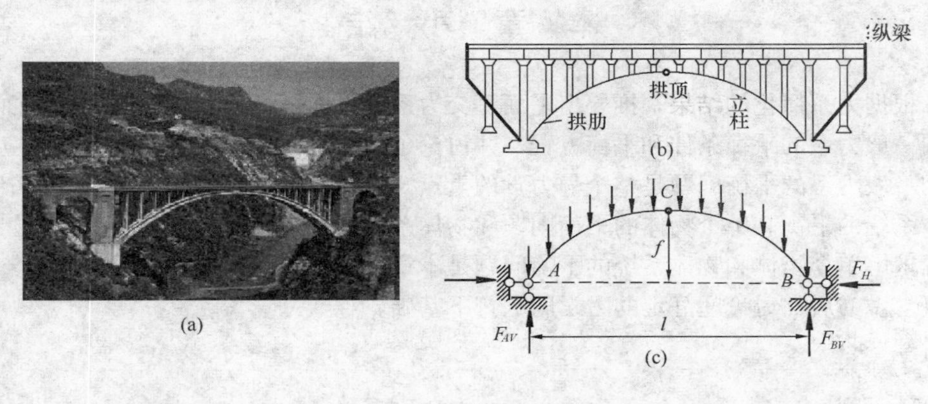


图 4-28

## 4.6.5　连续梁

有三个或三个以上支座的梁称为连续梁。在建筑、桥梁以及管道线路等工程中，常遇到一种梁，具有三个或更多个支承，可简化为连续梁。如图 4-29（a）所示的桥梁结构，可以看成是图 4-29（b）所示连续桥梁，由多个桥墩支承的情况，因而可以简化为连续梁结构，其计算简图如图 4-29（c）所示。连续梁有中间支座，是静不定结构，它的变形和内力通常比单跨梁要小，因而在工程结构（如桥梁）和机件中应用很广。连续梁的内力计算将在第 11 章中详述。

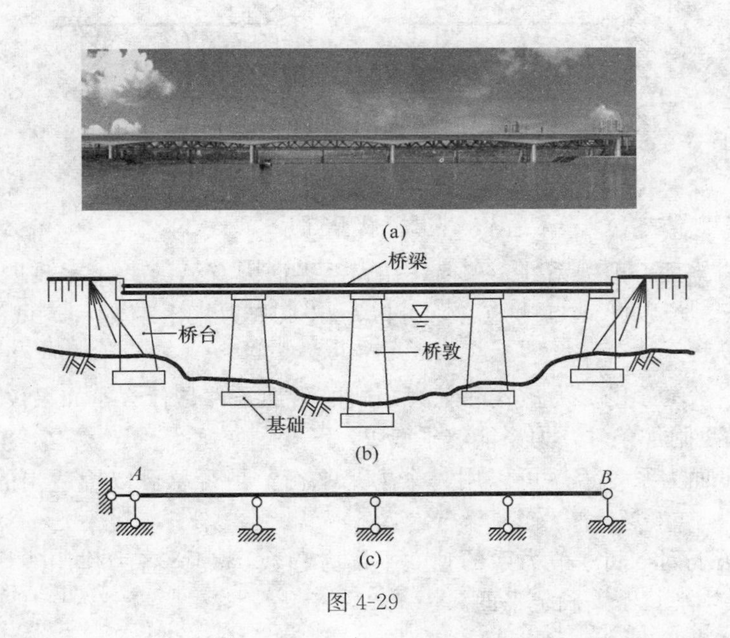


图 4-29

除了以上介绍的常见的一些结构形式以外，在工程上，还有很多别的结构形式，如剪力墙结构、框架剪力墙结构、筒体结构和一些复杂结构等，那些结构的力学分析除了建筑力学的基本知识以外，还需要用到许多其他的力学知识，因此本书不作介绍。

## 本 章 小 结

本章根据力系简化的结果，推导出平面汇交力系、平面平行力系、力偶系、平面一般力系和空间一般力系的平衡条件和平衡方程，并讨论了这些平衡方程在工程实际中的应用。本章介绍的一般力系的平衡问题是整个静力学的重点，包括单个物体的平衡和由若干个物体组成的物体系统的平衡。单个物体的平衡问题和物体系统的平衡问题是本章的难点，如何应用平衡方程求解单个物体和物体系统的平衡问题是本章的重点问题。本章介绍了静定与超静定问题的概念，为后面讨论超静定的力学问题打下基础。

## 思 考 题

4-1　已知一平面内 $A$、$B$、$C$、$D$ 4 个点上分别作用了大小相等的 4 个力，且 4 个力作出的力多边形自行封闭，试问该力系是平衡力系吗？

4-2　平面汇交力系的平衡方程除了基本形式为两个投影方程以外，如果取其他形式，如两个力矩方程，或一个力矩方程和一个投影方程时，矩心和投影轴应该如何选择？

4-3　试用最简便的方法画出思考题 4-3 图所示结构 $A$、$B$ 支座约束反力的作用线。

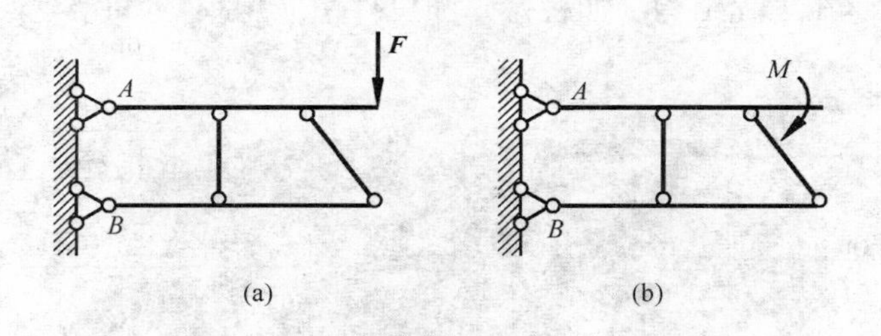


思考题 4-3 图

4-4　已知一平面一般力系处于平衡，在力系平面内有 $A$、$B$、$C$、$D$ 四个点，其中任意三点均不共直线，若以此 4 点为矩心，可以写出 4 个力矩平衡方程，试问这些方程是否独立？

4-5　平面一般力系的二力矩式和三力矩式的附加条件是什么？如果仅满足二力矩式或三力矩式，不满足附加条件，力系能够平衡吗？

4-6　一个平面力系是否总可以用一个力来平衡？是否总可以用适当的两个力来平衡？为什么？

4-7　试分析下列空间一般力系的独立平衡方程数：（1）各力作用线均与一直线相交；（2）各力作用线均平行于一确定平面。

# 习　　题

4-1　求图示各梁支座反力。

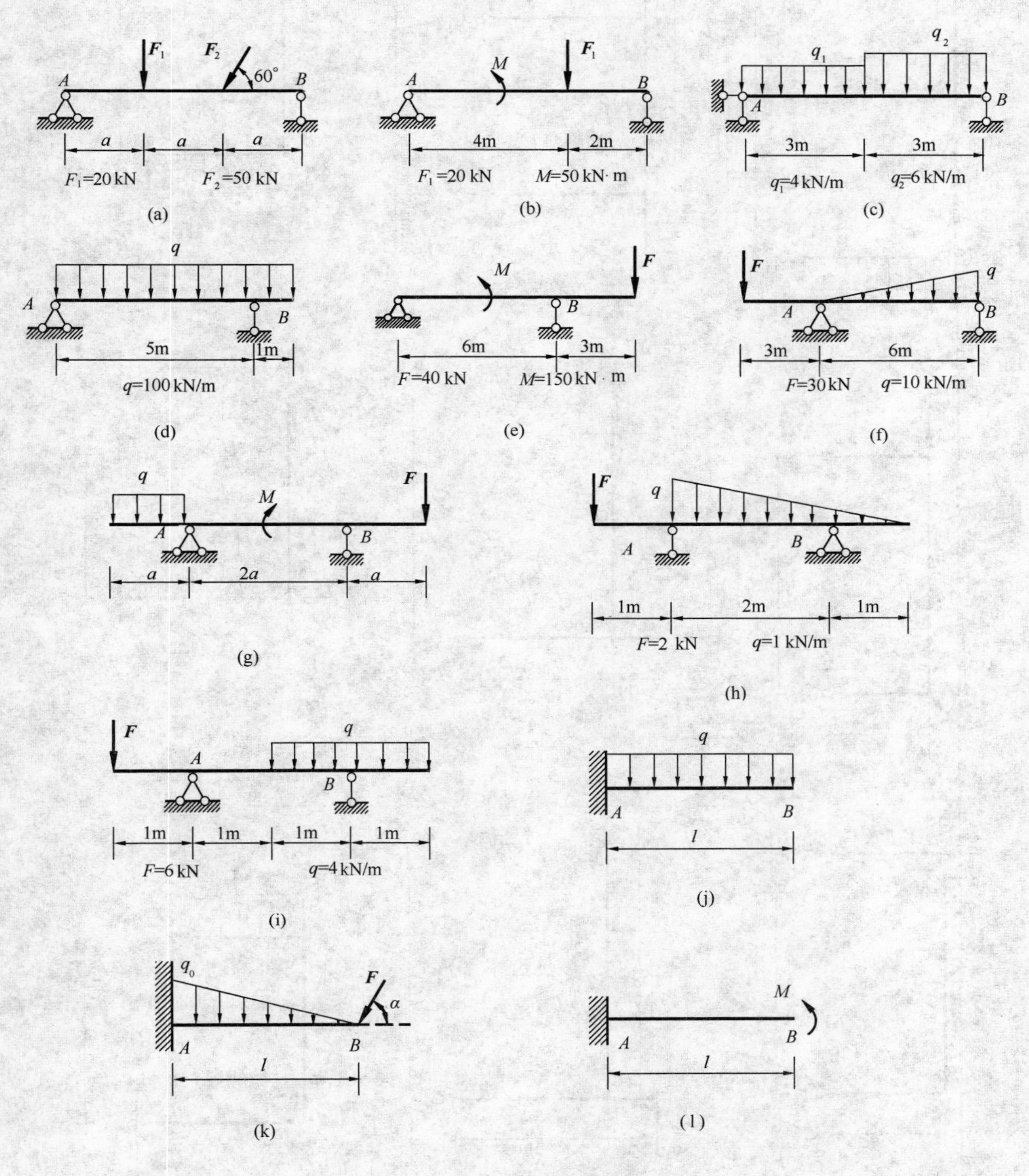


题 4-1 图

4-2　求图示各刚架的支座反力。

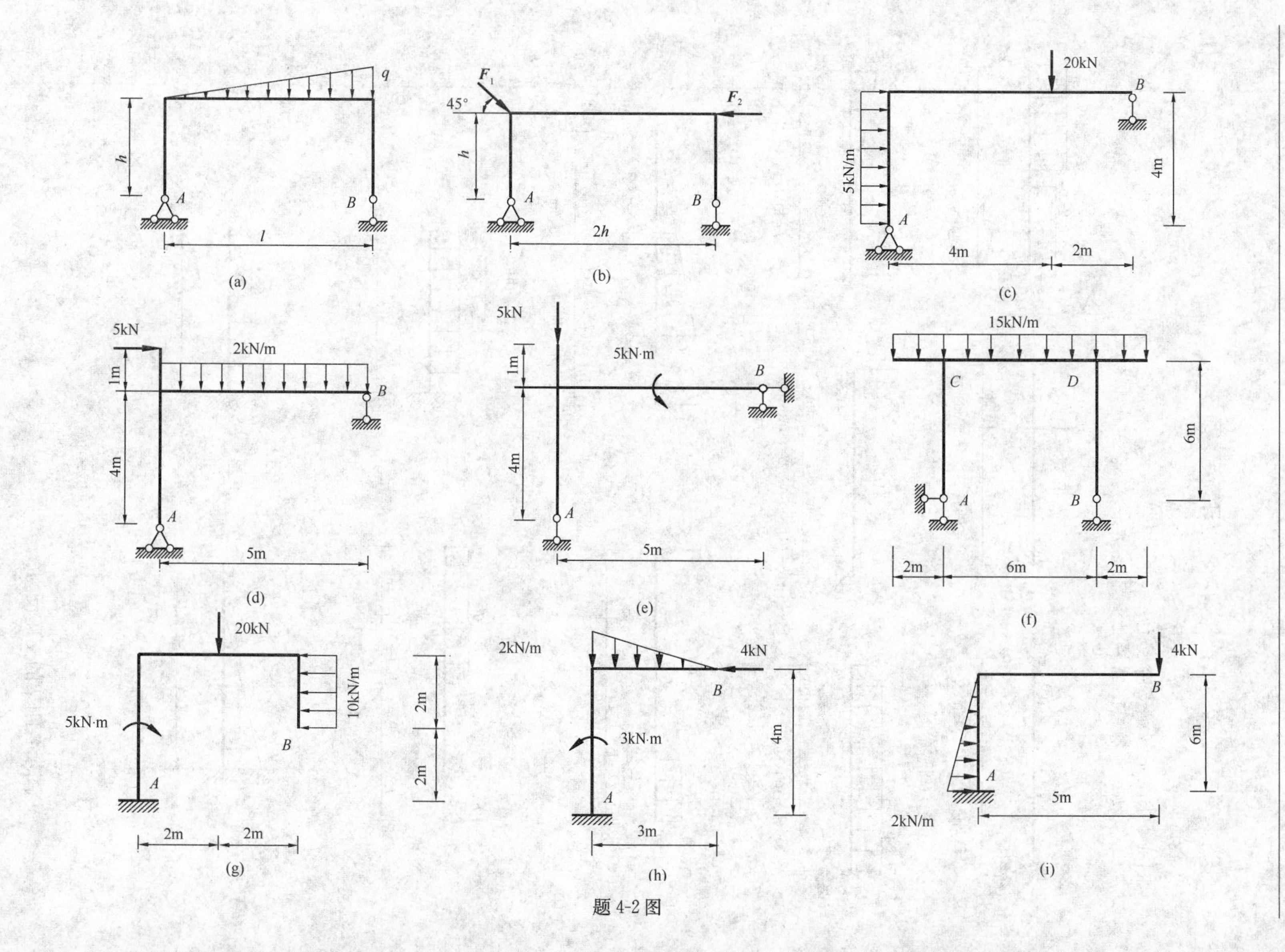

q
A
B
h
l
(a)
$F_1$
45°
$F_2$
h
A
B
2h
(b)
20kN
B
5kN/m
A
4m
4m
2m
(c)
5kN
2kN/m
1m
B
4m
A
5m
(d)
5kN
1m
5kN·m
B
4m
A
5m
(e)
15kN/m
C
D
6m
A
B
2m
6m
2m
(f)
20kN
10kN/m
5kN·m
B
A
2m
2m
2m
2m
(g)
2kN/m
4kN
B
3kN·m
4m
A
3m
(h)
4kN
B
6m
A
5m
2kN/m
(i)


题 4-2 图

4-3　试求图示两楼梯斜梁中 $A$、$B$ 支座的反力。

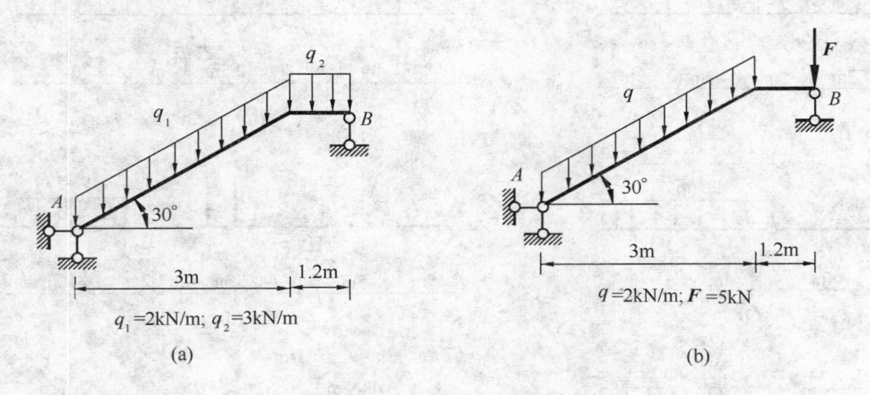


题4-3图

4-4　塔式建筑计算简图如题4-4图所示，高 $h=40\mathrm{m}$，自重 $G=3000\mathrm{kN}$，受到水平风荷载集度 $q=1\mathrm{kN/m}$。塔式建筑底部 $A$ 与基础的连接可视为固定端连接，试求固定端 $A$ 的约束反力。

4-5　一可沿路轨移动的塔式起重机，不计平衡重的重量 $G_1=500\mathrm{kN}$，其重力作用线距右轨 1.5m，起重机的起重量 $G_2=250\mathrm{kN}$，凸臂伸出右轨 10m。要使在满载和空载时起重机均不致翻倒，求平衡重的最小重量 $G_3$。

4-6　题4-6图所示为一管道支架，其上搁有管道，设每一支架所承受的管重 $G_1=12\mathrm{kN}$，$G_2=7\mathrm{kN}$，且架重不计。求支座 $A$ 和 $C$ 处的约束反力，尺寸如图所示。

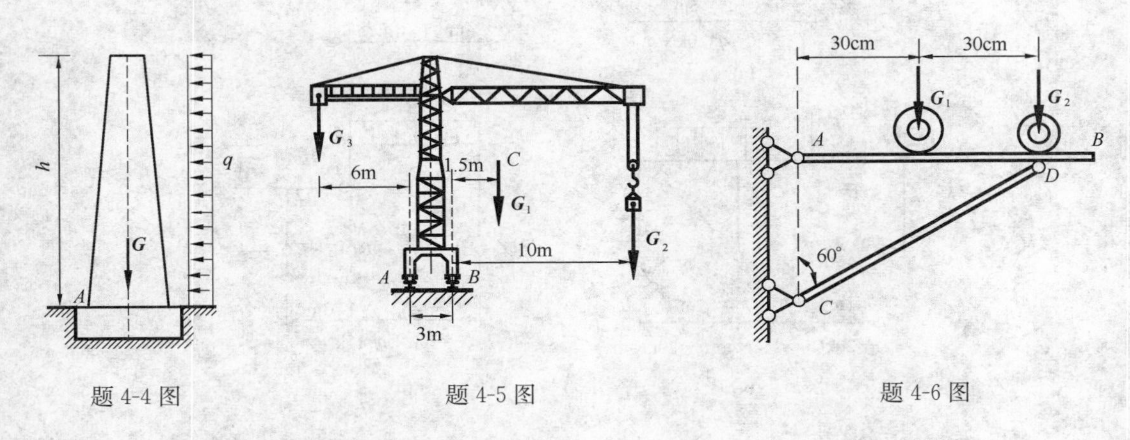


题4-4图　　题4-5图　　题4-6图

4-7　求下列各多跨静定梁的支座反力。

4-8　求图示刚架中各个支座的约束反力。

4-9　三跨静定刚架，自重不计，如图所示。已知 $q=1\mathrm{kN/m}$，$P=3\mathrm{N}$，$a=2.5\mathrm{m}$。试求铰链 $G$、$I$ 和 $B$ 的约束反力。

4-10　如图所示悬臂刚架 $ABC$，$A$ 端固定在基础上，在刚架的 $B$ 点和 $C$ 点分别作用有沿 $y$ 轴和 $x$ 轴的水平力 $\boldsymbol{F}_1$ 和 $\boldsymbol{F}_2$，在 $BC$ 段作用有集度为 $q$ 的铅垂均布荷载。已知：$F_1=20\mathrm{kN}$，$F_2=30\mathrm{kN}$，$q=10\mathrm{kN/m}$，$M=30\mathrm{kN\cdot m}$，$h=3\mathrm{m}$，$l=4\mathrm{m}$，忽略刚架的重量，试求

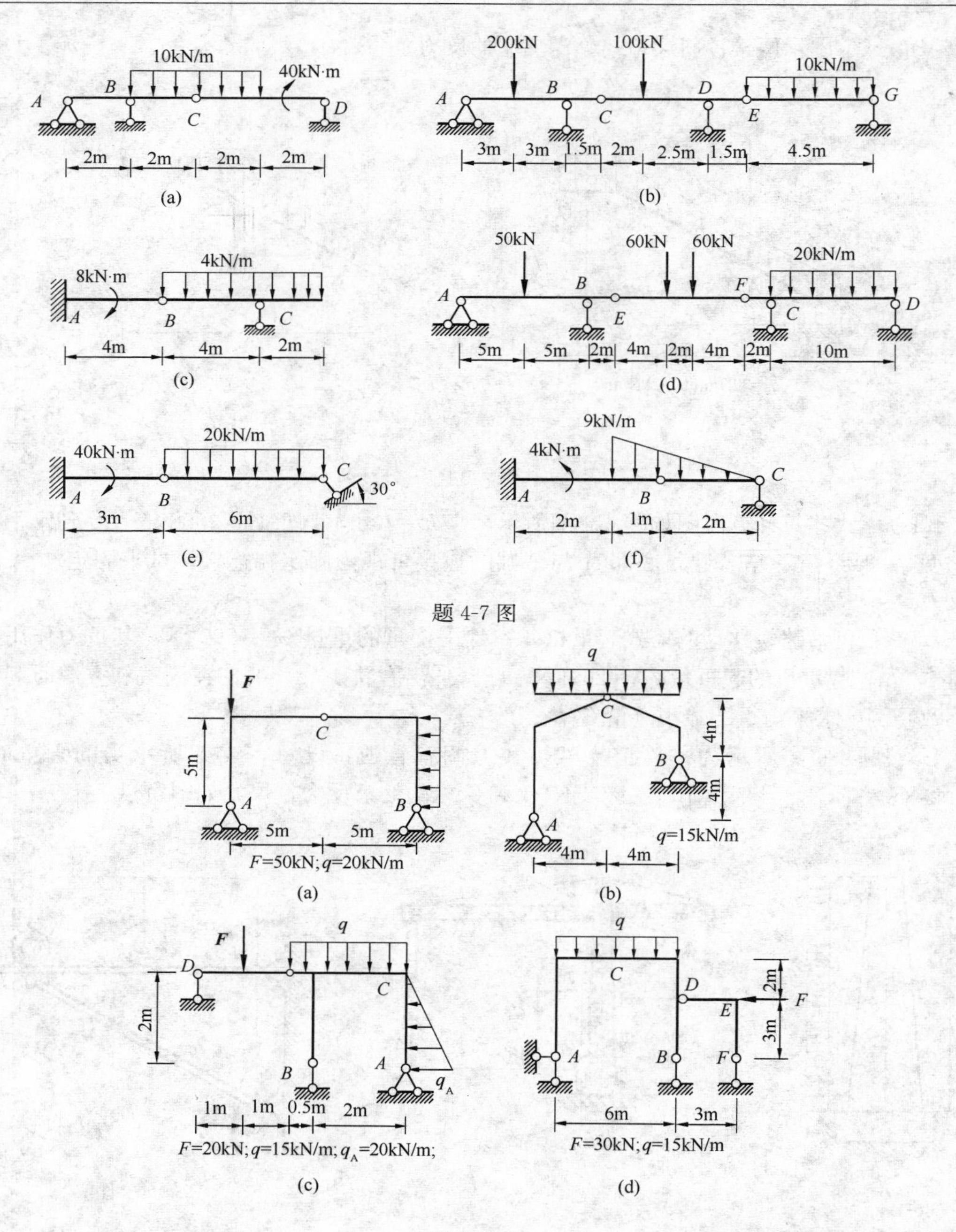


题 4-7 图



题 4-8 图

固定端 $A$ 的约束反力。

4-11　边长分别为 $a$ 和 $b$ 的矩形板，用六根直杆支撑于水平面内，在板角处作用一铅垂力 $\boldsymbol{F}$。不计板及杆的重量，求各杆所受的力。

4-12　图示三角形架用球铰链 $A$、$D$ 和 $E$ 固结在水平面上。无重杆 $BD$ 和 $BE$ 在同一铅垂面内，长度相等，用铰链在 $B$ 处连接，且$\angle DBE=90°$。均质杆 $AB$ 与水平面成倾角 $\alpha=30°$，重量 $G=50\text{kN}$，在 $AB$ 杆的中点 $C$ 作用一力 $\boldsymbol{F}$，此力位于铅垂面 $ABO$ 内，且与铅垂线成 60°角，其大小 $F=1000\text{kN}$，求支座 $A$ 的反力及 $BD$、$BE$ 两杆的内力。

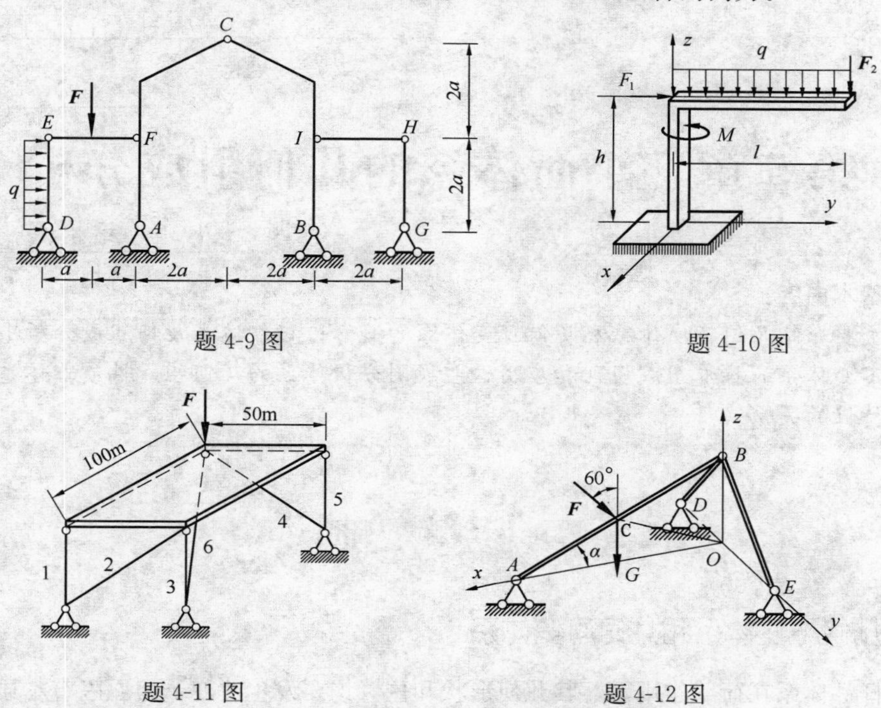


题 4-9 图　　题 4-10 图

题 4-11 图　　题 4-12 图

# 第5章　平面体系的几何组成分析

**本章基本内容：**

本章主要介绍几何不变体系和几何可变体系的概念；杆件体系几何组成分析中的相关概念；几何不变体系的基本组成规则和应用这些规则分析体系的几何组成性质；体系的几何组成与静力特性的关系。

## 5.1 概　　述

### 5.1.1 几何不变体系和几何可变体系

任一杆件体系在荷载作用下，其几何形状和位置均要发生改变，但原因有本质不同：仅由于杆件自身弹性变形（缘于材料应变）引起的，变形微小，可恢复；而由于杆件之间发生刚体位移引起的，变形很大，不可恢复。本章忽略材料应变，将各杆件视为刚性杆件，根据其几何稳定性，可分为以下两种体系：

（1）几何不变体系

受到任意荷载作用后，若不考虑材料的应变，其几何形状和位置均能保持不变的体系。如图5-1（a）（c）所示。

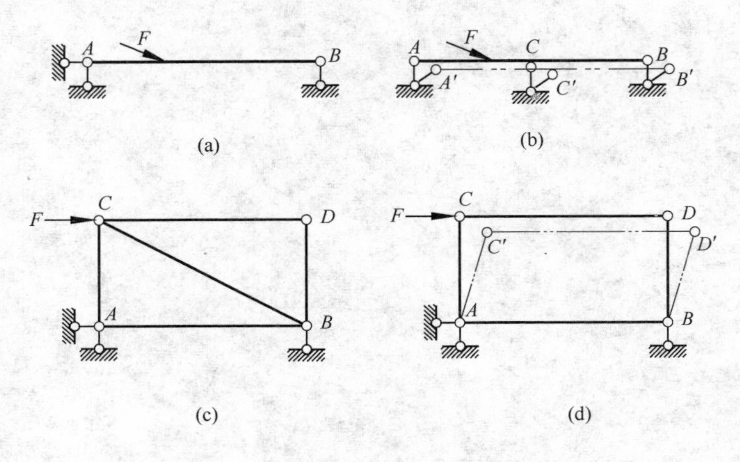


图5-1

（2）几何可变体系

受到任意荷载作用后，若不考虑材料的应变，其几何形状和位置仍可以发生改变的体系。如图 5-1（b）（d）所示。

### 5.1.2　造成几何可变的原因

（1）内部构造不健全

如图 5-1（c）所示，由两个铰结三角形组成的桁架，本为几何不变体系；但若从其内部抽掉一根桁杆 $CB$，如图 5-1（d）所示，则当结点 $C$ 处作用荷载 $F$ 时，该桁架杆件之间将产生刚体位移，即变成了几何可变体系。

（2）外部支承不恰当

如图 5-1（a）所示简支梁，本为几何不变体系；但若将 $A$ 端水平支杆移至 $C$ 处并竖向设置，如图 5-1（b）所示，则在图示荷载 $F$ 作用下，梁 $AB$ 将相对于地基发生刚体平移，即变成了几何可变体系。

### 5.1.3　几何组成分析的目的

结构必须是几何不变体系才能承担荷载。几何组成分析的目的在于：判断某一体系是否为几何不变体系，从而确定它能否作为结构使用；研究几何不变体系的组成规则，便于设计出合理的结构；根据体系的几何组成，可以确定结构是静定的还是超静定的，以便选定相应的计算方法。

本章只讨论平面杆件体系的几何组成分析。

## 5.2　几何组成分析的几个概念

### 5.2.1　刚片

体系的几何组成分析不考虑材料的应变，任一杆件或体系中一几何不变部分均可视为一个刚体，一个平面刚体称为一个刚片。

### 5.2.2　自由度

自由度是指完全确定体系位置所需的独立坐标的数目。这里所说的独立坐标是指广义坐标，它可以是直角坐标，也可以是其它任何可独立变化的几何参数。

一个点在平面内运动时，其位置可用两个坐标来确定，因此平面内的一个点有两个自

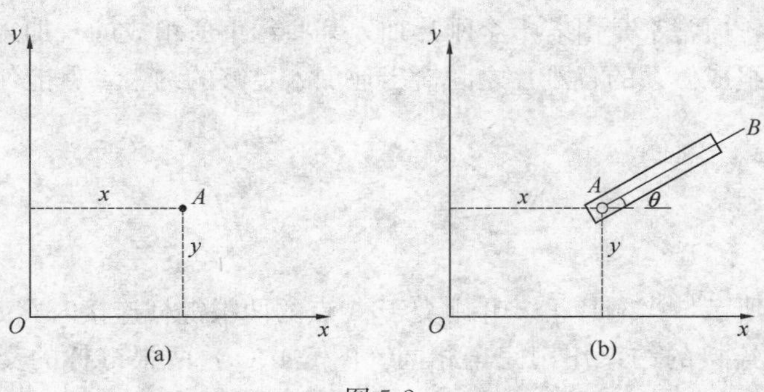


图 5-2

由度。例如在平面内有一动点 $A$，如图 5-2（a）所示，它的位置要由两个坐标 $x$ 和 $y$ 来确定，因此动点 $A$ 在平面内的自由度是 2。一个刚片在平面内运动时，其位置可用三个坐标来确定，因此平面内的一个刚片有三个自由度。例如平面内一刚片 $AB$，如图 5-2（b）所示，若先确定刚片上任一点 $A$，需要两个坐标 $x$ 和 $y$，但刚片仍可绕 $A$ 点自由转动，若再确定刚片上任一直线 $AB$ 的倾角 $\theta$，则整个刚片的位置就可以完全确定，因此刚片 $AB$ 在平面内的自由度等于 3。

### 5.2.3 约束

约束又称联系，它是体系中杆件之间或体系与基础之间的联结装置。约束使杆件之间的相对运动受到限制，因此约束的存在将会使体系的自由度减少。也可以说减少体系自由度的装置称为约束。减少一个自由度的装置称为一个约束，减少 $n$ 个自由度的装置称为 $n$ 个约束。常见的约束装置有：链杆、铰、刚性联结三种。

在图 5-3（a）中，用一根链杆将刚片与地基相连，则刚片将不能沿链杆方向移动，因而减少了一个自由度，故一根链杆为一个约束。如果在刚片与地基之间再加一根链杆［图 5-3（b）］，则刚片又减少了一个自由度，此时它就只能绕 $A$ 点转动，即减少了两个自由。

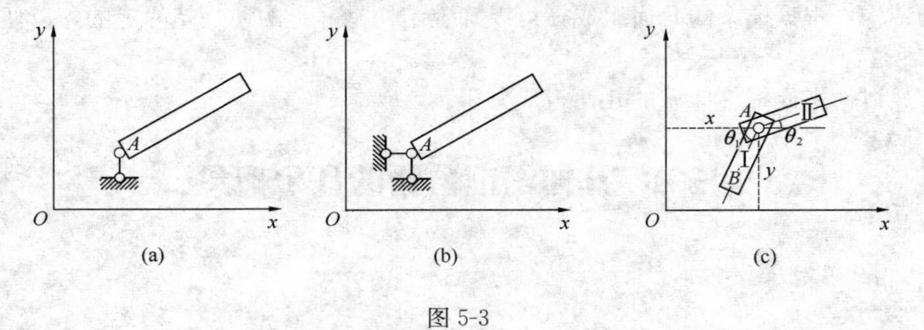


图 5-3

联结两个刚片的铰称为单铰。单铰的作用使体系减少两个自由度，相当于两个约束。如图 5-3（c）所示刚片Ⅰ和刚片Ⅱ用一个铰 $A$ 联结，在未联结前，两个刚片在平面内共有六个自由度，用铰 $A$ 联结之后，刚片Ⅰ仍有三个自由度（$x$、$y$、$\theta_1$），而刚片Ⅱ则只能绕铰 $A$ 作相对转动，即再用一个独立的参变量 $\theta_2$ 就可以确定刚片Ⅱ的位置，体系的自由度总数为 4 个，和未联结前相比减少了两个，因此，单铰 $A$ 的作用相当于两个约束。

通过类似的分析可以知道，固定支座减少三个自由度，相当于三个约束；联结两个刚片的刚结点相当于三个约束。

一个平面体系，通常都是由若干个刚片加入某些约束所组成的。加入约束后能减少体系的自由度。如果在组成体系的各刚片之间恰当地加入足够的约束，就能使该体系成为几何不变体系。

### 5.2.4 实铰和虚铰

（1）实铰

如图 5-4（a）所示，当刚片Ⅰ、Ⅱ用交于 $A$ 点的两根链杆连接时，其约束作用与图 5-4（b）所示用一个铰连接的约束作用完全相同。图 5-4（a）两根链杆的交点 $A$ 和图 5-4（b）的铰 $A$ 称为实铰。

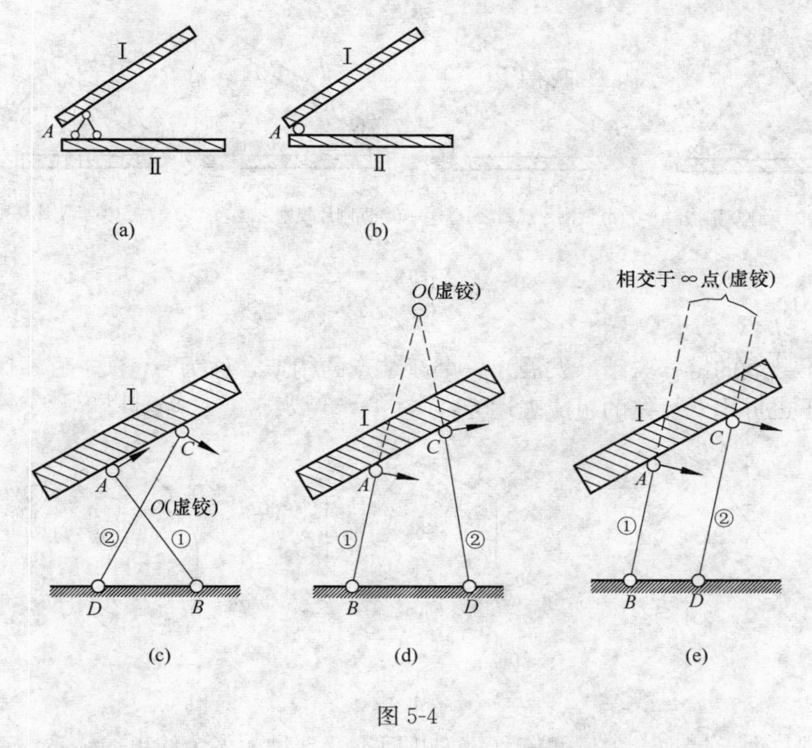


图 5-4

(2) 虚铰（瞬铰）

如图 5-4（c）（d）所示，刚片Ⅰ在平面内本来有三个自由度，如果用两根不平行的链杆将其与地基相连接，则此体系仍有一个自由度。$A$ 点、$C$ 点的微小位移应分别与链杆①、②相垂直。以 $O$ 点表示两根链杆轴线的交点。显然，刚片Ⅰ可以发生以 $O$ 为中心的微小转动，$O$ 点称为瞬时转动中心。这时，刚片Ⅰ的瞬时运动情况，与刚片Ⅰ在 $O$ 点用铰与地基相连接时的运动情况完全相同。因此，称两根链杆轴线的交点 $O$ 为虚铰。与实铰不同的是，在刚片Ⅰ相对于地基运动中，交点的位置是随刚片的转动而变化的，所以虚铰也称瞬铰。

当连接刚片Ⅰ和地基的两根链杆相互平行时［图 5-4（e）］，则认为虚铰在∞点处。

此外，应注意形成虚铰的两链杆必须连接相同的两个刚片。

## 5.3　平面几何不变体系的基本组成规则

组成几何不变体系一般遵循一条总规则，在此基础上，可建立三条基本规则。一条总规则是：铰结三角形是几何不变的（几何定理：定长三边组成的三角形是唯一的），而铰结四边形是几何可变的。三条基本规则是：二元体规则、两刚片规则和三刚片规则。

### 5.3.1　二元体规则（固定一点规则）——一个点与一个刚片的联结方式

由图 5-5（a）显见，平面内的一个点 $A$ 具有两个自由度，因此，只需从刚片Ⅰ向 $A$ 点伸出两根不共线的链杆②和③，即施加两个约束，就可将 $A$ 点固定于刚片Ⅰ之上，组成一个铰结三角形，这样，可得出下述规则：

规则Ⅰ：一个点与一个刚片用两根不共线的链杆相连，则组成内部几何不变且无多余约

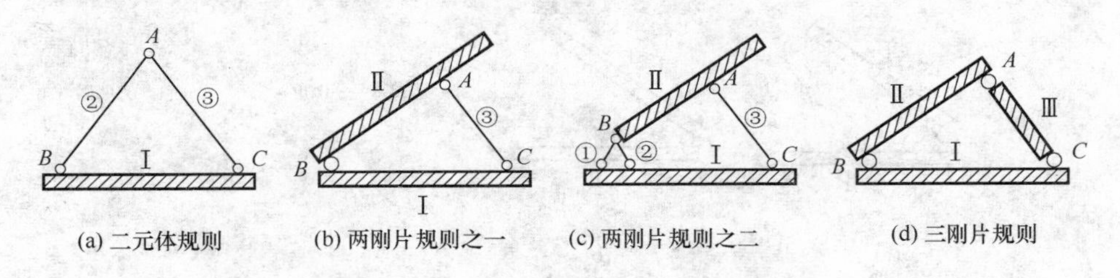

(a) 二元体规则　(b) 两刚片规则之一　(c) 两刚片规则之二　(d) 三刚片规则

图 5-5

束的体系。

用两根不共线的链杆联结（发展）一个新结点的构造，称为二元体[图 5-6(a)(b)(c)]，于是，规则Ⅰ也可用二元体的组成表述为：

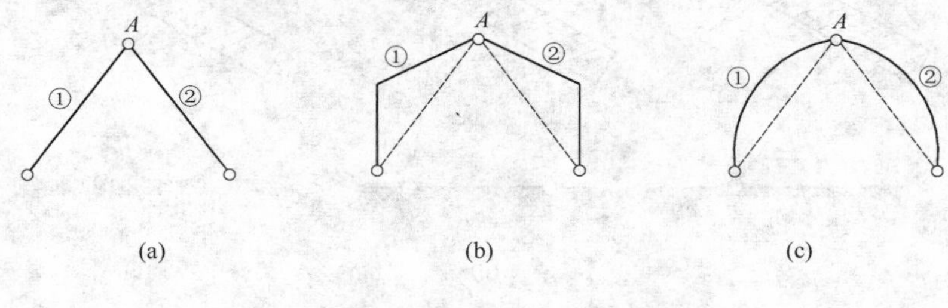

(a)　(b)　(c)

图 5-6

在一个刚片上，增加一个二元体，仍为几何不变，且无多余约束的体系。

由二元体的性质可知：在一个体系上加上（或取消）若干个二元体，不影响原体系的几何可变性。这一结论，常为几何组成分析带来方便。

## 5.3.2　两刚片规则——平面内两个刚片的联结方式

在图 5-5（a）中，如果把链杆 $AB$ 看作刚片Ⅱ，则得到图 5-5（b）所示的体系，它表示两个刚片Ⅰ与Ⅱ之间的联结方式。这样，由规则Ⅰ可得出下述规则：

规则Ⅱ（表述之一）：两刚片用一铰和一链杆相连，且链杆及其延长线不通过铰，则组成内部几何不变且无多余约束的体系。

由于一个铰的约束等效于两根链杆的约束，故图 5-5（b）又可表示为图 5-5（c）。于是，可得出规则Ⅱ的另一表述：

规则Ⅱ（表述之二）：两个刚片用三个链杆相连，且三根链杆不全交于一点也不全平行，则组成内部几何不变且无多余约束的体系。

## 5.3.3　三刚片规则——平面内三个刚片的联结方式

在图 5-5（b）中，如果再把链杆 $AC$ 看作刚片Ⅲ，则得到图 5-5（d）所示的体系，它表示三个刚片Ⅰ、Ⅱ、Ⅲ之间的联结方式。这样，由规律Ⅱ可得出下述规则：

规律Ⅲ：三个刚片用三个铰两两相连，且三个铰不在一直线上，则组成内部几何不变且无多余约束的体系。

## 5.3.4　几何可变体系

由于约束布置不当，可以持续发生大的刚体运动的体系，称为几何常变体系；而只能瞬时绕虚铰产生微小运动的体系，称为几何瞬变体系；这两种体系统称为几何可变体系。

（1）三根链杆，常交一点——几何常变体系［图5-7（a）（b）］。刚片Ⅱ相对于刚片Ⅰ可持续发生相对运动。

（2）三根链杆，瞬交一点——几何瞬变体系［图5-7（c）（d）］。刚片Ⅱ经瞬时绕近处（或∞点处）虚铰微小运动后，三根链杆不再交于一点（或不在∞点相交——不再全平行），即转化为几何不变体系。

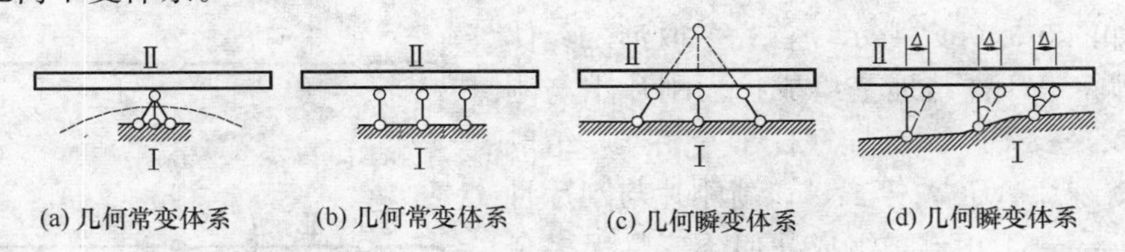


图5-7

（3）若三个铰链共在一线，即为几何瞬变体系。

如图5-8（a）所示，杆件$AB$与$AC$在$A$点有一段公切线，在$F$作用下，可以产生微小线位移$AA_1$及相应的微小转角$\theta$。

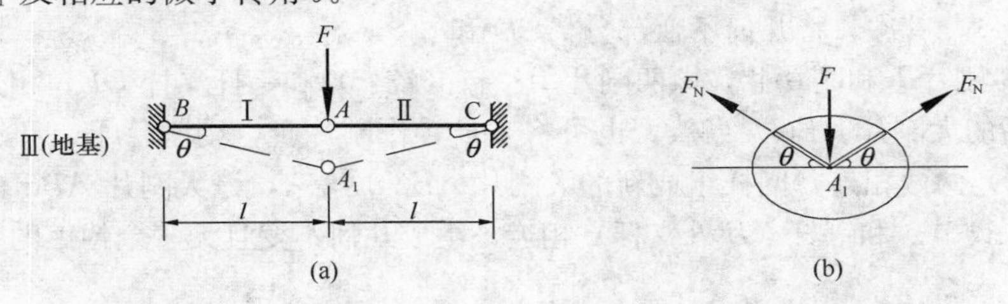


图5-8

取结点$A$为隔离体，如图5-8（b）所示。由$\Sigma F_y=0$，得

$$2F_N\sin\theta=F$$

$$F_N=\frac{F}{2\sin\theta}$$

当$\theta\to0$时，$\sin\theta\to0$，则$F_N\to\infty$。这表明，该几何瞬变体系在有限力的作用下，杆件会产生无穷大的内力。

由以上分析可知，几何常变体系和几何瞬变体系在工程结构中均不可采用。

## 5.4　平面体系的几何组成分析举例

### 5.4.1　解题步骤

（1）简化：有二元体，可依次取消；凡本身几何不变且无多余约束的部分，可看为一个刚片（有时也将地基看作一个刚片）。

（2）根据三条基本规则，判定体系的几何可变性：若体系是由并列之二、三刚片组成，则可对照基本规则Ⅱ、Ⅲ分析判断；若体系为多层多跨结构，则应先分析基本部分，再分析附属部分。

(3) 注意：一是约束的等效代换，可将二链杆看作一个铰（虚铰），一个形状复杂的刚片如果仅有两个单铰与其他部分连接也可化作一直线链杆；二是找出“基本——附属”体系中的第一个构造单元。

## 5.4.2 示例

**例 5-1** 对图 5-9（a）所示体系进行几何组成分析。

**解** 如图 5-9（b）所示，首先，取消二元体 *FEG*；其次，*AB* 杆与地基组成扩大刚片Ⅰ与刚片Ⅱ用一铰（铰 *B*）一链杆（杆①）相连，组成地基扩大新刚片 *ABC*；第三，该新刚片与刚片Ⅲ用三杆②、③、④相连，组成几何不变且无多余约束的体系。

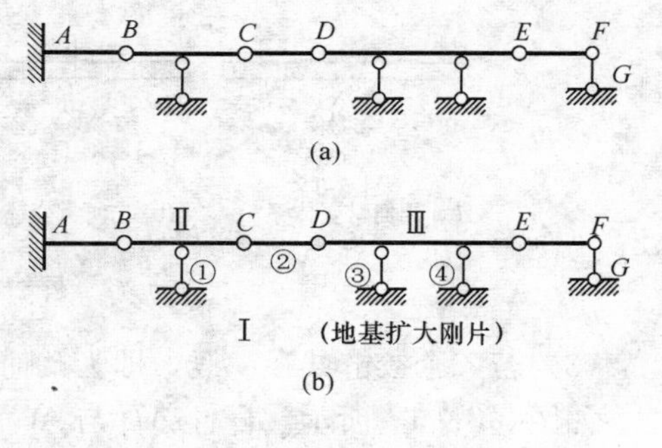


图 5-9

**例 5-2** 试对图 5-10（a）所示体系进行几何组成分析。

**解** 如图 5-10（b）所示，首先，依次取消二元体 1，2，3；其次，将几何不变部分 *ACD* 和 *BCE* 分别看做刚片Ⅰ和刚片Ⅱ，该两刚片用一铰（铰 *C*）和一杆（杆 *DE*）相连，组成几何不变的一个新的大刚片 *ABC*。当然，也可将 *DE* 看作刚片Ⅲ，则刚片Ⅰ、Ⅱ、Ⅲ用三个铰（铰 *C*、*D*、*E*）两两相连，同样组成新的大刚片 *ABC*；第三，该大刚片 *ABC* 与地基刚片Ⅳ之间用一铰（铰 *A*）和一杆（*B* 处支杆）相连，组成几何不变且无多余约束的体系。

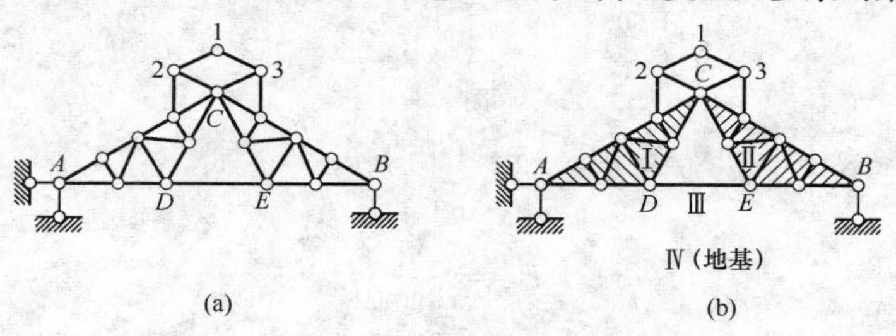


图 5-10

**例 5-3** 试对图 5-11（a）所示体系进行几何组成分析。

**解** 如图 5-11（b）所示，首先，找出第一个构造单元，它是由刚片Ⅰ、Ⅱ、Ⅲ（地

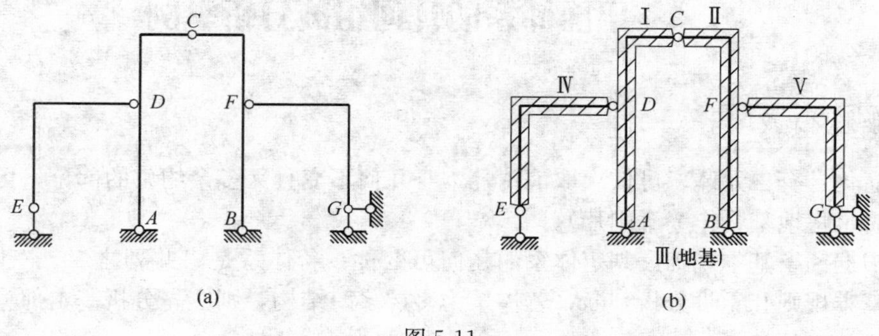


图 5-11

基）用三铰 $A$、$B$、$C$ 两两相连所组成的几何不变的新的大刚片 $ABC$；其次，该大刚片与刚片Ⅳ用一铰一链杆相连，组成更大刚片 $ABCDE$；第三，该更大刚片与刚片Ⅴ用两个铰（铰 $F$、$G$）相连，组成几何不变，但有一个多余约束的体系。

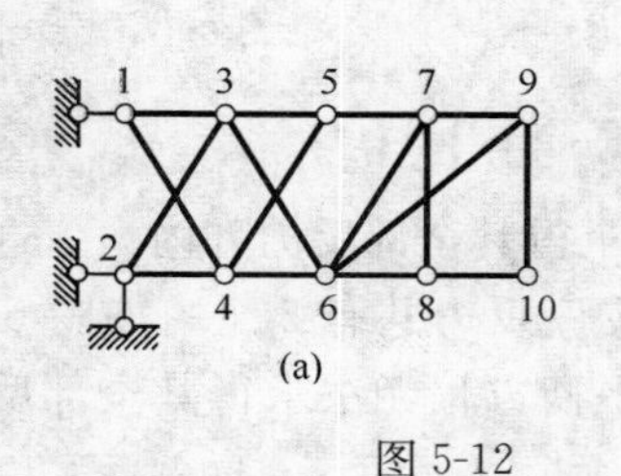


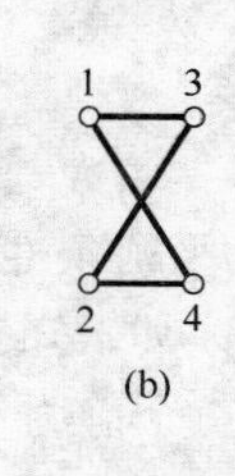


图 5-12

**例 5-4**　试对图 5-12（a）所示体系进行几何组成分析。

**解**　依次去掉二元体 8-10-9、6-9-7、6-8-7、5-7-6、3-5-4、3-6-4，剩余如图 5-12（b）所示体系，把 13、24 分别看做刚片Ⅰ、刚片Ⅱ，两刚片之间由链杆 14 和链杆 23 联结，缺少一根链杆，不符合两刚片规则，因此，原体系为几何可变体系。

**例 5-5**　试对图 5-13（a）所示体系进行几何组成分析。

**解**　当一个体系的支杆多于三根时，常运用三刚片规则进行分析。本例若按常规以铰结三角形 124、235 和地基为刚片，则分析将无法进行下去，这时应重新选择刚片和约束后再试。今选三刚片如图 5-13（b）所示，三刚片之间由三个虚铰两两相连：［Ⅰ，Ⅲ］与［Ⅱ，Ⅲ］以及∞点处的［Ⅰ，Ⅱ］共在一直线上，故体系为瞬变。

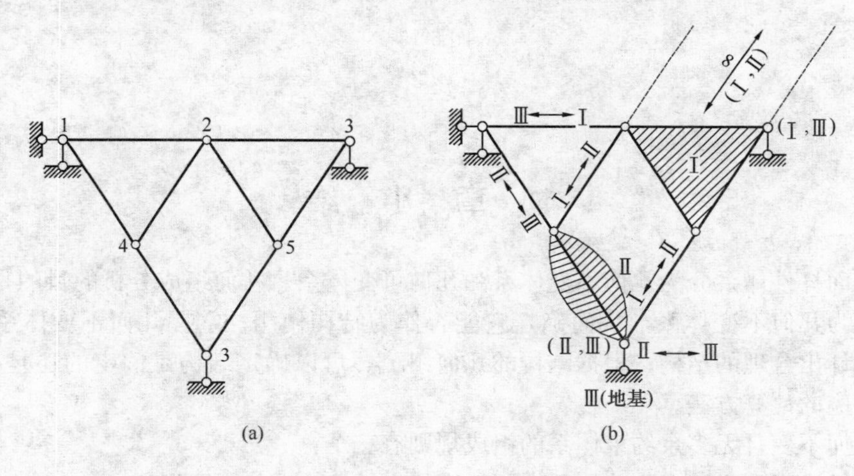


图 5-13

## 5.4.3　静定结构与超静定结构

实际工程中的结构，必须在任意荷载作用下能够维持平衡。即用来作为结构的体系，必须是几何不变的，而几何可变体系（包括瞬变体系）不能用作结构。按结构的几何特征和静力特征，可判别是静定结构或超静定结构。

（1）静定结构

对于无多余约束的几何不变体系，由静力学可知，它的全部反力和内力都可由静力平衡条件求得。这类结构称为静定结构。图 5-14（a）所示的简支梁，有三根支座链杆，三个未知支座反力如图 5-14（b）所示，这三个不交于同一点的支座反力，可以由平面一般力系的三个平衡方程 $\sum F_x=0$，$\sum F_y=0$，$\sum M=0$ 求出，从而全部内力都能用平衡条件求解。

（2）超静定结构

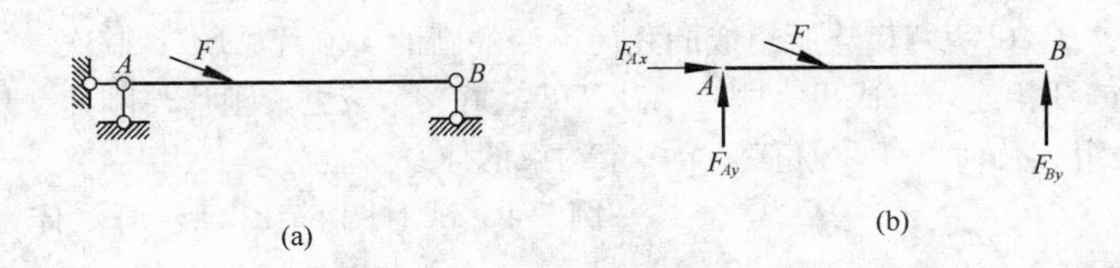


图 5-14

对于具有多余约束的几何不变体系，却不能由静力平衡条件求得其全部反力和内力。这类结构称为超静定结构。如图 5-15（a）所示的连续梁，其未知支座反力共有 5 个，如图 5-15（b）所示，而静力平衡条件只有三个，因而仅利用三个静力平衡方程无法求得其全部反力，因此也不能求出其全部内力。

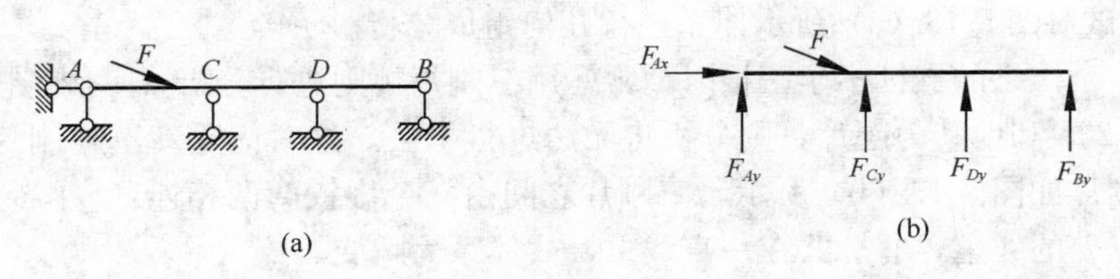


图 5-15

## 本 章 小 结

（1）平面杆件体系分为几何不变体系和几何可变体系。几何组成分析的目的是：判断某一体系是否为几何不变体系，从而确定它能否作为结构使用；掌握几何不变体系的组成规则，便于设计出合理的结构；根据结构的几何组成，可以确定结构是静定的还是超静定的，以便选定相应的计算方法。

（2）几何不变且无多余约束体系的组成规则有三个：

三刚片组成规则：三个刚片用不在同一直线上的三个单铰两两联结。

两刚片组成规则：两个刚片用一个铰和一根不通过此铰的链杆或用不完全平行也不完全相交于一点的三根链杆相联结。

二元体规则：一个点与一个刚片用两根不共线的链杆相连。也可表述为：在一个平面杆件体系上依次增加或拆除若干个二元体，不改变原体系的几何组成性质。

（3）体系的几何组成与静力特性的关系：若体系几何不变且无多余约束，则是静定结构，其全部支座反力和内力都可以由平衡条件求出，且是唯一的；若体系几何不变且有多余约束，则是超静定结构，其全部支座反力和内力不能由平衡条件唯一求出；若体系是几何可变（包括常变和瞬变）的，则不能用作结构。

本章的重点是：运用几何不变体系的三个组成规则分析各种杆件体系。但初学者往往难以下手，为此，进行一定数量的练习是必要的。

## 思　考　题

5-1　什么是几何不变体系？什么是几何可变体系？

5-2　为什么要对杆件体系进行几何组成分析？

5-3　平面内一个点和一个刚片各有几个自由度？

5-4　固定平面内一个点至少需要几个约束？约束应满足什么条件？

5-5　固定平面内一个刚片至少需要几个约束？约束应满足什么条件？

5-6　体系几何组成分析有哪几个基本规则？它们能够对所有的体系进行几何组成分析吗？

5-7　瞬变体系的几何特征是什么？瞬变体系与几何不变体系有何不同，为什么不能用它作为结构？

5-8　如思考题 5-8 图所示，此体系为三刚片由不共线三铰 $A$、$B$、$C$ 相连，组成的体系几何不变，且无多余约束。此结论是否正确？为什么？

5-9　如思考题 5-9 图所示，三刚片由不共线三铰 $A$、$B$、$C$ 相连，组成的体系几何不变且无多余约束。此结论是否正确？为什么？

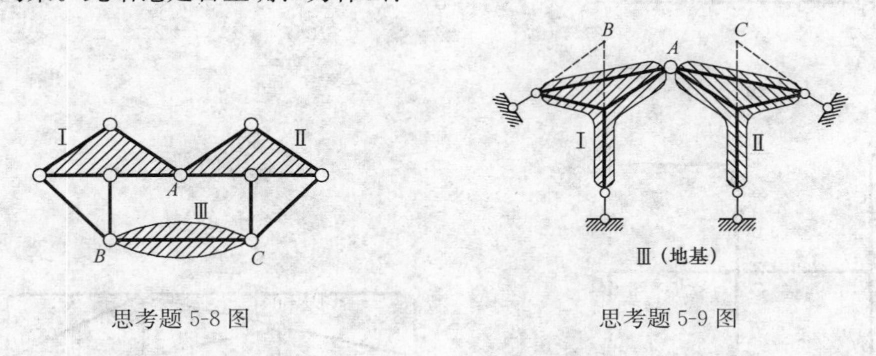


思考题 5-8 图　　　　思考题 5-9 图

5-10　静定结构的几何特征是什么？力学特性是什么？

5-11　超静定结构的几何特征是什么？力学特性是什么？

## 习　题

5-1～5-16　试分析习题 5-1～5-16 图所示体系的几何组成。

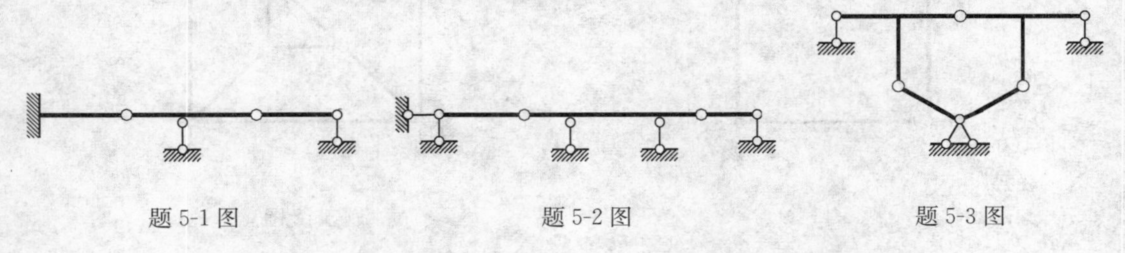

题 5-1 图　　　　题 5-2 图　　　　题 5-3 图

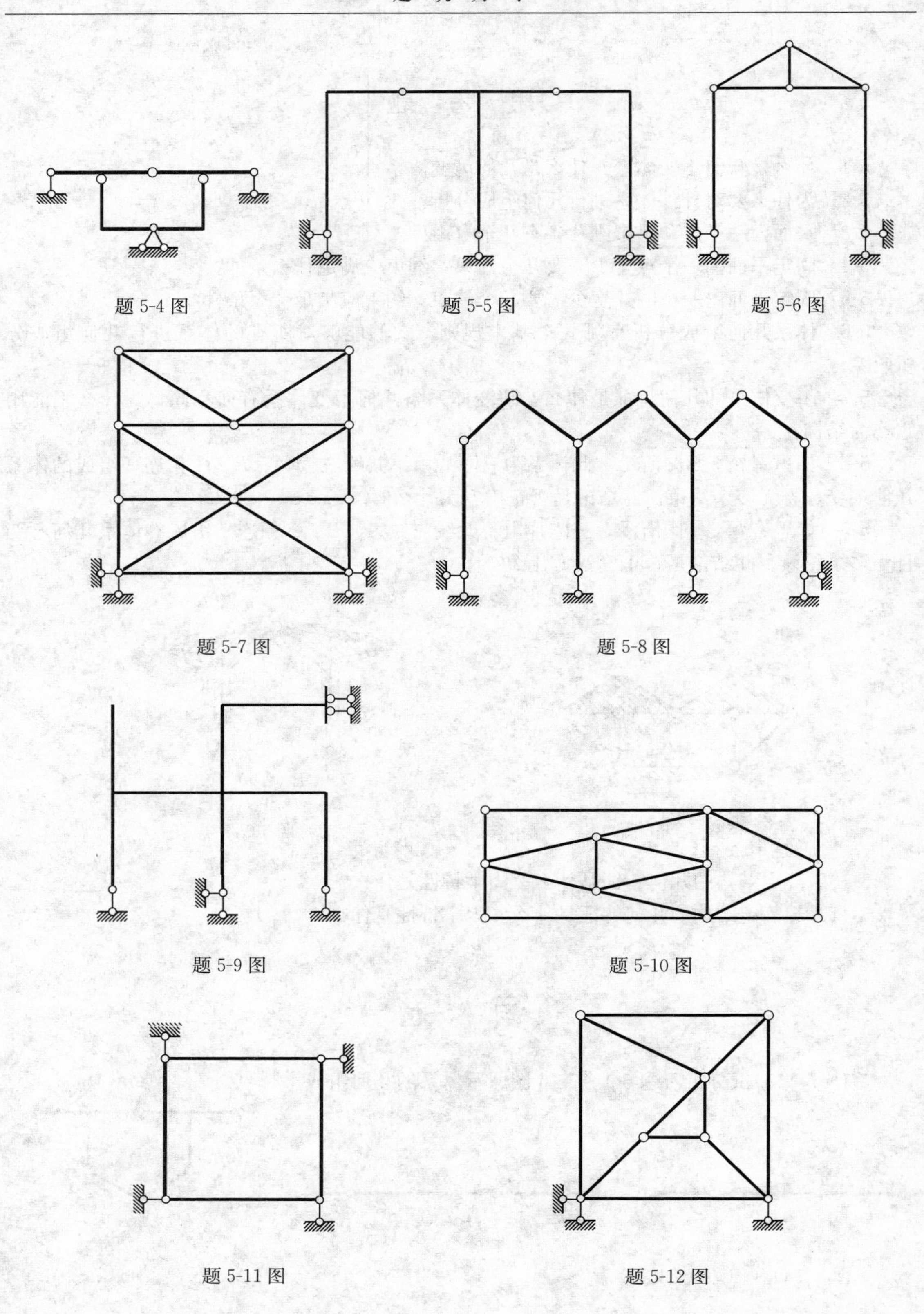

题 5-4 图

题 5-5 图

题 5-6 图

题 5-7 图

题 5-8 图

题 5-9 图

题 5-10 图

题 5-11 图

题 5-12 图

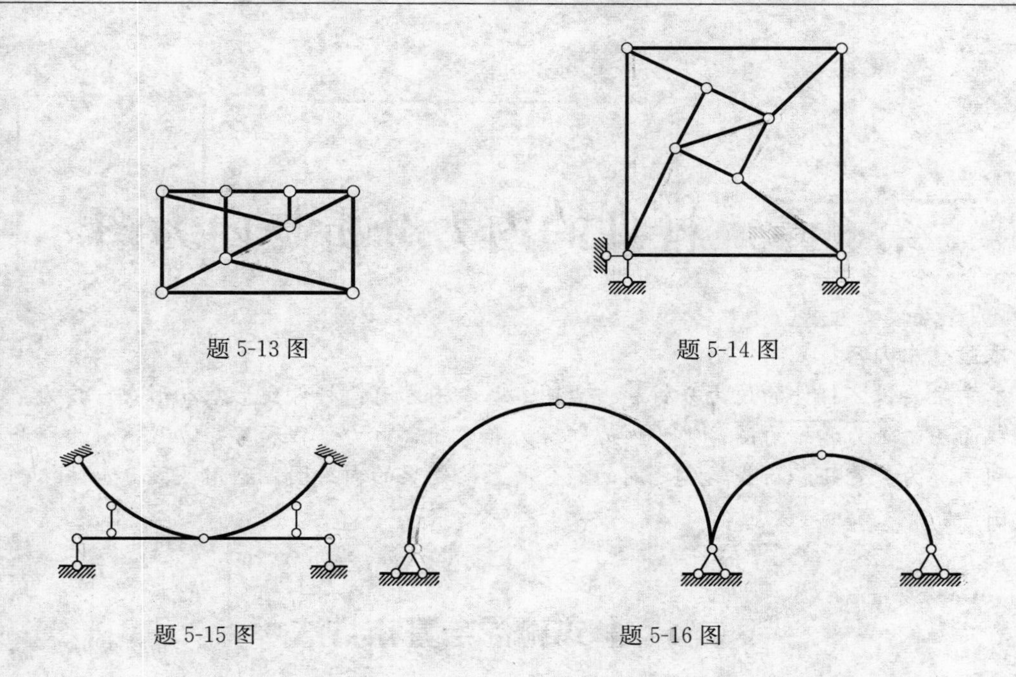

题 5-13 图

题 5-14 图

题 5-15 图

题 5-16 图

# 第 6 章　杆件的内力分析与内力图

**本章基本内容：**

本章主要讲述杆件的内力分析和内力图。基本内容有：杆件变形基本形式，内力，求内力的截面法，轴力和轴力图，梁的内力即剪力和弯矩，剪力方程和弯矩方程，剪力图和弯矩图，利用剪力、弯矩和荷载集度之间的微分关系绘制梁的内力图，利用区段叠加法绘制梁的内力图等。

## 6.1　基本概念与基本方法

### 6.1.1　杆件变形的基本形式

在不同形式的外力作用下，杆件产生的变形形式也各不相同，但杆件变形的基本形式总不外乎下列几类：

（1）轴向拉伸或轴向压缩，即在一对大小相等、方向相反、作用线与杆轴线重合的外力作用下，杆的两相邻横截面沿杆轴线切向产生相对移动，而杆件的长度发生改变（伸长或缩短），如图 6-1（a）（b）所示。

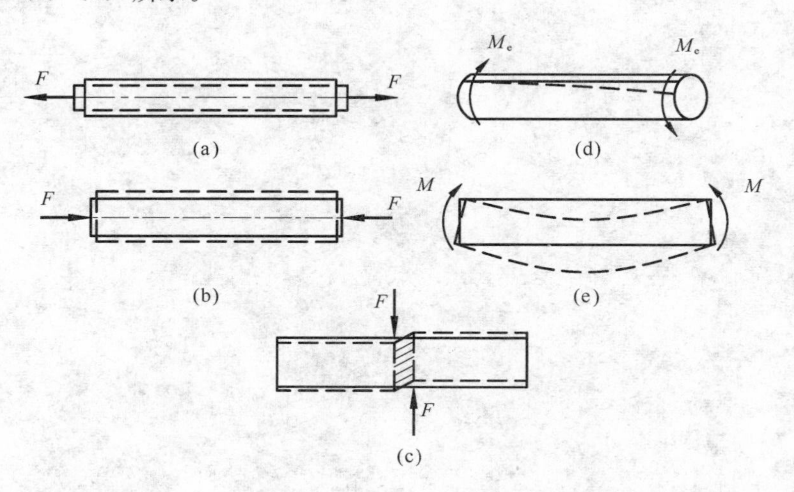


图 6-1　杆件的四种基本变形形式

（2）剪切，即在一对大小相等、相距很近、方向相反的横向外力作用下，杆的两力作用线之间的横截面沿力的方向发生相对错动，如图 6-1（c）所示。

(3) 扭转，即在一对大小相等、转向相反、位于垂直于轴线的两平面的力偶作用下，杆的两相邻横截面绕杆的轴线产生相对转动，如图 6-1 (d) 所示。

(4) 弯曲，即在一对大小相等、转向相反、位于杆的纵向平面内的力偶作用下，杆的两相邻横截面绕垂直于杆轴线的直线产生相对转动，截面间的夹角发生改变。如图 6-1 (e) 所示。

工程实际中的杆件可能同时承受不同形式的外力，变形情况可能比较复杂。但不论怎样复杂，其变形均是由基本变形组成的。

### 6.1.2　内力的概念

在外力作用下，杆件内部各质点间产生相对位移，即杆件发生变形，从而各质点间的相互作用力也发生了改变。这种因外力作用而引起的上述相互作用力的改变量，称为内力，它实际上是外力引起的“附加内力”。因此，也可以称内力为杆件内部阻止变形发展的抗力。

### 6.1.3　截面法

弹性杆在外力作用下若保持平衡，则从其上截取的任意部分也必须保持平衡。前者称为整体平衡；后者称为局部平衡。整体是指杆件代表的某一构件，局部可以是用一截面将杆截成的两部分中的任一部分，也可以是无限接近的两个截面所截出的一微段，还可以是围绕某一点截取的微元或微元的局部等。这种整体平衡与局部平衡的关系，不仅适用于弹性杆件，而且适用于所有弹性体，因而称为弹性体平衡原理。

在研究构件的强度、刚度等问题时，均与内力这个因素有关，经常需要知道构件在已知外力作用下某一截面（通常是横截面）上的内力值。任一截面上内力值的确定，通常是采用下述的截面法。

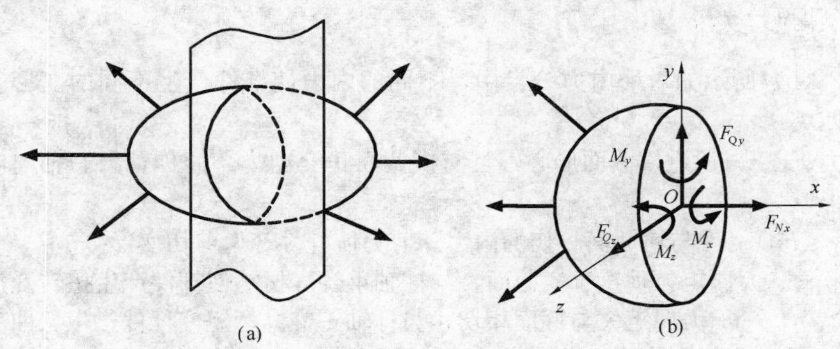


图 6-2　内力分量

图 6-2 (a) 所示受力体代表任一受力构件。为了显示和计算某一截面上的内力，可在该截面处用一假想的平面将构件截成两部分并弃掉一部分。用内力代替弃掉部分对留下部分的作用。根据连续、均匀性假设，内力在截面上也是连续分布的并称为分布内力。通常是将截面上的分布内力向截面形心处简化，得到主矢和主矩，然后进行分解，可用六个内力分量 $F_{Nx}$、$F_{Qy}$、$F_{Qz}$ 与 $M_x$、$M_y$、$M_z$ 来表示［图 6-2 (b)］。根据弹性体的平衡原理，留下部分保持平衡。由空间力系的平衡方程：

$$\begin{cases}\Sigma F_x = 0 \\ \Sigma F_y = 0 \\ \Sigma F_z = 0\end{cases} \qquad \begin{cases}\Sigma M_x(F) = 0 \\ \Sigma M_y(F) = 0 \\ \Sigma M_z(F) = 0\end{cases}$$

便可求出 $F_{Nx}$、$F_{Qy}$、$F_{Qz}$ 与 $M_x$、$M_y$、$M_z$ 各内力分量。应该注意，今后所谈内力分量都是分布内力向截面形心简化的结果。

综上所述，用截面法求内力的步骤是：

(1) 截开 —— 在需求内力的截面处，用假想的截面将构件截为两部分。

(2) 分离 —— 留下一部分为分离体，弃去另一部分。

(3) 代替 —— 以内力代替弃去部分对留下部分的作用，绘分离体受力图（包括作用于分离体上的荷载、约束反力、待求内力）。

(4) 平衡 —— 由平衡方程来确定内力值。

在第二步进行弃留时，保留哪一部分都可以。因为截面上的内力就是物体被该截面所分离而成的两部分之间的相互作用力。

这里需指明一点：在研究内力与变形时，对刚体的等效力系的应用应该慎重，不能机械地不加分析地任意应用。一个力（或力系）用别的等效力系来代替，虽然对整体平衡没有影响，但对构件的内力与变形来说，则有很大差别。例如，图 6-3（a）所示的悬臂梁中的外力 $F$ 用图 6-3（b）所示的等效力系代替时，杆件变形显然不同。

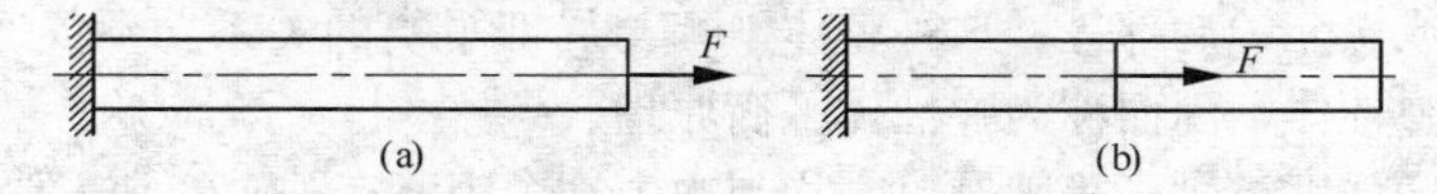


图 6-3 等效力系的应用对杆件变形的影响

### 6.1.4 内力的分类

在图 6-2（b）所示的六种内力分量中，不同的内力使杆件产生不同的变形。通常将它们分为以下四类：

轴向内力 $F_N$——通过横截面形心，且与横截面正交内力，简称轴力。轴向内力使杆件产生轴向变形。

剪力 $F_{Qy}$、$F_{Qz}$ ——与横截面相切的内力。剪力使杆件产生剪切变形。

扭矩 $M_T$ ——力偶矩矢垂直于横截面，与杆轴重合。扭矩使杆件产生扭转变形。

弯矩 $M_y$、$M_z$ ——力偶矩矢与截面相切，与杆轴正交。弯矩使杆件产生弯曲变形。

截面上的内力并不一定都同时存在上述六个分量，可能只存在其中的一个或几个。

## 6.2 轴力与轴力图

### 6.2.1 轴力

横截面上与杆件轴线重合的内力，称为轴力，用 $F_N$ 表示。它是轴向拉伸（压缩）杆横截面上分布内力的合力。实验表明，在轴向外力作用下，杆的各纵向纤维的变形是相同的。按线弹性假设，则横截面的分布内力，在轴向拉伸（压缩）时是均匀连续分布的，它们的合力通过截面形心，并沿轴线方向。

### 6.2.2　轴力的正负符号约定

为了研究方便，工程上习惯约定：轴力方向以使所作用的杆件微段拉伸为正；反之，以使所作用的杆件微段压缩为负，图6-4所示为 $F_{\mathrm{N}}$ 的正方向。

### 6.2.3　轴力图

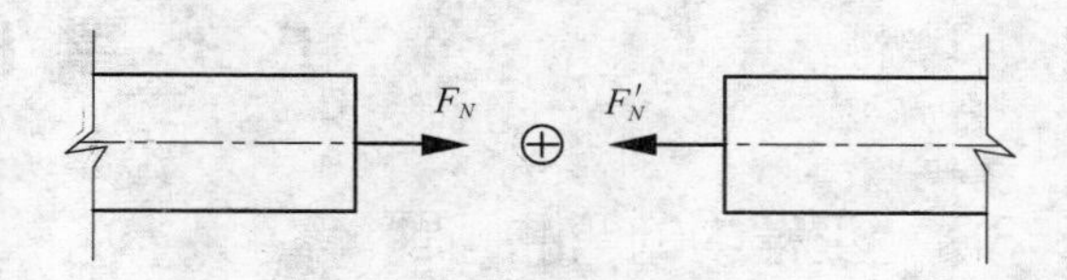


图 6-4　约定正方向的轴力

在多个外力作用时，由于各段杆轴力的大小及正负号各异，为了形象地表明各截面的轴力的变化情况，通常将其绘成轴力图。表示轴力沿杆件轴线方向变化的图形，称为**轴力图**。作法是：沿杆轴线方向取横坐标，表示截面位置，以垂直于杆轴线方向为纵坐标，其值代表对应截面的轴力值，绘制各截面的轴力变化曲线。拉力、压力各绘在基线的一侧，图中在拉力区标注⊕，压力区标注⊖，并标注各控制截面处 $|F_{\mathrm{N}}|$ 及单位。

**例 6-1**　一杆所受外力如图 6-5（a）所示，试绘制该杆的轴力图。

**解**　根据荷载情况，全杆应分为Ⅰ、Ⅱ、Ⅲ三段。

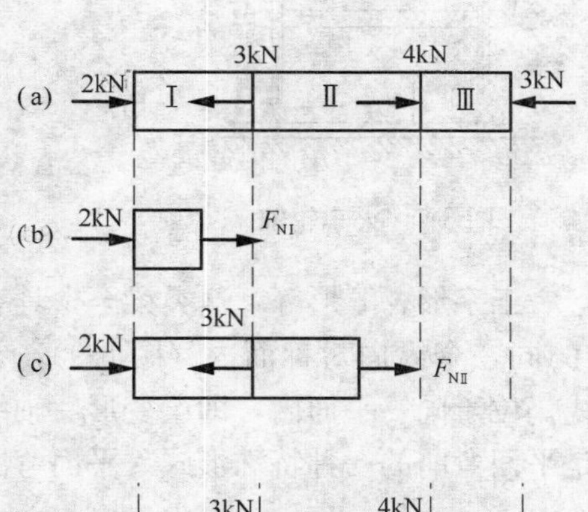


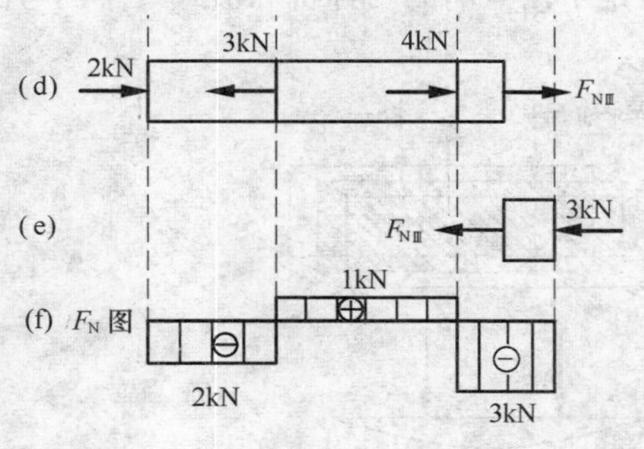


图 6-5

（1）在第Ⅰ段任意横截面处截开，取该截面以左的杆段为分离体，如图 6-5（b）所示，以杆轴为 $x$ 轴，由平衡条件

$$\sum F_x = 0,\quad 2\mathrm{kN} + F_{N\mathrm{I}} = 0$$

得：$F_{N\mathrm{I}} = -2\mathrm{kN}$（压）

上式中内力负号表明 $F_{\mathrm{NI}}$ 的方向与所设的相反，即为压力。所以，取分离体时轴力均按拉力方向假设，若算得的答数为正，则表明该段杆受拉伸长；若算得的答数为负，则表明该段杆受压缩短。同时，截面的内力与截面在该杆段内的位置无关，该段内的轴力为常数。

（2）取分离体，如图 6-5（c）所示，由平衡条件

$$\sum F_x = 0,\ 2\mathrm{kN} - 3\mathrm{kN} + F_{N\mathrm{II}} = 0$$

得　$F_{\mathrm{NII}} = 1\mathrm{kN}$

（3）取分离体，如图 6-5（d）所示，由平衡条件

$$\sum F_x = 0,\ 2\mathrm{kN} - 3\mathrm{kN} + 4\mathrm{kN} + F_{N\mathrm{III}} = 0$$

得　$F_{N\mathrm{III}} = -3\mathrm{kN}$

由图 6-5（d）可见，在求第Ⅲ段杆的轴力时，若取左段为分离体，其上的作用力较多，计算较繁，而取右段为分离体，如图 6-5（e）时，则受力情况简单，立可判定

$$F_{N\mathrm{III}} = -3\mathrm{kN}$$

当全杆的轴力都求出后，即可根据各截面上 $F_N$ 的大小及正负号绘出轴力图，如图 6-5（f）所示。

通过对该杆的轴力计算，可以得出如下结论：**任一横截面的轴力，等于该截面一侧的杆段上所有外力在该截面轴线方向投影的代数和。**利用这一结论，不必绘出分离体的受力图即可直接求出任一截面的轴力，因而称为**直接法。**

# 6.3 梁的内力

## 6.3.1 工程中的弯曲问题

杆件的弯曲变形是工程中最常见的一种基本变形形式。例如房屋建筑中的楼板梁要承受楼板上的荷载（图 6-6）、火车轮轴要受车厢荷载（图 6-7）、水槽壁要受水压力（图 6-8）。这些荷载的方向都与构件的轴线相垂直，所以称为**横向荷载。**在这样的荷载作用下，杆的两相邻横截面间的夹角将发生变化，其轴线由原来的直线变成曲线，这种变形形式称为**弯曲。**凡是以弯曲变形为主要变形的杆件称为梁。

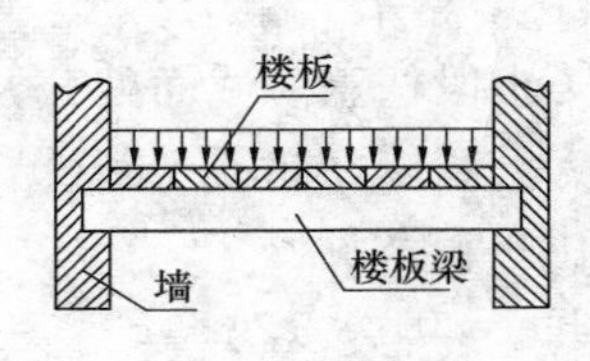

图 6-6 楼板梁

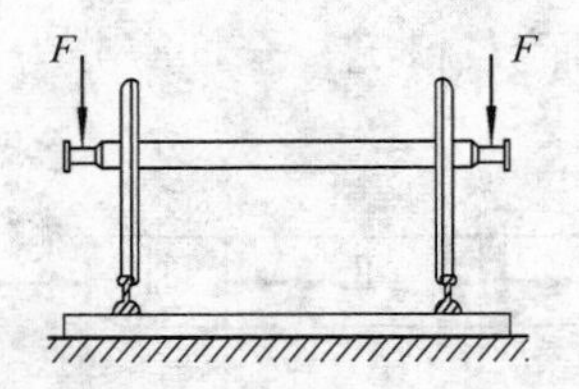

图 6-7 火车轮轴

工程中常用的梁其横截面多采用对称形状，如矩形、工字形、T 形等，这类梁至少具有一个包含轴线的纵向对称面，而荷载一般是作用在梁的同一个纵向对称面内（图 6-9），在这种情况下，梁发生弯曲变形的特点是：梁变形后轴线仍位于同一平面内，即梁变形后轴线为一条平面曲线，这类弯曲称为**对称弯曲。**对称弯曲是平面弯曲的一种特殊形式。平面弯曲是弯曲问题最基本的形式。

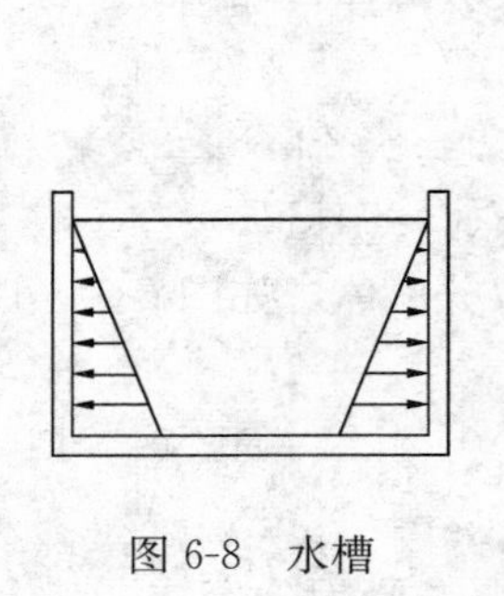
图 6-8 水槽

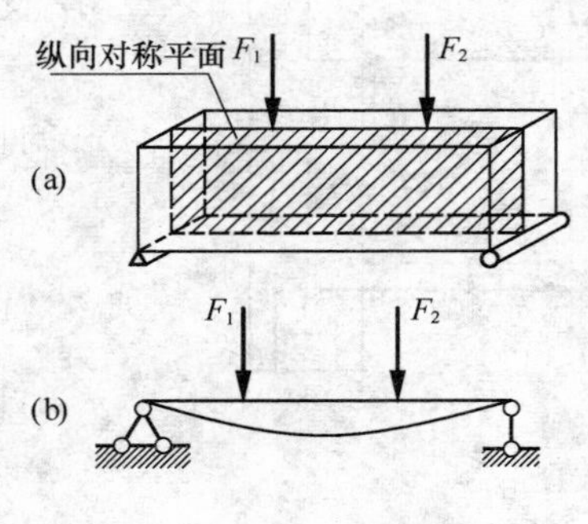

图 6-9 对称弯曲

## 6.3.2 梁的内力——剪力和弯矩

为了分析和计算梁的强度与刚度，必须首先研究梁的内力及其沿梁长的变化规律。下面讨论梁在外力作用下，横截面上将产生哪些内力以及如何计算这些内力。

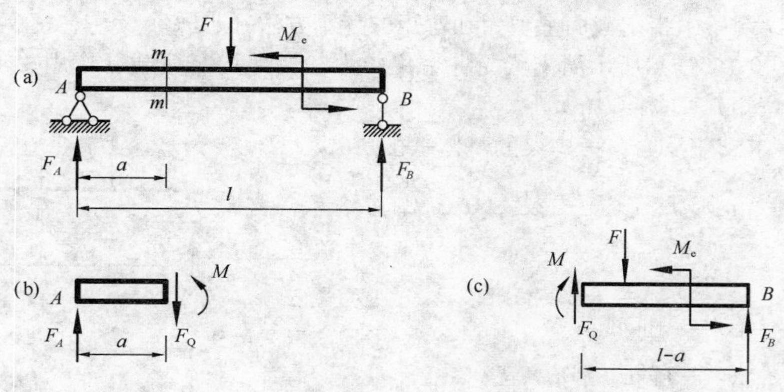


图 6-10　截面法求剪力和弯矩

研究梁的内力仍采用截面法。图 6-10（a）为一简支梁受力后处于平衡状态，现讨论距支座 $A$ 为 $a$ 处的截面 $m-m$ 上的内力。用一假想的垂直于梁轴线的平面将梁截为两段，取左段（或右段）为分离体，如图 6-10（b）（c）所示。在分离体上除作用有反力 $F_A$ 外，在截开的横截面上还有右段梁对左段梁的作用，此作用就是梁截开面上的内力。梁原来是平衡的，截开后的每段梁也应该是平衡的。根据 $\Sigma F_y=0$ 可知，在 $m-m$ 截面上应该有向下的力 $F_Q$ 与 $F_A$ 相平衡。而力 $F_A$ 对 $m-m$ 截面的形心 $C$ 点又存在着顺时针转的力矩 $F_Aa$，根据 $\Sigma M_C(F)=0$，则 $m-m$ 截面上还必定有一逆时针转的力偶 $M$ 与 $F_Aa$ 相平衡。力 $F_Q$ 称为 $m-m$ 截面上的剪力，力偶 $M$ 称为 $m-m$ 截面上的弯矩。剪力 $F_Q$ 的量纲为［力］，常用单位为 N 或 kN；弯矩 $M$ 的量纲为［力］·［长度］，常用单位为 N·mm 或 kN·m。$m-m$ 截面上的剪力和弯矩可由左段的平衡条件求得，即

$$\Sigma F_y=0,\ F_A-F_Q=0,\ F_Q=F_A$$

$$\Sigma M_C(F)=0,\ M-F_Aa=0,\ M=F_Aa$$

（矩心 $C$ 为 $m-m$ 截面的形心）。

$m-m$ 截面上的内力也可取右段梁为分离体求得。

在取分离体计算内力时，同一截面上的剪力和弯矩在梁的左段或右段上的实际方向是相反的。为了使由不同分离体求出同一截面上的内力，不但数值相等，正负号也相同，就有必要对截面上内力的正负号作如下规定：

（1）剪力的正负号约定　**当截面上的剪力使截开的微段绕其内部任意点有顺时针方向转动趋势时为正**［图 6-11（a）］，反之为负［图 6-11（b）］。

（2）弯矩的正负号约定　**当截面上的弯矩使截开微段向下凸时（即下边受拉，上边受压）为正**［图 6-12（a）］，反之为负［图 6-12（b）］。

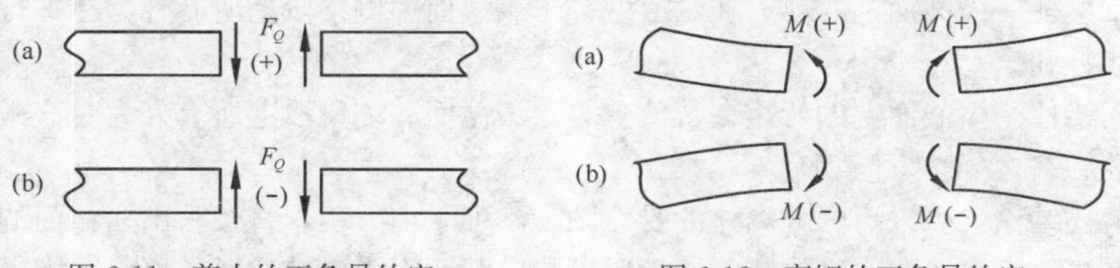


图 6-11　剪力的正负号约定　　图 6-12　弯矩的正负号约定

计算某截面剪力 $F_Q$、弯矩 $M$ 时，仍按正方向假设。

下面举例说明梁中指定截面上剪力和弯矩的计算方法和步骤。

**例 6-2** 图 6-13（a）所示简支梁受一个集中力和局部均布荷载 $q$ 作用。求跨中 $C$ 截面的剪力 $F_{QC}$ 和弯矩 $M_C$。$l=4\text{m}$。

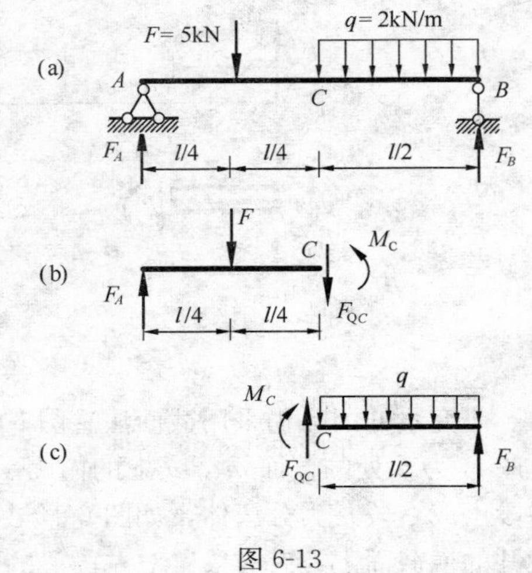


图 6-13

**解** （1）求支座反力。考虑梁的整体平衡

$$\sum M_A(F)=0,\ F_B\cdot l-q\cdot\frac{l}{2}\cdot\frac{3l}{4}-F\cdot\frac{l}{4}=0$$

$$F_B=\frac{3}{8}ql+\frac{F}{4}=4.25\text{kN}$$

$$\sum F_y=0,\ F_A+F_B-F-\frac{ql}{2}=0$$

$$F_A=F+\frac{ql}{2}-F_B=4.75\text{kN}$$

（2）求截面 $C$ 的剪力 $F_{QC}$ 与弯矩 $M_C$。取截面 $C$ 左侧梁段为分离体，如图 6-13（b）所示。考虑分离体平衡

$$\sum F_y=0,\ F_A-F-F_{QC}=0$$

$$F_{QC}=F_A-F=-0.25\text{kN}$$（负号说明与假设的方向相反）。

$\sum M_C(F)=0$，

$$M_C+F\cdot\frac{l}{4}-F_A\cdot\frac{l}{2}=0$$

$$M_C=F_A\cdot\frac{l}{2}-\frac{Fl}{4}=4.5\text{kN}\cdot\text{m}$$

或者，取截面 $C$ 右侧梁段为分离体，如图 6-13（c）所示。考虑分离体平衡

$$\sum F_y=0,\ F_{QC}-q\cdot\frac{l}{2}+F_B=0$$

$$F_{QC}=\frac{ql}{2}-F_B=-0.25\text{kN}$$

$$\sum M_C(F)=0,\ -M_C-q\cdot\frac{l}{2}\cdot\frac{l}{4}+F_B\cdot\frac{l}{2}=0$$

$$M_C=F_B\cdot\frac{l}{2}-\frac{ql^2}{8}=4.5\text{kN}\cdot\text{m}$$

通过上例分析，求梁指定截面上的内力的方法归纳为两条结论。

剪力：梁任一横截面上的剪力在数值上等于该截面一侧梁段上所有外力在平行于截面方向投影的代数和。

弯矩：梁任一横截面上的弯矩在数值上等于该截面一侧梁段上所有外力对该截面形心的力矩的代数和。

利用上述结论，可以不画分离体的受力图、不列平衡方程，直接写出横截面的剪力和弯矩。这种方法称为直接法。直接法将在以后求指定截面内力中被广泛使用。

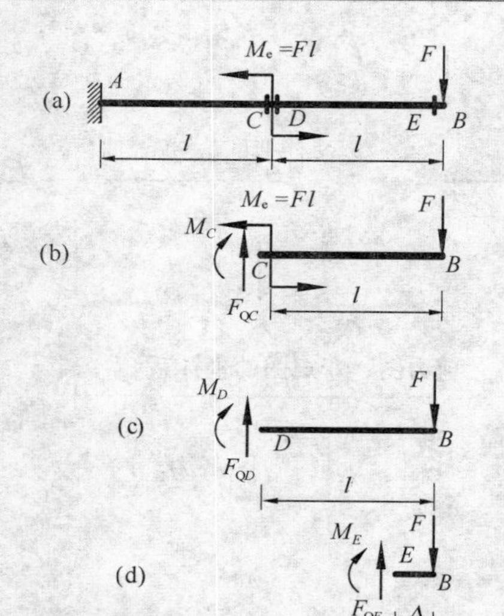


图 6-14

**例 6-3**　图 6-14（a）所示悬臂梁，承受集中力 $F$ 及集中力偶 $M_e$ 作用。试确定截面 $C$、截面 $D$ 及截面 $E$ 上的剪力和弯矩。

**解**　（1）求截面 $C$ 上的剪力 $F_{QC}$ 和弯矩 $M_C$。取截面 $C$ 右侧梁段为分离体，如图 6-14（b）所示。考虑分离体的平衡

$$\Sigma F_y=0,\ F_{QC}-F=0$$

$$F_{QC}=F$$

$$\Sigma M_C(F)=0,-M_C+M_e-F\cdot l=0$$

$$M_C=0$$

（2）求截面 $D$ 上的剪力 $F_{QD}$ 和弯矩 $M_D$。取截面 $D$ 右侧梁段为分离体，如图 6-14（c）所示。考虑分离体的平衡

$$\Sigma F_y=0,\ F_{QD}-F=0$$

$$F_{QD}=F$$

$$\Sigma M_D(F)=0,-M_D-F\cdot l=0$$

$$M_D=-Fl$$

（3）求截面 $E$ 上的剪力 $F_{QE}$ 和弯矩 $M_E$。仍取截面 $E$ 右侧梁段为研究对象，如图 6-14（d）所示。由于截面 $E$ 与截面 $B$ 无限接近，且位于截面 $B$ 的左侧，故所截梁段的长度 $\Delta\approx 0$。

$$\Sigma F_y=0,\ F_{QE}-F=0$$

$$F_{QE}=F$$

$$\Sigma M_E(F)=0,-M_E-F\cdot\Delta=0$$

$$M_E=-F\cdot\Delta=0$$

通过上例分析可知，集中力偶作用处的左、右邻截面上的剪力相等，但弯矩不相等。

### 6.3.3　剪力方程与弯矩方程 · 剪力图与弯矩图

在一般情况下，梁的不同截面上的内力是不同的，即剪力和弯矩是随横截面位置的改变而发生变化。描述梁的剪力和弯矩沿长度方向变化的代数方程，分别称为剪力方程和弯矩方程。

为了建立剪力方程和弯矩方程，必须首先确定剪力方程和弯矩方程的分段数，其分段原则是：确保每段方程的函数图像连续、光滑。其次，在梁轴上选定各段的 $x$ 坐标原点及正向。然后，用截面法写出各段任意截面上的剪力 $F_Q(x)$、$M(x)$ 表达式，并标注 $x$ 的区间。

为了便于形象地看到内力的变化规律，通常是将剪力、弯矩沿梁长的变化情况用图形来表示，这种表示剪力和弯矩变化规律的图形分别称为剪力图和弯矩图。

剪力图、弯矩图都是函数图形，其横坐标表示梁的截面位置，纵坐标表示相应截面的剪力值、弯矩值。值得注意的是：土建类行业，将弯矩图绘在梁受拉的一侧。考虑到剪力、弯矩的正负符号规定，默认剪力图、弯矩图的坐标系如图 6-15 所示。

下面通过几个例题说明剪力方程、弯矩方程的建立和剪力图、弯矩图的绘制方法。

**例 6-4** 图 6-16（a）所示悬臂梁，在自由端作用荷载 $F$，试画此梁的剪力图和弯矩图。

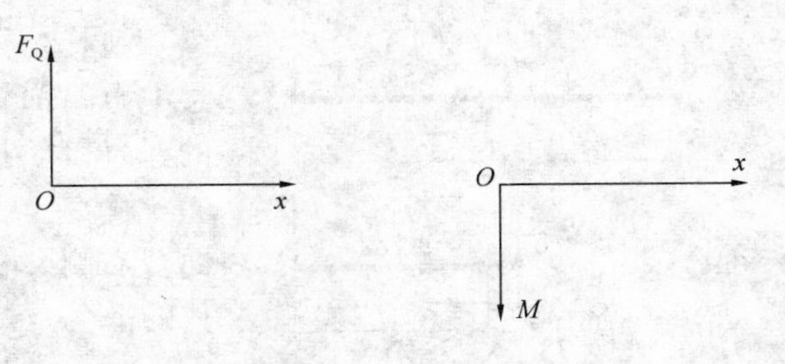


图 6-15 剪力图、弯矩图的坐标系

**解** （1）建立剪力方程、弯矩方程。取距左端为 $x$ 的任一横截面 $m-m$，按上节求指定截面内力的方法，列出 $m-m$ 截面上的剪力和弯矩表达式分别为

$$F_Q(x)=-F \quad (0<x<l)$$

$$M(x)=-Fx \quad (0\leqslant x\leqslant l)$$

（2）绘剪力图和弯矩图

① 作平行于梁轴线的基线；

② 计算控制截面的剪力值和弯矩值；

当 $x=0$ 时，$F_Q(0)=-F$，$M(0)=0$

当 $x=l$ 时，$F_Q(l)=-F$，$M(l)=-Fl$

③ 根据剪力方程、弯矩方程及控制截面上的内力值绘剪力图和弯矩图，如图 6-16（b）（c）所示。

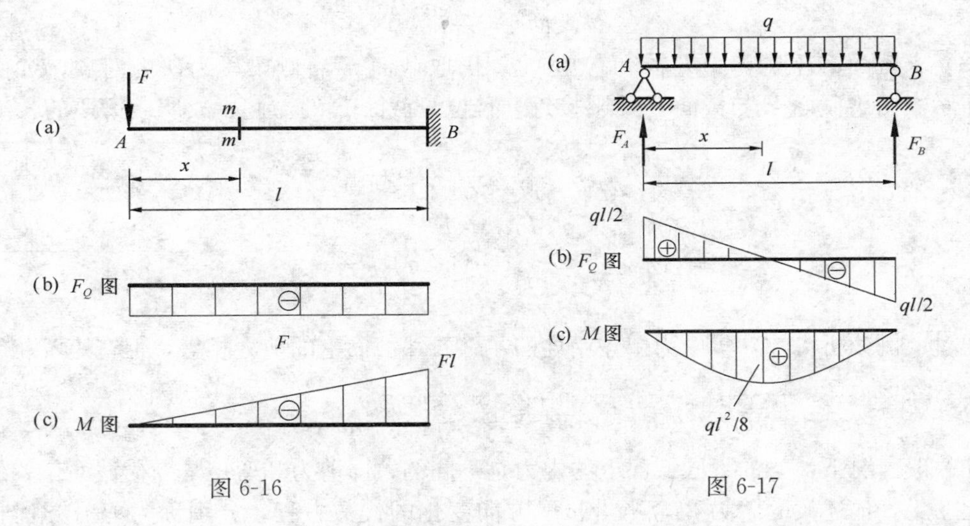


图 6-16

图 6-17

**例 6-5** 承受均布荷载的简支梁如图 6-17（a）所示，试画此梁的剪力图和弯矩图。

**解** （1）求支座反力。$F_A=F_B=\dfrac{1}{2}ql$

（2）建立剪力方程和弯矩方程。取距左端为 $x$ 的任一横截面，此截面的剪力和弯矩表达式分别为：

$$F_Q(x)=F_A-qx=q\left(\frac{l}{2}-x\right) \quad (0<x<l)$$

$$M(x)=F_Ax-qx\cdot\frac{x}{2}=\frac{q}{2}x(l-x) \quad (0\leqslant x\leqslant l)$$

（3）绘剪力图和弯矩图

剪力表达式是 $x$ 的一次函数，只要确定直线上的两个点，便可画出此直线。

当 $x = 0$ 时，$F_Q(0) = \frac{ql}{2}$

当 $x = l$ 时，$F_Q(l) = -\frac{ql}{2}$

画出剪力图如图 6-17（b）所示。

弯矩方程是 $x$ 的二次函数，即弯矩图是一条二次抛物线，至少需要三个点才可画出弯矩图的大致图形。

当 $x = 0$ 时，$M(0) = 0$

当 $x = \frac{l}{2}$ 时，$M\left(\frac{l}{2}\right) = \frac{1}{8}ql^2 = M_{\max}$

当 $x = l$ 时，$M(l) = 0$

根据这三点画出弯矩图如图 6-17（c）所示。从剪力图、弯矩图中看出，梁两端的剪力值最大（绝对值），其值为 $ql/2$，跨中央弯矩最大，其值为 $ql^2/8$。

**例 6-6**　图 6-18（a）所示简支梁 $AB$，在跨中截面 $C$ 处作用一集中力 $F$，试画此梁的剪力图和弯矩图。

**解**　（1）求支座反力。$F_A = F_B = F/2$

（2）建立剪力方程、弯矩方程。由于在截面 $C$ 处有集中力作用，梁的内力在全梁范围内不能用一个统一的函数式来表达，必须以 $F$ 的作用点 $C$ 为界，分段来列内力表达式。

$AC$ 段：$F_Q(x_1) = F_A = F/2$

$M(x_1) = F_A \cdot x_1 = Fx_1/2$

$(0 \leqslant x_1 \leqslant a)$

$CB$ 段：$F_Q(x_2) = -F_B = -F/2$

$M(x_2) = F_B(l - x_2) = F(l - x_2)/2 \ (a \leqslant x_2 \leqslant l)$

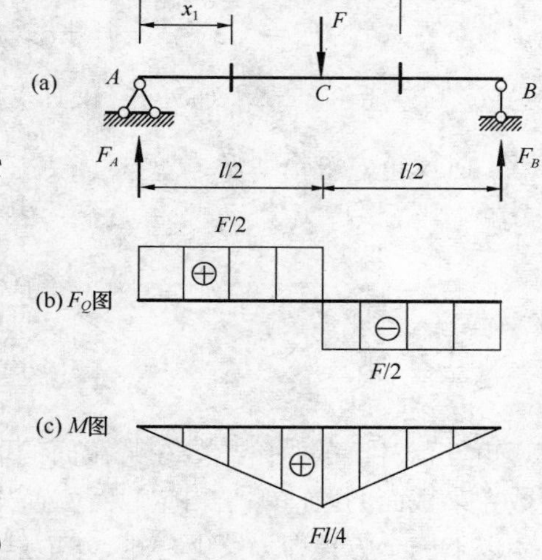

图 6-18

（3）绘剪力图和弯矩图。先计算控制截面的内力值

当 $x_1 = 0$ 时，$F_Q(0) = F/2$，$M(0) = 0$

当 $x_1 \to a$（左侧）时，$F_Q(a) = F/2$，$M(a) = Fl/4$

当 $x_2 \to a$（右侧）时，$F_Q(a) = -F/2$，$M(a) = Fl/4$

当 $x_2 = l$ 时，$F_Q(l) = -F/2$，$M(l) = 0$

根据这些特殊截面的剪力值、弯矩值画出剪力图和弯矩图如图 6-18（b）（c）所示。

结论：在集中力的作用截面处剪力图发生突变，突变值等于该集中力的大小，弯矩图虽然连续，但不光滑。

### 6.3.4　弯矩、剪力与荷载集度之间的微分关系

（1）弯矩、剪力与荷载集度之间的微分关系

考察仅在 $Oxy$ 平面有外力的情形，如图 6-19 所示，假设荷载集度 $q(x)$ 向上为正。

用坐标为 $x$ 和 $x + dx$ 的两个相邻横截面从受力的梁上截取长度为 $dx$ 的微段［图 6-19（b）］，

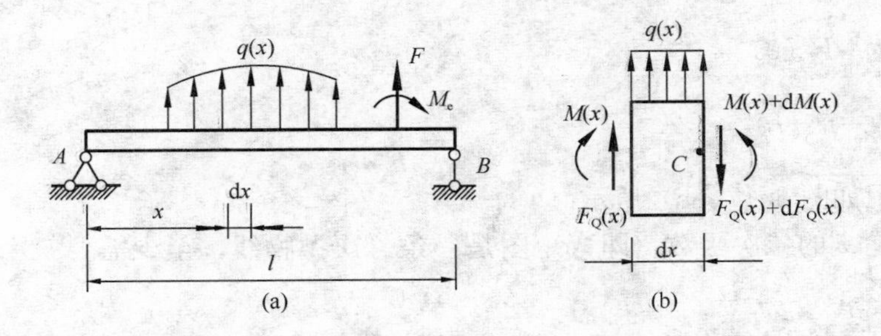


图 6-19　弯矩、剪力与荷载集度之间的微分关系

微段的两侧横截面上的剪力和弯矩分别为

$x$ 横截面　　　　　　　　$F_Q(x)$，$M(x)$

$x+\mathrm{d}x$ 横截面　　　$F_Q(x)+\mathrm{d}F_Q(x)$，$M(x)+\mathrm{d}M(x)$

由于 $\mathrm{d}x$ 为无穷小距离，因此微段梁上的分布荷载可以看成是均匀分布的。

考察微段的平衡，由平衡方程

$$\sum F_y=0,\ F_Q(x)+q(x)\,\mathrm{d}x-[F_Q(x)+\mathrm{d}F_Q(x)]=0$$

$$\sum M_C(F)=0,\ -M(x)-F_Q(x)\,\mathrm{d}x-q(x)\,\mathrm{d}x\left(\frac{\mathrm{d}x}{2}\right)+[M(x)+\mathrm{d}M(x)]=0$$

略去二阶微量，经整理得

$$\frac{\mathrm{d}F_Q(x)}{\mathrm{d}x}=q(x) \tag{6-1}$$

$$\frac{\mathrm{d}M(x)}{\mathrm{d}x}=F_Q(x) \tag{6-2}$$

$$\frac{\mathrm{d}^2M(x)}{\mathrm{d}x^2}=q(x) \tag{6-3}$$

即弯矩方程对 $x$ 的一阶导数在某截面的取值等于相应截面上的剪力。剪力方程对 $x$ 的一阶导数在某截面的取值等于相应截面位置分布荷载的集度。

以上三个方程即为梁上弯矩、剪力与荷载集度之间的微分关系。

一阶导数的几何意义是曲线的切线斜率，所以$\dfrac{\mathrm{d}F_Q(x)}{\mathrm{d}x}$与$\dfrac{\mathrm{d}M(x)}{\mathrm{d}x}$分别代表剪力图与弯矩图的切线斜率。$\dfrac{\mathrm{d}F_Q(x)}{\mathrm{d}x}=q(x)$ 表明：剪力图中曲线上各点的切线斜率等于梁上各相应位置分布荷载的集度。$\dfrac{\mathrm{d}M(x)}{\mathrm{d}x}=F_Q(x)$ 表明：弯矩图中曲线上各点的切线斜率等于各相应截面上的剪力。此外，二阶导数的正、负可以来判定曲线的凹凸。

根据上述微分关系及其几何意义，内力图的一些规律列成表 6-1。

**表 6-1　几种常见荷载作用下梁段的剪力图与弯矩图的特征表**

| 梁上外力情况 | 剪力图特征 | 弯矩图特征 |
|---|---|---|
| 无外力段 | 水平线<br>$\dfrac{\mathrm{d}F_Q(x)}{\mathrm{d}x}=q(x)=0$ | 斜直线<br>$\dfrac{\mathrm{d}M(x)}{\mathrm{d}x}=F_Q(x)=$常数<br>（$F_Q(x)=0$ 时，为水平线） |

续表

| 梁上外力情况 | 剪力图特征 | 弯矩图特征 |
| --- | --- | --- |
| $q(x)$= 常数<br>向下的均布荷载 | 斜向下的直线<br>$\frac{dF_Q(x)}{dx}=q(x)<0$ | 凸向朝下的二次曲线<br>$\frac{d^2M(x)}{dx^2}=q(x)<0$<br>$F_Q(x)=0$ 处取极值 |
| $q(x)$= 常数<br>向上的均布荷载 | 斜向上的直线<br>$\frac{dF_Q(x)}{dx}=q(x)>0$ | 凸向朝上的二次曲线<br>$\frac{d^2M(x)}{dx^2}=q(x)>0$<br>$F_Q(x)=0$ 处取极值 |
| $F$<br>集中力 | $F$ 作用处发生突变，<br>突变量等于 $F$ 值 | $F$ 作用处连续但不光滑（尖点） |
| $M_e$<br>集中力偶 | $M_e$ 作用处无变化 | $M_e$ 作用处发生突变，<br>突变值等于 $M_e$ |

（2）利用弯矩、剪力与荷载集度之间的微分关系画剪力图和弯矩图

利用弯矩、剪力与荷载集度之间的微分关系，根据梁上的外力情况，就可知道各段剪力图和弯矩图的形状。只要确定梁的控制截面的剪力值和弯矩图，就可画出梁的剪力图和弯矩图。

**例 6-7**　一简支梁，尺寸及梁上荷载如图 6-20（a）所示。试画此梁的剪力图和弯矩图。

**解**　由平衡条件求得支座反力为

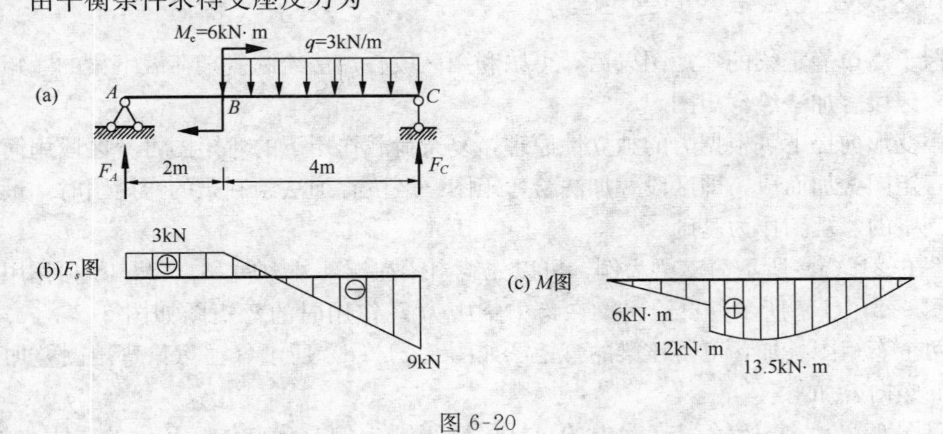


图 6-20

$$F_A=3\text{kN}\qquad F_C=9\text{kN}$$

（1）剪力图

$AB$ 段为无外力区段，剪力图为水平直线，且

$$F_Q=F_A=3\text{kN}$$

$BC$ 段为均布荷载段，剪力图为斜直线，且

$$F_{QB}=3\text{kN}\qquad F_{QC左}=-9\text{kN}$$

画出剪力图如图 6-20（b）所示。

（2）弯矩图

$AB$ 段为无外力区段，弯矩图为斜直线。且

$$M_A=0,\ M_{B左}=F_A\times 2\text{m}=6\text{kN}\cdot\text{m}$$

$BC$ 段为均布荷载区段，弯矩图为凸向朝下的二次抛物线，且

$$M_{B右}=12\text{kN}\cdot\text{m},\ M_C=0$$

根据剪力图，在距右端的距离为 $a$ 的截面弯矩有极值，即

$$F_Q=-F_C+qa=0$$

$$a=\frac{F_C}{q}=3\text{m}$$

$$M_{\max}=aF_C-\frac{1}{2}qa^2=13.5\text{kN}\cdot\text{m}$$

由三个控制截面的弯矩值画弯矩图如图 6-20（c）所示。

从上例看到，用弯矩、剪力与荷载集度之间的微分关系画剪力图、弯矩图，比上一节列剪力方程和弯矩方程画内力图更简便、快速，应该熟练掌握。

用微分关系画内力图的方法、步骤归纳为：

① 求支座反力。

② 根据梁上的外力情况将梁分段。分段点为：集中荷载作用点、间断性分布荷载起止点等。

③ 根据各段梁上的外力情况，确定各段内力图的形状。

④ 计算控制截面的内力值，逐段画出内力图。

### 6.3.5 区段叠加法绘梁的弯矩图

掌握了简单静定梁的弯矩图以后，可以利用区段叠加法绘制复杂荷载下梁的弯矩图。

（1）区段叠加法绘弯矩图

在小变形前提下，根据力的独立性原理，复杂荷载作用下的弯矩图可分区段用简单荷载引起的弯矩图叠加而成，即区段叠加法绘弯矩图。区段叠加法绘制梁的弯矩图时，最常用的是以简支梁的弯矩图作为基础。

以图 6-21（a）所示简支梁为例，可以先绘出梁在端部外力偶 $M_A$、$M_B$ 单独作用时的弯矩图如图 6-21（b）所示，再绘出梁在跨中集中力 $F$ 作用时的弯矩图如图 6-21（c）所示。最后将两个弯矩图叠加，可得该梁的弯矩图如图 6-21（d）所示（注意：弯矩图叠加为垂直于杆轴的竖向叠加）。

再以图 6-22（a）所示简支梁中的 $AB$ 段弯矩图为例。分离体 $AB$ 段的受力如图 6-22（b）所示，可见该段梁可以简化为一简支梁如图 6-22（c）所示，此时，$A$、$B$ 截面的弯矩成为简支梁的端部外力偶。这样，该段梁的弯矩图可以利用上述叠加法绘出，如图 6-22（d）所示。于是，作任意直杆段的弯矩图时，可以简化为绘制相应简支梁的弯矩图，这一思路称为“区段叠加法”。

区段叠加法的具体步骤为：①求控制截面 $A$、$B$ 的弯矩；②引直线（虚线）相连；③以此虚线作为新基线，叠加相应简支梁在跨间荷载作用下的弯矩图。

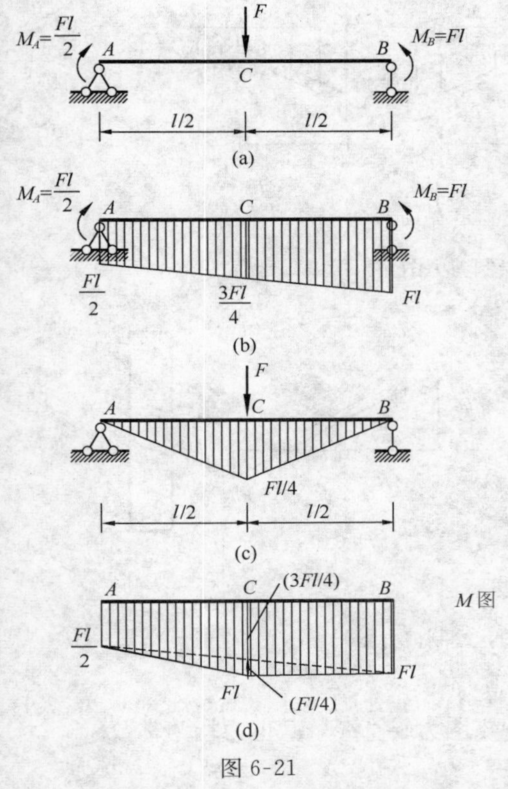

图 6-21

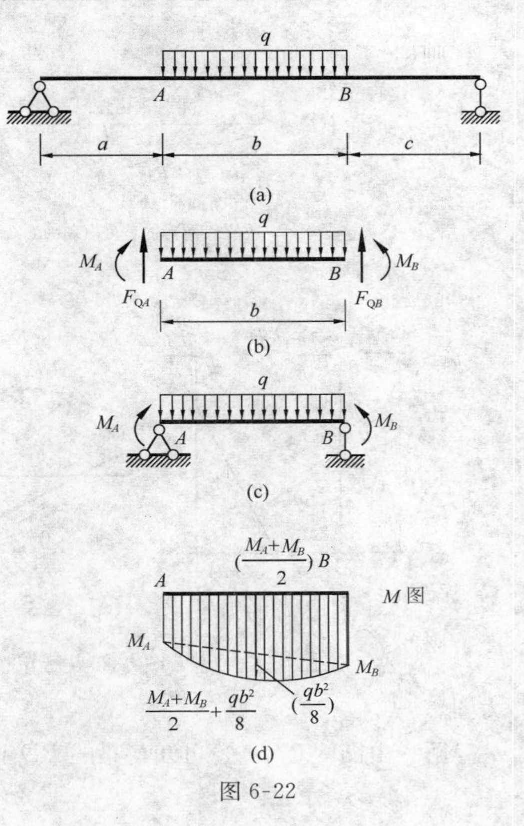

图 6-22

**例 6-8**　试作图 6-23（a）所示梁的弯矩图。

**解**　求出控制截面 $A$、$B$、$C$ 的弯矩并连虚线如图 6-23（b）所示。最后将 $BC$ 段和 $AB$ 段视为简支梁，在上述虚线基础上用叠加法绘出梁的弯矩图，如图 6-23（c）所示。

（2）根据弯矩图绘制剪力图

梁的弯矩图绘出以后，可以由微分关系 $\frac{dM(x)}{dx}=F_Q(x)$，直接绘制梁的剪力图。

当梁的某段弯矩图为直线时，该段梁的剪力为常数。此时需要确定剪力的数值和正负号，如图 6-24 所示。当杆件为竖杆或斜杆时，同样适用上述规律，只是需要将该段杆件放到水平位置（绕杆下端顺时针或者逆时针转动均可），如图 6-25 所示。

当梁的某段弯矩图为二次抛物线时，该段梁的剪力图为斜直线。此时，取该段梁为分离体，将其视为简支梁，根据其平衡求出两端的剪力并连直线。

**例 6-9**　由例 6-8 中梁的弯矩图绘制该梁的剪

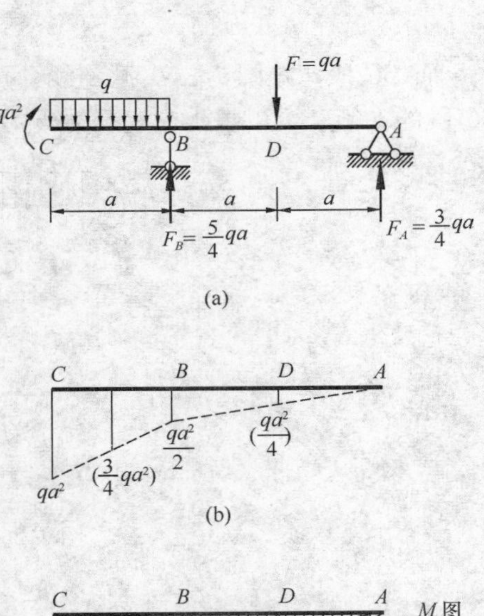


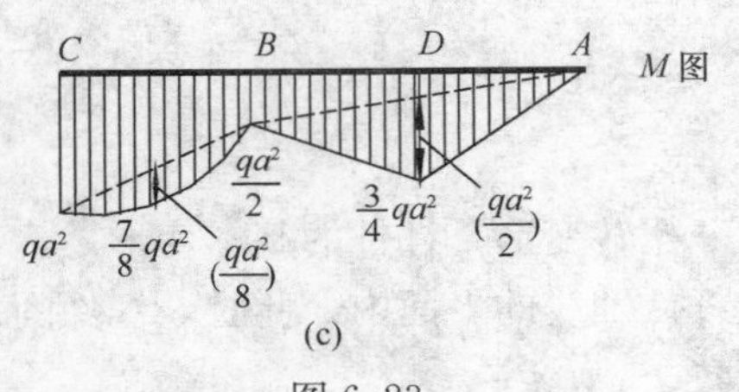

图 6-23

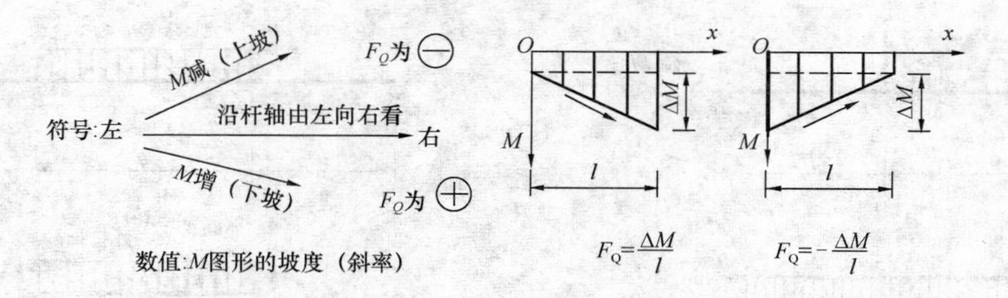


图 6-24　已知弯矩图绘制剪力图

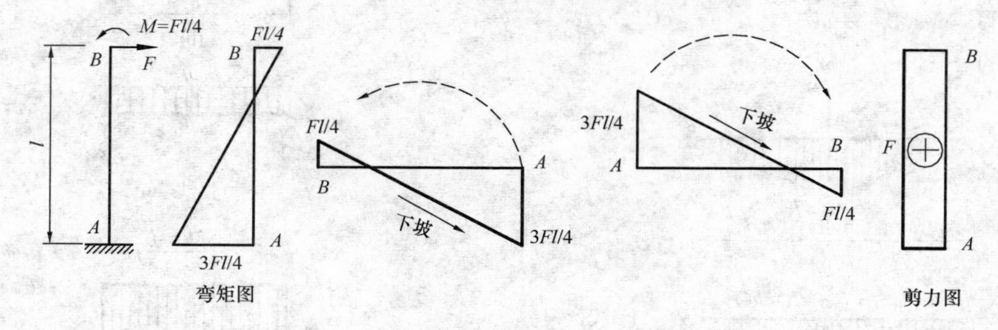


图 6-25　已知竖杆的弯矩图，绘制剪力图

力图。

**解**　由图 6-23（c）可知，梁的 $BD$ 和 $AD$ 段弯矩图为斜直线，其剪力均为常数。

$$F_{Q,BD}=\frac{M_D-M_B}{a}=\frac{\frac{3}{4}qa^2-\frac{1}{2}qa^2}{a}=\frac{qa}{4},\ F_{Q,AD}=-\frac{3qa}{4}$$

而 $BC$ 段弯矩图为二次抛物线，可将该段视为简支梁，$B$ 截面弯矩作为外力偶。根据 $BC$ 段的平衡，可以求出支座反力 $F_C=0$，$F_B=qa$，则 $F_{QC右}=0$，$F_{QB左}=-qa$。

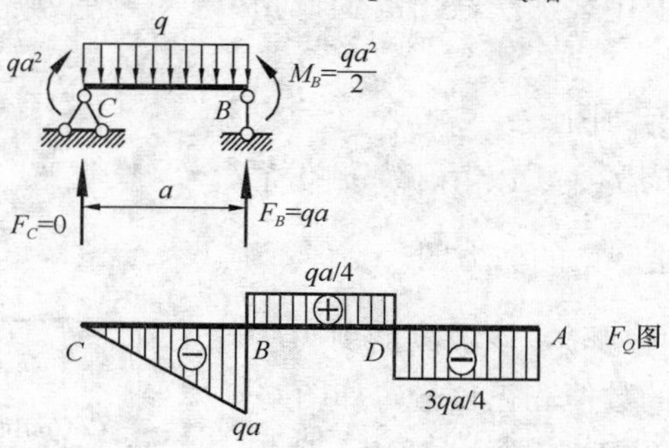


图 6-26　已知弯矩图绘制剪力图

## *6.4　扭矩与扭矩图

扭转变形是杆件的基本变形之一。图 6-27 中圆形截面杆受外力偶作用，外力偶位于垂直杆件轴线的平面内，此时，杆件的任意两横截面将绕杆件轴线发生相对转动，此种变形为扭转。

工程中受扭杆件很多，如机械中的各类传动轴、钻杆及门洞口雨篷过梁等，它们工作时都会发生扭转变形。

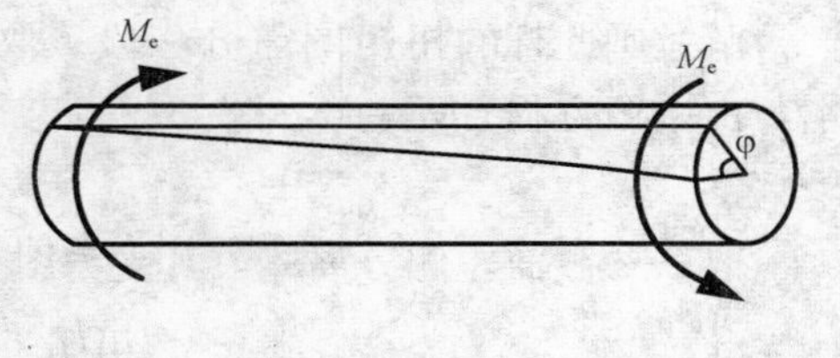


图 6-27

扭矩是扭转变形杆的内力，它是杆横截面上的分布内力，向截面形心简化后的内力主矩沿过形心的法向分量，用 $M_T$ 表示。

确定扭矩的方法仍用截面法。例如求图 6-28（a）所示圆截面杆 $n-n$ 截面上的内力，可用假想平面将杆截开，任取其中之一为分离体，例如取左侧为分离体［图 6-28（b）］。由左段的平衡条件$\Sigma M_x=0$ 得

$$M_T=M_e$$

$M_T$ 即为$n-n$ 截面上的扭矩。

同样，以右段［图 6-28（c）］为分离体也可求得该截面的扭矩。为了使由左、右分离体求得的同一截面上扭矩的正负号一致，对扭矩的正负号作如下约定：采用右手螺旋法则，以右手四指弯曲方向表示扭矩的转向，拇指指向截面外法线方向时，扭矩为正；反之，拇指指向截面时为负。

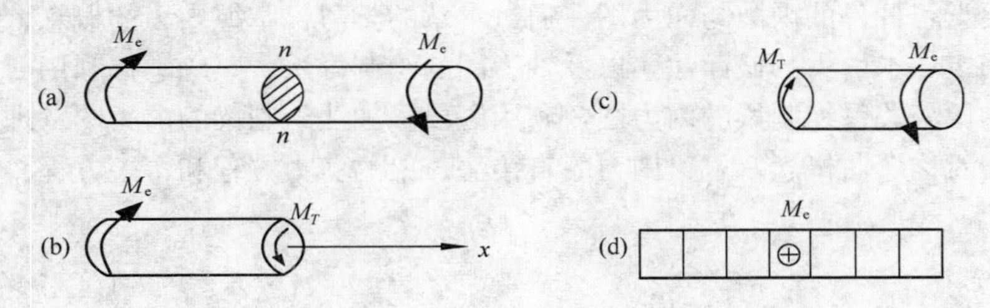


图 6-28

当杆件上作用有多个外力偶时，杆件不同段横截面上的扭矩也各不相同，这时需用截面法确定各段横截面上的扭矩。

扭矩沿杆轴线方向变化的图形，称为扭矩图。绘制扭矩图的方法与绘制轴力图的方法相似。沿杆轴线方向取横坐标，表示截面位置，其垂直杆轴线方向的坐标代表相应截面的扭矩，正、负扭矩分别画在基线两侧，并标注⊕、⊖号及控制截面处 | $M_T$ | 和单位，如图 6-28（d）所示。

**例 6-10**　试画图 6-29（a）中杆的扭矩图。

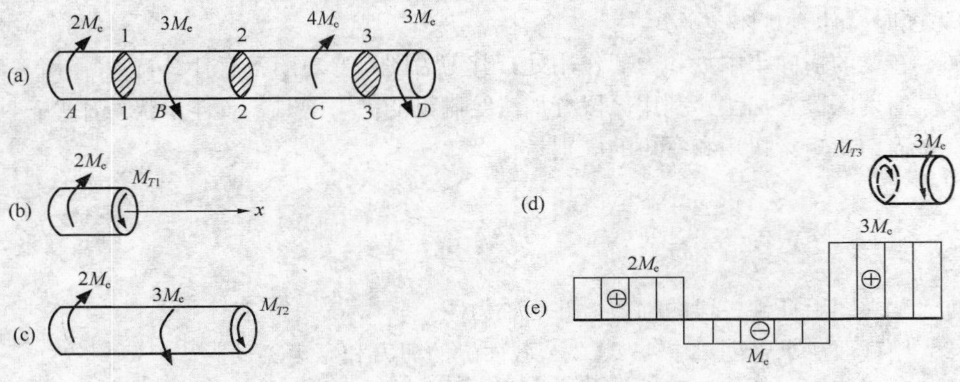


图 6-29

**解** 画此杆的扭矩图需分三段。取 1-1 截面左侧分离体，其受力图如图 6-29（b）所示，由平衡方程$\sum M_x=0$，得

$$M_{T1}=2M_e$$

取 2-2 截面左侧分离体，其受力图如图 6-29（c）所示，由平衡方程$\sum M_x=0$，得

$$M_{T2}=2M_e-3M_e=-M_e$$

取 3-3 截面右侧分离体，其受力图如图 6-29（d）所示，由平衡方程$\sum M_x=0$，得

$$M_{T3}=3M_e$$

杆件的扭矩图如图 6-29（e）所示。

由上面的计算可归纳出如下结论：受扭杆件任一横截面上的扭矩，等于该截面任一侧所有外力对杆轴线力矩的代数和。利用这一规律，可不画分离体受力图，简单地求出指定截面的扭矩值，因而称为直接法。

## 本 章 小 结

本章主要学习杆件的内力与内力图。通过本章的学习，掌握内力的概念、内力分量、内力的正负号约定、求内力的截面法，以及轴力图的绘制方法。熟练掌握利用剪力、弯矩和荷载集度之间的微分关系绘制梁的内力图，利用区段叠加法绘制梁的内力图。理解杆件四种基本变形形式、对称弯曲概念、求梁内力的直接法、梁的剪力方程和弯矩方程。了解杆件的扭矩和扭矩图。

## 思 考 题

6-1 什么是内力？求杆件内力的基本方法是什么？

6-2 杆件的内力分量有哪几种，试分别说明其表示方法、正负号约定。

6-3 何谓轴力图？轴力图在什么时候发生突变？

6-4 何谓对称弯曲？梁发生对称弯曲的条件是什么？

6-5 梁的内力即剪力、弯矩和荷载集度之间存在什么样的微分关系？这些关系在绘制梁的内力图时有什么具体含义？

6-6 在梁的横向集中力和力偶作用处，其剪力图和弯矩图各有什么特点？

6-7 何谓区段叠加法？利用区段叠加法绘制梁的内力图时，具体步骤是什么？

6-8 何谓扭矩？扭矩和弯矩的区别是什么？

## 习 题

6-1 试求图示杆件各段的轴力，并画轴力图。

6-2 用截面法求下列梁中 1-1、2-2 截面上的剪力和弯矩。

6-3 试用截面法求下列梁中 1-1、2-2 截面上的剪力和弯矩，并讨论 1-1、2-2 截面上

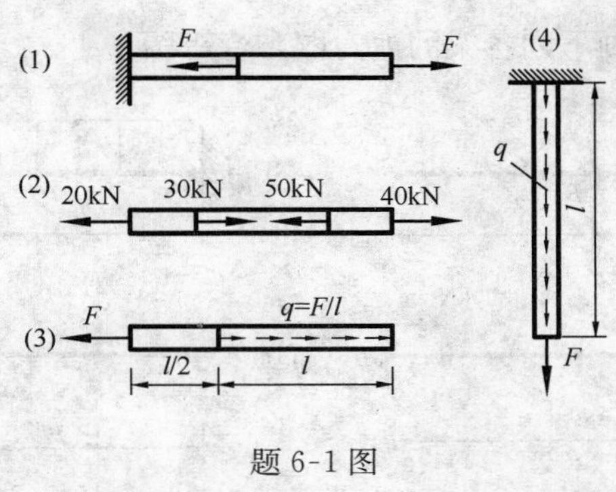


题 6-1 图

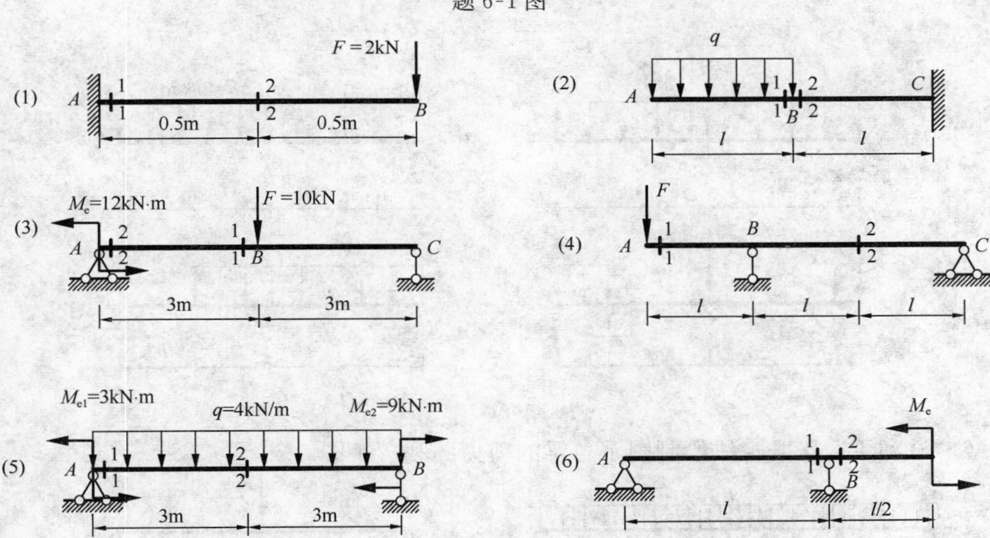


题 6-2 图

的内力值有何特点，从而得到什么结论？（注：1-1、2-2 截面均非常靠近荷载的作用截面）。

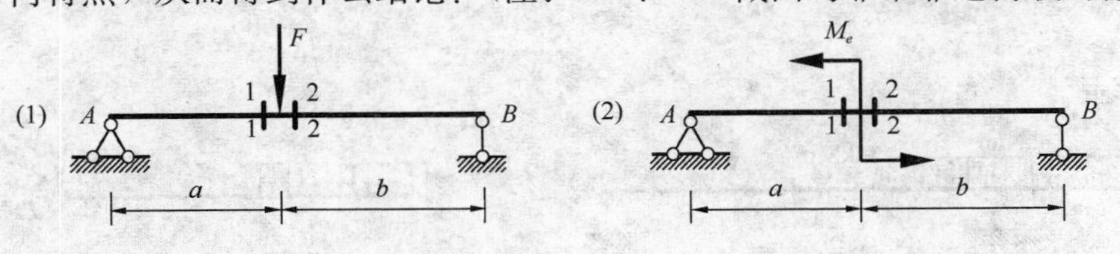


题 6-3 图

6-4　试列出下列梁的剪力方程和弯矩方程，并画出剪力图和弯矩图。

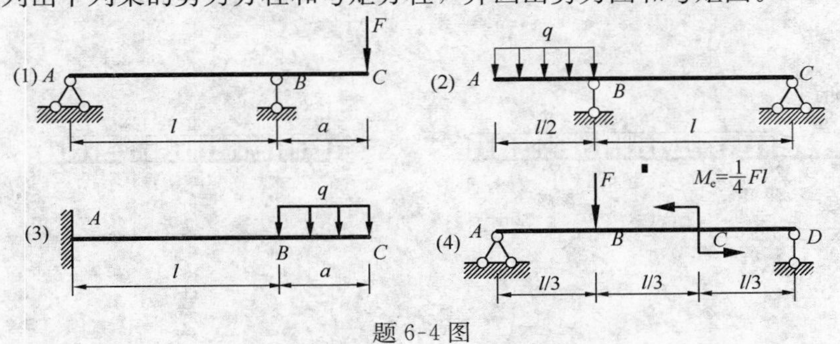


题 6-4 图

6-5　试利用微分关系画下列各梁的剪力图和弯矩图。

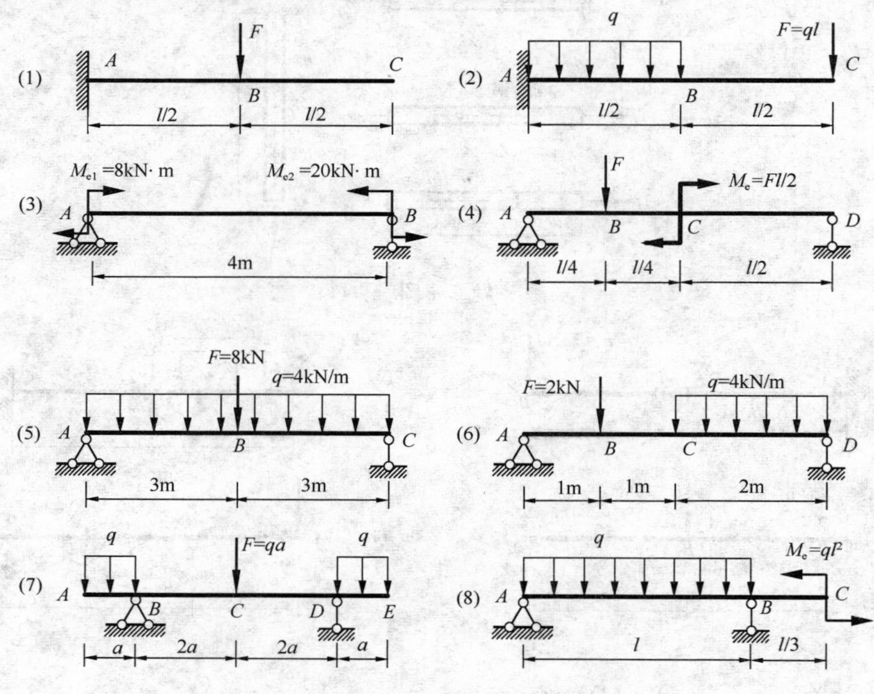


题 6-5 图

6-6　试利用区段叠加法绘制图示各梁的剪力图和弯矩图。

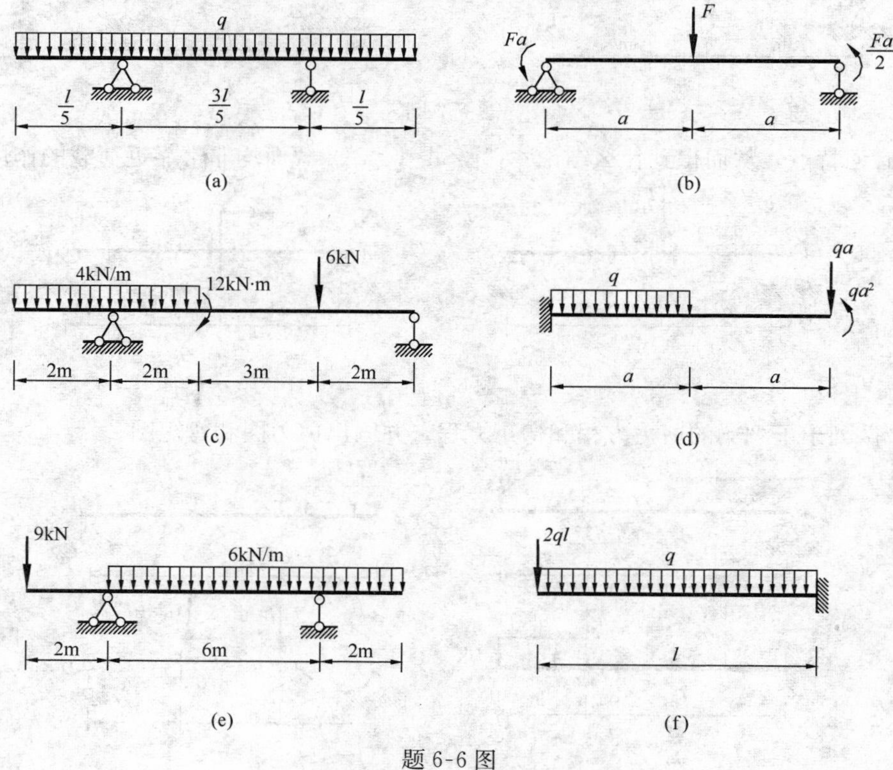


题 6-6 图

6-7　检查下列各梁的剪力图和弯矩图是否正确，若不正确，请改正。

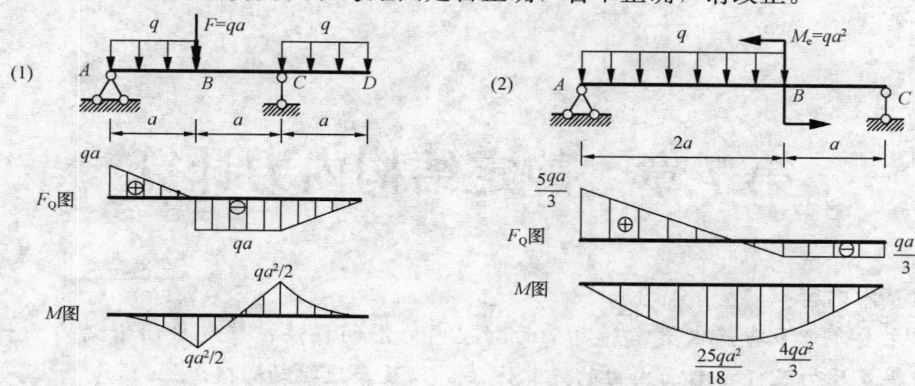


题 6-7 图

6-8　已知简支梁的剪力图，试根据剪力图画出梁的荷载图和弯矩图（已知梁上无集中力偶作用）。

6-9　已知简支梁的弯矩图，试根据弯矩图画出梁的剪力图和荷载图（已知梁上无分布力偶作用）。

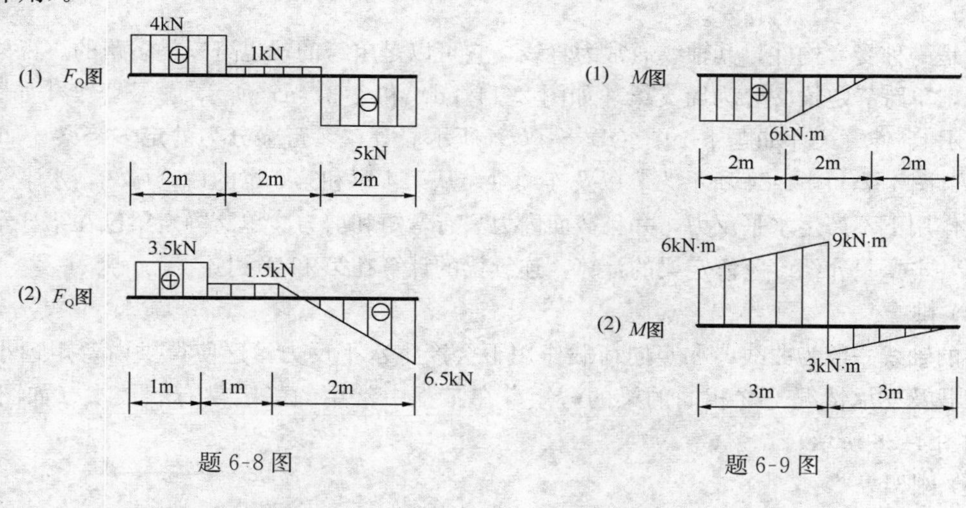


题 6-8 图　　　　题 6-9 图

6-10　试画下列各杆的扭矩图。

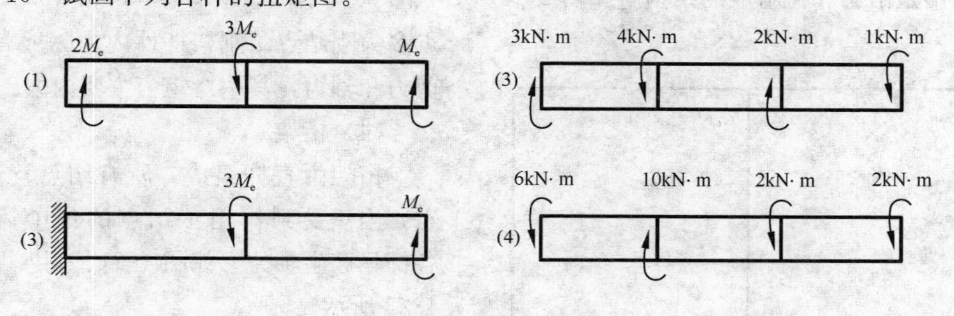


题 6-10 图

# 第 7 章　静定结构内力计算

**本章基本内容：**

本章主要介绍多跨静定梁、静定平面刚架内力图的作法；静定平面桁架内力计算的方法；三铰拱支反力及任意截面内力的计算方法，以及合理拱轴的概念。

## 7.1　静定结构基本类型

静定结构按照构造特征和受力特点，常用的平面杆件结构可分为以下五种类型。

(1) 梁

梁是一种受弯构件，其轴线通常为直线，它可以是单跨的，也可以是多跨的。视梁的支承情况，单跨静定梁又分为简支梁［如图 2-14 (d) 和 4-3 (a) 所示］、悬臂梁［如图 4-5 (a) 所示］、伸臂梁［如题 4-1 图 (d) ～ (i) 所示］等；多跨梁分为静定多跨梁［如图 2-28 (a)、图 4-7、图 4-24 所示梁］以及连续梁。从第 4 章和第 6 章的讨论可知，水平梁在竖向荷载作用下不产生水平反力，并且截面内力只有弯矩和剪力。单跨静定梁已在第 6 章进行了介绍，本章只介绍多跨静定梁的计算，连续梁的计算在第 11 章讨论。

(2) 拱

拱的轴线一般为曲线，在竖向荷载作用下会产生水平反力，这使得拱内弯矩远小于跨度、荷载及支承情况与之相同的梁的弯矩。在工程中常用的静定拱有三铰拱（如图 2-26 (a) 和图 4-28 所示）。

(3) 刚架

刚架是由梁和柱组成的结构［如图 2-24 (a)、图 2-25 (a)、图 4-8 和图 7-1 所示］，结点多为刚结点。刚架杆件内力一般有弯矩、剪力和轴力，其中弯矩为主要内力。

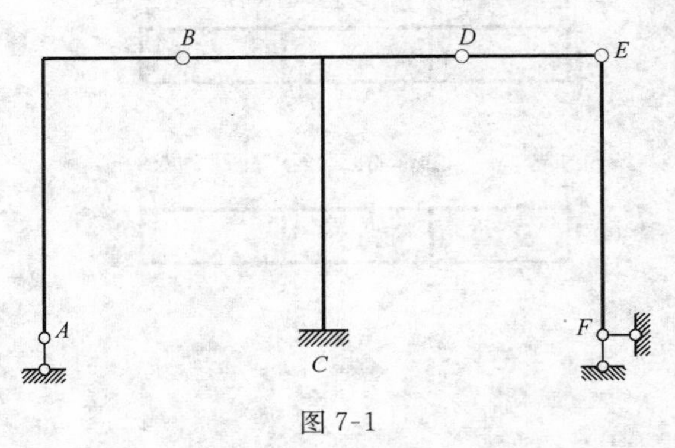

图 7-1

(4) 桁架

桁架由直杆组成，所有结点均为铰结点，当只受到作用于结点的集中荷载时，各杆只产生轴力。如图 4-21、图 4-22 和图 4-23 所示。

(5) 组合结构

组合结构是由承受弯矩、剪力及轴力

的梁式杆和只承受轴力的链杆组成的结构（图4-11），其结点中有组合结点。

本章将讨论上述各类结构内力的计算原理和计算方法。

# 7.2　多跨静定梁的内力计算

## 7.2.1　多跨静定梁的几何组成及受力分析

用铰将数根单跨梁相连而形成的静定结构，称为多跨静定梁。多跨静定梁常用在桥梁、屋架檩条、幕墙支撑等结构中。

从几何组成来看，多跨静定梁的基本形式有三种：

（1）通过在一根基本单跨静定梁上，不断附加二元体构成。例如图 7-2（a）所示四跨静定梁，是以 $ABC$ 伸臂梁为基础，然后不断在其上附加 $CE$ 梁段和支杆 $D$ 组成的二元体、$EG$ 梁段和支杆 $F$ 组成的二元体以及 $GH$ 梁段和支杆 $H$ 组成的二元体后形成。其层次图如图 7-2（b）所示。

（2）通过在数根基本单跨静定梁上，附加新的单跨静定梁，构成基本梁抬附属梁形式的多跨静定梁。如图 7-3 所示的四跨静定梁，是在基本单跨梁 $AB$（悬臂梁）、$CDEF$ 和 $GHI$（均可视作伸臂梁）上，附加了新的简支梁 $BC$ 和 $FG$ 而形成。

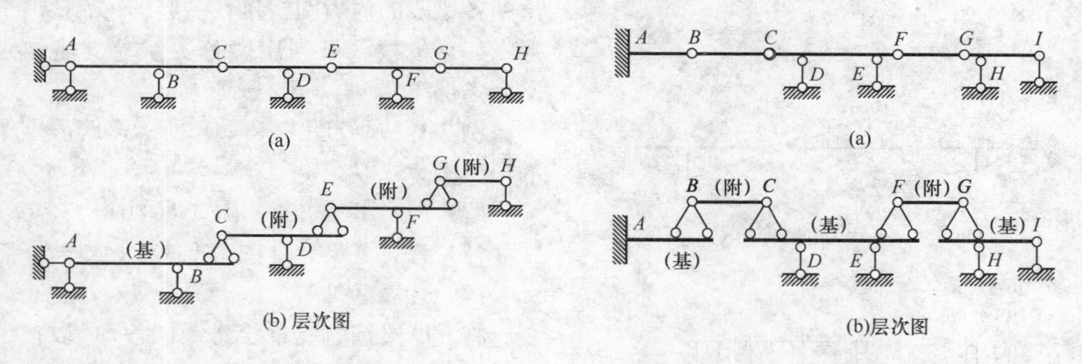


图 7-2　多跨静定梁基本形式之一　　　图 7-3　多跨静定梁基本形式之二

对图 7-3（a）所示的梁，如果仅承受竖向荷载作用，则不但 $AB$ 梁能独立承受荷载维持平衡，$CF$ 和 $GI$ 梁也能独立承受荷载维持平衡。这时，$AB$、$CF$ 和 $GI$ 都可分别视为基本部分，其层次图如图 7-3（b）所示。在层次图上虽然将 $BC$、$FG$ 梁绘为两端的固定铰连接于基本梁上，但可视作简支梁进行计算。

（3）按以上两种方式混合形成，如图 7-4 所示。

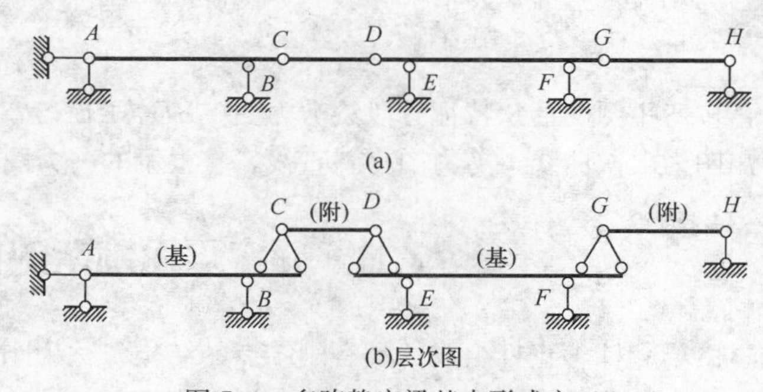


图 7-4　多跨静定梁基本形式之三

从几何组成来看，多跨静定梁可分为基本部分和附属部分。从多跨静定梁的层次图可以看出：作用

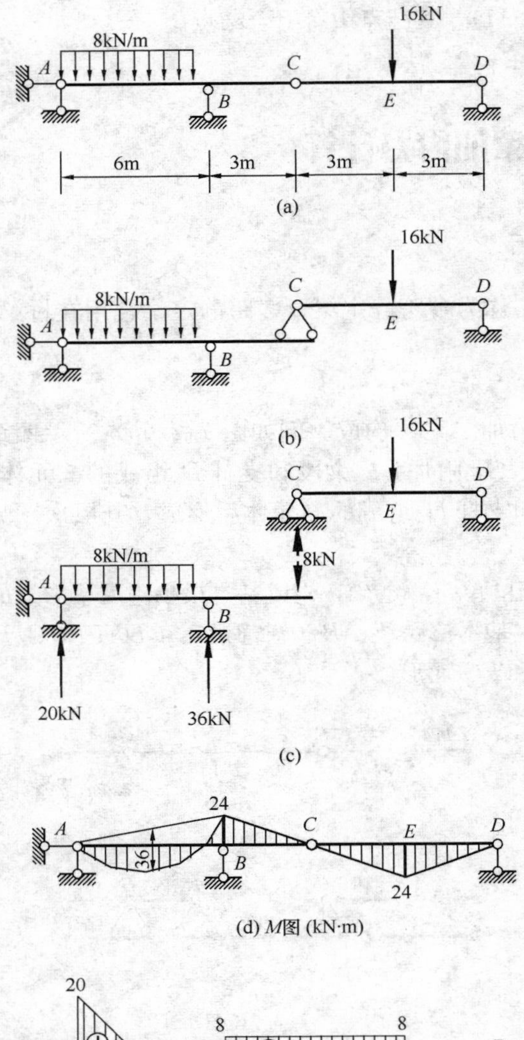


图 7-5

在基本部分上的荷载，只会在基本部分产生内力，而不会影响附属部分；当荷载作用在附属部分上时，不仅附属部分受力，而且必传至支承它的基本部分，使基本部分受力。因此，在计算多跨静定梁时应先计算附属部分，并根据力的相互作用原理将附属部分在铰结点的约束力反方向加在基本部分，然后计算基本部分。这样，多跨静定梁就分拆为若干单跨梁，分别计算，将各单跨梁的内力图连接在一起，即得多跨静定梁的内力图。

### 7.2.2 多跨静定梁的计算步骤及举例

多跨静定梁的计算步骤如下：

(1) 作层次图；

(2) 计算支反力；

(3) 逐梁段绘内力图；

(4) 绘制全结构的内力图，将第 3 步绘出的各梁段的内力图拼接在一起即得；

(5) 校核（可利用微分关系、支座结点平衡条件等）。

**例 7-1** 试绘图 7-5（a）所示多跨静定梁的内力图。

**解** (1) 作层次图［图 7-5（b）］

(2) 计算支反力［图 7-5（c）］

(3) 绘弯矩图

将 $CD$ 梁按简支梁绘弯矩图，$BC$ 段按悬臂梁绘制（$BC$ 段也可直接将 $EC$ 段弯矩直接延伸到 $B$ 点即得），在得到 $A$、$B$ 两点的弯矩值后，将 $AB$ 段视为简支梁按区段叠加法绘弯矩图，将各段弯矩图叠合在一起，即为整根梁的弯矩图，如图 7-5（d）所示。

(4) 绘剪力图

按弯矩图的形状特征分段绘剪力图。$BE$、$ED$ 段弯矩图为斜直线，剪力为常数，$AB$ 段弯矩图为二次曲线，剪力图为斜直线，整根梁的剪力图如图 7-5（e）所示。

## 7.3 静定平面刚架的内力计算

由梁和柱等直杆组成的具有刚结点的结构，称为刚架。杆轴和荷载均在同一平面内且无多余约束的几何不变刚架，称为静定平面刚架。

### 7.3.1　刚架的特点

(1) 构造特点

一般由若干梁、柱等直杆组成且具有刚结点的结构，称为刚架。杆轴及荷载均在同一平面内且无多余约束的几何不变刚架，称为静定平面刚架。具有刚结点是刚架的特点。

(2) 力学特性

汇交于刚结点处的各杆端之间的夹角始终保持不变，如图 7-6 (b) 所示。刚结点可以承受和传递全部内力（弯矩、剪力和轴力）。为后续描述方便起见，刚架的内力符号后加两个脚标，脚标的第一个字母表示该内力所在截面，第二个字母表示该截面所属杆件的另一端。例如图 7-6 (a) 所示刚架柱顶截面的弯矩应表示成 $M_{BA}$，代表 $BA$ 杆 $B$ 端的弯矩。

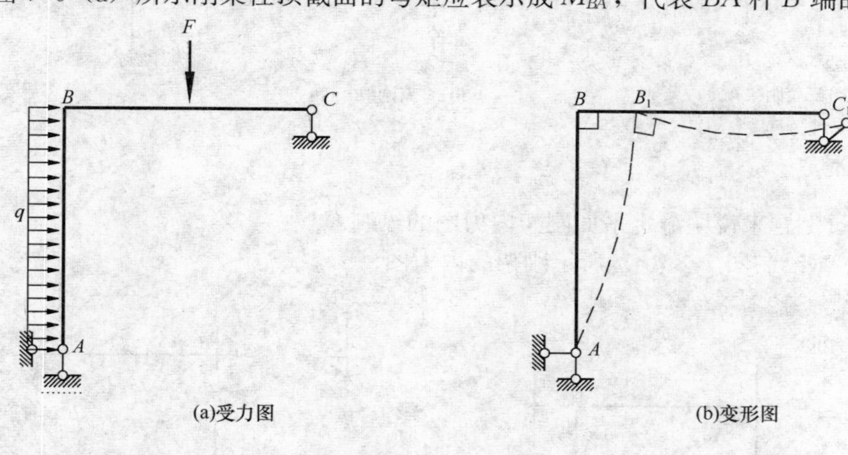


图 7-6

(3) 刚架优点

内部空间较大，杆件弯矩较小，且制造比较方便。因此，刚架在土木工程中得到广泛应用。

### 7.3.2　静定平面刚架的组成形式

基本形式有悬臂刚架 [图 7-7 (a)]、简支刚架 [图 7-7 (b)] 和三铰刚架 [图 7-7 (c)] 三种。将其进行组合，可得到多层多跨静定平面刚架 [图 7-7 (d) (e)]。

### 7.3.3　静定平面刚架内力图的绘制

静定平面刚架的内力图有弯矩图、剪力图和轴力图。

静定平面刚架内力图的基本作法是杆梁法，即把刚架拆成杆件，其内力计算方法原则上与静定梁相同。通常是先由刚架的整体或局部平衡条件，求出支座反力或某些铰结点处的约束力，然后用截面法逐杆计算各杆的杆端内力，再利用杆端内力按照静定梁的方法分别作出各杆的内力图，最后将各杆内力图合在一起，就得到刚架的内力图。

刚架中的杆端弯矩不规定符号，约定刚架的弯矩图绘在杆件受拉一侧，不标注正负号；剪力图和轴力图可以绘制在杆轴基线任意一侧，但必须标注正负号，其符号规定与梁相同。一般可按 $M$ 图、$F_Q$ 图、$F_N$ 图的顺序绘制内力图。

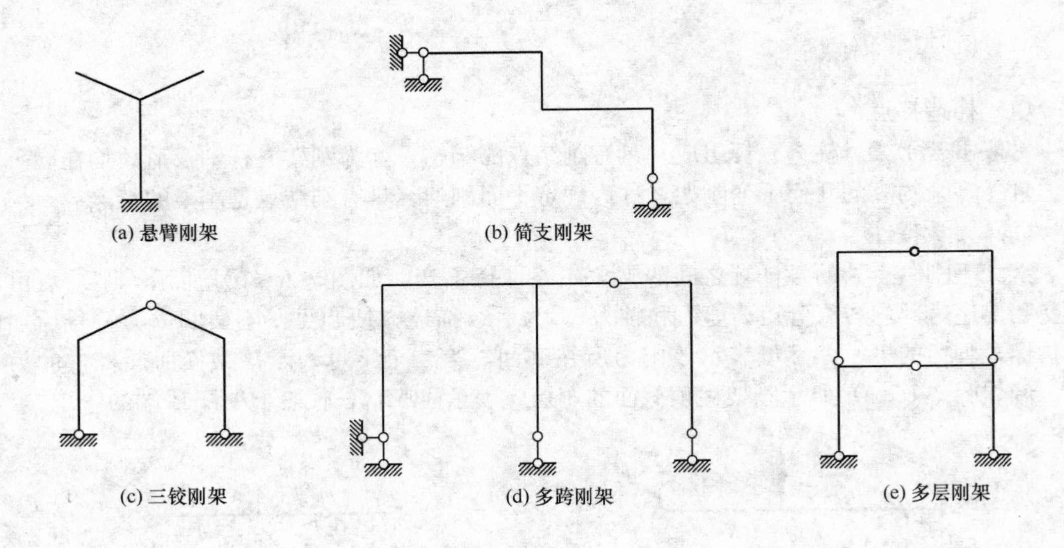


图 7-7

下面通过例题来说明静定平面刚架内力图的绘制。

**例 7-2** 试绘制图 7-8（a）所示刚架的内力图

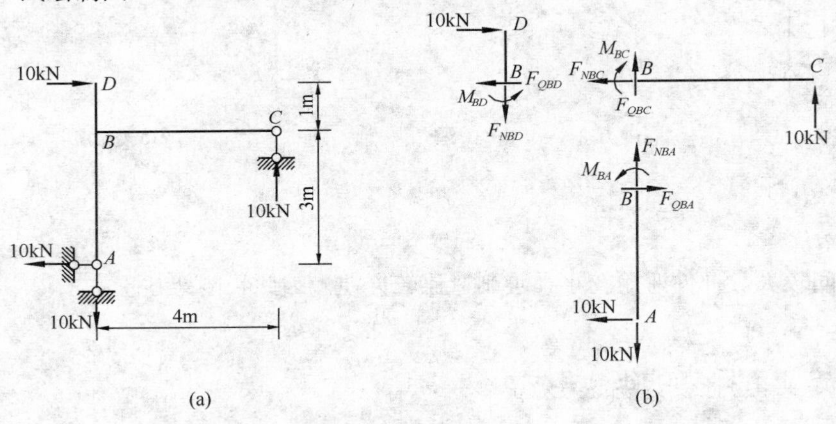


图 7-8

**解** （1）求支反力

$\Sigma F_x = 0$，$F_{Ax} = 10\text{kN}$（←）

$\Sigma M_A = 0$，$F_{Cy} = 10\text{kN}$（↑）

$\Sigma F_y = 0$，$F_{Ay} = 10\text{kN}$（↓）

支反力可直接标注于图 7-8（a）中。

（2）绘弯矩图

取各杆件为隔离体，如图 7-8（b）所示，用平衡条件计算各杆端弯矩：

$DB$ 杆：$M_{DB} = 0$　　　$M_{BD} = 10\text{kN}\cdot\text{m}$（左侧受拉）

$AB$ 杆：$M_{AB} = 0$　　　$M_{BA} = 30\text{kN}\cdot\text{m}$（右侧受拉）

$BC$ 杆：$M_{CB} = 0$　　　$M_{BC} = 40\text{kN}\cdot\text{m}$（下部受拉）

本题各杆中间无荷载，弯矩图为直线，将各杆端弯矩的纵标直接连线，即得弯矩图，如图 7-9（a）所示。

（3）绘剪力图

因本例各杆段弯矩均为斜直线，故各杆段剪力为常数。只须求出每个杆的某一截面的剪力值便可作出剪力图。

用平衡条件可计算各杆端剪力：

$$F_{QDB}=F_{QBD}=10\text{kN}$$
$$F_{QAB}=F_{QBA}=10\text{kN}$$
$$F_{QBC}=F_{QCB}=-10\text{kN}$$

绘出剪力图如图 7-9（b）所示。

（4）绘轴力图

因无轴向分布荷载，各杆轴力为常数。只须求出每个杆的某一截面的轴力值便可作出轴力图。

用截面法可计算各杆端轴力：

$$F_{NDB}=F_{NBD}=0$$
$$F_{NAB}=F_{NBA}=10\text{kN}$$
$$F_{NBC}=F_{NCB}=0$$

绘出轴力图如图 7-9（c）所示。

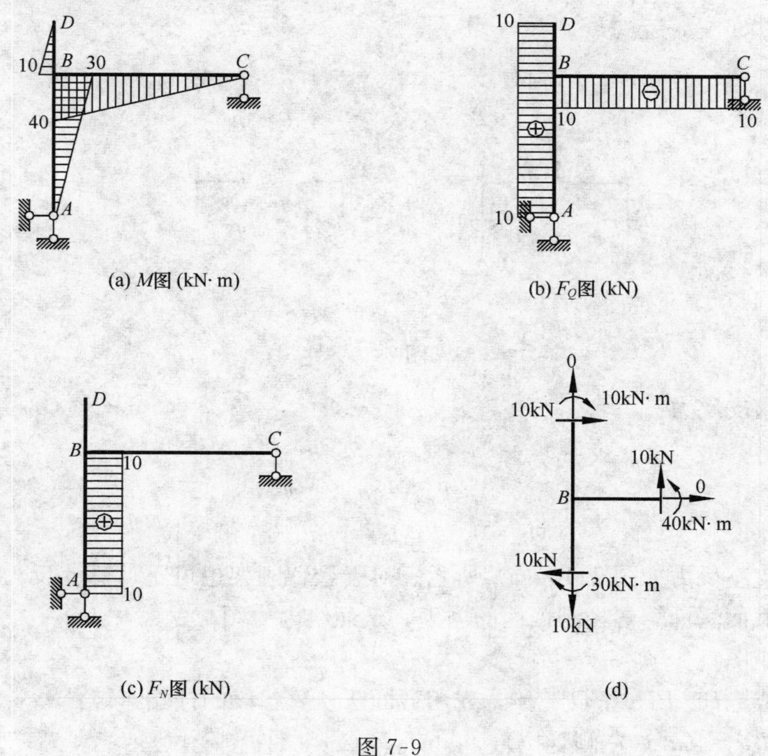


图 7-9

（5）校核

除对内力图形状特征进行校核外，一般还需任取刚架的一部分作为隔离体，检查其平衡

条件。取结点 $B$ 为隔离体，如图 7-9（d）所示，由

$$\sum F_x = 10 - 10 + 0 = 0$$
$$\sum F_y = 10 - 10 + 0 = 0$$
$$\sum M_B = 10 + 30 - 40 = 0$$

可见作用在隔离体上的力满足静力平衡条件，故计算结果及内力图绘制正确。

**例 7-3** 试绘制图 7-10（a）所示悬臂刚架的内力图。

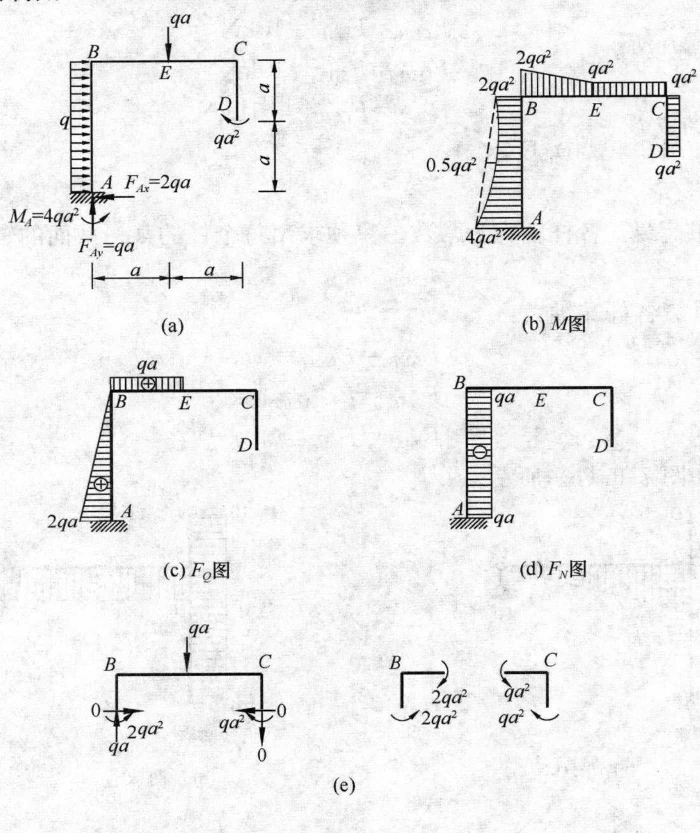


图 7-10

**解** （1）求支反力

$$\sum F_x = 0，F_{Ax} = 2qa（\leftarrow）$$
$$\sum F_y = 0，F_{Ay} = qa（\uparrow）$$
$$\sum M_A = 0 \qquad M_A = 4qa^2（左侧受拉）$$

所求出的支座反力如图 7-10（a）所示。对于悬臂刚架也可不计算支反力，而直接从悬臂端开始，用截面法计算各控制截面的内力，从而绘内力图。

（2）绘弯矩图

将结构分成 $AB$、$BC$、$CD$ 三段，先用截面法计算各段的杆端弯矩：

$AB$ 段：$M_{AB} = 4qa^2$（左侧受拉）　　$M_{BA} = 2qa^2$（左侧受拉）

$BC$ 段：$M_{BC} = 2qa^2$（上部受拉）　　$M_{CB} = qa^2$（上部受拉）

$CD$ 段：$M_{DC} = qa^2$（右侧受拉）　　$M_{CD} = qa^2$（右侧受拉）

$CD$ 段弯矩图为平直线，$AB$ 段、$BC$ 段按区段叠加法绘弯矩图。整个结构的弯矩图如图 7-10（b）所示。

（3）绘剪力图

根据弯矩图的形状特征，计算出控制截面的剪力，即可绘出剪力图如图 7-10（c）所示。

（4）绘轴力图

因无轴向分布荷载，各杆轴力为常数。只须求出每个杆的某一截面的轴力值便可作出轴力图，如图 7-10（d）所示。

（5）校核

可取 $BC$ 杆与结点 $B$ 和 $C$ 来校核，如图 7-10（e）所示。

对于 $BC$ 杆，应满足：

$$\Sigma F_x = 0 + 0 = 0$$

$$\Sigma F_y = qa - qa = 0$$

$$\Sigma M_B = qa \times a + qa^2 - 2qa^2 = 0$$

对于结点 $B$ 满足：$\Sigma M_B = 2qa^2 - 2qa^2 = 0$

对于结点 $C$ 满足：$\Sigma M_C = qa^2 - qa^2 = 0$

可见作用在隔离体上的力满足静力平衡条件，故计算结果及内力图绘制正确。可见，对于无外力矩作用的两杆结点 $B$ 和 $C$，汇交于该处两杆的杆端弯矩应绘在结点的同一侧（此例为外侧），且数值相等。

**例 7-4**　试绘制图 7-11（a）所示简支刚架的内力图

**解**　（1）求支反力

由　$\Sigma F_x = 0$，$4 - F_{Bx} = 0$

得　$F_{Bx} = 4\text{kN}$（←）

由　$\Sigma M_A = 0$，$F_{By} \times 4 - 4 \times 2 - 8 \times 6 \times 3 = 0$

得　$F_{By} = 38\text{kN}$（↑）

由　$\Sigma F_y = 0$，$F_{Ay} + 38 - 8 \times 6 = 0$

得　$F_{Ay} = 10\text{kN}$（↑）

（2）绘弯矩图

将结构分成五段，先用截面法计算各段的杆端弯矩：

$CE$ 段：$M_{EC} = 0$　　$M_{CE} = 8\text{kN}\cdot\text{m}$（左侧受拉）

$CD$ 段：$M_{CD} = 8\text{kN}\cdot\text{m}$（上部受拉）　　$M_{DC} = 32\text{kN}\cdot\text{m}$（上部受拉）

$DF$ 段：$M_{DF} = 16\text{kN}\cdot\text{m}$（上部受拉）　　$M_{FD} = 0$

$BD$ 段：$M_{BD} = 0$　　$M_{DB} = 16\text{kN}\cdot\text{m}$（右侧受拉）

$AE$ 段弯矩为零，$CE$、$BD$ 段竖标直接连直线，$DF$ 段按悬臂梁绘制二次曲线，$CD$ 段按区段叠加法绘弯矩图。整个结构的弯矩图如图 7-11（b）所示。

（3）绘剪力图

根据弯矩图的形状特征，计算出控制截面的剪力，即可绘出剪力图如图 7-11（c）所示。

（4）绘轴力图

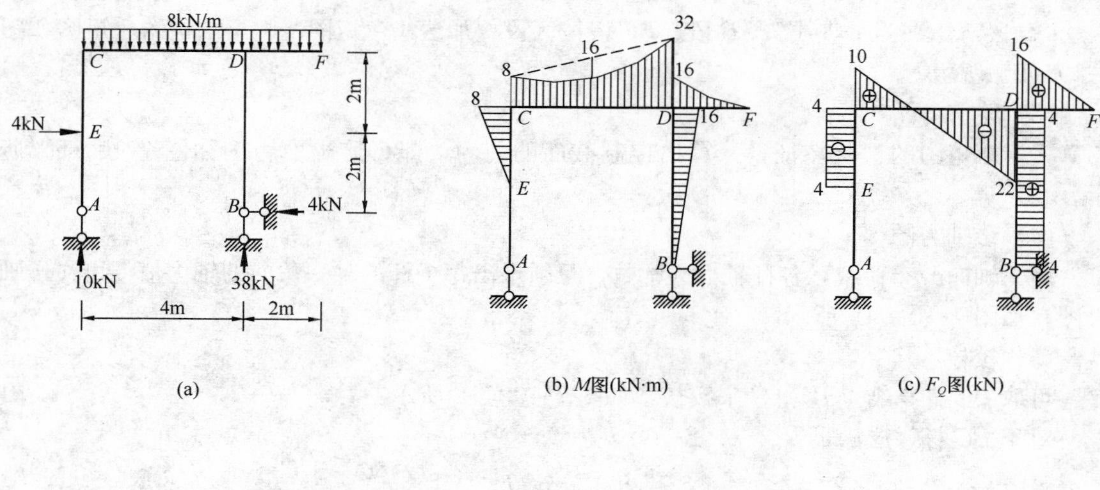


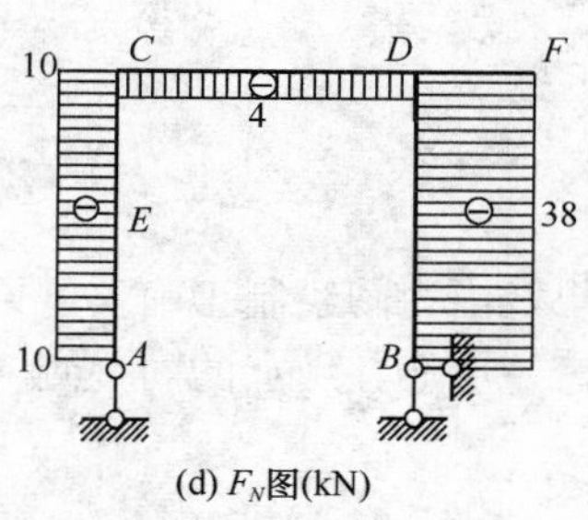


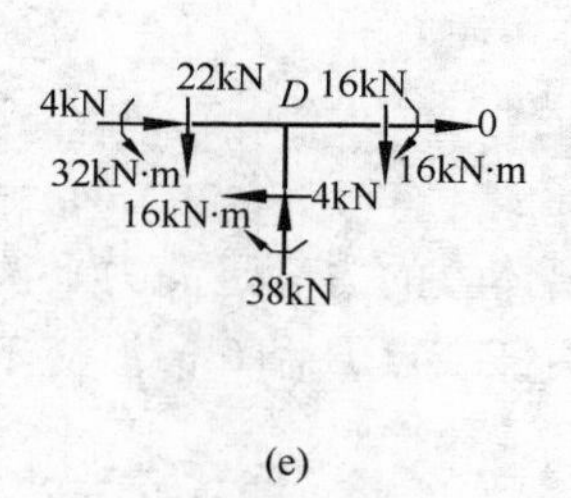


图 7-11

因无轴向分布荷载，各杆轴力为常数。只须求出每个杆的某一截面的轴力值便可作出轴力图如图 7-11（d）所示。

（5）校核

可取 $D$ 结点来校核。$D$ 结点的隔离体如图 7-11（e）所示。

$$\Sigma F_x=4+0-4=0$$

$$\Sigma F_y=38-16-22=0$$

$$\Sigma M_D=16+16-32=0$$

可见作用在隔离体上的力满足静力平衡条件，故计算结果及内力图绘制正确。也可任取一杆件作为隔离体来校核是否满足静力平衡条件。

**例 7-5** 试绘图 7-12（a）所示三铰刚架的内力图。

**解** （1）求支反力

由 $$\Sigma M_B=0，F_{Ay}\times 4-12\times 2\times 1=0$$

得 $$F_{Ay}=6\text{kN}（\uparrow）$$

由 $$\Sigma F_y=0，F_{By}+6-12\times 2=0$$

得 $$F_{By}=18\text{kN}（\uparrow）$$

由 $$\Sigma F_x=0\text{ 可知}，F_{Ax}=F_{Bx}$$

取 $ADC$ 部分为隔离体［图 7-12（b）］，由

$$\Sigma M_C=0，F_{Ax}\times 4-6\times 2=0$$

得 $$F_{Ax}=3\text{kN}（\rightarrow）$$

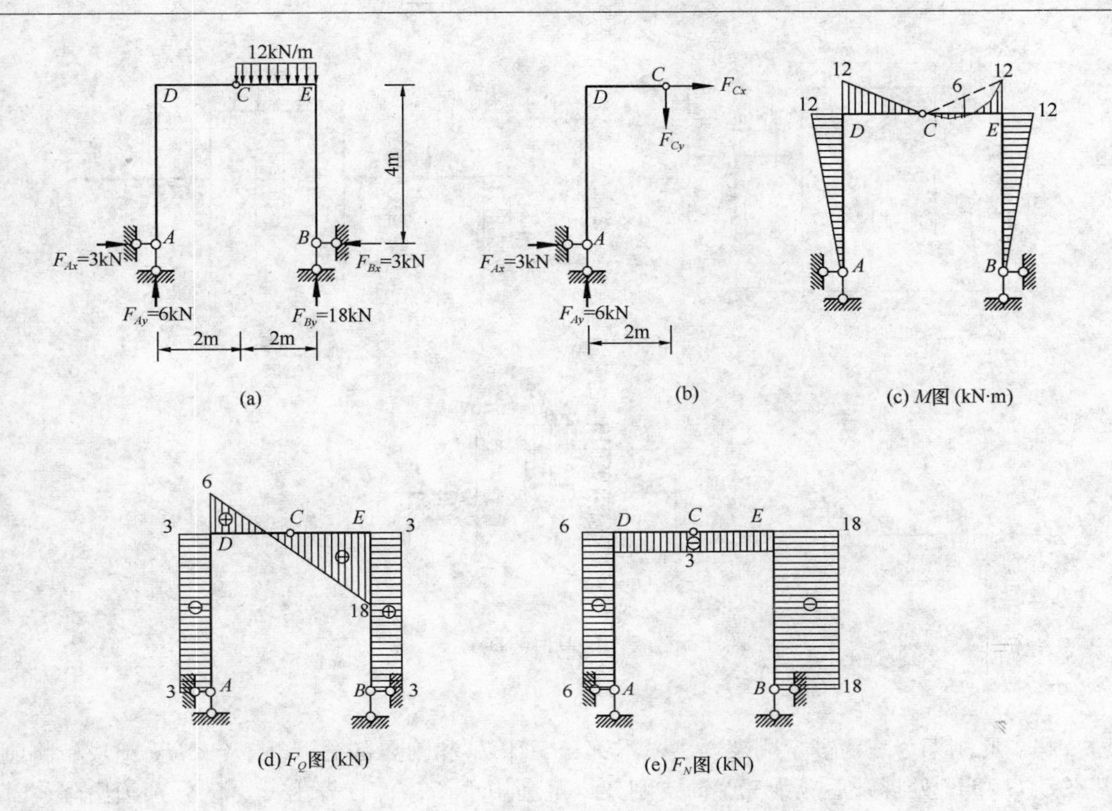


图 7-12

于是　　　　　　　　　　　　　$F_{Bx}=3\text{kN}$（←）

也可以取 $BEC$ 部分为隔离体，由 $\sum M_C=0$，计算出 $F_{Bx}$，其结果相同。读者可自行计算以校核。计算出的反力可标在图上，如图 7-12（a）所示。

（2）绘弯矩图

将结构分成四段，先用截面法计算各段的杆端弯矩：

$AD$ 段：$M_{AD}=0$　　　　$M_{DA}=12\text{kN}\cdot\text{m}$（左侧受拉）

$DC$ 段：$M_{CD}=0$　　　　$M_{DC}=12\text{kN}\cdot\text{m}$（上部受拉）

$CE$ 段：$M_{CE}=0$　　　　$M_{EC}=12\text{kN}\cdot\text{m}$（上部受拉）

$BE$ 段：$M_{BE}=0$　　　　$M_{EB}=12\text{kN}\cdot\text{m}$（右侧受拉）

$AD$、$DC$、$BE$ 段竖标直接连直线，$CE$ 段按区段叠加法绘弯矩图。整个结构的弯矩图如图 7-12（c）所示。

（3）绘剪力图

根据弯矩图的形状特征，计算出控制截面的剪力，即可绘出剪力图如图 7-12（d）所示。

（4）绘轴力图

因无轴向分布荷载，各杆轴力为常数。只须求出每个杆的某一截面的轴力值便可作出轴力图如图 7-12（e）所示。

（5）校核（略）

**例 7-6**　绘制图 7-13（a）所示多跨刚架的弯矩图。

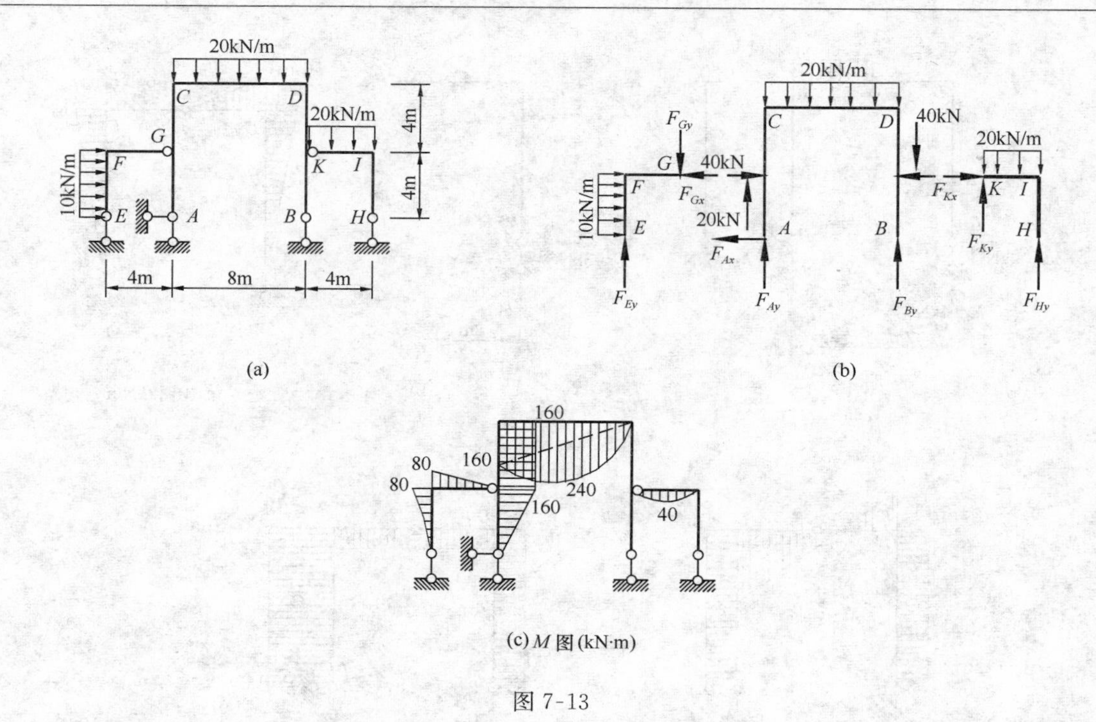


图 7-13

**解** 此刚架为三跨静定刚架，由基本部分 $ABCD$ 和附属部分 $EFG$ 及 $KIH$ 组成。将刚架在铰 $G$ 和 $K$ 处拆开后成为三个简支刚架，可利用平衡条件计算出反力。分别画出附属部分和基本部分隔离体受力图，如图 7-13（b）所示。整个结构的弯矩图如图 7-13（c）所示。计算过程请读者自行完成。

## 7.4 静定平面桁架的内力计算

### 7.4.1 概述

由前面的讨论可知，桁架由若干直杆构成，所有杆件的两端均用铰连接。若铰结体系无多余约束存在，则称为静定桁架；有多余约束存在，则称为超静定桁架。当桁架各杆的轴线以及外力的作用线都在同一平面内时，称为平面桁架；不在同一平面内时称为空间桁架。无多余约束的平面桁架称为静定平面桁架。本章只讨论静定平面桁架，即所有杆件的轴线以及外力的作用线都位于同一平面内的无多余约束的桁架结构。

（1）理想桁架的计算简图

在分析桁架的内力时，必须抓住矛盾的主要方面，选取既能反映这种结构的本质而又便于计算的计算简图。桁架的计算简图往往都是理想化的桁架，称为理想桁架。所谓理想桁架应符合以下假设：

1）各杆的两端用理想铰（绝对光滑而无摩擦）相互连接；

2）各杆的轴线都是绝对平直而且在同一平面内并通过铰的几何中心；

3）荷载和支座反力都作用在结点上并位于桁架的平面内。

（2）桁架的力学特性

理想桁架的各杆均为两端铰结的直杆，仅在两端受约束力作用，故只产生轴力。因此桁架各杆为二力杆。由于桁架杆件仅受轴向力作用，其截面上的应力是均匀分布的，故材料能得到充分的利用。

实际的桁架常不能完全符合上述理想情况。例如，钢筋混凝土屋架用混凝土浇筑的结点，或是铆接或焊接成的钢屋架结点，都具有一定的刚性，各杆之间的角度几乎不能变动，并非理想铰；由于制造误差各杆轴不可能绝对平直，结点处各杆轴线也不一定完全交于一点；杆件的自重以及作用于杆件上的风荷载都不是作用于结点上的荷载等。由于以上种种原因，桁架在荷载作用下杆件将发生弯曲而产生附加内力（主要是弯矩）。但实际工程中桁架的各杆件一般比较细长，仍以承受轴力为主，弯矩和剪力则很小可忽略不计，在计算杆件轴力时可以采用理想桁架的计算简图。通常将桁架在理想情况下计算出来的内力称为**主内力**，将由于理想情况不能完全实现而产生的附加内力称为**次内力**。本节只讨论理想桁架的计算，即桁架主内力的计算问题。

(3) 平面桁架的分类

平面桁架按其几何组成的方式分为以下三类：

(1) 简单桁架：由基础或一个基本铰结三角形开始，依次增加二元体所构成的桁架［图 7-14 (a) (d) (e)］。

(2) 联合桁架：由几个简单桁架按照几何不变体系的基本组成规则连成的桁架［图 7-14 (b) (f)］。

(3) 复杂桁架：不是按照上述两种方式组成的其它桁架［图 7-14 (c)］。

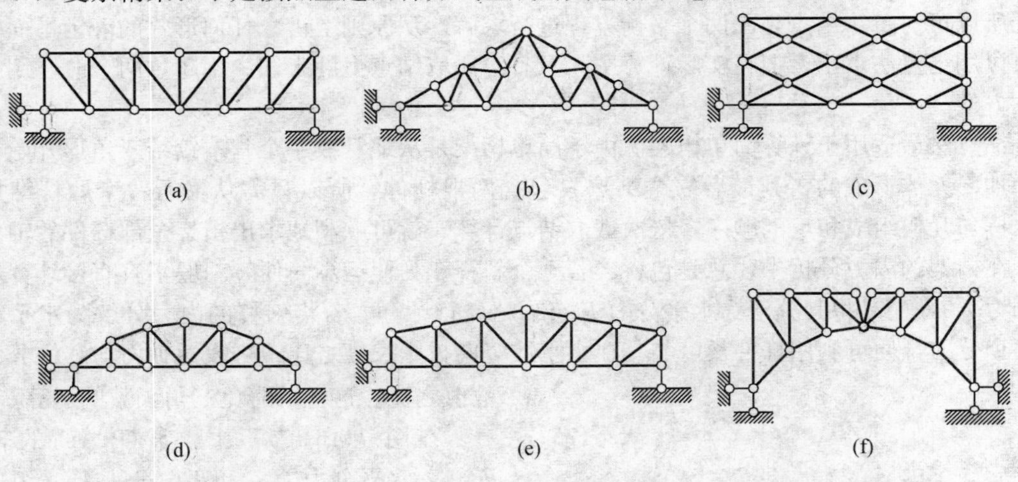


图 7-14　平面桁架分类

平面桁架按外轮廓形状分为：平行弦桁架［图 7-14 (a)］、三角形桁架［图 7-14 (b)］、抛物线桁架［图 7-14 (d)］、梯形桁架［图 7-14 (e)］。

桁架的杆件，按其所在位置的不同，分为弦杆和腹杆两大类。弦杆是桁架中上下边缘的杆件，上边的叫上弦杆，下边的叫下弦杆；腹杆是上、下弦杆之间的联系杆件，其中斜向杆件称为斜杆，竖向杆件称为竖杆；各杆端的结合点称为结点；弦杆上两相邻结点之间的距离称为结间长度，两支座间的水平距离称为跨度，上、下弦杆上结点之间的最大竖向距离称为桁高。（如图 7-15 所示）

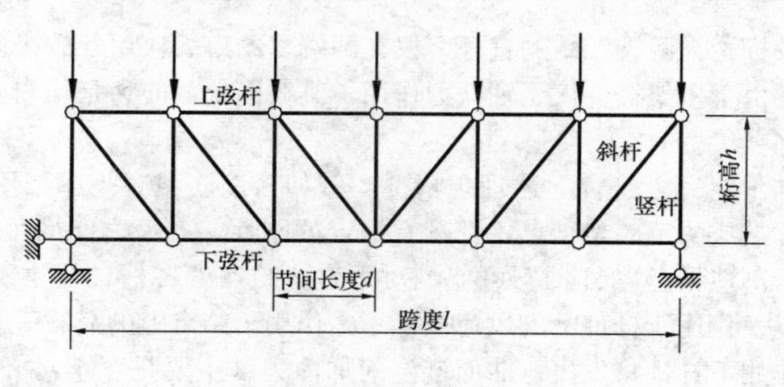


图 7-15

### 7.4.2 静定平面桁架的内力计算

由于桁架各杆都是二力杆，其内力只有轴力，故桁架内力也就是各杆的轴力。桁架杆件的内力规定以受拉为正，在计算时可以假定杆件的未知力为拉力，若所得结果为负，则为压力。根据截取隔离体方式的不同，桁架内力计算的方法有结点法、截面法以及二者的联合应用。

1. 结点法

结点法是截取桁架的一个结点为隔离体，利用结点的静力平衡条件求解桁架杆件内力的方法。由于平面桁架的外力（荷载和支座反力）都作用于结点上，而各杆件轴线又都汇交于结点，桁架任一结点上所受的各力（包括荷载、支座反力和杆件轴力）构成一平面汇交力系，所以可对每一结点列出两个平衡方程进行求解。从原则上讲，任何形式的静定平面桁架都可以用结点法求出，但在实际计算中，只有当所取结点上的未知力不超过两个时，用结点法才方便。

结点法最适用于计算简单桁架。由于简单桁架是从地基或一个基本铰结三角形开始，依次增加二元体形成的，其最后一个结点只包含两根杆件，所以只需从最后一个两杆结点开始，按与几何组成相反的顺序，依次截取结点计算，就可顺利地求出桁架全部杆件的轴力。

在桁架的内力分析中，总是包含着若干个斜杆。为使运算简便，一般不宜直接计算斜杆的轴力 $F_N$，而是将其分解为水平分力 $F_x$ 和 $F_y$ 先行计算。若将斜杆的内力分解为水平和竖向两个分力，便可利用杆件长度与其在水平或竖向投影长度之比，来表达轴力与它的分力的数值之比。这样可避免三角函数的运算。

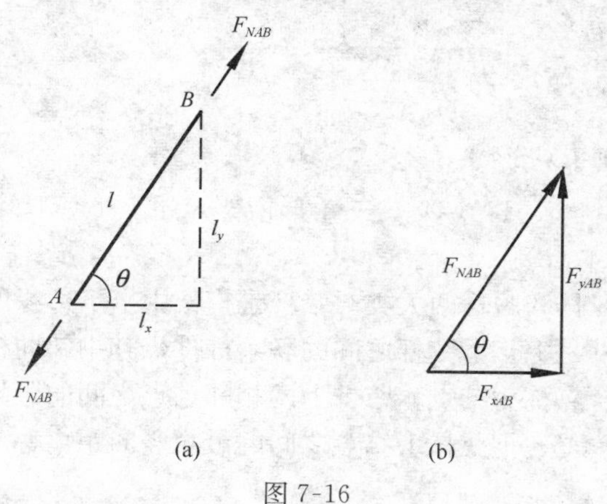


图 7-16

在图 7-16（a）中，某杆 $AB$ 的轴力 $F_{NAB}$、水平分力 $F_{xAB}$ 和竖向分力 $F_{yAB}$ 组成一个直角三角形［图 7-16（b）］。杆 $AB$ 的长度 $l$ 与它的水平投影 $l_x$、竖向投影 $l_y$ 也组成一个直角三角形如图 7-16（a）所示。由于这两个三角形各边互相平行，故两三角形相似。因而，有下列的比例关系

$$\frac{F_{NAB}}{l}=\frac{F_{xAB}}{l_x}=\frac{F_{yAB}}{l_y} \tag{7-1}$$

利用这一关系，可由轴力 $F_N$ 推算分力

$F_x$ 和 $F_y$，或由分力推算轴力。

在图 7-16 中，如果 $l_x=1\text{m}$，$l_y=2\text{m}$，$l=\sqrt{5}\text{m}$，并已知竖向分力 $F_y=20\text{kN}$，则利用式（7-1），即可得出

$$F_N=\frac{\sqrt{5}}{2}\ (20\text{kN})\ =22.36\text{kN},\ F_x=\frac{1}{2}\ (20\text{kN})\ =10\text{kN}$$

桁架一般由水平杆、竖杆及斜杆组成，把斜杆内力都分解为水平及竖向分力，逐个结点运用平衡条件 $\sum F_x=0$ 和 $\sum F_y=0$，先计算各杆内力的分力，然后再推算它们的轴力，这样计算将是十分方便的。

下面举例说明结点法的应用。

**例 7-7**　试用结点法计算图 7-17（a）所示的静定平面桁架各杆的轴力。

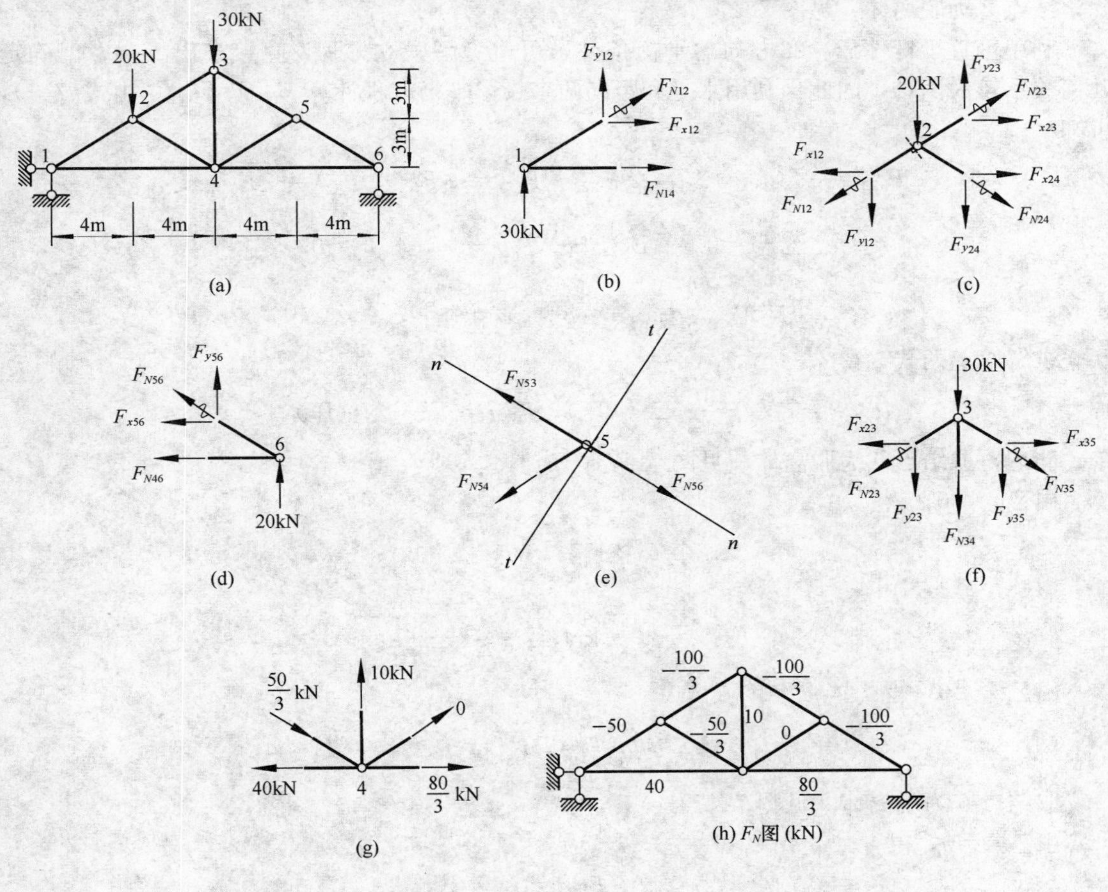


图 7-17

**解**（1）计算支座反力

由整体平衡条件

$$\sum M_6=0,\ \text{得}\quad F_{1y}=30\text{kN}\ (\uparrow)$$

$$\sum M_1=0,\ \text{得}\quad F_{6y}=20\text{kN}\ (\uparrow)$$

$$\sum F_x=0,\ \text{得}\quad F_{1x}=0$$

（2）计算各杆的轴力

一个简单桁架往往可以按不同的结点次序组成，在运用结点法时，应视具体情况灵活选

择计算顺序，只要每次所取结点包含内力未知的杆件不多于两根就可以。比如本题若以结点1、2、6、5、3为路径，4为校核结点，计算将是很简便的。

取结点1为脱离体［见图7-17（b）］：

由$\sum F_y=0$，得

$$F_{y12}=-30\text{kN}$$

由比例关系$\frac{F_{N12}}{5}=\frac{F_{x12}}{4}=\frac{F_{y12}}{3}$得

$$F_{N12}=-50\text{kN（压力）},\ F_{x12}=-40\text{kN}$$

由$\sum F_x=0$，得

$$F_{N14}=40\text{kN（拉）}$$

结点2为脱离体［见图7-17（c）］：

利用垂直于杆件$\overline{12}$、$\overline{23}$方向的平衡条件虽可避免解联立方程，直接求出$F_{N24}$，但确定几何关系较为困难，因此仍利用水平和竖向两个投影平衡方程计算$F_{N23}$、$F_{N24}$，由式(7-1)，可知

$$F_{x23}=\frac{4}{5}F_{N23},\ F_{y23}=\frac{3}{5}F_{N23},\ F_{x24}=\frac{4}{5}F_{N24},\ F_{y24}=\frac{3}{5}F_{N24}$$

$$\sum F_x=0\quad \frac{4}{5}F_{N23}+\frac{4}{5}F_{N24}-(-40)=0$$

$$\sum F_y=0\quad \frac{3}{5}F_{N23}+\frac{3}{5}F_{N24}-(-30)-20=0$$

联立求解以上两式，得

$$F_{N23}=-\frac{100}{3}\text{kN（压）},\ F_{N24}=-\frac{50}{3}\text{kN（压）}$$

同理，取结点6为脱离体［见图7-17（d）］：

由$\sum F_y=0$，得

$$F_{y56}=-20\text{kN}$$

由式（7-1），得

$$F_{N56}=-\frac{100}{3}\text{kN},\ F_{x56}=-\frac{80}{3}\text{kN}$$

由$\sum F_x=0$，得

$$F_{N46}=\frac{80}{3}\text{kN（拉）}$$

取结点5为脱离体［见图7-17（e）］：

由$\sum F_t=0$，得

$$F_{N45}=0$$

由$\sum F_n=0$，得

$$F_{N35}=F_{N56}=-\frac{100}{3}\text{kN（压）}$$

取结点3为脱离体［见图7-17（f）］：

由$\sum F_y=0$，得

$$F_{N34}+F_{y23}+F_{y35}+30=0$$

$$F_{N34}=10\text{kN（拉）}$$

(3) 校核

取结点 4 为脱离体 [见图 7-17 (g)]，有

$$\Sigma F_x = 40 + \frac{4}{5}\left(-\frac{50}{3}\right) - \frac{80}{3} = 0$$

$$\Sigma F_y = 10 - \frac{3}{5}\left(\frac{50}{3}\right) = 0$$

满足平衡条件。

(4) 将求得的各杆轴力值标注在该桁架相应杆件上，如图 7-17 (h) 所示

桁架中内力为零的杆称为零杆。如上例中的 45 杆。出现零杆的情况可归纳如下：

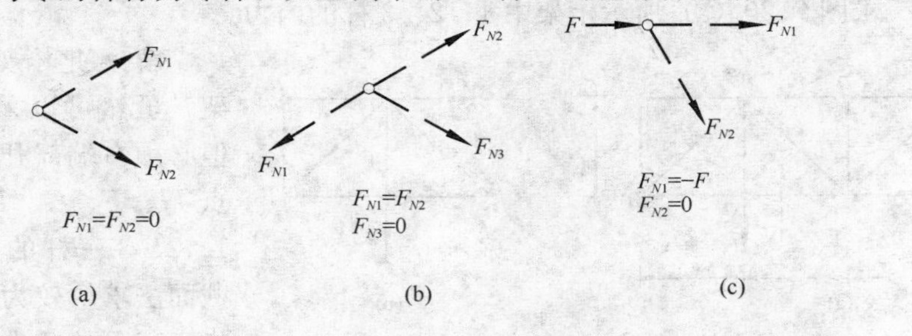


图 7-18

(1) 不在一直线上的两杆相交于一无外力的结点时 [图 7-18 (a)]，则该两杆均为零杆。

(2) 两杆在一直线上的三杆结点上无外力作用时 [图 7-18 (b)]，则侧杆为零杆，而在同一直线上的两杆的轴力必定相等，且性质（指受拉或受压）相同。

(3) 两杆结点上有外力，且外力沿某个杆件方向作用时 [图 7-18 (c)]，则另一杆必为零杆。

上述结论不难由结点平衡条件得到证明。在桁架计算时，可先利用上述结论找出零杆，以简化计算。

应用上述结论，容易看出图 7-19 所示桁架中虚线表示的各杆均为零杆。

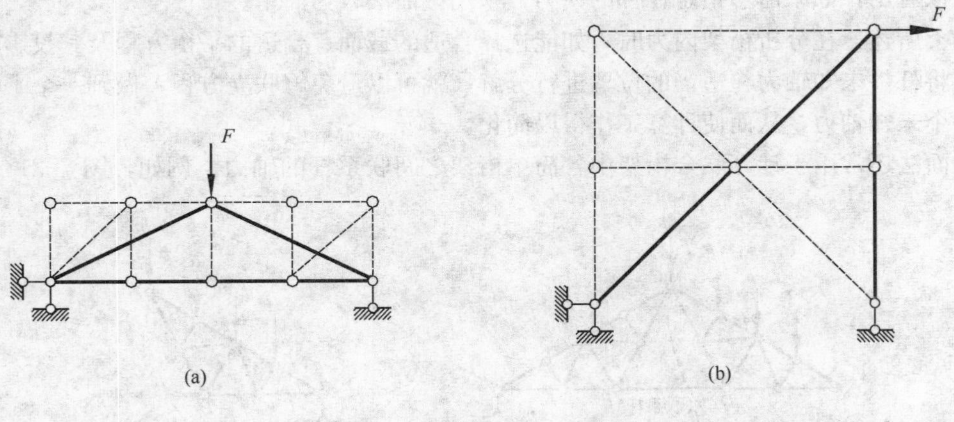


图 7-19

2. 截面法

除结点法外，另一种分析桁架的基本方法是截面法。所谓截面法，就是截取桁架一部分（包括两个以上结点）为隔离体，利用平面一般力系的三个平衡条件，求解所截杆件未知轴

力的方法。

如果所截各杆中的未知轴力只有三个，它们既不相交于同一点，也不彼此平行，则用三个平衡条件即可求出这三个未知轴力。因此，截面法最适用于下列情况：联合桁架的计算；简单桁架中少数指定杆件的内力计算。

为简化内力计算，在应用截面法分析静定平面桁架时应注意以下两点：

（1）选择恰当的截面和适宜的平衡方程，尽量避免方程的联立求解。

（2）利用刚体力学中力可沿其作用线移动的特点，按照解题需要，可将杆件的未知轴力移至恰当的位置进行分解，以简化计算。

**例 7-8** 求图 7-20（a）所示桁架中 1、2、3 杆的内力。

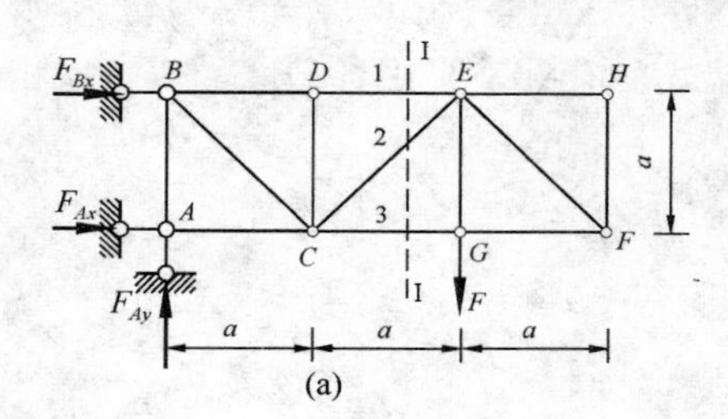


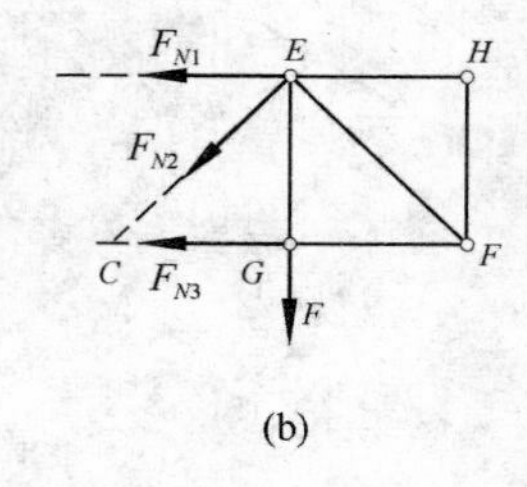


图 7-20

**解** 此桁架为悬臂简单桁架，虽然可以采用结点法求解，但必须右端部开始，逐个截取结点 $H$、$F$、$G$、$E$ 后，才能求出 1、2、3 三杆的内力。直接采用截面法求解较为方便。本题求解指定截面的内力，可以不必要先求解 $A$、$B$ 支座的约束反力。

本题可先判定零杆，由零杆判别方法可知：$F_{NHE}=F_{NHF}=F_{NFE}=F_{NFG}=F_{NDC}=F_{N3}=0$。

用一个 I-I 截面将桁架截开，分为两部分如图 7-20（a）所示，取右边部分讨论，受力图如图 7-20（b）所示。

先选择 $C$ 点为矩心，列平衡方程，求 1 杆内力

$$\sum M_C=0 \quad F_{N1}\times a-F\times a=0 \quad F_{N1}=F$$

再建立投影方程

$$\sum F_y=0 \quad -F_{N2}\sin 45^\circ-F=0 \quad F_{N2}=-\sqrt{2}F\text{（压）}$$

可以看出，如果需求指定杆件的内力，采用截面法较为简单。

如上所述，在分析桁架内力时，如能选择合适的截面、合适的平衡方程及其投影轴或矩心，并将杆件未知轴力在适当的位置进行分解，就可以避免解联立方程，做到一个平衡方程求出一个未知轴力，从而使计算工作得以简化。

截面法还常用于计算联合桁架中各简单桁架之间联系杆的轴力。例如，图 7-21（a）所

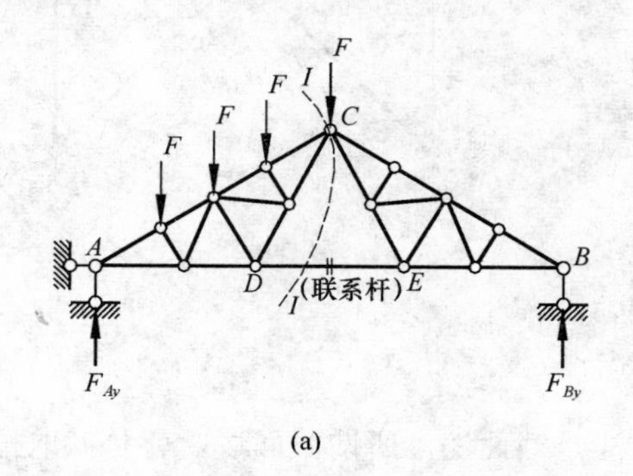


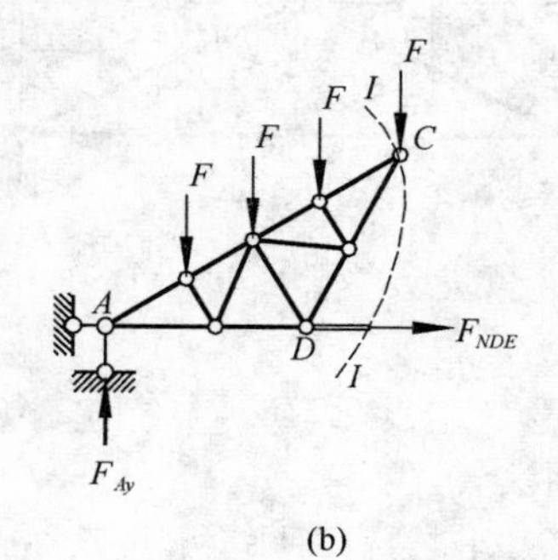


图 7-21

示的联合桁架仅用结点法不能求出全部杆件的轴力。这时，应先采用截面法，作Ⅰ-Ⅰ截面并取左边（或右边）为隔离体［图 7-21（b）］，由$\sum M_C=0$求出联系杆 $DE$ 的内力 $F_{NDE}$ 后，则可计算出其余各杆的轴力

# *7.5　三铰拱的受力分析

## 7.5.1　概述

在竖向荷载作用下，支座会产生向内的水平反力（推力）的曲线形结构，称为拱结构，如图 7-22（a）所示。图 7-22（b）所示曲线形结构称为曲梁，在竖向荷载作用下不产生水平反力，其弯矩与相应的简支梁的弯矩相同。由于水平推力的存在，拱中各截面的弯矩比相应的曲梁或相应的简支梁的弯矩要小，而其轴力则将增大。因此，拱结构主要承受压力。这样，拱结构就可以用抗压强度较高而抗拉强度较低的砖、石、混凝土等材料来建造。

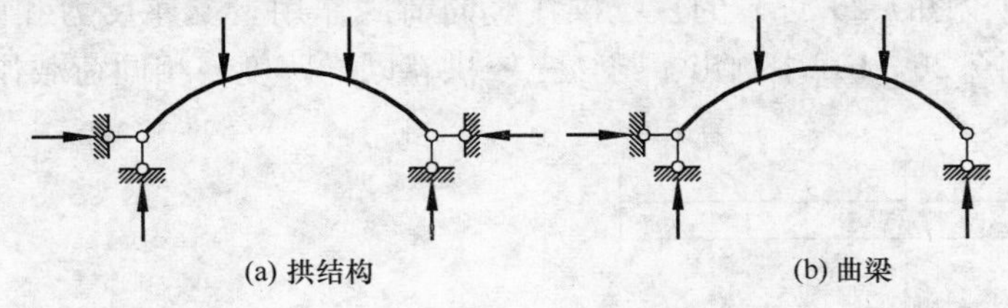


图 7-22

拱结构的计算简图从几何构造上讲，可以分为无多余约束的三铰拱［图 7-23（a）］和有多余约束的两铰拱和无铰拱［图 7-23（b）（c）］，从内力分析上讲，前者属于静定结构、而后者则属于超静定结构。本节只讨论静定三铰拱的计算。

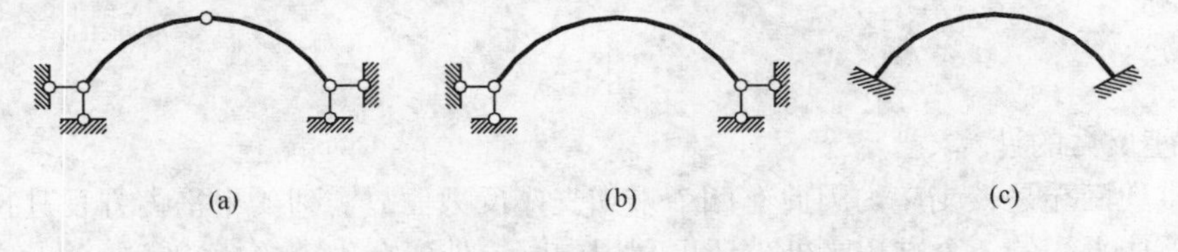


图 7-23

由于水平推力的存在，它对地基和支承结构要求较高。用于屋架的三铰拱，常在两支座之间设置拉杆，以代替支座承受水平力，这种拱称为带拉杆的拱，如图 7-24 所示。这样，在竖向荷载作用下，支座就只产生竖向反力，从而消除了推力对支承结构的影响。

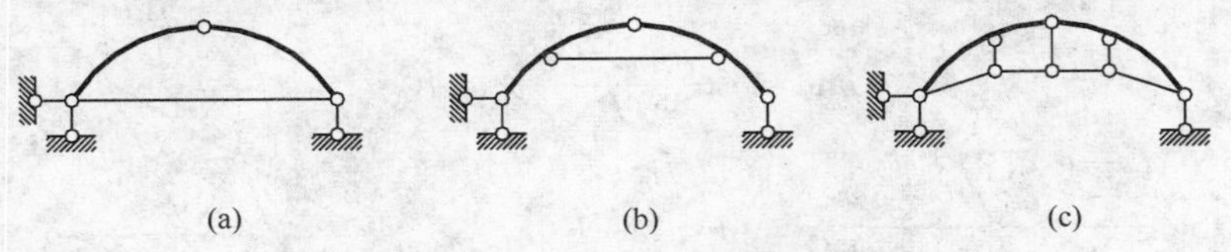


图 7-24　带拉杆的拱结构

两个拱脚铰在同一水平线上的三铰拱称为平拱，如图 7-25（a），两个拱脚铰不在同一水平线上的三铰拱称为斜拱，如图 7-25（b）。

图 7-25（c）所示三铰拱，拱的两端支座处称为拱趾，两拱趾间的水平距离称为拱的跨

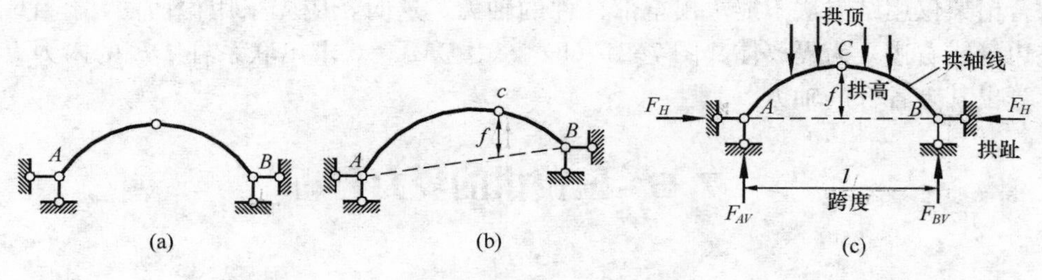


图 7-25

度，拱轴上距起拱线最远处称拱顶，拱顶距起拱线之间的竖直距离称为拱高，拱高 $f$ 与跨度 $l$ 之比称为高跨比，是控制拱受力的重要数据。

## 7.5.2 三铰拱的内力计算

三铰拱为静定结构，其全部反力与内力都可由静力平衡方程算出。为了说明三铰拱的计算方法，下面将讨论图 7-26（a）的三铰拱在竖向荷载作用下支座反力和内力的计算方法。为便于比较，在图 7-26（b）中画出了与该三铰拱有同样跨度、相同荷载作用的简支梁，称为相应简支梁。

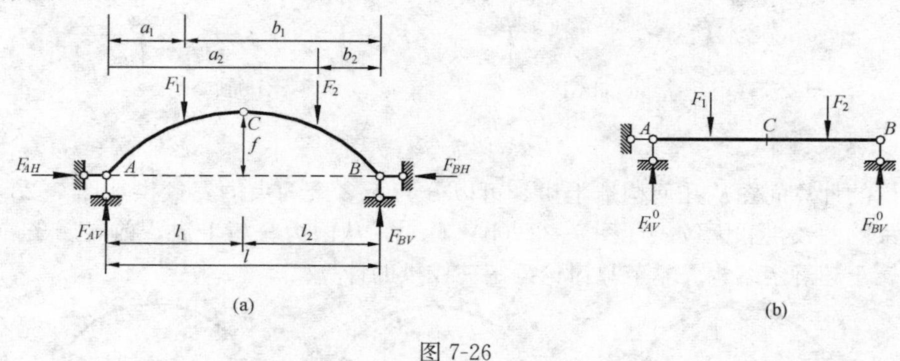


图 7-26

1. 支座反力的计算

三铰拱的两端是铰支座，因此有四个未知支座反力，故需列 4 个平衡方程进行解算。除了三铰拱整体平衡的 3 个方程之外，还可利用中间铰处弯矩为零的特性（即 $M_C=0$）来建立一个补充方程。

首先考虑三铰拱的整体平衡，由 $\sum M_B=0$ 得

$$F_{AV}l-F_1b_1-F_2b_2=0$$

可得支座 $A$ 竖向反力

$$F_{AV}=\frac{F_1b_1+F_2b_2}{l}=F_{AV}^0$$

同理，由 $\sum M_A=0$ 可得支座 $B$ 竖向反力

$$F_{BV}=\frac{F_1a_1+F_2a_2}{l}=F_{BV}^0$$

即拱的竖向反力与相应简支梁的竖向反力相同。

由 $\sum F_x=0$ 可得支座 $A$、$B$ 水平反力

$$F_{AH}=F_{BH}=F_H$$

取拱顶铰 $C$ 以左部分为隔离体，由$\sum M_C=0$ 有

$$F_H=\frac{F_{AV}l_1-F_1(l_1-a_1)}{f}=\frac{M_C^0}{f}$$

式中，$M_C^0$ 表示相应简支梁截面 $C$ 处的弯矩。因此我们得到三铰拱支座反力的计算公式

$$\left.\begin{aligned}F_{AV}&=F_{AV}^0\\F_{BV}&=F_{BV}^0\\F_H&=\frac{M_C^0}{f}\end{aligned}\right\}\tag{7-2}$$

由式（7-2）可知，求三铰拱竖向反力 $F_{AV}$、$F_{BV}$ 可通过求相应的简支梁的支座反力 $F_{AV}^0$、$F_{BV}^0$ 而得到。而水平推力 $F_H$ 等于相应简支梁截面 $C$ 的弯矩 $M_C^0$ 除以拱高 $f$ 而得。

2. 内力的计算公式

计算内力时，应注意到拱轴线为曲线这一特点，所取截面应与拱轴线正交，即与拱轴线的切线相垂直［图 7-27（a）］。任一截面 $K$ 的位置取决于该截面的形心坐标 $x_K$，$y_K$，以及该处拱轴线的倾角 $\theta_K$。可用截面法求拱内任一截面 $K$ 的内力。

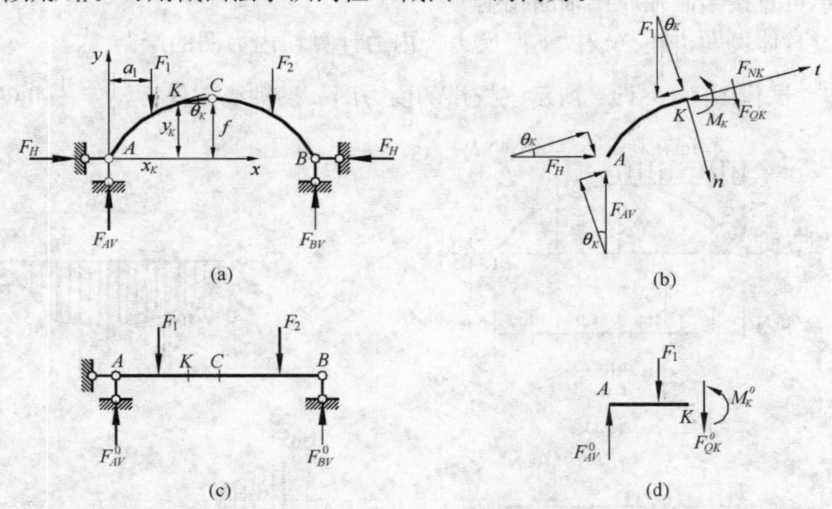


图 7-27　三铰拱的内力计算

取出隔离体 $AK$ 段如图 7-27（b）所示，截面 $K$ 的内力有弯矩 $M_K$，剪力 $F_{QK}$，轴力 $F_{NK}$。正负号规定如下：弯矩以拱内侧纤维受拉为正，反之为负；剪力以使隔离体顺时针转向为正，反之为负；轴力以压为正，拉为负。图 7-27（c）（d）分别为相应简支梁及相应截面的内力。

（1）弯矩的计算公式

由$\sum M_K=0$ 有

$$F_{AV}x_K-F_1(x_K-a_1)-F_Hy_K-M_K=0$$

得截面 $K$ 的弯矩为

$$M_K=[F_{AV}x_K-F_1(x_K-a_1)]-F_Hy_K$$

由于相应梁上截面 $K$ 的弯矩为$M_K^0=F_{AV}x_K-F_1(x_K-a_1)$，则有

$$M_K=M_K^0-F_Hy_K\tag{7-3}$$

即拱内任一截面的弯矩，等于相应简支梁对应截面的弯矩减去由于水平推力 $F_H$ 所引起

的弯矩。由此可知，因推力的存在，三铰拱中的弯矩比相应简支梁的弯矩小。

（2）剪力的计算公式

由$\sum F_n=0$有

$$F_{QK}=F_{AV}\cos\theta_K-F_1\cos\theta_K-F_H\sin\theta_K=(F_{AV}-F_1)\cos\theta_K-F_H\sin\theta_K$$

由于相应梁上截面$K$的剪力为$F_{QK}^0=F_{AV}-F_1$，则有

$$F_{QK}=F_{QK}^0\cos\theta_K-F_H\sin\theta_K \tag{7-4}$$

式中$\theta_K$为截面$K$处拱轴线的倾角。

（3）轴力的计算公式

由$\sum F_t=0$有

$$F_{NK}=(F_{AV}-F_1)\sin\theta_K+F_H\cos\theta_K=F_{QK}^0\sin\theta_K+F_H\cos\theta_K \tag{7-5}$$

3．三铰拱内力图的绘制

由于三铰拱的拱轴线为曲线，所以其内力图绘制必须采取描点绘图。可将拱跨分成多等分，如8等分或12等分，等分点越多绘制的内力图越准确。内力图可以是以拱跨水平线为基线绘制，也可直接绘制在原拱轴曲线上。

下面通过具体例题讲述三铰拱支座反力、内力计算与内力图的绘制。

**例题7-9** 试作图7-28（a）所示三铰拱的内力图。拱轴线方程为$y=\dfrac{4f}{l^2}x(l-x)$。

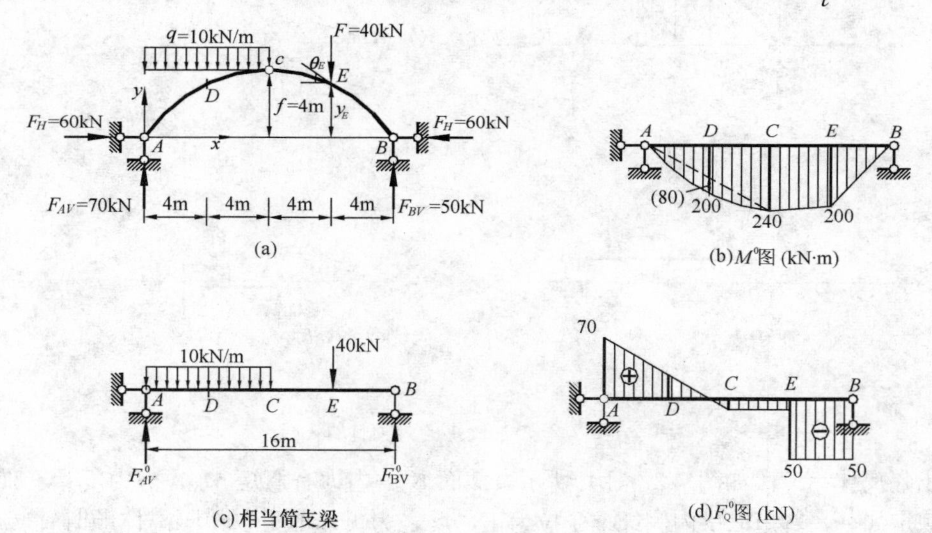


图7-28 三铰拱

**解** （1）支反力计算

由式（7-2）有

$$F_{AV}=F_{AV}^0=\frac{40\times4+10\times8\times12}{16}\text{kN}=70\text{kN}(\uparrow)$$

$$F_{BV}=F_{BV}^0=\frac{10\times8\times4+40\times12}{16}\text{kN}=50\text{kN}(\uparrow)$$

$$F_H=\frac{M_C^0}{f}=\frac{50\times8-40\times4}{4}\text{kN}=60\text{kN}(\text{推力})$$

（2）内力计算

沿 $x$ 轴方向分拱跨为 8 等份，计算各截面的 $M$、$F_Q$、$F_N$ 值。以截面 $E$ 为例，先计算截面 $E$ 的几何参数,将 $x=12$ 代入拱轴方程 $y$ 及 $y'$ 得

$$y_E=\frac{4f}{l^2}x(l-x)=\frac{4\times4}{16^2}\times12\times(16-12)=3\text{m}$$

$$\tan\theta_E=\frac{\mathrm{d}y}{\mathrm{d}x}=\frac{4f}{l^2}(l-2x)=\frac{4\times4}{16^2}\times(16-2\times12)=-0.5$$

$$\theta_E=-26°34',\sin\theta_E=-0.447,\cos\theta_E=0.894$$

由式（7-2）式（7-3）式（7-4）计算其内力值，有

$$M_E=M_E^0-F_Hy_E=(200-60\times3)\text{kN}\cdot\text{m}=20\text{kN}\cdot\text{m}$$

$$\begin{cases}F_{QE左}=F_{QE左}^0\cos\theta_E-F_H\sin\theta_E\\ \quad=(-10\text{kN})(0.894)-(60\text{kN})(-0.447)=17.88\text{kN}\\ F_{QE右}=F_{QE左}^0\cos\theta_E-F_H\sin\theta_E\\ \quad=(-50\text{kN})(0.894)-(60\text{kN})(-0.447)=-17.88\text{kN}\end{cases}$$

$$\begin{cases}F_{NE左}=F_{QE左}^0\sin\theta_E+F_H\cos\theta_E\\ \quad=(-10\text{kN})(-0.447)+(60\text{kN})(0.894)=58.11\text{kN}\\ F_{NE右}=F_{QE右}^0\sin\theta_E+F_H\cos\theta_E\\ \quad=(-50\text{kN})(-0.447)+(60\text{kN})(0.894)=75.99\text{kN}\end{cases}$$

用同样的方法和步骤，可求得其他控制截面的内力。列表进行计算，如表 7-1 所示。

**表 7-1　三铰拱内力计算**

| 截面几何参数 | | | | | | $F_Q^0$/kN | 弯矩计算/kN·m | | | 剪力计算/kN | | | 轴力计算/kN | | |
|---|---|---|---|---|---|---|---|---|---|---|---|---|---|---|---|
| $x$/m | $y$/m | $\tan\theta$ | $\theta$ | $\sin\theta$ | $\cos\theta$ | | $M^0$ | $-F_Hy$ | $M$ | $F_Q^0\cos\theta$ | $-F_H\sin\theta$ | $F_Q$ | $F_Q^0\sin\theta$ | $F_H\cos\theta$ | $F_N$ |
| 0 | 0 | 1 | 45° | 0.707 | 0.707 | 70 | 0 | 0 | 0 | 49.5 | −42.4 | 7.1 | 49.5 | 42.4 | 91.9 |
| 2 | 1.75 | 0.75 | 36°52′ | 0.600 | 0.800 | 50 | 120 | −105 | 15 | 40.0 | −36.0 | 4.0 | 30.0 | 48.0 | 78.0 |
| 4 | 3.00 | 0.5 | 26°34′ | 0.447 | 0.894 | 30 | 200 | −180 | 20 | 26.8 | −26.8 | 0 | 13.4 | 53.6 | 67.0 |
| 6 | 3.75 | 0.25 | 14°2′ | 0.243 | 0.970 | 10 | 240 | −225 | 15 | 9.7 | −14.6 | −4.9 | 2.4 | 58.2 | 60.6 |
| 8 | 4.0 | 0 | 0 | 0 | 1 | −10 | 240 | −240 | 0 | −10.0 | 0 | −10.0 | 0 | 60.0 | 60.0 |
| 10 | 3.75 | −0.25 | −14°2′ | −0.243 | 0.970 | −10 | 220 | −225 | −5 | −9.7 | 14.6 | 4.9 | 2.4 | 58.2 | 60.6 |
| 12 | 3.0 | −0.5 | −26°34′ | −0.447 | 0.894 | −10<br>−50 | 200 | −180 | 20 | −8.9<br>−44.7 | 26.8 | 17.9<br>−17.9 | 4.5<br>22.4 | 53.6 | 58.1<br>76.0 |
| 14 | 17.5 | −0.75 | −36°52′ | −0.600 | 0.800 | −50 | 100 | −105 | −5 | −40.0 | 36.0 | −4.0 | 30.0 | 48.0 | 78.0 |
| 16 | 0 | −1 | −45° | −0.707 | 0.707 | −50 | 0 | 0 | 0 | −35.4 | 42.4 | 7.0 | 35.4 | 52.4 | 77.8 |

求得各控制截面的内力值后，以拱轴线为基线，作出 $M$、$F_Q$ 和 $F_N$ 图，如图 7-29（a）（b）（c）所示。

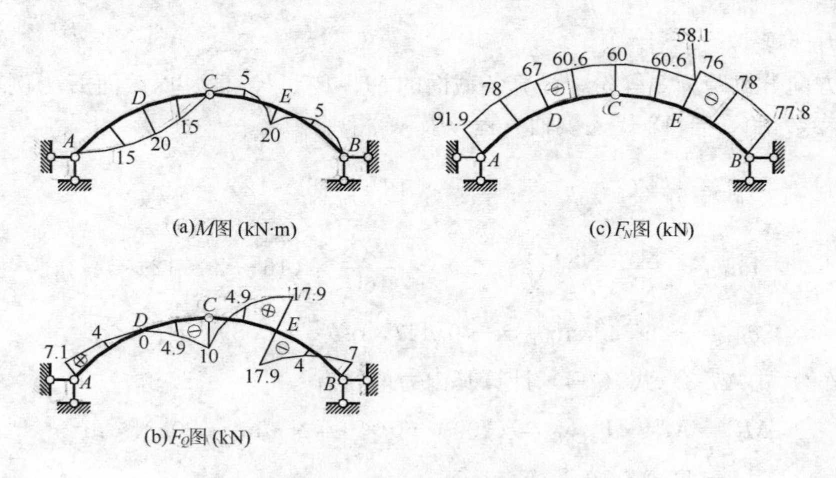


图 7-29 三铰拱内力图

### 7.5.3 三铰拱的合理拱轴线

1. 合理拱轴的概念

对于三铰拱来说，在一般情况下，截面上有弯矩、剪力和轴力的存在，而处于偏心受压状态，其正应力分布不均匀。但是我们可以选取一根适当的拱轴线，使得在给定荷载作用下，拱上各截面只承受轴力，而弯矩为零。此时，任一截面上正应力分布是均匀的，因而拱体材料能够得到充分地利用。我们将这种在固定荷载作用下使拱处于无弯矩状态的轴线称为合理拱轴线。

2. 解析法求三铰拱的合理拱轴

由式（7-3）可知，在竖向荷载作用下，三铰拱任意截面的弯矩计算公式为

$$M = M^0 - F_H y$$

当拱轴为合理拱轴时，$M = M^0 - F_H y = 0$，于是可得合理拱轴方程 $y$ 为

$$y = \frac{M^0}{F_H} \tag{7-6}$$

上式即为竖向荷载作用下三铰拱合理拱轴的一般表达式。该式表明，在竖向荷载作用下，三铰拱的合理轴线的纵坐标与相应简支梁的弯矩成正比。在已知的竖向荷载作用下，将相应简支梁的弯矩除以常数 $F_H$，便可得到合理拱轴方程。

但应注意，某一合理拱轴只是对应于某一确定的固定荷载而言的，当荷载的布置改变时，合理拱轴亦就相应地改变。另外，三铰拱在某已知荷载作用下，若两个拱脚铰的位置已定，而拱顶铰的位置未定时，则水平推力为不定值，因此就有无限多条曲线可作为合理拱轴，只有在三个铰位置确定的情况下，水平推力才是一个确定常数，这时就有唯一的合理拱轴。

**例题 7-10** 如图 7-30（a），设三铰拱承受沿水平方向均匀分布的竖向荷载，求其合理拱轴线。

**解** 相应简支梁［图 7-30（b）］的弯矩方程为

$$M^0 = \frac{qx}{2}(l - x)$$

拱的推力为

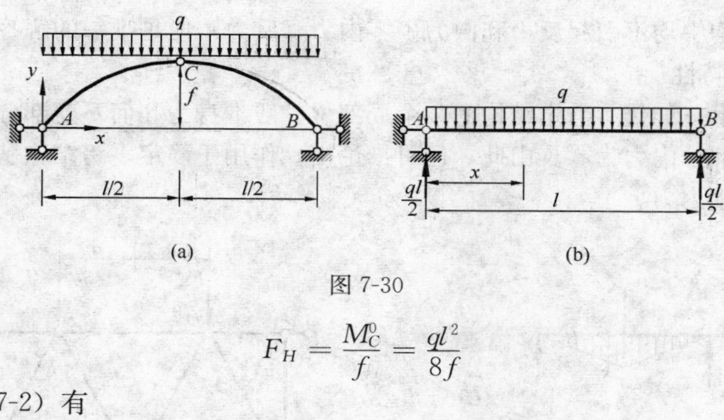


图 7-30

$$F_H = \frac{M_C^0}{f} = \frac{ql^2}{8f}$$

所以由式（7-2）有

$$y = \frac{4f}{l^2}x(l-x)$$

由此可知，三铰拱在沿水平方向均匀分布的竖向荷载作用下，其合理轴线为一抛物线。在合理轴线方程中，拱高 $f$ 没有确定。因此，具有不同高跨比的任一抛物线都是合理拱轴。房屋建筑中拱的轴线常采用抛物线。

## 7.6　静定结构的静力特性

静定结构是几何不变且无多余联系的体系，这是它的几何特征。本章所介绍的各类静定结构，因其在几何组成上的共性，使得它们具有一些相同的受力特性。掌握这些特性，有利于加深对静定结构的认识，也有助于正确、快速地进行其内力分析。

1. 静力解答的唯一性

静定结构的全部反力和内力均可由静力平衡条件求得，且其解答是唯一的确定值。据此可知，在静定结构中，能够满足平衡条件的内力解答，就是真正的解答，并可确信，除此以外再无其他任何解答存在。这一特性，是静定结构的基本静力特性。由静定结构的几何特征和基本静力特性，派生出以下特性。

2. 静定结构无自内力

所谓自内力，是指超静定结构在非荷载因素作用下自身会产生的内力。由于静定结构不存在多余约束，因此可能发生的温度改变、支座移动、制造误差和材料胀缩等非荷载因素，虽会导致结构产生位移，但不会引起内力。这是由静力解答的唯一性决定的。

例如，如图 7-31（a）所示的悬臂梁，当 $A$ 端支座发生转角 $\theta_A$ 时，将发生如图虚线所示的倾斜，由静力平衡方程可知，其支座反力和内力为零。又如图 7-31（b）所示的简支梁，在温度变化时，仅发生如图虚线所示的形状改变，而不产生反力和内力。由于无荷载作用，根据静定结构解答的唯一性，零解能满足静定结构的所有平衡条件，因而在上述非荷载因素

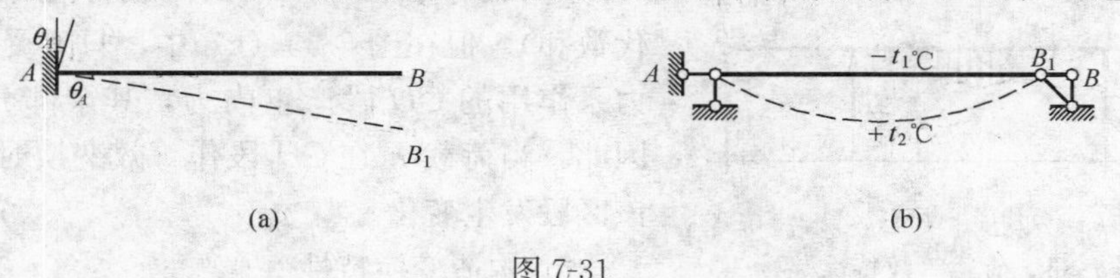


图 7-31

影响时，静定结构中均不引起反力和内力。零内力（反力）便是唯一的解答。

3．局部平衡特性

在荷载作用下，如仅有静定结构的某个局部（一般本身为几何不变部分）就可与荷载保持平衡，则其余部分内力为零。由此，还可推论出，作用于静定多跨结构基本部分上的荷载在附属部分不产生内力。

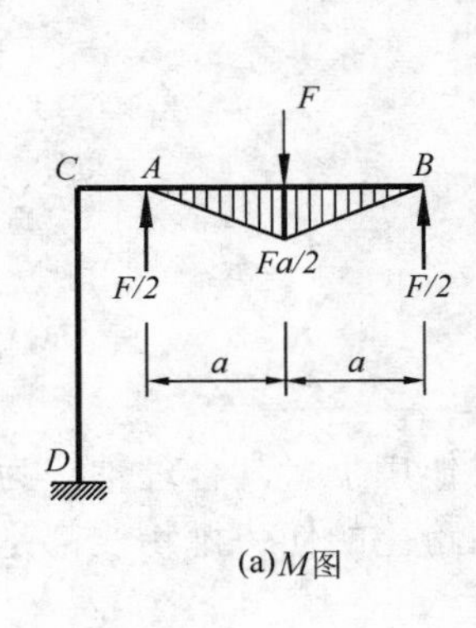


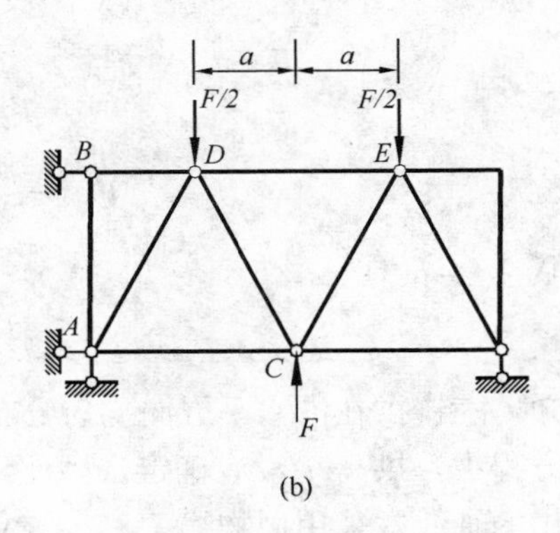


图 7-32

例如，图 7-32（a）所示静定结构，有平衡力系作用于本身为几何不变部分 $AB$ 上，其支座 $D$ 处的反力均为零。由此可知，除 $AB$ 部分外，其余部分的内力均为零。又如图 7-32（b）所示的桁架，平衡力系作用于几何不变部分三角形 $CDE$ 上，则只有该部分受力，其余各杆内力和支座反力均为零。根据静定结构解答的唯一性，作用的平衡力系与该部分的内力之间可以达到平衡，其余部分的反力和内力等于零可以满足整体和局部的平衡条件。

4．荷载等效特性

当静定结构内部某一几何不变部分上的荷载作静力等效变换时，只有该部分的内力发生变化，而其余部分的内力保持不变。

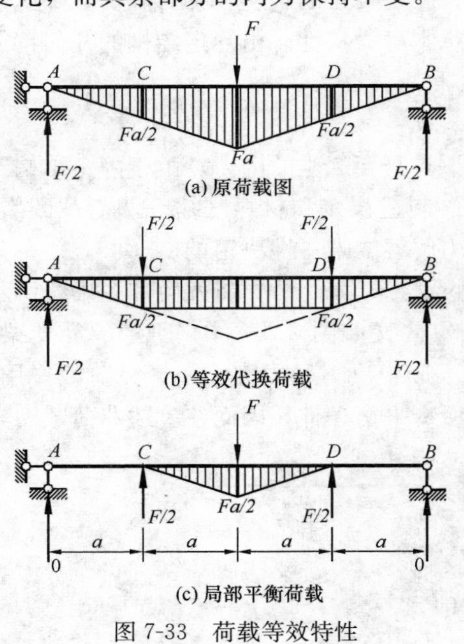


图 7-33　荷载等效特性

所谓荷载等效变换，是指将一组荷载换成合力的大小、方向和作用位置均不改变的另一组荷载（即等效荷载）。

例如，将图 7-33（a）所示荷载，在本身几何不变部分 $CD$ 的范围内，作等效变换，而成为图 7-33（b）的情况时，除 $CD$ 段外，其余部分（$AC$ 段和 $DB$ 段）的内力均不改变。这一结论可用局部平衡特性来证明。图 7-33（a）所示受力情况，可表示为图 7-33（b）和图 7-33（c）两种情况的叠加（即原荷载等于其等效代换荷载与局部平衡荷载的代数和）。但在图 7-33（c）中，只有受到局部平衡力系作用的 $CD$ 段产生内力，其余部分内力为零。因此，当荷载 $F$ 在 $CD$ 段作等效变换时，内力只在该区段发生变化。

5．构造变换特性

当静定结构内部某一几何不变部分作等效构造变换时，仅被替换部分的内力发生变化，而其余部分内力保持不变。

所谓局部构造等效变换，是指将一几何不变的局部作几何组成的改变，但不改变该部分与其余部分之间的约束性质。例如，如图 7-34（a）所示的静定桁架，若把 12 杆换成如图 7-34（b）所示的小桁架，而作用的荷载和端部 1、2 的约束性质保持不变，此时只有 12 部分的内力发生变化，其余部分的反力和内力均保持不变。因为此时其余部分的平衡均能维持，而小桁架在原荷载和约束力构成的平衡力系作用下也能保持平衡，所以上述构造改变后，其余部分的内力状态不变。

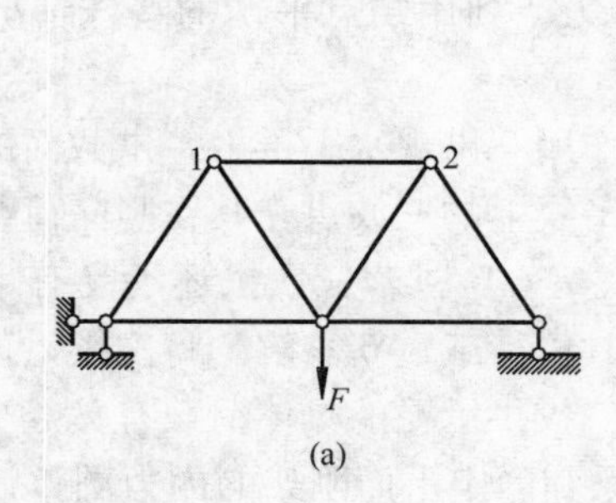

(a)

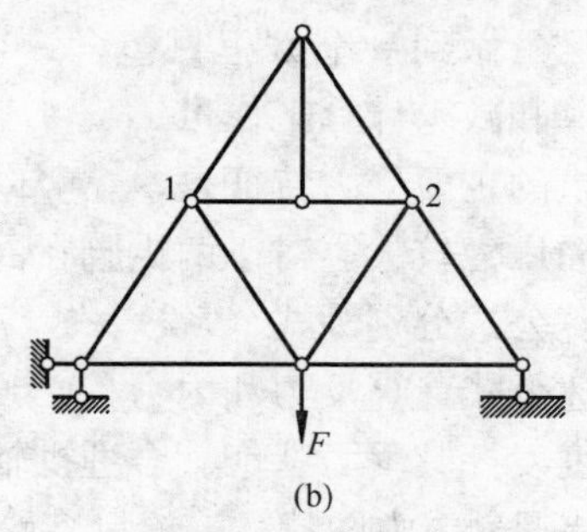

(b)

图 7-34

6. 静定结构的内力与刚度无关

静定结构的内力仅由静力平衡方程唯一确定，而不涉及到结构的材料性质（包括拉压弹性模量 $E$ 和剪切弹性模量 $G$）以及构件的截面尺寸（包括面积 $A$ 和惯性矩 $I$）。因此，静定结构的内力与结构杆件的抗弯、抗剪和抗拉压的刚度 $EI$、$GA$ 和 $EA$ 无关。

## 本 章 小 结

(1) 静定结构的受力分析是位移计算和超静定结构计算的基础。作内力图的基本方法是截面法，控制截面一般取杆端截面、集中力或集中力偶作用点的左右截面、均布荷载作用的起点和终点截面等。一根直杆上需取几个控制截面，应根据杆上荷载作用情况以便于作出内力图为原则而定。

(2) 计算多跨静定梁的关键在于分清基本部分和附属部分。首先要正确地画出表明各部分之间传力关系的层次图，然后从最上层的附属部分开始，依次计算各单跨梁的反力和内力，逐杆绘制内力图。

(3) 静定平面刚架的内力计算方法通常是先由刚架的整体或局部的平衡条件，求出支座反力及铰结处的约束力，然后用截面法逐杆求出杆端内力，根据杆端内力及杆上荷载作用情况，按内力图的形状特征逐杆绘制内力图。

(4) 内力图的校核，可从检查内力图形状特征和验算是否满足平衡条件两方面进行。应取在内力计算过程中没有使用过的隔离体和没有使用过的平衡条件进行验算。

(5) 理想桁架各杆只有轴力。按几何组成桁架分为简单桁架、联合桁架和复杂桁架。对桁架进行内力分析时，先判明桁架类型，将有助于选择正确、简便的计算途径。

（6）计算静定平面桁架的基本方法是结点法和截面法。

结点法：取桁架的一个结点为脱离体，脱离体上的外力与内力构成平面汇交力系，可建立两个独立的平衡方程，求解两个未知内力。结点法宜用于计算简单桁架，应用结点法，所取脱离体上的未知力个数一般不多于两个。

截面法：取桁架的两个或两个以上的结点为脱离体，脱离体上的外力与内力构成平面一般力系，可建立三个独立的平衡方程，求解三个未知内力。截面法常用于计算联合桁架或桁架中的指定杆件。

在计算中，应根据具体情况，灵活选用或联合运用结点法与截面法，选择合适的投影轴和力矩中心，尽量做到一个方程只包含一个未知力。利用结点平衡的特殊情况，判断出零杆，可简化计算和减少计算工作量。

（7）三铰拱的主要受力特征是，在竖向荷载作用下出现水平推力，拱截面中弯矩小，剪力也小，而轴向压力较大。对于两拱脚在同一水平线上的三铰拱，其在竖向荷载作用下的支反力和内力计算公式分别为式（7-2）式（7-3）式（7-4）。若三铰拱还承受有水平荷载，则不能直接用上述公式计算反力和内力，必须针对具体荷载重新求解。将三铰拱设计成合理拱轴可以最大限度发挥其受力特征。合理拱轴线与三铰拱承受的具体荷载有关。

本章的重点是：内力图特征；绘制多跨静定梁和静定平面刚架的内力图；计算静定平面桁架内力的结点法与截面法。

## 思 考 题

7-1 如何利用几何组成知识，判断多跨静定梁的基本部分和附属部分？

7-2 绘制多跨静定梁的内力图时，为什么要先计算附属部分，后计算基本部分？如果不划分基本部分和附属部分，是否也能求出多跨静定梁的全部支座反力并作出内力图？

7-3 绘制弯矩图时，怎样合理并尽可能少地选取控制截面？试对静定梁和刚架分别说明。

7-4 静定梁和静定平面刚架的内力图如何进行校核？

7-5 实际桁架与理想桁架有何差别？

7-6 计算桁架的两种基本方法是什么？其基本原理是什么？

7-7 桁架中既然有些杆件为零杆，是否可将其从实际结构中去掉？为什么？

7-8 带拉杆和不带拉杆的三铰拱对拱支座有什么要求？为什么三铰屋架要带拉杆？

7-9 为什么要在地基较软的落地三铰拱的拱脚之间配置拉杆？

7-10 能利用拱的反力和内力的计算公式求三铰刚架的反力与内力吗？

7-11 什么是合理拱轴线？合理拱轴线与哪些因素有关？

7-12 静定结构有哪些特性？静定结构因支座位移和温度变化会产生内力吗？引起的位移各有何特点？

## 习 题

7-1 作题 7-1 图所示多跨静定梁的内力图。

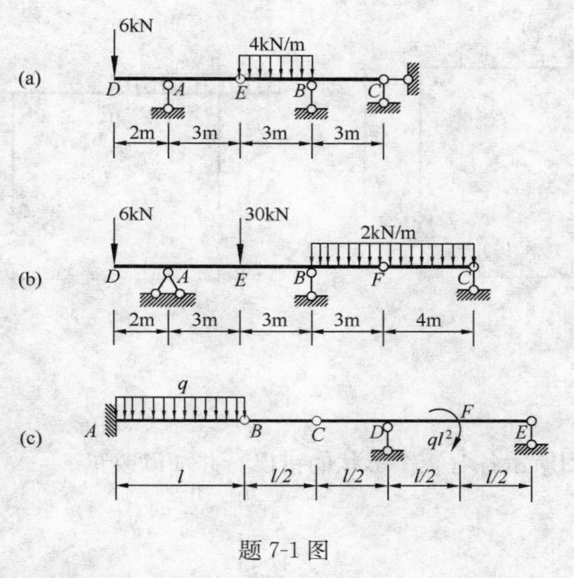


题 7-1 图

7-2　作题 7-2 图所示刚架的内力图。

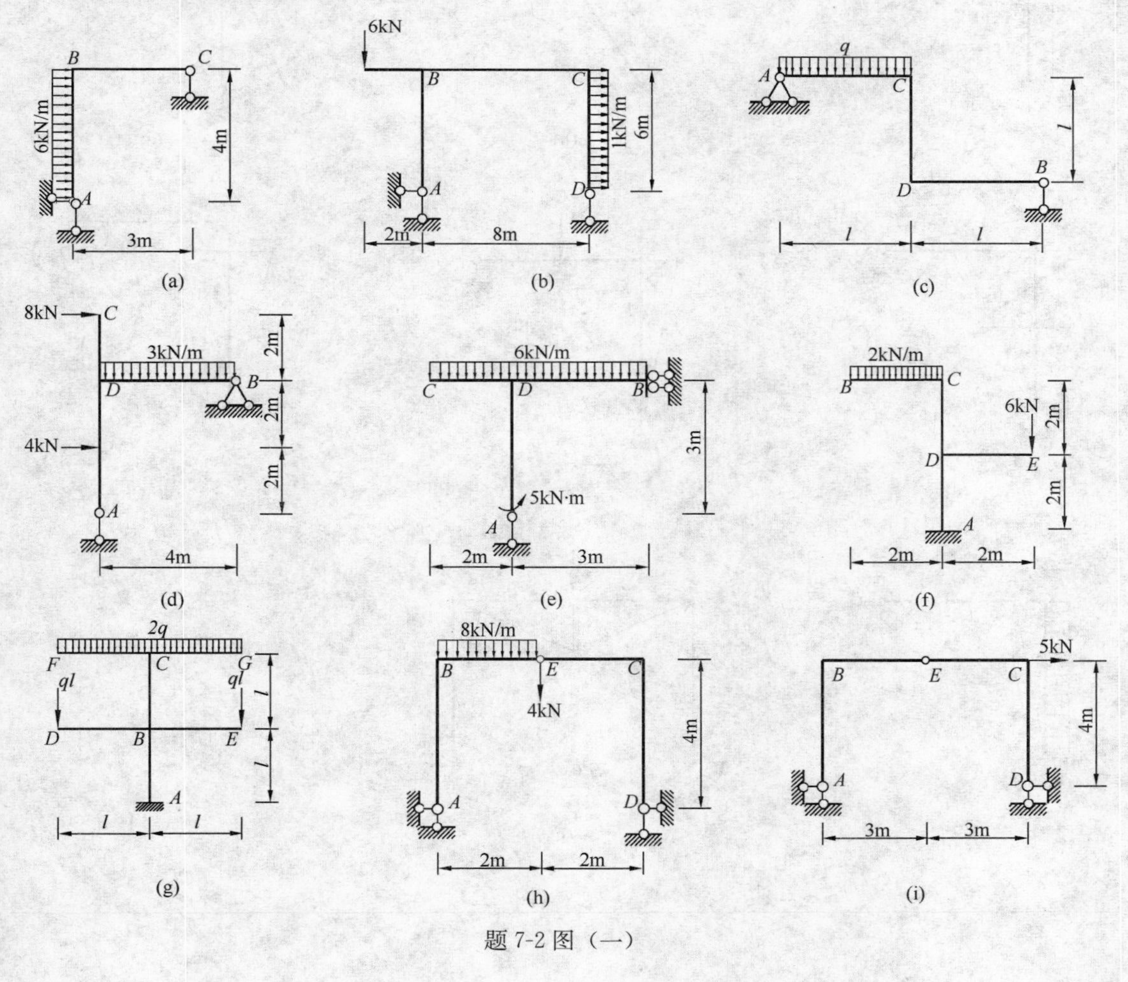


题 7-2 图（一）

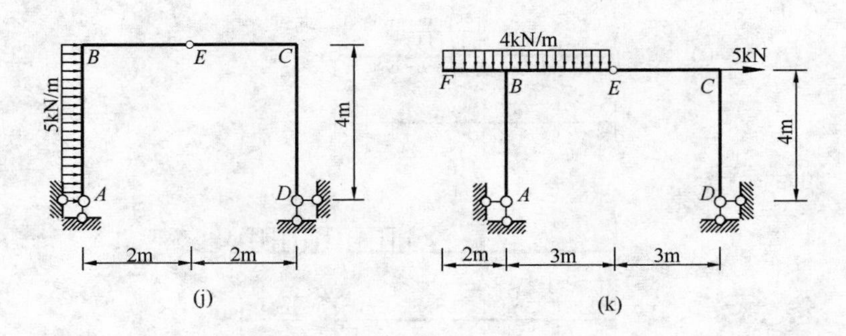


题 7-2 图（二）

7-3　指出题 7-3 图所示各弯矩图形状的错误，并加以改正。

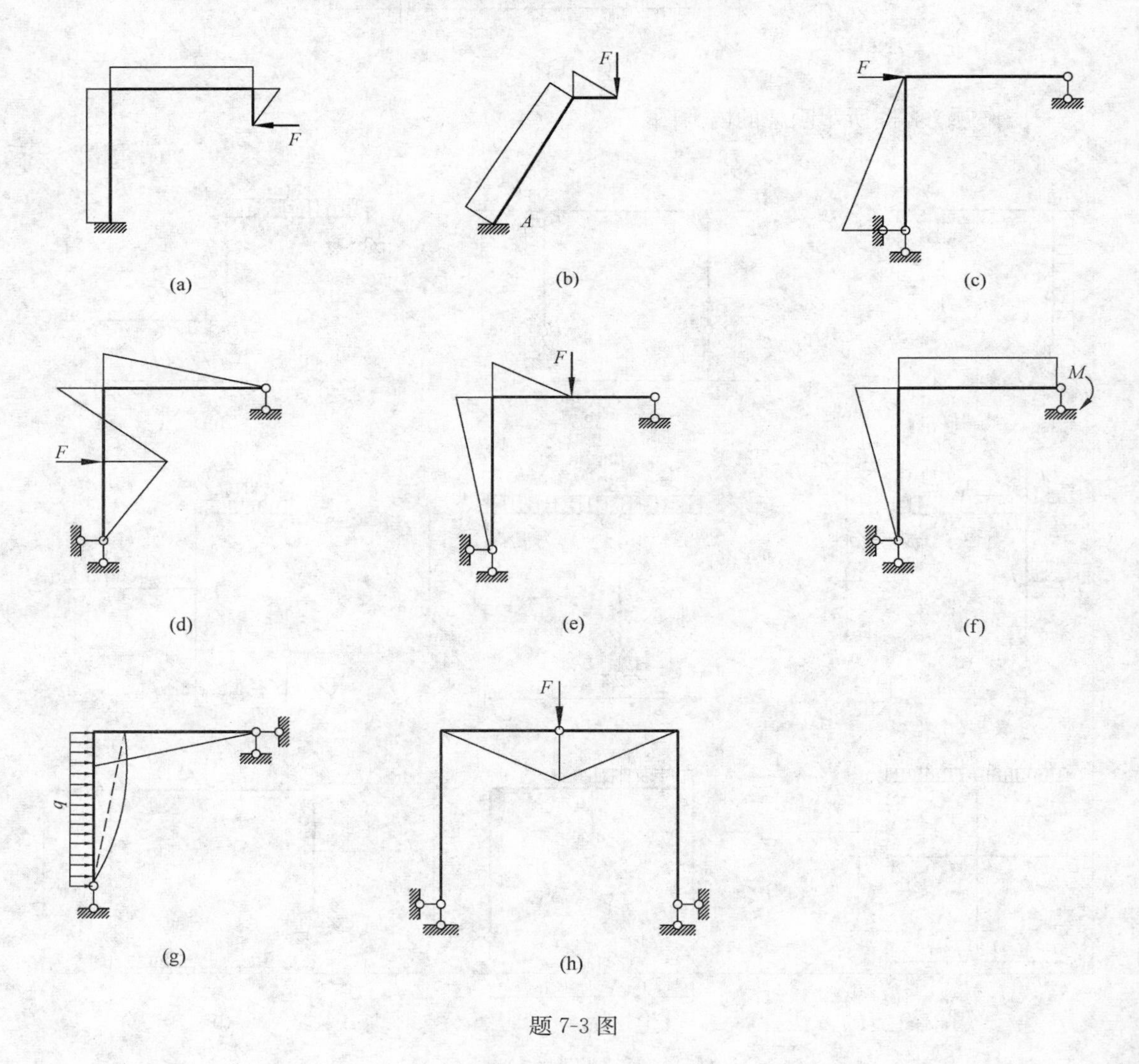


题 7-3 图

7-4　题 7-4 图所示三铰拱的轴线方程为 $y=\frac{4f}{l^2}x(l-x)$，试求支座反力及集中荷载作用处截面 $K$ 的内力。

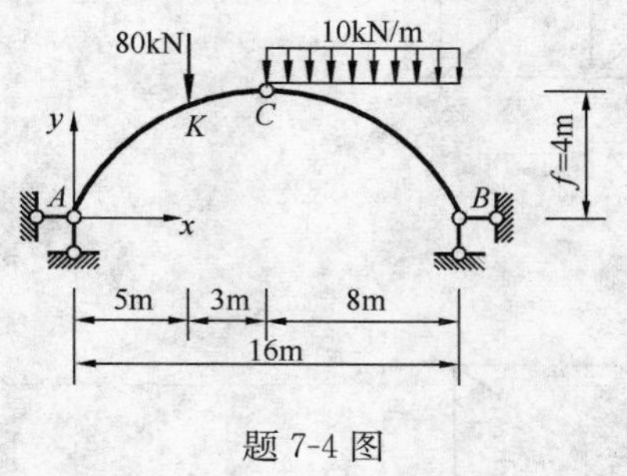


题 7-4 图

7-5　试指出题 7-5 图示桁架的零杆。

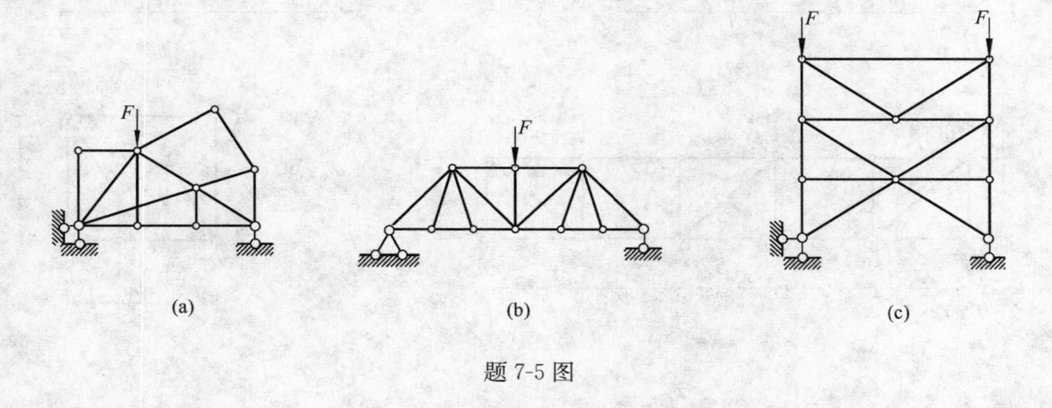


题 7-5 图

7-6　试用结点法计算题 7-6 图所示桁架各杆内力。

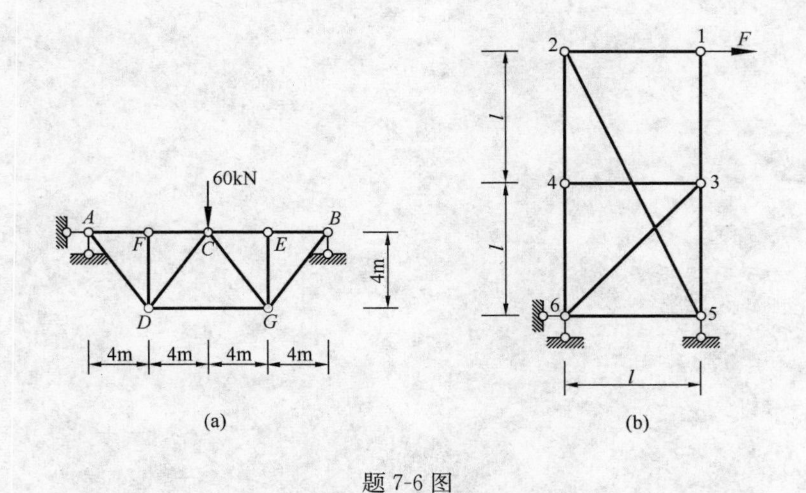


题 7-6 图

7-7　试用较简捷的方法计算题 7-7 图所示桁架中指定杆件的内力。

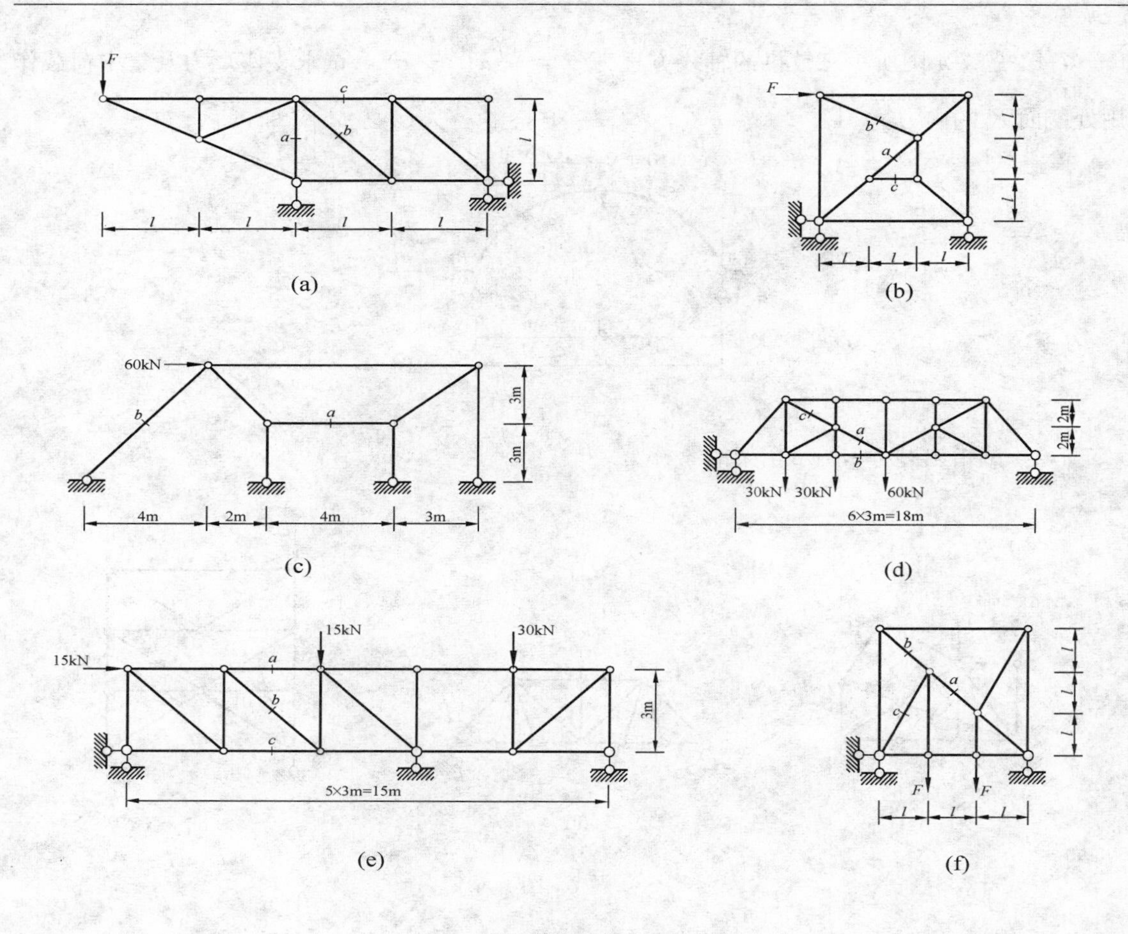
F
c
a
b
l
l
l
l
l
(a)
F
b
a
c
l
l
l
l
l
l
(b)
60kN
b
a
3m
3m
4m
2m
4m
3m
(c)
c
a
b
2m
2m
30kN
30kN
60kN
6×3m=18m
(d)
15kN
30kN
15kN
a
b
c
3m
5×3m=15m
(e)
b
a
c
l
l
l
F
F
l
l
l
(f)

题 7-7 图

# 第 8 章　轴向拉压杆的强度计算

**本章基本内容：**

本章讲述轴向拉压杆的强度计算。基本内容为：应力、应变的基本概念，轴向拉压杆横截面和斜截面上的应力计算，轴向拉压杆的变形计算，许用应力法（安全系数法）强度计算准则、轴向拉压杆的强度计算，低碳钢和铸铁等材料在拉伸和压缩时的力学性能等。

## 8.1　应力及应变的基本概念

### 8.1.1　应力的概念

如第 6 章所述，内力是由“外力”引起的，仅表示某截面上分布内力向截面形心简化的结果。而构件的变形和强度不仅取决于内力，还取决于构件截面的形状和大小以及内力在截面上的分布情况。为此，需引入应力的概念。所谓**应力**是指截面上一点处单位面积内的分布内力，即内力集度。

图 8-1（a）所示某构件的 $m-m$ 截面上，围绕 $M$ 点取微小面积 $\Delta A$，现设 $\Delta A$ 上分布内力的合力为 $\Delta F$。于是，$\Delta A$ 上内力的平均集度为

$$p_m = \frac{\Delta F}{\Delta A}$$

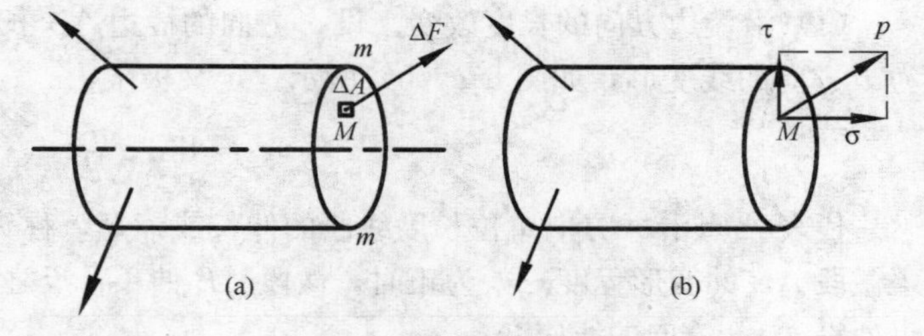


图 8-1　应力、正应力和切应力

$p_m$ 即为 $\Delta A$ 上的平均应力，随 $M$ 点位置及 $\Delta A$ 的大小改变而改变。当 $\Delta A$ 趋于零时，$p_m$ 的极限值

$$p = \lim_{\Delta A \to 0} \frac{\Delta F}{\Delta A} \tag{8-1}$$

即为 $M$ 点的总应力。一点的总应力 $p$ 是矢量，其方向是当 $\Delta A \to 0$ 时，内力 $\Delta F$ 的极限方向。

### 8.1.2　正应力、切应力

一般而言，一点的总应力 $p$ 既不与截面垂直，也不与截面相切。习惯将一点的总应力 $p$ 分解为一个与截面正交的分量和一个与截面相切的分量［图 8-1（b）］。与截面正交的应力称为**正应力**，用 $\sigma$ 表示；与截面相切的应力称为**切应力**，用 $\tau$ 表示。

应力的正、负号规定：正应力 $\sigma$ 以拉应力为正，压应力为负；切应力 $\tau$ 以使所作用的微段有顺时针方向转动趋势者为正，反之为负。

应力的量纲是［力］/［长度］$^2$，在国际单位制中常用应力单位是帕斯卡或帕（Pascal），用 Pa 表示，且 $1\text{Pa}=1\text{N/m}^2$ 。常用单位还有 kPa（千帕）、MPa（兆帕）、GPa（吉帕），且 $1\text{GPa}=10^3\text{MPa}=10^6\text{kPa}=10^9\text{Pa}$ 。工程上常用的应力单位为 MPa 或 GPa。

### 8.1.3 应变的概念

当外力作用在构件上时，将引起构件的形状和尺寸发生改变，这种变化定义为变形。构件的形状和大小总可以用其各部分的长度和角度来表示，所以构件的变形归结为长度的改变即**线变形**，以及角度的改变即**角变形**两种形式。一般而言，不同形状的构件在不同的内力作用下其内部各点处的变形是不均匀的。为了研究构件的变形以及截面上的应力，就必须确定构件内部各点的变形。

围绕构件中某点 $A$ 截取一个微小的正六面体（单元体），如图 8-2（a）所示，其变形有下列两类：

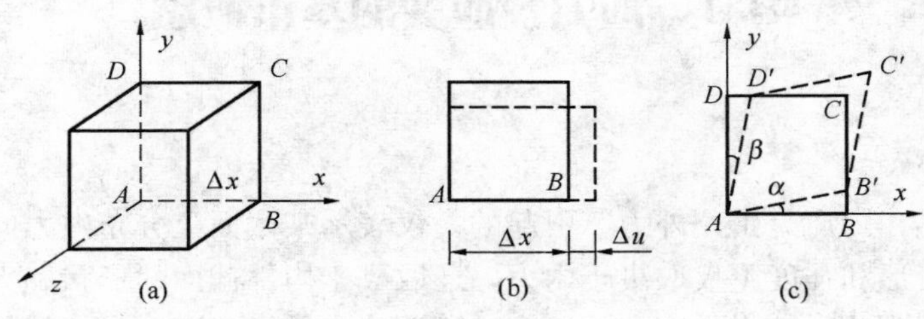


图 8-2 线应变和切应变

（1）沿棱边方向的长度改变。设 $x$ 方向的棱边 $AB$ 长度为 $\Delta x$ ，变形后为 $\Delta x+\Delta u$ ，$\Delta u$ 为 $x$ 方向的线变形，如图 8-2（b）所示。定义极限：

$$\varepsilon_x=\lim_{\Delta x\to 0}\frac{\Delta u}{\Delta x} \tag{8-2}$$

代表 $A$ 点沿 $x$ 方向单位长度线段的伸长或缩短，称为 $A$ 点沿 $x$ 方向的**线应变**，它度量了微段 $AB$ 的变形程度。$\varepsilon_x$ 为正时，微段 $AB$ 伸长；反之，微段 $AB$ 缩短。同样，可定义 $A$ 点处沿 $y$、$z$ 方向的线应变 $\varepsilon_y$、$\varepsilon_z$。

线应变是量纲为一的量，常用百分数来表示，如 $0.001\text{m/m}=0.1\%$ 。在实际工程中，应变 $\varepsilon$ 的测量单位常用 $\mu\text{m/m}$ 即 $\mu\varepsilon$ 来表示。因为 $1\mu\text{m}=10^{-6}\text{m}$ ，所以工程中所述的 $100\mu\varepsilon$ ，即 1m 长线段的伸缩量为 $100\mu\text{m}$ ，即：$\varepsilon=100\times10^{-6}=0.01\%=100\mu\varepsilon$ 。

（2）棱边之间所夹直角的改变。直角的改变量为切应变或角应变，以 $\gamma$ 表示。以图 8-2（c）所示微段 $AB$、$AD$ 所成直角 $DAB$ 为例，该直角改变了 $\alpha+\beta$，则 $\gamma=\alpha+\beta$。

切应变无量纲，单位为弧度（rad），其正、负号规定为：直角变小时，$\gamma$ 取正；直角变大时，$\gamma$ 取负。

## 8.2 轴向拉压杆的应力计算

轴向拉压杆的强度并不能完全由轴力决定，还与杆的截面面积以及轴力在截面上的分布情况有关，所以必须研究截面上的应力。

### 8.2.1　轴向拉压杆横截面上的应力

取一等直杆，如图 8-3 所示。其横截面上与 $F_N$ 对应的应力是正应力 $\sigma$，但是横截上正应力分布规律不知道，所以需要研究杆件的变形。在杆侧面画垂直于杆轴线的线 $ab$ 和 $cd$，然后施加轴向力 $F$。我们所观察到的现象是：线段 $ab$ 和 $cd$ 分别平移到了 $a'b'$ 和 $c'd'$，而且它们仍为直线，仍然垂直于轴线。实际上沿各横截面所画周线都发生平移，且保持平行。

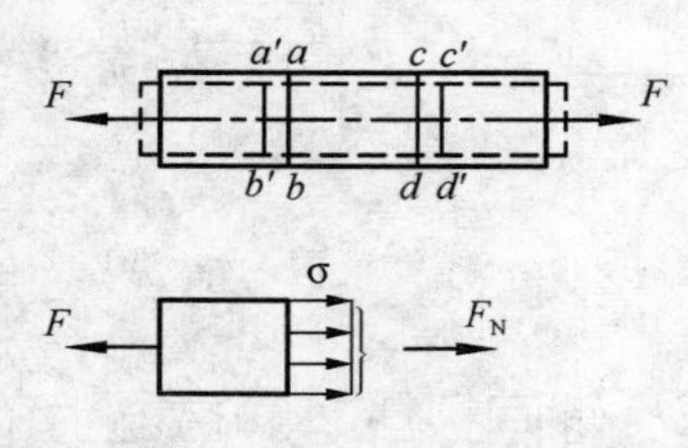

图 8-3　轴向拉压杆横截面上的应力

根据观察到的杆件表面现象，可提出内部变形的假设：变形前原为平面的横截面，变形后仍保持为平面，并垂直于轴线。这就是轴向拉压时的**平面假设**。由此可假设杆件是由许多等截面纵向纤维组成的，这些纤维的伸长均相同。又因为材料是均匀的，各纤维的性质相同，因此其受力也一样。据此可知横截面上的正应力是均匀分布的，设横截面面积为 $A$，可得：

$$F_N = \int_A \sigma \mathrm{d}A = \sigma \int_A \mathrm{d}A = \sigma A$$

所以

$$\sigma = \frac{F_N}{A} \tag{8-3}$$

式（8-3）即为轴向拉压杆横截面上正应力 $\sigma$ 的计算公式。

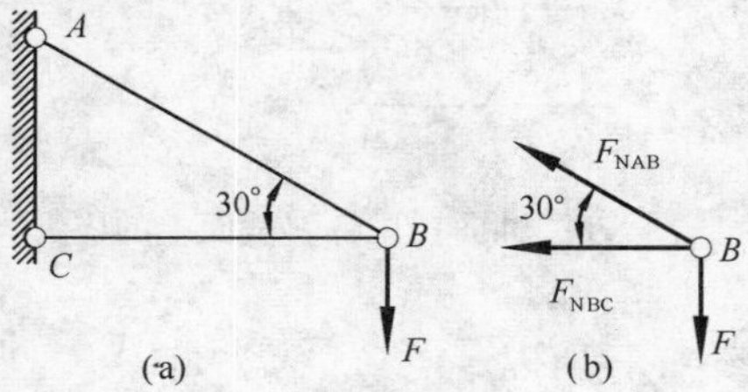

图 8-4

**例 8-1**　图 8-4（a）所示三角托架中，$AB$ 杆为圆截面钢杆，直径 $d$=30mm；$BC$ 杆为正方形截面木杆，截面边长 $a$=100mm。已知 $F$=50kN，试求各杆的应力。

**解**　取结点 $B$ 为分离体，其受力如图 8-4（b）所示，由平衡条件可得

$$F_{NAB} = 2F = 100\text{kN}$$

$$F_{NBC} = -\sqrt{3}F = -86.6\text{kN}$$

再由式（8-3）可得

$$\sigma_{AB} = \frac{F_{NAB}}{\frac{\pi d^2}{4}} = \frac{100 \times 10^3 \text{N}}{\frac{1}{4} \times \pi \times 30^2 \text{ mm}^2} = 141.5\text{MPa}$$

$$\sigma_{BC} = \frac{F_{NBC}}{a^2} = \frac{-86.6 \times 10^3 \text{N}}{100^2 \text{ mm}^2} = -8.66\text{MPa}$$

$\sigma_{BC}$ 式中的负号表示 $BC$ 杆为压杆。

**例 8-2**　图 8-5（a）所示一等截面柱，上端自由、下端固定，长为 $l$，横截面面积为 $A$，材料密度为 $\rho$，试分析该柱横截面上的应力沿柱长的分布规律。

**解**　由截面法，在距上端为 $x$ 截面上的轴力为

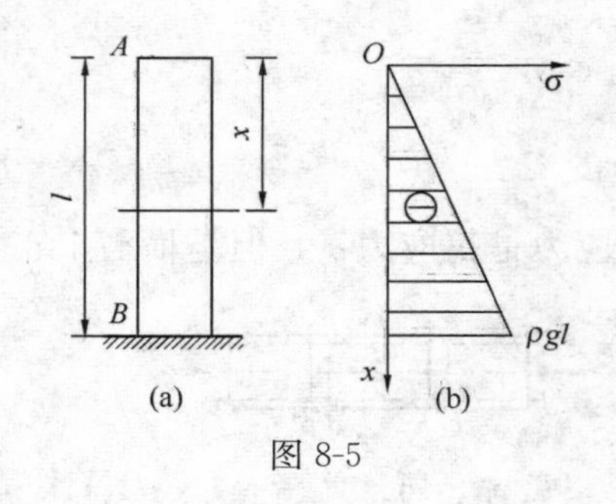


图 8-5

$$F_N(x) = -\rho g A x$$

再由式（8-3）可得

$$\sigma(x) = \frac{F_N(x)}{A} = -\rho g x$$

可见横截面上的正应力沿柱长呈线性分布。

$$\left.\begin{aligned} x = 0\text{ 时}, \sigma(0) = \sigma_A = 0 \\ x = l\text{ 时}, \sigma(l) = \sigma_B = \sigma_{\max} = -\rho g l \end{aligned}\right\}$$

$\sigma$ 沿柱长的分布规律如图 8-5（b）所示。

## 8.2.2 轴向拉压杆斜截面上的应力

在 8.4 节即"拉伸与压缩试验"中我们会看到，铸铁试件压缩时，其断面并非横截面，而是斜截面，这说明仅仅计算拉压杆横截面上的应力是不够的，还需全面了解杆件内的应力情况，研究斜截面上的应力。

图 8-6（a）所示一等直杆，其横截面面积为 $A$，下面来研究与横截面成 $\alpha$ 角的斜截面 $m-m$ 上的应力。此处 $\alpha$ 角以从横截面外法线到斜截面外法线逆时针向转动为正。沿 $m-m$ 截面处假想将杆截成两段，研究左边部分，如图 8-6（b）所示，可得内力为

$$F_N = F$$

和横截面上正应力分布规律的研究方法相似，可以得出斜截面上的总应力 $p_\alpha$ 也是均匀分布的，故

$$p_\alpha = \frac{F_N}{A_\alpha}$$

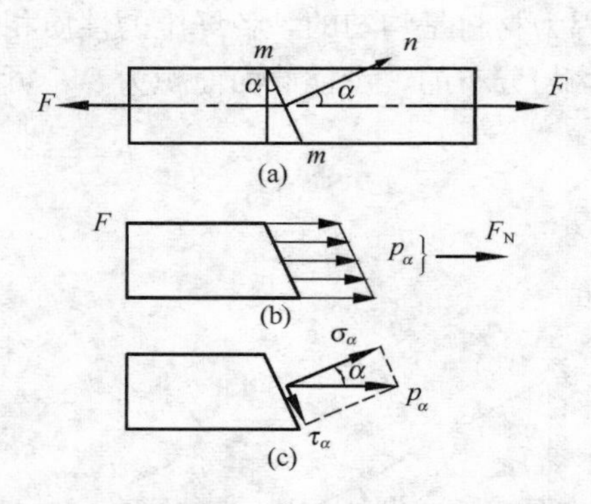


图 8-6 轴向拉压杆斜截面上的应力

式中 $A_\alpha$ 为斜截面 $m-m$ 的面积。因为 $A_\alpha = A/\cos\alpha$，所以

$$p_\alpha = \frac{F}{A}\cos\alpha = \sigma\cos\alpha \tag{8-4}$$

式（8-4）中 $\sigma = F/A$ 为杆件横截面上的正应力。

将总应力 $p_\alpha$ 分解为正应力 $\sigma_\alpha$ 和切应力 $\tau_\alpha$［图 8-6（c）］，并利用式（8-4）可得

$$\left.\begin{aligned} \sigma_\alpha = p_\alpha\cos\alpha = \sigma\cos^2\alpha = \frac{\sigma}{2}(1+\cos 2\alpha) \\ \tau_\alpha = p_\alpha\sin\alpha = \sigma\sin\alpha\cos\alpha = \frac{\sigma}{2}\sin 2\alpha \end{aligned}\right\} \tag{8-5}$$

由式（8-5）可以看出，$\sigma_\alpha$ 和 $\tau_\alpha$ 随角 $\alpha$ 而改变，当 $\alpha = 0°$ 时即横截面上，$\sigma_\alpha$ 达到最大值 $\sigma$；绝对值最大的切应力发生在 $\alpha = \pm 45°$ 的斜截面上，$|\tau|_{\max} = |\tau_{\pm 45°}| = \frac{\sigma}{2}$ 且 $\pm 45°$ 斜截面上的正应力 $\sigma_{\pm 45°} = \frac{\sigma}{2}$。

## 8.2.3 应力集中的概念

在实际工程中，由于构造上的要求，有些构件需要开孔或挖槽（如油孔、沟槽、轴肩或

螺纹的部位)，其横截面上的正应力不再是均匀分布的。如图 8-7（a）所示一板条，中部有一小圆孔。板条受拉时，圆孔直径所在横截面上的应力分布由试验或弹性力学结果可绘出，如图 8-7（b）所示，其特点是：在小孔附近的局部区域内，应力急剧增大，但在稍远处，应力又趋于均匀。这种由于截面尺寸突然改变而引起局部区域的应力急剧增大的现象称为**应力集中**。

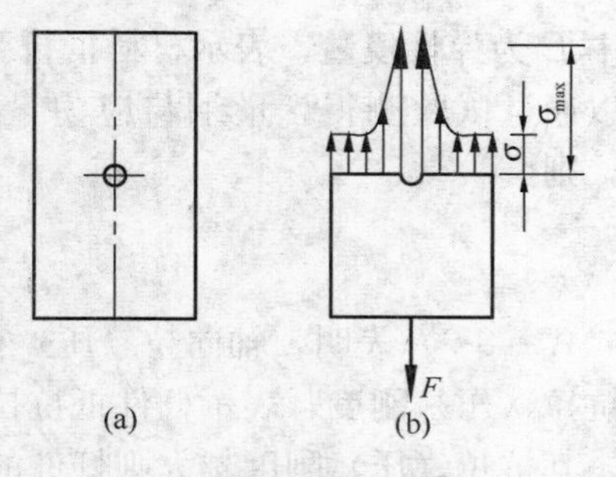

图 8-7　圆孔应力集中

设应力集中截面上最大应力为 $\sigma_{max}$，同一截面按净面积 $A_0$ 计算的名义应力为 $\sigma_0$，即 $\sigma_0 = F/A_0$，则比值

$$K_t = \frac{\sigma_{max}}{\sigma_0} \tag{8-6}$$

称为应力集中系数，$K_t > 1$，它反映了应力集中的程度。在材料力学的理论计算中，对于变截面杆，可不考虑应力集中的影响，仍用公式 $\sigma = F_N/A$ 计算横截面上的应力。

## 8.3　轴向拉压杆的变形——胡克定律

杆件在发生轴向拉伸或轴向压缩变形时，其纵向尺寸和横向尺寸一般都会发生改变，现分别予以讨论。

### 8.3.1　轴向变形

图 8-8 所示一等直圆杆，变形前原长为 $l$，横向直径为 $d$，变形后长度为 $l'$，横向直径为 $d'$，则称

$$\Delta l = l' - l \tag{8-7}$$

为**轴向线变形**，$\Delta l$ 代表杆件总的伸长量或缩短量，其量纲是［长度］。而称

$$\varepsilon = \frac{\Delta l}{l} \tag{8-8}$$

为**轴向线应变**。$\varepsilon$ 反映了杆件的纵向变形程度。图 8-8 所示杆件，拉伸时，$\Delta l > 0$，$\varepsilon>0$；缩短时，$\Delta l < 0$，$\varepsilon < 0$。

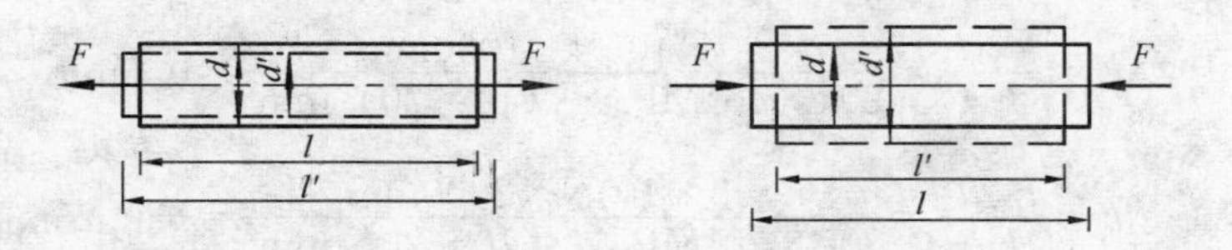

图 8-8　轴向拉压杆的变形

拉（压）杆的变形与材料的性能有关，只能通过试验来获得。试验表明，在线弹性变形范围内，杆件的变形 $\Delta l$ 与轴力 $F_N$ 及杆长 $l$ 成正比，与横截面面积 $A$ 成反比，即

$$\Delta l \propto \frac{F_N l}{A}$$

引入比例系数 $E$，把上式写成

$$\Delta l = \frac{F_N l}{EA} \tag{8-9}$$

式中 $E$ 为**弹性模量**，表示材料抵抗弹性变形的能力，是一个只与材料有关的物理量，其值可以通过试验测得，量纲与应力量纲相同。若杆件的轴力和抗拉刚度沿杆长为连续变化时，则

$$\Delta l = \int_l \frac{F_N(x)}{EA(x)} \mathrm{d}x \tag{8-10}$$

式（8-9）表明，轴向拉（压）杆件的变形 $\Delta l$ 与 $EA$ 成反比。$EA$ 称为轴向拉（压）杆的抗拉（压）**刚度**，表示杆件抵抗拉伸（压缩）变形的能力。对于长度相等且受力相同的杆件，其抗拉（压）刚度越大则杆件的变形越小。

把式（8-3）、式（8-8）代入式（8-9），可得

$$\varepsilon = \frac{\sigma}{E} \text{或} \sigma = E\varepsilon \tag{8-11}$$

上式表明，在线弹性变形范围内，应力与应变成正比。

式（8-9）、式（8-11）均称为**胡克定律**。它是由英国科学家 Hooke 于 1678 年率先提出的。

### 8.3.2 横向变形及泊松比

定义

$$\varepsilon' = \frac{d' - d}{d} \tag{8-12}$$

为杆件的**横向线应变**。显然，$\varepsilon'$ 与 $\varepsilon$ 是反号的，而且根据实验表明：对于线弹性材料，$\varepsilon'$ 与 $\varepsilon$ 的比值为一常数，即

$$\varepsilon' = -\mu\varepsilon \tag{8-13}$$

式中 $\mu$ 称为**泊松比**，其值由试验测定。

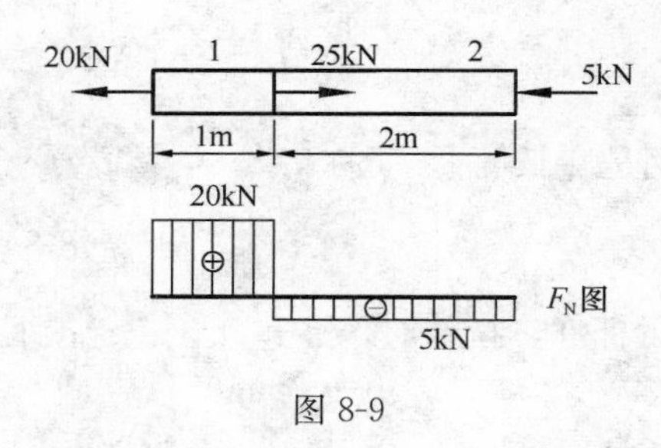

图 8-9

**例 8-3** 图 8-9 所示一等直钢杆，横截面为 $b \times h = 10 \times 20\text{mm}^2$ 的矩形，材料的弹性模量 $E = 200\text{GPa}$。试计算：（1）每段的轴向线变形；（2）每段的线应变；（3）全杆的总伸长。

**解** （1）设左、右两段分别为 1、2 段，由轴力图：$F_{N1} = 20\text{kN}$，$F_{N2} = -5\text{kN}$。根据式（8-9）

$$\Delta l_1 = \frac{F_{N1} l_1}{EA} = \frac{20 \times 10^3 \text{N} \times 1000\text{mm}}{200 \times 10^3 \text{MPa} \times (10 \times 20)\ \text{mm}^2} = 0.5\text{mm}$$

$$\Delta l_2 = \frac{F_{N2} l_2}{EA} = \frac{-5 \times 10^3 \text{N} \times 2000\text{mm}}{200 \times 10^3 \text{MPa} \times (10 \times 20)\ \text{mm}^2} = -0.25\text{mm}$$

（2）由式（8-8）

$$\varepsilon_1 = \frac{\Delta l_1}{l_1} = \frac{0.5\text{mm}}{1000\text{mm}} = 0.05\%$$

$$\varepsilon_2 = \frac{\Delta l_2}{l_2} = \frac{-0.25\text{mm}}{2000\text{mm}} = -0.0125\%$$

（3）全杆的总伸长

$$\Delta l = \Delta l_1 + \Delta l_2 = 0.25\text{mm}$$

**例 8-4**　试计算图 8-5（a）所示等截面柱在自重作用下其顶部的位移 $\delta$。已知材料密度 $\rho$、长度 $l$、抗拉刚度 $EA$=常数。

**解**　由截面法可计算出距上端为 $x$ 截面上的轴力：$F_N(x)=-\rho gAx$，而柱的 $EA$ 为常数，由式（8-10）可得

$$\Delta l=\int_l \frac{F_N(x)}{EA}\mathrm{d}x=\int_0^l -\frac{\rho g}{E}x\,\mathrm{d}x=-\frac{-\rho g l^2}{2E}$$

因为柱下端固定，所以其顶部的位移 $\delta$ 为

$$\delta=|\Delta l|=\frac{\rho g l^2}{2E}\ (\downarrow)$$

## 8.4　材料在拉伸与压缩时的力学性能

材料的力学性能是指在外力作用下材料在变形和破坏过程中所表现出的性能，其测定是对构件进行强度、刚度和稳定性计算的基础。

材料的力学性能除取决于材料的成分和组织结构外，还与应力状态、温度和加载方式等因素有关。本节重点讨论常温、静载条件下金属材料在拉伸与压缩时的力学性能。

### 8.4.1　材料的拉伸与压缩试验

为了使不同材料的试验结果能进行对比，对于钢、铁和有色金属材料，需将试验材料按《金属拉伸试验试样》的规定加工成**标准试件**，如图 8-10 所示，分圆形试件和矩形试件。试件中部等直部分的长度为 $l_0$，称为原始标距，并记中部原始横截面面积为 $A_0$。$l_0$ 与 $\sqrt{A_0}$ 的比值为 5.65，称为短试件，若为 11.3，称为长试件。对于圆形试件，设中部直径为 $d_0$，则 $l_0=5d_0$ 称为五倍试件，$l_0=10d_0$ 称为十倍试件，一般采用五倍试件。

将试件装入材料试验机的夹头中，启动试验机开始缓慢加载，直至试件最后拉断。加载过程中，试件所受的轴向力 $F$ 可由试验机直接读出，而试件标距部分的伸长可由变形仪读出。根据试验过程中测得的一系列数据，可以绘出 $F$ 与 $\Delta l$ 之间的关系曲线，称为拉伸图或荷载位移曲线。显然，拉伸图与试件的几何尺寸有关，为了消除其影响，用试件横截面上的正应力，即 $\sigma=F/A_0$ 作为纵坐标；而横坐标用试件沿长度方向的线应变 $\varepsilon$ 表示。于是可以绘出材料的 $\sigma-\varepsilon$ 图，称为**应力-应变图**。

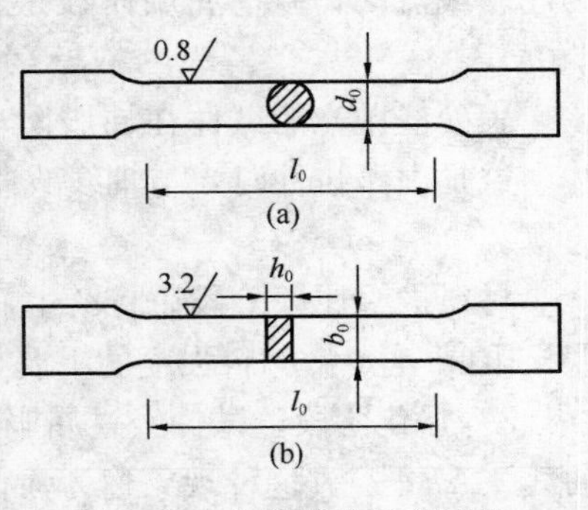

图 8-10　拉伸试验标准试件

金属材料的压缩试验，试件一般制成短圆柱体。为了保证试验过程中试件不发生失稳，圆柱的高度取为直径的 1.5～3 倍。

### 8.4.2　低碳钢拉伸和压缩时的力学性能

低碳钢是工程中广泛使用的材料，其含碳量一般在 0.3% 以下，其力学性能具有代表性。

1. 低碳钢拉伸时的力学性能

低碳钢的拉伸图和$\sigma-\varepsilon$图如图 8-11（a）所示，现讨论其力学性能。

（1）$\sigma-\varepsilon$图的四个阶段

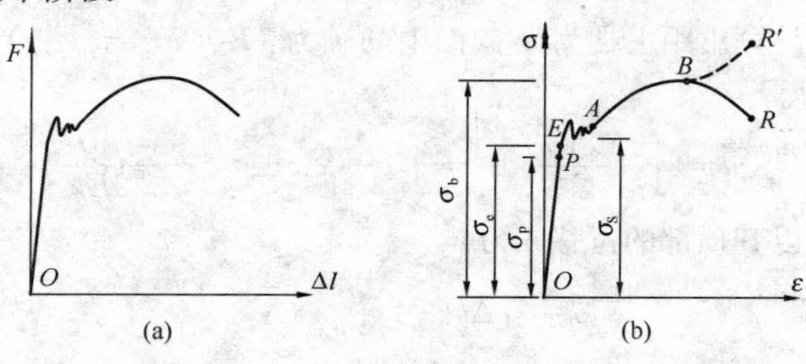


图 8-11　低碳钢拉伸图和应力-应变图

1）弹性阶段。$\sigma-\varepsilon$图的初始阶段（$OE$段），试件的变形是弹性变形。当应力超过$E$点所对应的应力后，试件将产生塑性变形。我们将$OE$段最高点所对应的应力即只产生弹性变形的最大应力称为**弹性极限**，用$\sigma_e$表示。

在弹性阶段中有很大一部分是直线（$OP$段），$\sigma$与$\varepsilon$成正比，即

$$\sigma = E\varepsilon \quad (\sigma \leqslant \sigma_p) \tag{8-14}$$

此即**胡克定律**。式中的$E$，即$OP$段的斜率，为材料的弹性模量。式（8-14）中的$\sigma_p$为直线$OP$段的最高点处的应力，称为**比例极限**。

对于低碳钢，$\sigma_p$与$\sigma_e$的值相差不大，因此在工程应用中对二者不作严格区分。取$\sigma_e \approx \sigma_p \approx 200\text{MPa}$。

2）屈服阶段。应力超过弹性极限后，试件中产生弹性变形和塑性变形，且应力达到一定数值后，应力会突然下降，然后在较小的范围内上下波动，曲线呈大体水平但微有起落的锯齿状。如图 8-11（b）中的$EA$段。这种应力基本保持不变，而应变却持续增长的现象称为屈服或流动，并把屈服阶段最低点对应的应力称为**屈服极限**，记作$\sigma_s$。低碳钢的$\sigma_s \approx 240\text{MPa}$。

表面经抛光的试件在屈服阶段，其表面出现与轴线大致成45°的倾斜条纹，称为滑移线。这是由于拉伸时，与轴线成45°截面上有最大切应力作用，使晶粒间相互滑移所留下的痕迹。

材料进入屈服阶段后将产生显著的塑性变形，这在工程构件中一般是不允许的，所以屈服极限$\sigma_s$是衡量材料强度的重要指标。

3）强化阶段。试件经过屈服后，又恢复了抵抗变形的能力，$\sigma-\varepsilon$图表现为一段上升的曲线（$AB$段）。这种现象称为强化，$AB$段即为强化阶段。强化阶段最高点$B$所对应的应力，称为**强度极限**，记作$\sigma_b$。对于低碳钢，$\sigma_b \approx 400\text{MPa}$。

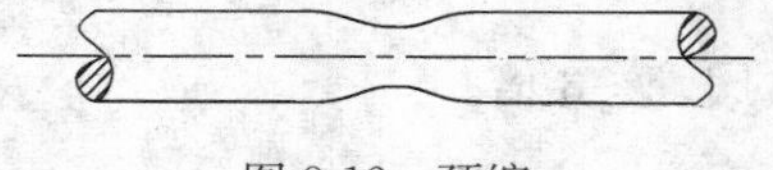

图 8-12　颈缩

4）局部变形阶段。在$B$点之前，试件沿长度方向其变形基本上是均匀的，但是应力超过$\sigma_b$后，试件的某一局部范围内变形急剧增加，横截面面积显著减小，形成如图 8-12 所示的“颈”，该现象称为**颈缩**。由于颈部横截面面积急剧减小，使试件变形增加所需的拉力在下降，所以按原始面积算出的应力（即$\sigma = F/A$，称为名义应力）随之下降，如图 8-11 中$BR$段，到$R$点试件被拉断。其实，此阶段的真实应力（即颈部横截面上的应力）随变形增加仍是增大的，如图 8-11（b）中的虚线$BR'$所示。

(2) 两个塑性指标

试件拉断后，弹性变形全部消失，而塑性变形保留下来，工程中常用以下两个量作为衡量材料塑性变形程度的指标，即

1) **延伸率**。设试件拉断后标距长度为 $l_1$，原始长度为 $l_0$，则延伸率 $\delta$ 定义为

$$\delta=\frac{l_1-l_0}{l_0}\times 100\% \tag{8-15}$$

2) **断面收缩率**。设试件标距范围内的横截面面积为 $A_0$，拉断后颈部的最小横截面面积为 $A_1$，则断面收缩率定义为

$$\psi=\frac{A_0-A_1}{A_0}\times 100\% \tag{8-16}$$

$\delta$ 和 $\psi$ 越大，说明材料的塑性变形能力越强。工程中将十倍试件的延伸率 $\delta \geqslant 5\%$ 的材料称为塑性材料，而把 $\delta < 5\%$ 的材料称为脆性材料，如低碳钢的延伸率约为 20%～30%，是一种典型的塑性材料。

(3) 卸载定律及冷作硬化

当加载到强化阶段的任一点，如图 8-13 中的 $m$ 点，然后缓慢卸载，试验表明，$\sigma-\varepsilon$ 曲线将沿直线 $mn$ 到达 $n$ 点，且直线 $mn$ 与初始加载时的直线 $OP$ 平行，则卸去的应力与恢复的变形也保持为线性关系，即

$$\sigma'=E\varepsilon' \tag{8-17}$$

此即**卸载定律**。外力全部卸去后，图 8-13 中 $On$ 段表示 $m$ 点时试件中的塑性应变，而 $nk$ 段的表示消失的弹性变形。

若卸载后立即再次加载，$\sigma-\varepsilon$ 曲线将沿直线 $nm$ 发展，到 $m$ 点后大致沿曲线 $mBR$ 变化，直到试件破坏。可见，第二次加载时，材料的比例极限提高到 $m$ 点对应的应力，因为 $nm$ 段的 $\sigma$、$\varepsilon$ 都是线性关系。这种现象称为**冷作硬化**。

若第一次卸载到 $n$ 点后，让试件"休息"几天后再加载，重新加载时 $\sigma-\varepsilon$ 曲线将沿 $nmm'B'R''$（图 8-13）发展，材料获得更高的比例极限和强度极限，这种现象称为**冷拉时效**。建筑施工中的钢筋常经过冷拉处理，以提高其强度，但是冷拉降低了塑性性能且不能提高抗压强度指标。

2. 低碳钢压缩时的力学性能

低碳钢压缩时的 $\sigma-\varepsilon$ 曲线如图 8-14 中实线所示。试验表明，其弹性模量 $E$、屈服极限

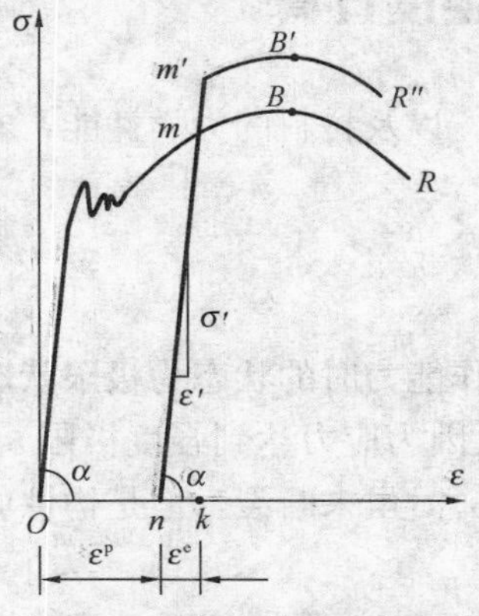


图 8-13　卸载定律和冷作硬化

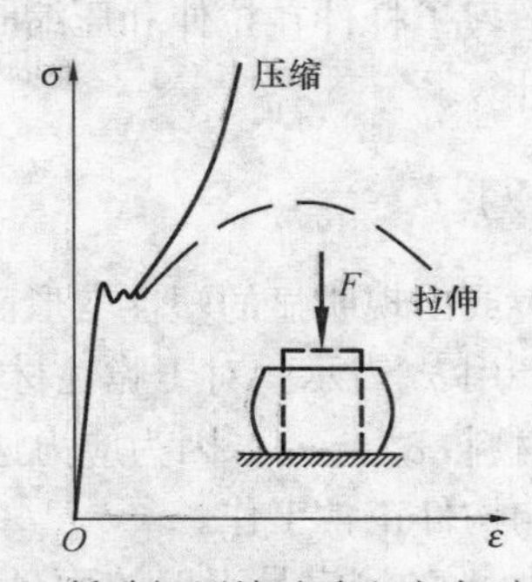


图 8-14　低碳钢压缩试验和应力-应变曲线

$\sigma_s$ 与拉伸时基本相同，但流幅较短。屈服结束以后，试件抗压力不断提高，既没有颈缩现象，也测不到抗压强度极限，最后被压成腰鼓形甚至饼状。

### 8.4.3 铸铁在拉伸和压缩时的力学性能

铸铁试件外形与低碳钢试件相同，其 $\sigma-\varepsilon$ 曲线如图 8-15 所示。铸铁拉伸时的 $\sigma-\varepsilon$ 曲线没有明显的直线部分，也没有明显的屈服和颈缩现象。工程中约定其弹性模量 $E$ 为 150～180GPa，而且遵循胡克定律。试件的破坏形式是沿横截面拉断，是材料内的内聚力抗抵不住拉应力所致。铸铁拉伸时的延伸率 $\delta=0.4\%\sim0.5\%$，是典型的脆性材料。抗拉强度极限 $\sigma_b^t$ 等于 150MPa 左右。

铸铁压缩破坏时，其断面法线与轴线大致成 45°～55°，是斜截面上的切应力所致。铸铁抗压强度极限 $\sigma_b^c$ 等于 800MPa 左右，说明其抗压能力远远大于抗拉能力。

对于工程中常用的没有明显屈服阶段的塑性材料，如硬铝、青铜、高强钢等，国家标准规定，试件卸载后有 0.2%的塑性应变时的应力值作为名义**屈服极限**，用 $\sigma_{0.2}$ 表示（图 8-16）。

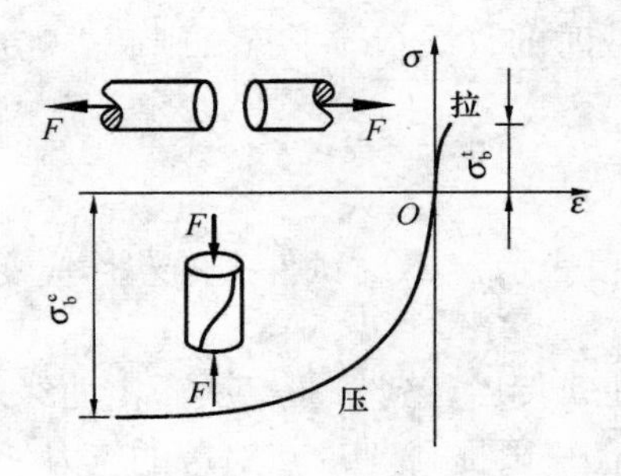


图 8-15　铸铁拉伸和压缩试验

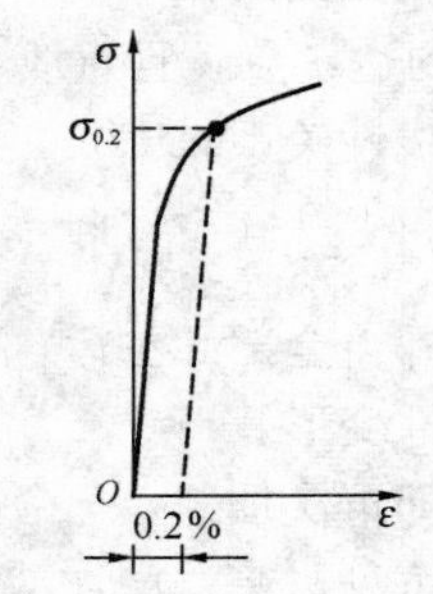


图 8-16　名义屈服极限

综上所述，塑性材料的延性较好，对于冷压冷弯之类的冷加工性能比脆性材料好，同时由塑性材料制成的构件在破坏前常有显著的塑性变形，所以承受动荷载能力较强。脆性材料如铸铁、混凝土、砖、石等延性较差，但其抗压能力较强，且价格低廉，易于就地取材，所以常用于基础及机器设备的底座。

## 8.5　轴向拉压杆件的强度计算

上两节我们学习了杆件在拉伸和压缩时的应力计算，以及材料的力学性能，本节将在此基础上学习强度计算。

### 8.5.1 许用应力

材料发生断裂或出现明显的塑性变形而丧失正常工作能力时的状态为**极限状态**，此时的应力为**极限应力**，用 $\sigma^0$ 表示。对于脆性材料，$\sigma^0=\sigma_b$，因为应力达到强度极限 $\sigma_b$ 时会发生断裂。对于塑性材料，$\sigma^0=\sigma_s$，因为应力达到屈服极限 $\sigma_s$ 时虽未断裂，但是构件中出现显著的塑性变形，影响构件正常工作。

由于极限应力 $\sigma^0$ 的测定是近似的而且构件工作时的应力计算理论有一定的近似性，所以不能把$\sigma^0$直接用于强度计算的控制应力。为安全起见，应把极限应力$\sigma^0$除以一个大于1的系数$n$，作为构件工作时允许产生的最大应力值，即

$$[\sigma]=\frac{\sigma^0}{n} \tag{8-18}$$

式中$[\sigma]$称为许用应力，$n$称为安全系数，$n>1$。

安全系数$n$的确定需考虑诸多因素如计算简图、荷载、构件工作状况及构件的重要性等，常由国家指定专门机构确定。

## 8.5.2　强度计算

轴向拉压杆危险截面（最大正应力所在截面）上的正应力应该不超过材料的许用应力，即

$$\sigma_{max}=\left|\frac{F_N}{A}\right|_{max}\leqslant[\sigma] \tag{8-19}$$

此即为轴向拉压杆的**强度条件**。

根据强度条件，可以解决以下三种强度计算问题：

1. 强度校核

已知杆件几何尺寸、荷载以及材料的许用应力$[\sigma]$，由式（8-19）判断其强度是否满足要求。若$\sigma_{max}$超过$[\sigma]$在5%的范围内，工程中仍认为满足强度要求。

2. 设计截面

已知杆件材料的许用应力$[\sigma]$及荷载，确定杆件所需的最小横截面面积，即

$$A\geqslant\frac{F_N}{[\sigma]} \tag{8-20}$$

3. 确定许用荷载

已知杆件材料的许用应力$[\sigma]$及杆件的横截面面积，确定许用荷载，即

$$F_N\leqslant A[\sigma] \tag{8-21}$$

**例8-5**　图8-17（a）所示三角托架的结点$B$受一重物$F=10$kN，杆①为钢杆，长1m，横截面面积$A_1=600\text{mm}^2$，许用应力$[\sigma]_1=160$MPa；杆②为木杆，横截面面积$A_2=10000\text{mm}^2$，许用应力$[\sigma]_2=7$MPa。（1）试校核三角托架的强度；（2）试求结构的许用荷载$[F]$；（3）当外力$F=[F]$时，重新选择杆的截面。

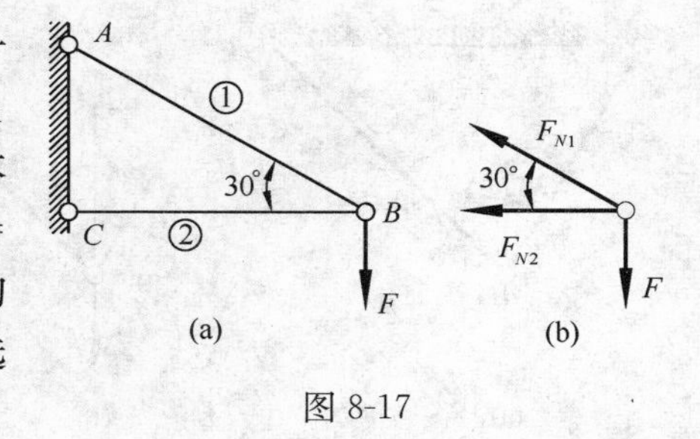


图8-17

**解**　（1）取结点$B$为分离体，由图8-17（b）可得

$$F_{N1}=2F=20\text{kN} \tag{a}$$

$$F_{N2}=-\sqrt{3}F=-17.3\text{kN} \tag{b}$$

由强度条件即式（8-19）

$$\sigma_1=\frac{F_{N1}}{A_1}=\frac{20\times10^3\text{N}}{600\ \text{mm}^2}=33.3\text{MPa}<[\sigma]_1=160\text{MPa}$$

$$\sigma_2 = \left| \frac{F_{N2}}{A_2} \right| = \frac{17.3 \times 10^3 \mathrm{N}}{10000\ \mathrm{mm}^2} = 1.73\mathrm{MPa} < [\sigma]_2 = 7\mathrm{MPa}$$

故该三角托架的强度满足要求。

(2) 考察①杆，其许用轴力 $[F_{N1}]$ 为

$$[F_{N1}] = A_1[\sigma]_1 = 600\mathrm{mm}^2 \times 160\mathrm{MPa} = 9.6 \times 10^4 \mathrm{N} = 96\mathrm{kN}$$

当①杆的强度被充分发挥时，即 $F_{N1} = [F_{N1}]$，由式 (a) 可得

$$[F]_1 = \frac{1}{2}F_{N1} = \frac{1}{2}[F_{N1}] = 48\mathrm{kN} \tag{c}$$

同理，考察②杆，其许用轴力 $[F_{N2}]$ 为

$$[F_{N2}] = A_2[\sigma]_2 = 10000\mathrm{mm}^2 \times 7\mathrm{MPa} = 70000\mathrm{N} = 70\mathrm{kN}$$

当②杆的强度被充分发挥时，由式 (b) 可得

$$[F]_2 = \frac{1}{\sqrt{3}}F_{N2} = \frac{1}{\sqrt{3}}[F_{N2}] = 40.4\mathrm{kN} \tag{d}$$

由式 (c) 和式 (d)，可得托架的许用荷载为

$$[F] = [F]_2 = 40.4\mathrm{kN}$$

(3) 外力 $F = [F]$ 时，②杆的强度已经被充分发挥，所以面积 $A_2$ 不变。而①杆此时的轴力 $F_{N1} < [F_{N1}]$，重新计算其截面，由式 (8-20)

$$A_1 \geqslant \frac{F_{N1}}{[\sigma]_1}$$

而 $F_{N1} = 2F = 2[F]$，所以

$$A_1 = \frac{2[F]}{[\sigma]_1} = \frac{2 \times 40.4 \times 10^3 \mathrm{N}}{160\mathrm{MPa}} = 505\mathrm{mm}^2$$

**例 8-6** 图 8-18 (a) 所示结构，①杆和②杆均为圆形钢杆，钢材的许用应力 $[\sigma] = 160\mathrm{MPa}$，直径分别为 $d_1 = 30\mathrm{mm}$、$d_2 = 20\mathrm{mm}$。试求结点 $A$ 处所受最大铅垂外力。

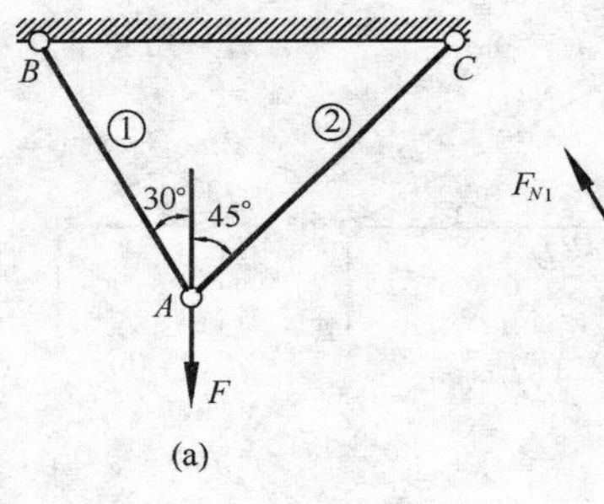


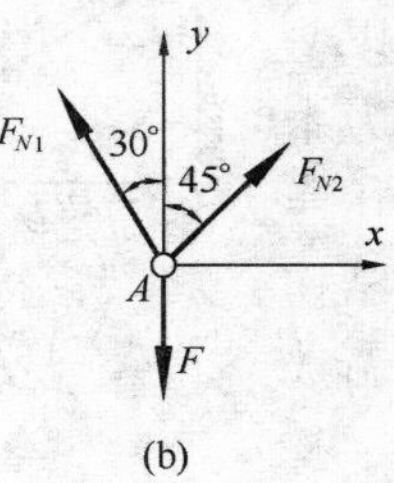


图 8-18

**解** (1) 静力计算

取结点 $A$ 为分离体，如图 8-18 (b) 所示，列平衡方程

$$\left.\begin{aligned} \Sigma F_x = 0, -F_{N1}\sin 30^\circ + F_{N2}\sin 45^\circ = 0 \\ \Sigma F_y = 0, F_{N1}\cos 30^\circ + F_{N2}\cos 45^\circ - F = 0 \end{aligned}\right\}$$

解出

$$F_{N1} = \frac{2F}{1+\sqrt{3}} = 0.732F \tag{a}$$

$$F_{N2} = \frac{2F}{\sqrt{2}+\sqrt{6}} = 0.518F \tag{b}$$

(2) 许用轴力

由式（8-21）计算①杆的许用轴力 $[F_{N1}]$

$$[F_{N1}] = A_1[\sigma] = \frac{\pi d_1^2}{4}[\sigma] = \frac{\pi}{4} \times 30^2\text{mm}^2 \times 160\text{MPa} = 113.1\text{kN} \tag{c}$$

同理，

$$[F_{N2}] = A_2[\sigma] = \frac{\pi}{4} \times 20^2\text{mm}^2 \times 160\text{MPa} = 50.3\text{kN} \tag{d}$$

（3）$[F]$

首先，设①杆的强度被充分发挥时，即 $F_{N1} = [F_{N1}]$，由式（a）（c）可得

$$[F]_1 = \frac{113.1}{0.732}\text{kN} = 154.5\text{kN}$$

其次，设②杆的强度被充分发挥时，即 $F_{N2} = [F_{N2}]$，由式（b）（d）可得

$$[F]_2 = \frac{50.3}{0.518}\text{kN} = 97.2\text{kN}$$

所以

$$[F] = [F]_2 = 97.2\text{kN}$$

## 本　章　小　结

本章主要讲述轴向拉压杆的强度计算。通过本章的学习，理解应力、应变、许用应力等基本概念，熟练掌握轴向拉压杆横截面的应力计算，熟练掌握轴向拉压杆的变形计算，熟练掌握轴向拉压杆的强度计算方法及其应用，了解低碳钢、铸铁等材料在拉伸和压缩时的力学性能。

## 思　考　题

8-1　什么是一点的应力？杆件截面上的应力与内力是什么关系？

8-2　什么是线应变？什么是切应变？试分析思考题 8-2 图所示各单元体在 $A$ 点的切应变。

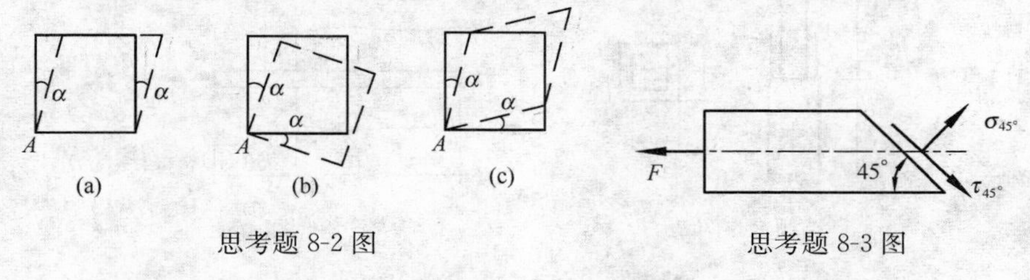


思考题 8-2 图　　　　思考题 8-3 图

8-3　设思考题 8-3 图所示等直杆的横截面面积为 $A$，则横截面上 $\sigma = F/A$，45° 斜截面上的应力为：$\sigma_{45^\circ} = \sigma/2$，$\tau_{45^\circ} = \sigma/2$。试分析图示分离体的平衡并列出平衡方程。

8-4　试证明若正应力在杆的横截面上均匀分布，则与正应力对应的分布力系的合力必通过横截面的形心。

8-5　两根直杆的长度和横截面面积均相同，两端所受的轴向外力也相同，其中一根为

钢杆，另一根为木杆。试问：

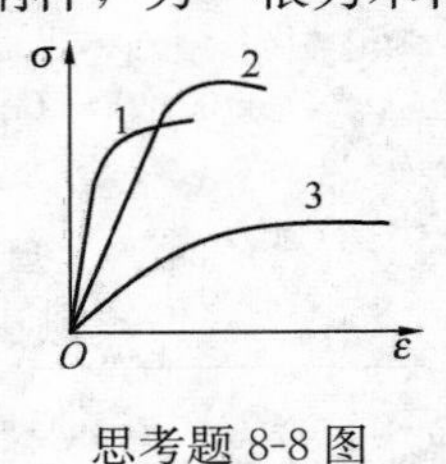

思考题 8-8 图

（1）两杆横截面上的内力是否相同？

（2）两杆横截面上的应力是否相同？

（3）两杆的轴向线应变、轴向伸长、刚度是否相同？

8-6　为什么延伸率 $\delta$ 和截面收缩率 $\psi$ 能作为材料的塑性指标？

8-7　铸铁试件在拉伸、压缩时如何破坏，原因何在？

8-8　三种材料的 $\sigma-\varepsilon$ 图如思考题 8-8 图所示，试问强度最高、刚度最大、塑性最好的分别是哪一种？

## 习　题

8-1　等直杆受力如题 8-1 图所示，直径为 20mm，试求其最大正应力。

8-2　在题 8-2 图所示结构中，各杆横截面面积均为 $3000\text{mm}^2$，水平力 $F = 100\text{kN}$，试求各杆横截面上的正应力。

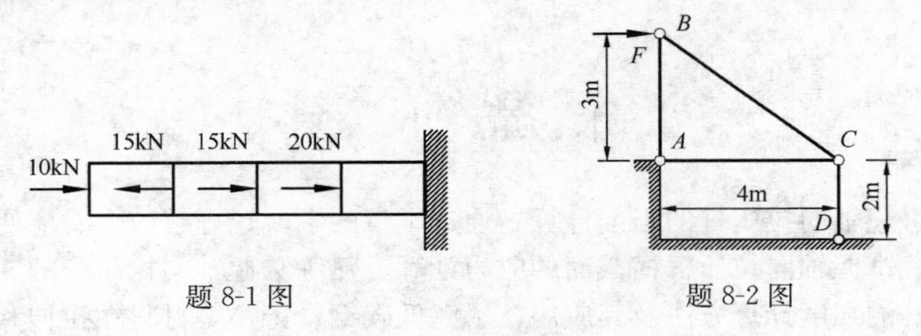

题 8-1 图　　题 8-2 图

8-3　一正方形截面的阶梯柱受力如题 8-3 图所示。已知：$a = 200\text{mm}$，$b = 100\text{mm}$，$F = 100\text{kN}$，不计柱的自重，试计算该柱横截面上的最大正应力。

8-4　如题 8-4 图所示，设浇在混凝土内的钢杆所受粘接力沿其长度均匀分布，在杆端作用的轴向外力 $F = 20\text{kN}$。已知杆的横截面积 $A = 200\text{mm}^2$，试作图表示横截面上正应力沿杆长的分布规律。

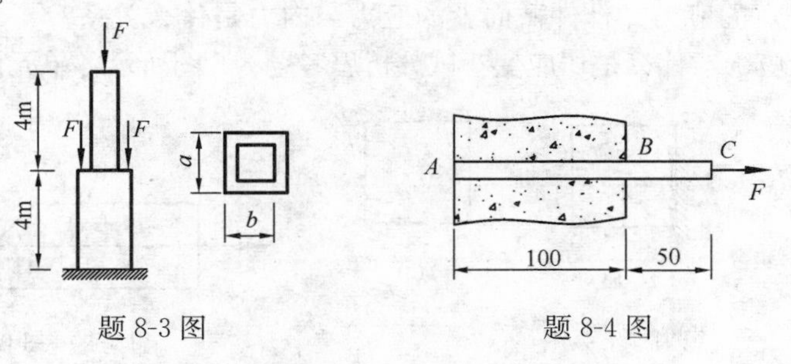

题 8-3 图　　题 8-4 图

8-5　钢杆受轴向力如题 8-5 图所示，横截面面积为 $500\text{mm}^2$，试求 $ab$ 斜截面上的应力。

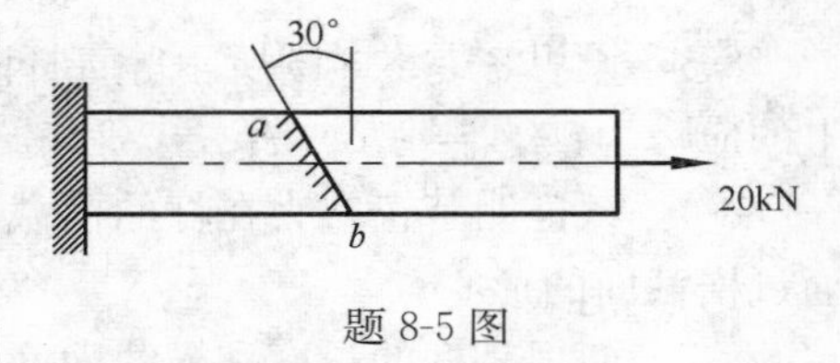

题 8-5 图

8-6　题 8-6 图所示钢筋混凝土组合屋架，受均布荷载 $q$ 作用。屋架中的杆 $AB$ 为圆截面钢拉杆，长 $l = 8.4\text{m}$，直径 $d = 22\text{mm}$，屋架高 $h = 1.4\text{m}$，其许用

应力 $[\sigma]=170\text{MPa}$，试校核该拉杆的强度。

8-7　题 8-7 图所示结构中，杆①和杆②均为圆截面钢杆，直径分别为 $d_1=16\text{mm}$、$d_2=20\text{mm}$，已知 $F=40\text{kN}$，钢材的许用应力 $[\sigma]=160\text{MPa}$，试分别校核二杆的强度。

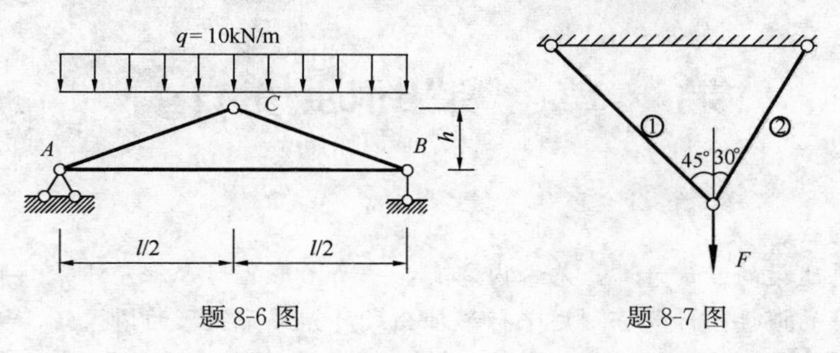


题 8-6 图　　　　题 8-7 图

8-8　题 8-8 图所示杆系中，木杆的长度 $a$ 不变，其强度也足够高，但钢杆与木杆的夹角 $\alpha$ 可以改变。若欲使钢杆 $AC$ 的用料最少，夹角 $\alpha$ 应多大？

8-9　题 8-9 图所示结构中，$AB$ 杆为圆截面钢杆，已知材料的许用应力 $[\sigma]=160\text{MPa}$。试确定 $AB$ 杆的直径 $d$。

8-10　题 8-10 图所示结构中，横杆 $AB$ 为刚性杆，斜杆 $CD$ 为直径 $d=20\text{mm}$ 的圆杆，材料的许用应力 $[\sigma]=160\text{MPa}$，试求许用荷载 $[F]$。

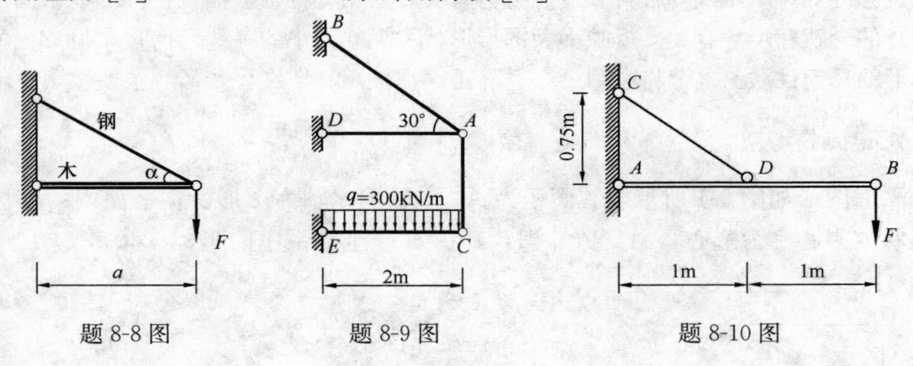


题 8-8 图　　　　题 8-9 图　　　　题 8-10 图

8-11　题 8-11 图所示钢杆的横截面积 $A=1000\text{mm}^2$，材料的弹性模量 $E=200\text{GPa}$，试求：(1) 各段的轴向变形；(2) 各段的轴向线应变；(3) 杆的总伸长。

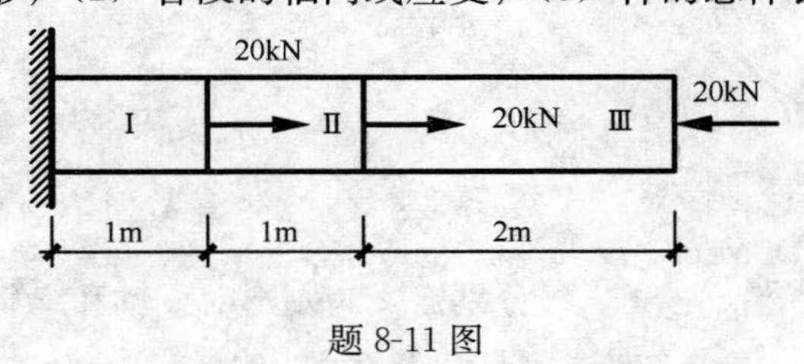


题 8-11 图

8-12　题 8-3 图所示柱，已知材料的弹性模量 $E=40\text{GPa}$，试求柱子顶端的位移。

# 第 9 章　梁的强度计算

**本章基本内容：**

本章主要讲述梁的强度计算，基本内容有：平面图形的形心位置计算、平面图形的静矩计算、常见图形的惯性矩计算、利用平行移轴公式计算平面图形的惯性矩；梁横截面上的正应力计算、梁横截面上的切应力计算、梁的正应力强度计算和切应力强度计算、提高梁弯曲强度的主要措施等。

## 9.1　平面图形的几何性质

杆件的强度和刚度不仅与杆件长度、外力有关，还与杆件横截面（杆件的横截面可以视为平面图形）的形状和尺寸有关。反映平面图形形状和尺寸大小的一些几何量，例如面积 $A$，称为平面图形的**几何性质**。本节将学习形心、静矩、惯性矩、惯性积及形心主惯性矩等。

### 9.1.1　形心和静矩

任一平面图形如图 9-1 所示，其面积为 $A$，$y$ 轴和 $z$ 轴为图形所在平面内的坐标轴。图形几何形状的中心称为**形心**，由高数知识，其在 $zOy$ 坐标系中的坐标（ $y_C$，$z_C$ ）可由下式计算：

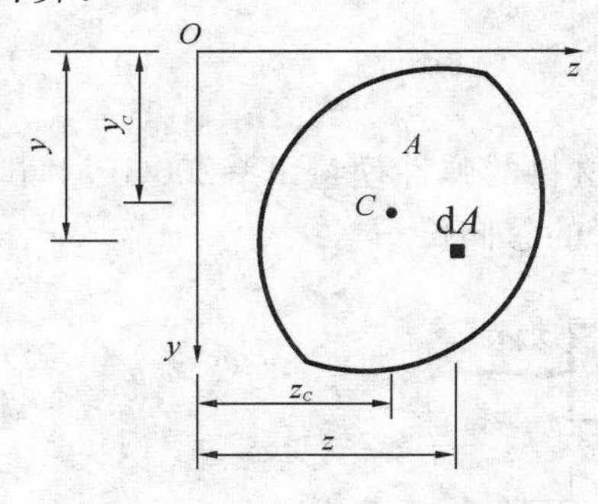


图 9-1　平面图形的形心

$$y_C = \frac{1}{A}\int_A y\mathrm{d}A \qquad z_C = \frac{1}{A}\int_A z\mathrm{d}A \tag{9-1}$$

形心的力学意义为：若图形为构件截面，而截面上作用有法线方向的均布荷载，则合力作用点即为形心。

式（9-1）中的积分

$$\left.\begin{aligned} S_z &= \int_A y\mathrm{d}A \\ S_y &= \int_A z\mathrm{d}A \end{aligned}\right\} \tag{9-2}$$

分别定义为图形对 $z$ 轴和 $y$ 轴的**静矩**，也称为**面积矩**或**一次矩**。

由式（9-1）和式（9-2）可以得到静矩与形心坐标的关系：

$$\left.\begin{aligned} S_z &= Ay_C \\ S_y &= Az_C \end{aligned}\right\} \tag{9-3}$$

由形心和静矩的定义可知：

同一图形对不同的坐标轴可能有不同的静矩，其值可为正，可为负，也可为零。静矩的量纲为［长度］$^3$。

通过形心的坐标轴称为**形心轴**。显然，图形对形心轴的静矩为零；反之，若图形对某轴的静矩为零，则该轴必为形心轴。

**例 9-1** 试计算图 9-2 所示等腰三角形对坐标轴 $y$ 和 $z$ 的静矩，并确定形心的位置。

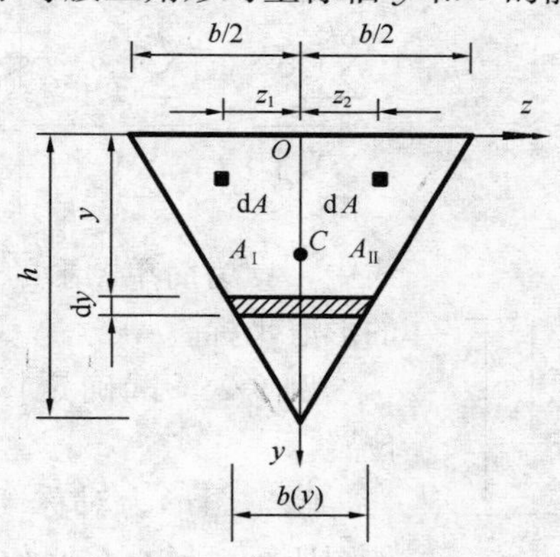


图 9-2 等腰三角形的形心

**解** (1) $S_y$ $y$ 轴为对称轴，设左、右两部分的面积分别为 $A_{\mathrm{I}}$ 和 $A_{\mathrm{II}}$，由式（9-2）

$$S_y = \int_A z\,\mathrm{d}A = \int_{A_{\mathrm{I}}} z_1\,\mathrm{d}A + \int_{A_{\mathrm{II}}} z_2\,\mathrm{d}A$$

显然，$\int_{A_{\mathrm{I}}} z_1\,\mathrm{d}A$ 和 $\int_{A_{\mathrm{II}}} z_2\,\mathrm{d}A$ 数值相等，而正、负号相反，所以

$$S_y = 0$$

(2) $S_z$ 取图示平行于 $z$ 轴的微面积元（阴影部分），由相似三角形关系

$$b(y) = \frac{b}{h}(h-y) \qquad \mathrm{d}A = b(y)\mathrm{d}y$$

$$S_z = \int_A y\,\mathrm{d}A = \int_0^h y\,\frac{b}{h}(h-y)\mathrm{d}y = \frac{bh^2}{6}$$

(3) 形心的位置

根据对称性，形心 $C$ 必在 $y$ 轴上，由式（9-3）可得

$$y_C = \frac{S_z}{A} = \frac{\dfrac{bh^2}{6}}{\dfrac{bh}{2}} = \frac{h}{3}$$

由该例可知，若平面图形有对称轴，则形心在对称轴上，且图形对此轴的静矩为零。

在实际工程中，许多杆件的横截面形状为 I 、∟、⊥、［ 等，如图 9-3 所示。这种可看做若干个简单图形（如矩形、圆形、三角形等）所组成的复杂图形称为**组合图形**。设某组合

图 9-3 常见的组合图形及其形心主轴

图形由简单图形 $A_1$ 、$A_2$ 、……、$A_i$ ……、$A_n$ 组合而成，则

$$\left.\begin{aligned} y_C = \frac{S_z}{A} = \frac{\sum_{i=1}^{n} S_{zi}}{\sum_{i=1}^{n} A_i} = \frac{\sum_{i=1}^{n} A_i y_{Ci}}{\sum_{i=1}^{n} A_i} \\ z_C = \frac{S_y}{A} = \frac{\sum_{i=1}^{n} S_{yi}}{\sum_{i=1}^{n} A_i} = \frac{\sum_{i=1}^{n} A_i z_{Ci}}{\sum_{i=1}^{n} A_i} \end{aligned}\right\} \tag{9-4}$$

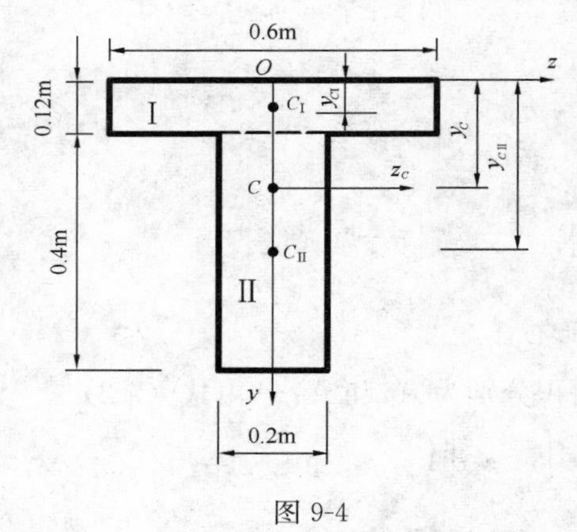


图 9-4

式中，$A_i$ 为简单图形的面积，$y_{Ci}$ 和 $z_{Ci}$ 为该简单图形的形心坐标。

**例 9-2** 试确定图 9-4 所示 T 形截面的形心位置。

**解** 图形为对称 T 形，选 $zOy$ 为参考坐标系，如图所示。形心 $C$ 必位于 $y$ 轴上，则只需确定 $y_C$ 即可。将图形分为Ⅰ、Ⅱ两部分，则

$$y_C = \frac{\sum_{i=1}^{n} A_i y_{Ci}}{\sum_{i=1}^{n} A_i} = \frac{A_{\text{I}}\, y_{C\text{I}} + A_{\text{II}}\, y_{C\text{II}}}{A_{\text{I}} + A_{\text{II}}}$$

$$= \frac{(0.6\text{m} \times 0.12\text{m}) \times \frac{0.12}{2}\text{m} + (0.4\text{m} \times 0.2\text{m}) \times \left(0.12 + \frac{0.4}{2}\right)\text{m}}{0.6\text{m} \times 0.12\text{m} + 0.4\text{m} \times 0.2\text{m}}$$

$$= 0.197\text{m}$$

### 9.1.2 惯性矩、惯性积和极惯性矩

图 9-5 所示平面图形，其面积为 $A$，定义

$$\left.\begin{aligned} I_z = \int_A y^2 \mathrm{d}A \\ I_y = \int_A z^2 \mathrm{d}A \end{aligned}\right\} \tag{9-5}$$

分别为图形对 $z$ 轴和 $y$ 轴的**惯性矩**。

定义

$$I_{yz} = \int_A yz \mathrm{d}A \tag{9-6}$$

为图形对于一对坐标轴 $y$、$z$ 的**惯性积**。

由式（9-5）及式（9-6）可知，$I_z$、$I_y$ 恒为正，而 $I_{yz}$ 可为正，可为负，也可为零，其量纲都是［长度］$^4$。

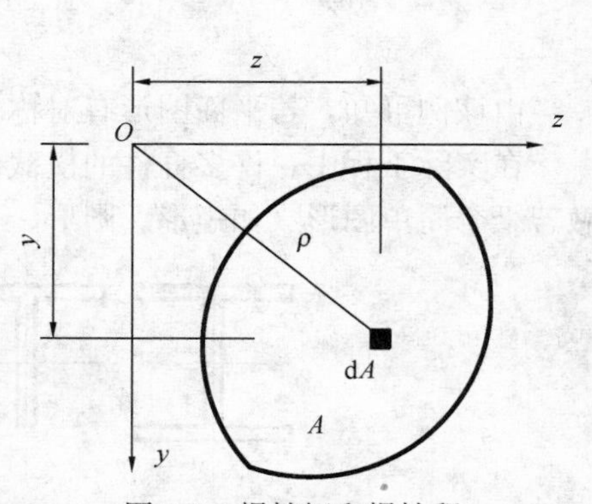


图 9-5 惯性矩和惯性积

若平面图形有对称轴，任意取另一轴与其构成正

交坐标系，则图形对这二轴的惯性积必为零。

惯性矩、惯性积、极惯性矩以及静矩都是平面图形的几何性质，其本身并无任何力学意义。

**例 9-3** 试求图 9-6 所示矩形截面对其对称轴 $y$ 和 $z$ 的惯性矩 $I_y$、$I_z$ 和惯性积 $I_{yz}$。

**解** 由对称性可判定 $I_{yz}=0$，或

$$I_{yz}=\int_A yz\,\mathrm{d}A=\int_{-h/2}^{h/2} y\mathrm{d}y\int_{-b/2}^{b/2} -b/2\, z\mathrm{d}z=0$$

而

$$I_z=\int_A y^2\,\mathrm{d}A=\int_{-h/2}^{h/2} y^2\mathrm{d}y\int_{-b/2}^{b/2}\mathrm{d}z=\frac{bh^3}{12}$$

同理

$$I_y=\frac{hb^3}{12}$$

**例 9-4** 试求图 9-7 所示圆形截面对形心轴的惯性矩。

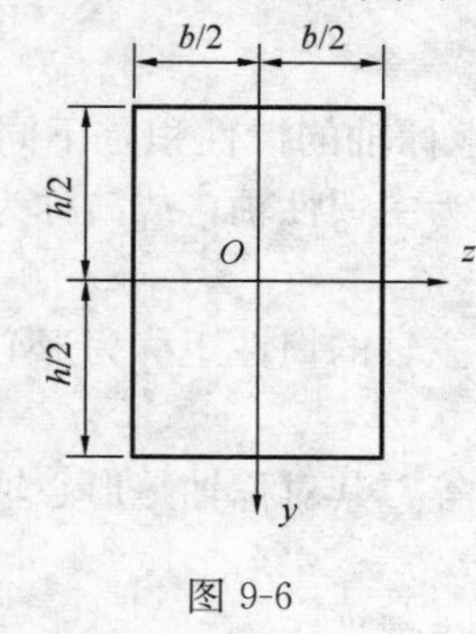


图 9-6

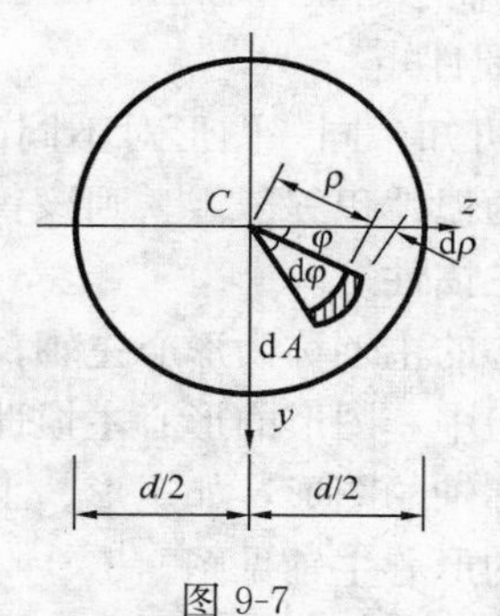


图 9-7

**解** 由于图形为圆形，取极坐标进行积分运算更为方便，注意 $\mathrm{d}A=\rho\mathrm{d}\rho\mathrm{d}\varphi$，可得

$$I_z=\int_A y^2\,\mathrm{d}A=\int_o^{\frac{d}{2}}\rho^3\mathrm{d}\rho\int_o^{2\pi}\sin^2\varphi\mathrm{d}\varphi=\frac{\pi d^4}{64}$$

由对称性，易知 $I_y=I_z$。

## 9.1.3 惯性矩和惯性积的平行移轴公式　主轴和主惯性矩

1. 惯性矩和惯性积的平行移轴公式

任一平面图形如图 9-8 所示，其面积为 $A$，形心为 $C$，坐标轴 $y_c$ 和 $z_c$ 为形心轴。正交坐标轴 $y$、$z$ 与形心轴 $y_c$、$z_c$ 平行，两对平行轴之间的间距分别为 $a$ 和 $b$。截面对 $y_c$ 轴、$z_c$ 轴的惯性矩 $I_{y_c}$、$I_{z_c}$ 及惯性积 $I_{y_cz_c}$ 为已知，现求图形对 $y$、$z$ 轴的惯性矩和惯性积。

图中任一点在两坐标系下的坐标关系为

$$z=z_c+a$$

$$y=y_c+b$$

由式（9-5）

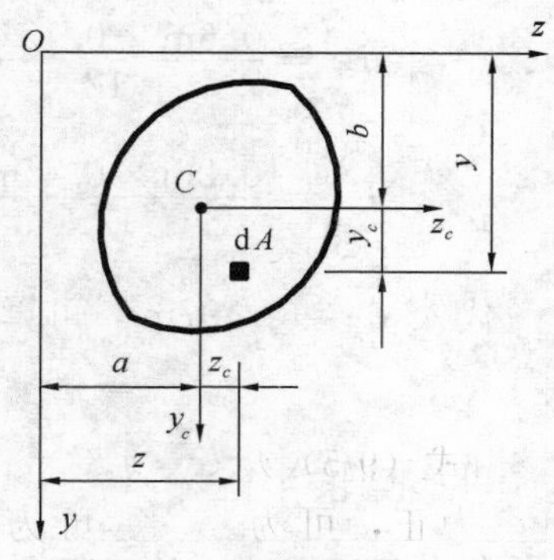


图 9-8 惯性矩和惯性积平行移轴公式

$$I_y = \int_A z^2 \mathrm{d}A = \int_A (z_c + a)^2 \mathrm{d}A = \int_A z_c^2 \mathrm{d}A + 2a\int_A z_c \mathrm{d}A + a^2 \int_A \mathrm{d}A$$

其中$\int_A z_c^2 \mathrm{d}A = I_{y_c}$，$\int_A \mathrm{d}A = A$，$\int_A z_c \mathrm{d}A = S_{y_c}$。因 $y_c$ 为形心轴，所以 $S_{y_c} = 0$，于是可得

同理
$$\left.\begin{aligned} I_y &= I_{y_c} + a^2 A \\ I_z &= I_{z_c} + b^2 A \\ I_{yz} &= I_{y_c z_c} + abA \end{aligned}\right\} \tag{9-7}$$

上式即为惯性矩和惯性积的**平行移轴公式**。因为 $a^2A$ 和 $b^2A$ 均为正，所以在所有相互平行的轴中，同一图形对形心轴的惯性矩最小。

在应用公式（9-7）时需注意，$a$、$b$ 是图形的形心 $C$ 在 $zOy$ 坐标下的坐标，有正、负之分。同时，$y_c$、$z_c$ 轴一定是形心轴。

2. 主轴和主惯性矩

由式（9-6）可知，同一图形对不同的一对直角坐标轴的惯性积是不同的，若图形对某一对直角坐标轴的惯性积等于零，则该直角坐标轴称为**主惯性轴**，或简称为**主轴**。图形对主轴的惯性矩称为**主惯性矩**。

通过图形形心的主轴称为**形心主轴**，图形对形心主轴的惯性矩称为**形心主惯性矩**。在所有形心轴的惯性矩中，图形的形心主惯性矩是极值。

对于具有对称轴的图形，如矩形、工字形、T 形等，其对称轴是形心轴，同时也是形心主轴。常见截面的形心主轴见图 9-3。

**例 9-5** 试求例 9-2 中（图 9-4）T 形截面的形心主惯性矩。

**解** $y$ 轴为对称轴，过形心 $C$ 作 $z_c$ 轴与 $y$ 轴垂直，则 $y$、$z_c$ 即为形心主轴。将截面分为Ⅰ、Ⅱ两部分，如图 9-4 所示，则

$$I_y = I_{y\mathrm{I}} + I_{y\mathrm{II}} = \frac{0.12\mathrm{m} \times 0.6^3\mathrm{m}^3}{12} + \frac{0.4\mathrm{m} \times 0.2^3\mathrm{m}^3}{12} = 2.42 \times 10^{-3}\mathrm{m}^4$$

$$I_{z_c} = I_{z_{c\mathrm{I}}} + I_{z_{c\mathrm{II}}}$$

$$I_{z_{c\mathrm{I}}} = \frac{0.6\mathrm{m} \times 0.12^3\mathrm{m}^3}{12} + \left(y_C - \frac{0.12}{2}\right)^2 \mathrm{m}^2 \times (0.6\mathrm{m} \times 0.12\mathrm{m})$$

$$I_{z_{c\mathrm{II}}} = \frac{0.2\mathrm{m} \times 0.4^3\mathrm{m}^3}{12} + \left(0.12 + \frac{0.4}{2} - y_C\right)^2 \mathrm{m}^2 \times (0.2\mathrm{m} \times 0.4\mathrm{m})$$

代入 $y_C = 0.197\mathrm{m}$，可算出

$$I_{z_C} = 3.70 \times 10^{-3}\mathrm{m}^4$$

### 9.1.4 回转半径

任一平面图形，其面积为 $A$，$y$、$z$ 为图形所在平面内的一对直角坐标轴。图形对 $y$、$z$ 轴的惯性矩分别为 $I_y$、$I_z$。现定义

$$
\left.\begin{aligned}
i_z &= \sqrt{\frac{I_z}{A}} \\
i_y &= \sqrt{\frac{I_y}{A}}
\end{aligned}\right\} \qquad (9\text{-}8)
$$

为平面图形对 $z$ 轴和 $y$ 轴的**回转半径**或**惯性半径**，其量纲为［长度］。

常见的矩形和圆形（如图 9-9 所示）对形心主轴 $z$ 的回转半径分别为 $i_z=\dfrac{h}{2\sqrt{3}}$ 和 $i_z=\dfrac{d}{4}$。

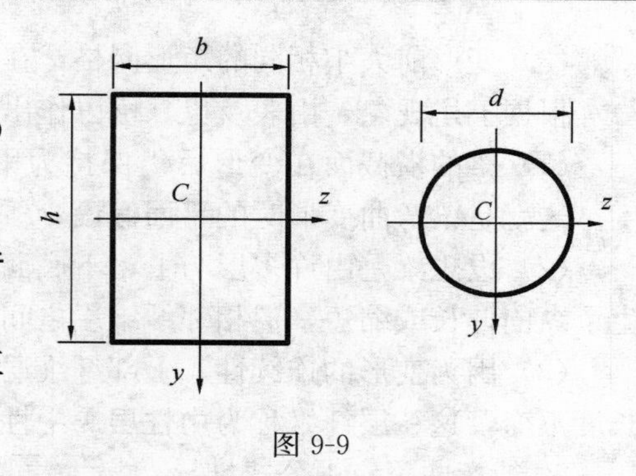


图 9-9

# 9.2　梁横截面上的应力

在 6.3 节中我们学习了梁的内力即 $F_Q$ 和 $M$ 的计算，为了解决梁的强度问题，须研究横截面上的应力。根据 $F_Q$、$M$ 的概念，$M$ 仅与横截面上的正应力 $\sigma$ 有关，$F_Q$ 仅与横截面上的切应力 $\tau$ 有关。本节先讨论弯曲正应力，再讨论弯曲切应力。

## 9.2.1　梁的正应力

首先从纯弯曲入手，推导出正应力计算公式，再推广到一般的横力弯曲。所谓**纯弯曲**，是指梁横截面上剪力为零，而弯矩为常数。图 9-10 所示梁的 $CD$ 段即为纯弯曲。而梁横截面上既有弯矩又有剪力，即为**横力弯曲**。

1. 试验及假设

取矩形截面橡皮梁，加力前，在梁的侧面画上等间距的水平纵向线和等间距的横向线，图 9-11（a）所示。然后对称加载使梁中间一段发生纯弯曲变形，图 9-11（b）所示，可观察到以下现象：

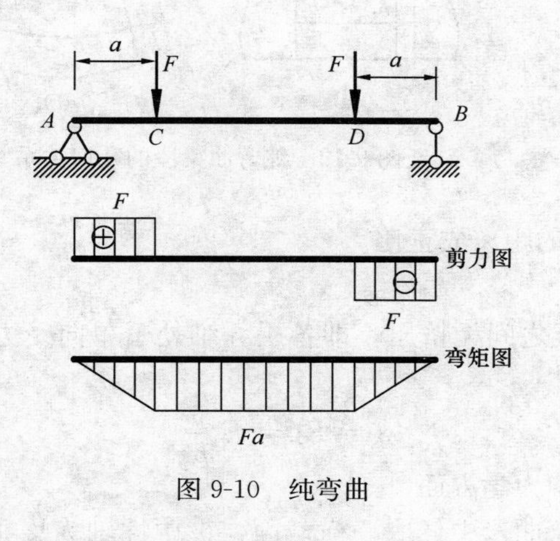


图 9-10　纯弯曲

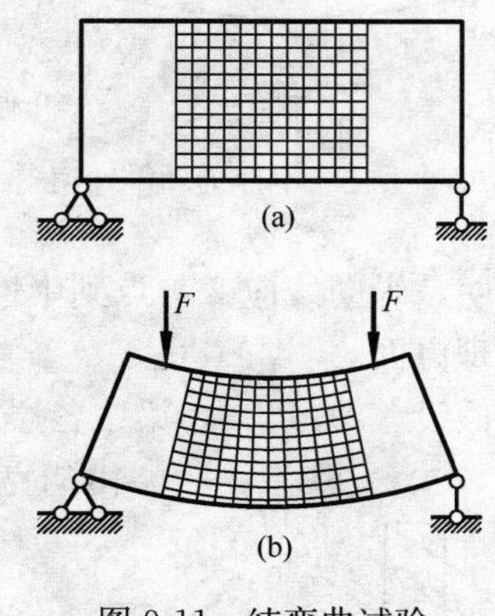


图 9-11　纯弯曲试验

（1）纵向线由相互平行的水平直线变为相互平行的曲线，上部的纵向线缩短，下部的纵向线伸长，且纵向线之间的间距无改变；

（2）横向线变形后仍保持为直线，但发生了相对转动，且与变形后的纵向线垂直；

(3) 变形前大小相同的矩形网格，在变形以后，上部网格变密，下部网格变稀。

根据上述现象，由表及里，可以作出如下假设：

(1) 梁的横截面在变形后仍保持为平面，并与变形后的轴线垂直，只是转动了一个角度。这就是梁弯曲变形时的**平面假设**。

(2) 设想梁是由许多层与上、下底面平行的纵向纤维叠加而成，变形后，这些纤维层发生了纵向伸长或缩短，但相邻纤维层之间不受力。

(3) 因为变形的连续性，上部纤维层缩短，下部纤维层伸长，则中间必然有一层纤维的长度不变，这一层纤维称为**中性层**。中性层与横截面的交线称为**中性轴**，如图 9-12 所示。

2. 纯弯曲正应力公式推导

下面从几何、物理和静力学等三方面入手推导正应力公式。

(1) 几何方面

如图 9-13 (a) 所示从纯弯曲梁中取微段 d$x$ 研究，其变形后如图 9-13 (b)。设中性层为 $o_1o_2$，变形后为 $o_1'o_2'$，其长度仍为 d$x$，且 $\mathrm{d}x=\rho\mathrm{d}\theta$，$\rho$ 为中性层的曲率半径。现研究距中性层为 $y$ 的任一层纤维 $b_1b_2$ 的变形：

$$\varepsilon=\frac{b_1'b_2'-b_1b_2}{b_1b_2}=\frac{b_1'b_2'-o_1o_2}{o_1o_2}=\frac{b_1'b_2'-o_1'o_2'}{o_1'o_2'}=\frac{(\rho+y)\mathrm{d}\theta-\rho\mathrm{d}\theta}{\rho\mathrm{d}\theta}$$

可得

$$\varepsilon=\frac{y}{\rho} \tag{a}$$

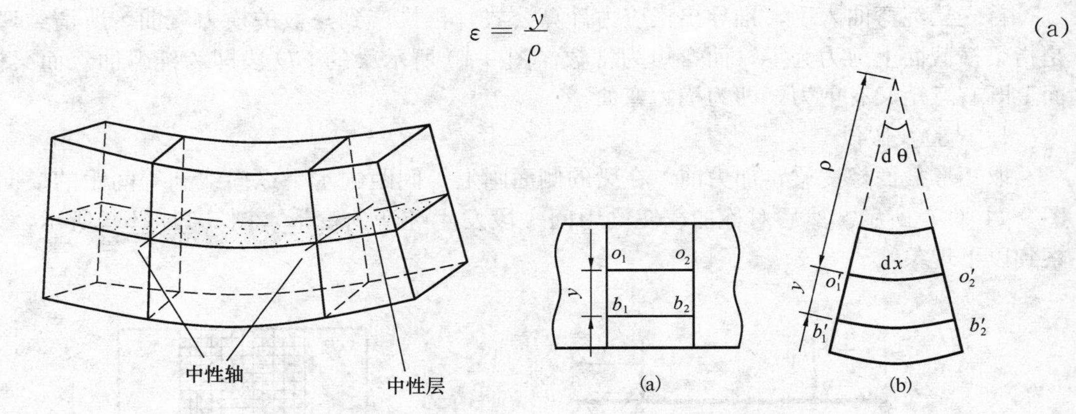


图 9-12 中性轴和中性层

图 9-13 纯弯曲梁段的几何关系

上式表明，纵向线应变与点到中性层的距离成正比。

(2) 物理方面

由前述假设 (2) 可知，梁中各层纤维之间无挤压，即各层纤维处于单向受力状态，则由胡克定律

$$\sigma=E\varepsilon=E\frac{y}{\rho} \tag{b}$$

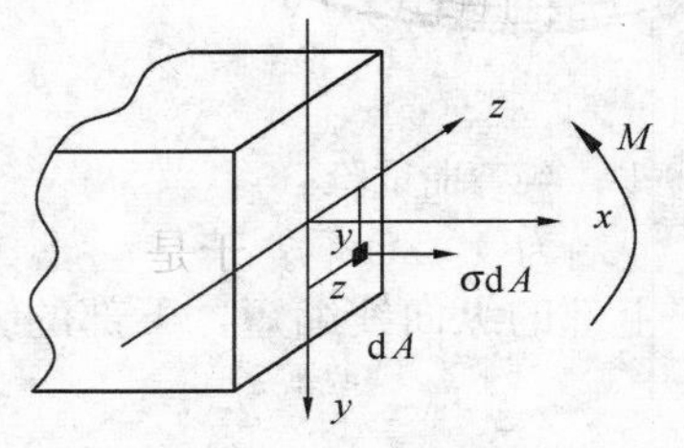


图 9-14 静力学关系

(3) 静力学方面

从纯弯曲段中任取一横截面，设中性轴为 $z$，建立图 9-14 所示的坐标系。在横截面上取微面积 d$A$，其上正应力合力为 $\sigma$d$A$。各处的 $\sigma$d$A$ 形成一个与横截面垂直的空间平行力系，其简化结果应与该截面上的内力相对应，即

$$\begin{cases} F_N = \int_A \sigma \mathrm{d}A = 0 & \text{(c)} \\ M_y = \int_A z\sigma \mathrm{d}A = 0 & \text{(d)} \\ M_z = \int_A y\sigma \mathrm{d}A = M & \text{(e)} \end{cases}$$

由式（b）和式（c），可得

$$F_N = \int_A \frac{E}{\rho} y \mathrm{d}A = \frac{E}{\rho} \int_A y \mathrm{d}A = 0$$

因为 $E/\rho$ 不为零，所以 $\int_A y \mathrm{d}A = S_z = 0$，则说明中性轴 $z$ 是形心轴。

再由式（d），可得

$$M_y = \int_A \frac{E}{\rho} yz \mathrm{d}A = \frac{E}{\rho} \int_A yz \mathrm{d}A = \frac{E}{\rho} I_{yz} = 0$$

所以

$$I_{yz} = 0 \tag{f}$$

上式表明，中性轴 $z$ 是主轴，而中性轴又是形心轴，所以**中性轴是横截面的形心主轴**。

最后由式（e），可得

$$M_z = \int_A \frac{E}{\rho} y^2 \mathrm{d}A = \frac{E}{\rho} \int_A y^2 \mathrm{d}A = \frac{E}{\rho} I_z = M$$

所以

$$\frac{1}{\rho} = \frac{M}{EI_z} \tag{9-9}$$

上式说明，中性层曲率 $1/\rho$ 与 $M$ 成正比，与 $EI_z$ 成反比。$EI_z$ 称为梁的**抗弯刚度**，表示梁抵抗弯曲变形的能力。式（9-9）是计算梁变形的基本公式。

将式（9-9）代入式（b），可得纯弯曲时横截面上正应力公式：

$$\sigma = \frac{M}{I_z} y \tag{9-10}$$

式中，$M$ 为欲求正应力点所在横截面上的弯矩，$I_z$ 为截面对中性轴的惯性矩，$y$ 为所求应力的点到中性轴的距离。由式（9-10）可看出，在某一横截面上，$M$ 和 $I_z$ 为常数，所以 $\sigma$ 与 $y$ 成正比，即正应力沿横截面高度方向呈线性变化规律，如图 9-15 所示。中性轴将横截面分成两部分，一部分受拉，另一部分受压。

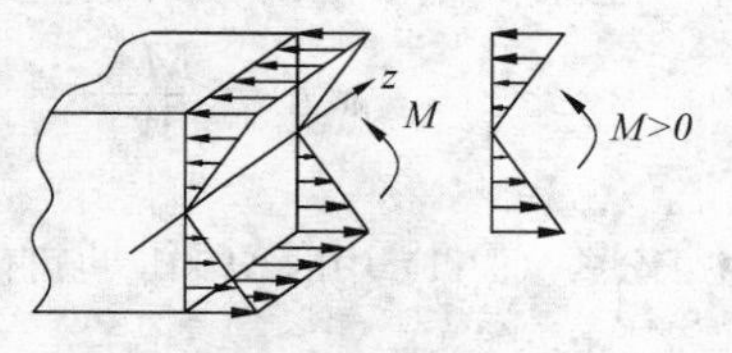

图 9-15 梁横截面上的正应力分布

由式（9-10）可知，$\sigma_{\max}$ 发生在离中性轴最远处，即

$$\sigma_{\max} = \frac{M}{I_z} y_{\max} = \frac{M}{I_z / y_{\max}}$$

令 $I_z / y_{\max} = W_z$，称 $W_z$ 为**抗弯截面系数**或**抗弯截面模量**，其量纲为［长度］$^3$。于是

$$\sigma_{\max} = \frac{M}{W_z} \tag{9-11}$$

对于宽为 $b$，高为 $h$ 的矩形截面

$$W_z=\frac{I_z}{y_{\max}}=\frac{\dfrac{bh^3}{12}}{\dfrac{h}{2}}=\frac{bh^2}{6} \tag{g}$$

对于直径为 $d$ 的圆形截面

$$W_z=W_y=\frac{\dfrac{\pi d^4}{64}}{\dfrac{d}{2}}=\frac{\pi d^3}{32} \tag{h}$$

各种型钢的抗弯截面系数 $W_z$ 可以从型钢表中查到。

3. 纯弯曲正应力公式的推广

对于横力弯曲，由于剪力的存在，横截面不再保持为平面，且纵向纤维层之间也存在相互的挤压，即平截面假设、纵向纤维无挤压的假设均不成立，严格地说，纯弯曲模型推导出的正应力公式不适用于横力弯曲问题。但是对于工程中常见的细长梁（跨度与横截面高度之比大于 5），根据试验和更精确的分析发现，用纯弯曲正应力公式（9-11）计算横力弯曲时横截面上的正应力，并不会引起较大的误差。所以，横力弯曲时横截面上的正应力仍然按式（9-11）计算。

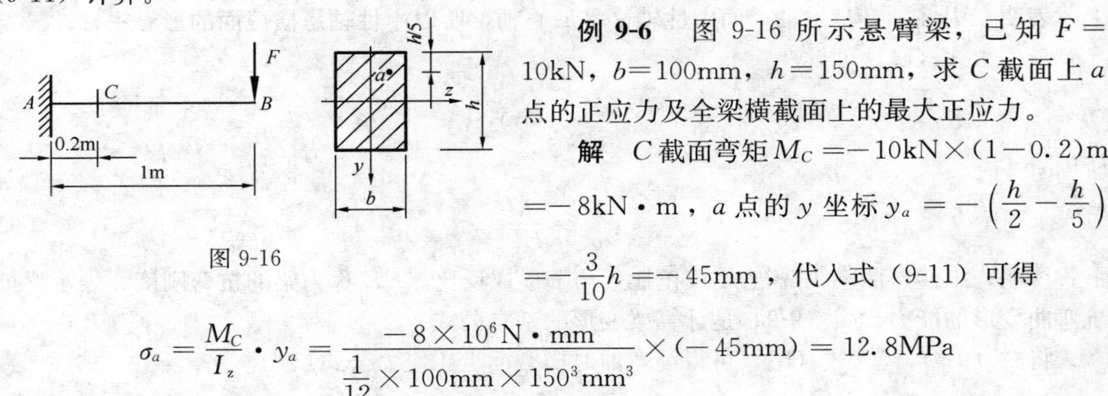


图 9-16

**例 9-6** 图 9-16 所示悬臂梁，已知 $F=10\text{kN}$，$b=100\text{mm}$，$h=150\text{mm}$，求 $C$ 截面上 $a$ 点的正应力及全梁横截面上的最大正应力。

**解** $C$ 截面弯矩 $M_C=-10\text{kN}\times(1-0.2)\text{m}=-8\text{kN}\cdot\text{m}$，$a$ 点的 $y$ 坐标 $y_a=-\left(\dfrac{h}{2}-\dfrac{h}{5}\right)=-\dfrac{3}{10}h=-45\text{mm}$，代入式（9-11）可得

$$\sigma_a=\frac{M_C}{I_z}\cdot y_a=\frac{-8\times10^6\text{N}\cdot\text{mm}}{\dfrac{1}{12}\times100\text{mm}\times150^3\text{mm}^3}\times(-45\text{mm})=12.8\text{MPa}$$

全梁横截面上的最大正应力发生在弯矩最大的固定端截面上，其值为

$$\sigma_{\max}=\frac{M_{\max}}{W_z}=\frac{M_A}{W_z}=\frac{10\times10^3\text{N}\times1000\text{mm}}{\dfrac{1}{6}\times100\text{mm}\times150^2\ \text{mm}^2}=26.7\text{MPa}$$

注：公式（9-11）中的 $M$ 和 $y$ 也可代入绝对值，最后由 $M$ 的正负及点的位置判断 $\sigma$ 的符号。

### 9.2.2 梁的切应力

1. 矩形截面梁的切应力

图 9-17（a）所示矩形截面梁发生横力弯曲，现从梁中任取一横截面如图 9-17（b）所示，根据切应力互等定理可以判断截面周边的切应力必与周边相切。当截面高度 $h$ 大于宽度 $b$ 时，可以进一步作出如下假设：横截面上各点的切应力与剪力 $F_Q$ 方向相同，即与截面侧边平行；切应力沿截面宽度 $b$ 均匀分布，如图 9-17（b）所示。

现从梁中截取长为 $\mathrm{d}x$ 的微段，其受力如图 9-17（c）所示，1-1 截面上的内力为 $F_Q$ 和 $M$，2-2 截面上的内力为 $F_Q+\mathrm{d}F_Q$ 和 $M+\mathrm{d}M$。据此再画出微段左、右截面上的应力分布如

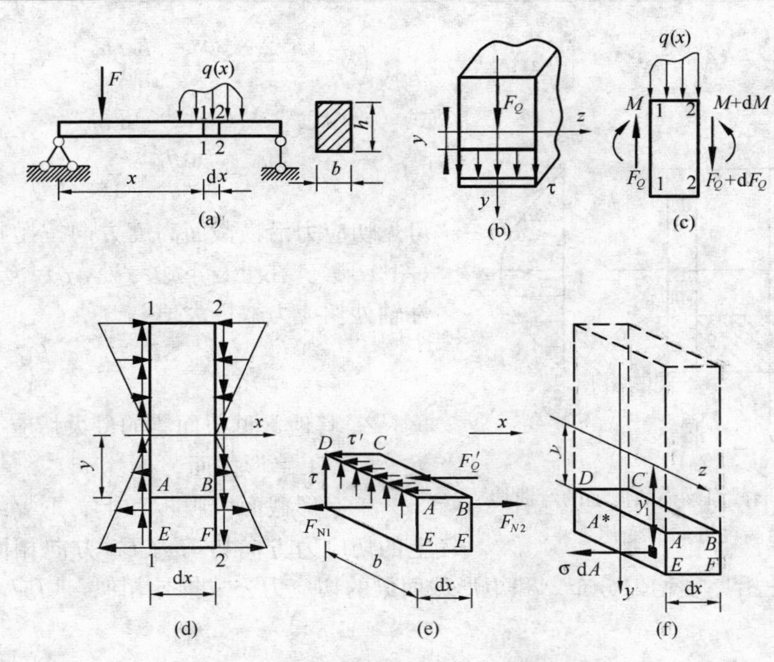


图 9-17　矩形截面梁横截面上的切应力

图 9-17（d）所示，因为两截面上的弯矩不同，所以正应力也不同。下面来求解横截面上距中性轴为 $y$ 处的切应力。为此，以平行于中性层且距中性层为 $y$ 的平面 $ABCD$，从图 9-17（d）示微段中截取该平面以下的部分，如图 9-17（e），现在来研究它在轴线方向的平衡。该微体左、右两面上正应力的合力 $F_{N1}$ 和 $F_{N2}$ 不相等，其差和顶面 $ABCD$ 上的水平切应力 $\tau'$ 的合力相平衡。此处 $\tau'$ 和横截面上 $AD$ 处的切应力 $\tau$ 相等（切应力互等定理），而且 $ABCD$ 面上 $\tau'$ 的合力 $F_Q' = \tau' \cdot b\mathrm{d}x$（因为 $\mathrm{d}x \to 0$），所以

$$\sum F_x = 0 \text{ , } F_{N2} - F_{N1} - \tau' \cdot b\mathrm{d}x = 0 \tag{i}$$

其中，$F_{N1} = \int_{A^*} \sigma \mathrm{d}A$，$A^*$ 为图 9-17（f）所示实线部分左侧面面积；$\sigma = \dfrac{M}{I_z} y_1$，$y_1$ 为 $A^*$ 上任取一点至中性轴的距离，故

$$F_{N1} = \int_{A^*} \sigma \mathrm{d}A = \int_{A^*} \frac{M}{I_z} y_1 \mathrm{d}A = \frac{M}{I_z} S_z \tag{j}$$

式中 $S_z = \int_{A^*} y_1 \mathrm{d}A$ 为 $A^*$ 对中性轴的静矩。式（j）代入式（i）

$$\frac{M + \mathrm{d}M}{I_z} S_z - \frac{M}{I_z} S_z - \tau' b \mathrm{d}x = 0$$

$$\tau' = \frac{\mathrm{d}M}{\mathrm{d}x} \frac{S_z}{bI_z}$$

因为 $\mathrm{d}M/\mathrm{d}x = F_Q$，$\tau' = \tau$，所以

$$\tau = \frac{F_Q S_z}{bI_z} \tag{9-12}$$

式中，$F_Q$ 为欲求切应力点所在横截面上的剪力；$b$ 为截面宽度；$I_z$ 为横截面对中性轴的惯性矩；$S_z$ 为欲求切应力点处水平线以下部分面积 $A^*$（或以上部分）对中性轴的静矩，即

$$S_z = A^* \cdot y^* = \left[b \cdot \left(\frac{h}{2} - y\right)\right] \cdot \left(y + \frac{h/2 - y}{2}\right) = \frac{b}{2}\left(\frac{h^2}{4} - y^2\right) \tag{k}$$

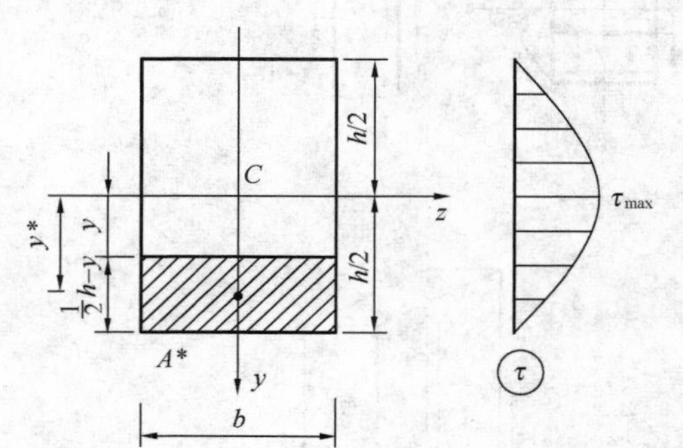


图 9-18 矩形截面梁横截面上的弯曲切应力沿高度方向的变化规律

式（k）代入式（9-12）可得

$$\tau = \frac{6F_Q}{bh^3}\left(\frac{h^2}{4} - y^2\right)$$

可见切应力沿横截面高度方向按抛物线规律变化（图 9-18）。在上、下边缘处，$\tau = 0$；$y = 0$ 即中性轴处切应力取极大值：

$$\tau_{max} = \frac{3F_Q}{2h} = \frac{3}{2}\frac{F_Q}{A} \tag{9-13}$$

2. 其他常见截面梁的最大切应力

（1）工字形截面

工字形截面由腹板和上、下翼缘构成，腹板上的切应力方向与剪力 $F_Q$ 方向相同，即与腹板侧边平行，且 $\tau$ 沿厚度均匀分布。和矩形截面梁的切应力公式推导相似，切应力计算公式也相同，即

$$\tau = \frac{F_Q S_z}{dI_z} \tag{9-14}$$

式中，$d$ 为腹板厚度，$S_z$ 为欲求切应力点水平线以下部分［即图 9-19（a）中的阴影部分］对中性轴的静矩。横截面上的竖向切应力沿截面高度的变化规律如图 9-19（a）所示，可见腹板上的 $\tau$ 变化不大，且翼缘上的竖向 $\tau$ 较小，所以工程上可近似认为 $F_Q$ 全部由腹板承担而且腹板上的 $\tau$ 是均匀分布的，即 $\tau = \dfrac{F_Q}{dh}$。

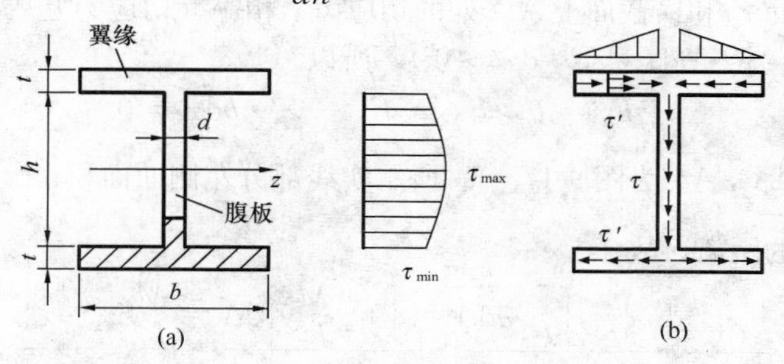


图 9-19 工字形截面梁横截面上的弯曲切应力

若是工字形截面的型钢，计算 $\tau_{max}$ 时可以从型钢表中查出 $d$ 和 $I_z/S_{z,max}$。

翼缘上的竖向切应力较小，可以不予考虑，但是翼缘上还存在水平切应力 $\tau'$。水平切应力的计算在此不作讨论，$\tau'$ 沿翼缘宽度方向呈线性变化规律［图 9-19（b）］，$\tau'$ 沿翼缘厚度方向认为是均匀分布的。水平切应力 $\tau'$ 的方向可以根据腹板上切应力 $\tau$ 的方向及切应力流来确定：如图 9-19（b）所示，当 $\tau$ 向下时，上翼缘的 $\tau'$ 由外向内"流"动，向下通过腹板，最后"流"向下翼缘外侧。当然，由内力 $F_S$ 的方向也可以确定 $\tau'$ 的方向。

（2）圆形和薄壁圆环形截面

圆形与薄壁圆环形截面的最大切应力也都发生在中性轴上，并沿中性轴均匀分布，其值

分别为：

圆形截面

$$\tau_{\max}=\frac{4}{3}\frac{F_Q}{A}$$

薄壁圆环形截面

$$\tau_{\max}=2\frac{F_Q}{A}$$

式中，$A$ 为横截面面积。

## 9.3　梁的强度计算

前面讨论了梁的正应力和切应力计算，为了保证梁能安全工作，就必须使这两种应力都满足强度条件。

1. 梁的正应力强度计算

梁中的最大弯曲正应力发生在危险截面的上边缘或下边缘处，而这些点的弯曲切应力为零，据此可以建立正应力强度条件：

$$\sigma_{\max}=\frac{M}{W_z}\leqslant[\sigma] \tag{9-15}$$

对于由抗拉和抗压性能相同的材料（即许用拉应力 $[\sigma_t]$ 与许用压应力 $[\sigma_c]$ 相等）制成的等截面梁，危险截面即是弯矩最大截面。对于铸铁这类 $[\sigma_t]\neq[\sigma_c]$ 的脆性材料制成的梁，其危险截面并非一定是 $M_{\max}$ 所在截面，这时需分别对拉应力和压应力建立强度条件：

$$\left.\begin{aligned}\sigma_{t,\max}\leqslant[\sigma_t]\\ \sigma_{c,\max}\leqslant[\sigma_c]\end{aligned}\right\} \tag{9-16}$$

2. 梁的切应力强度计算

梁的最大弯曲切应力发生在最大剪力 $F_{Q,\max}$ 所在截面的中性轴处，而这些点的弯曲正应力为零，据此可以建立切应力强度条件：

$$\tau_{\max}=\frac{F_{Q,\max}S_{z,\max}}{bI_z}\leqslant[\tau] \tag{9-17}$$

梁的强度条件式（9-15）和式（9-17）都有三个方面的应用，即强度校核，计算截面和确定许用荷载，其基本原理与轴向拉压杆类似，在此不再赘述。

需指出的是，在对梁进行强度计算时，必须同时满足正应力和切应力强度条件。但是，对于工程中常见的细长梁，其强度主要是由正应力强度条件控制。所以，在截面设计时，常由式（9-15）即正应力强度条件选择截面，再按式（9-17）即切应力强度条件进行校核。

**例 9-7**　一外伸梁受力如图 9-20（a）所示，横截面为倒 T 形，已知 $a=40\text{mm}$，$b=30\text{mm}$，$c=80\text{mm}$；外力 $F_1=40\text{kN}$，$F_2=15\text{kN}$；材料的许用拉应力 $[\sigma_t]=45\text{MPa}$，许用压应力 $[\sigma_c]=175\text{MPa}$。试校核梁的强度。

**解**　（1）几何性质

$$y_2=\frac{(bc)\cdot\left(b+\dfrac{c}{2}\right)+[(2a+b)b]\cdot\left(\dfrac{b}{2}\right)}{bc+(2a+b)b}=38\text{mm}$$

$$y_1=72\text{mm}$$

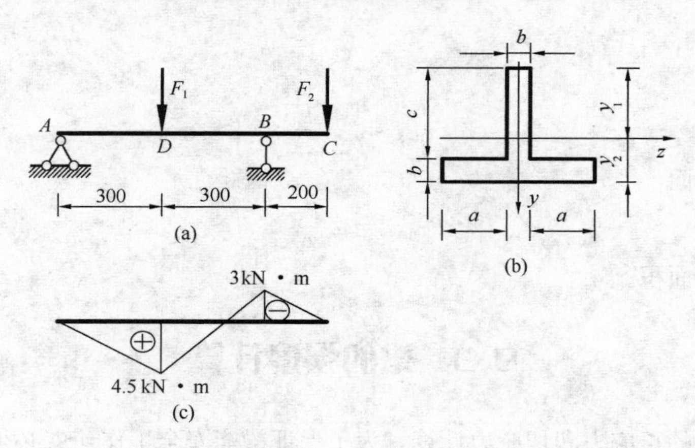


图 9-20

$$I_z=\frac{(2a+b)\cdot b^3}{12}+[(2a+b)b]\cdot\left(y_2-\frac{b}{2}\right)^2+\frac{bc^3}{12}+(bc)\cdot\left(y_1-\frac{c}{2}\right)^2$$
$$=5.73\times10^6\text{mm}^4$$

（2）校核最大拉应力

由弯矩图可以发现，梁的正、负弯矩段皆有极值且 $M_D>M_B$ ，但是因为梁的截面为倒T形，即 $y_1>y_2$ ，所以需对 $D$ 截面最大拉应力 $\sigma^D_{t,\max}=\frac{M_D}{I_z}y_2$ 和 $B$ 截面最大拉应力 $\sigma^B_{t,\max}=\frac{M_B}{I_z}y_1$ 进行比较。注意

$$M_Dy_2<M_By_1$$

所以 $\sigma_{t,\max}=\sigma^B_{t,\max}$ ，则

$$\sigma_{t,\max}=\frac{M_B}{I_z}y_1=\frac{3\times10^6\text{N}\cdot\text{mm}}{5.73\times10^6\text{mm}^4}\times72\text{mm}=37.7\text{MPa}<[\sigma_t]$$

$\sigma_{t,\max}$ 发生在 $B$ 截面的上边缘处。

（3）校核最大压应力

同理，因为 $M_Dy_1>M_By_2$ ，所以 $\sigma_{c,\max}$ 发生在 $D$ 截面的上边缘处，即

$$\sigma_{c,\max}=\frac{M_D}{I_z}y_1=\frac{4.5\times10^6\text{N}\cdot\text{mm}}{5.73\times10^6\text{mm}^4}\times72\text{mm}=54.5\text{MPa}<[\sigma_c]$$

所以该梁的强度满足要求。

**例 9-8** 图 9-21 所示一木制矩形截面简支梁，受均布荷载 $q$ 作用，已知 $l=4$m，$b=140$mm，$h=210$mm，木材的许用正应力 $[\sigma]=10$MPa，许用切应力 $[\tau]=2.2$MPa，试计算许用荷载 $[q]$。

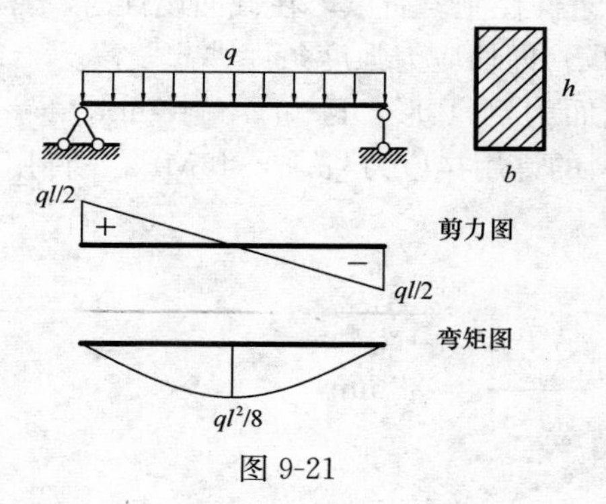


图 9-21

**解** （1）先考虑正应力强度条件

由弯矩图可知 $M_{\max}=\frac{1}{8}ql^2$ ，代入式（9-15）

$$\sigma_{\max} = \frac{M_{\max}}{W_z} = \frac{\frac{1}{8}ql^2}{\frac{1}{6}bh^2} = \frac{\frac{1}{8} \times q \times 4^2 \times 10^6 \text{N} \cdot \text{mm}}{\frac{1}{6} \times 140\text{mm} \times 210\text{mm}} \leqslant [\sigma] = 10\text{MPa}$$

$$\therefore \qquad q \leqslant 5.15\text{kN/m} = [q]_1$$

（2）再考虑切应力强度条件

由剪力图可知，$F_{Q,\max} = \frac{1}{2}ql$ 。于是

$$\tau_{\max} = \frac{3}{2}\frac{F_{Q,\max}}{A} = \frac{3}{2} \times \frac{\frac{1}{2} \times q \times 4 \times 10^3 \text{N}}{140\text{mm} \times 210\text{mm}} \leqslant [\tau] = 2.2\text{MPa}$$

$$\therefore \qquad q \leqslant 21.56\text{kN/m} = [q]_2$$

$[q]_1 < [q]_2$ ，所以梁的许用荷截 $[q] = [q]_1 = 5.15\text{kN/m}$。

**例 9-9**　图 9-22（a）所示外伸梁，截面为 I22a（工字钢），$W_z = 309\text{cm}^3$ ，$d=7.5\text{mm}$，$\frac{I_z}{S_z} = 18.9\text{cm}$。已知材料的许用应力 $[\sigma] = 170\text{MPa}$ ，$[\tau] = 100\text{MPa}$ 。试校核梁的强度。

**解**　画出梁的剪力图和弯矩图如图 9-22（b）（c）所示，可以看出：

$M_{\max} = 39\text{kN} \cdot \text{m}$ ，$F_{Q,\max} = 17\text{kN}$

所以

$$\sigma_{\max} = \frac{M_{\max}}{W_z} = \frac{39 \times 10^6 \text{N} \cdot \text{mm}}{309 \times 10^3 \text{mm}^3}$$

$$= 126\text{MPa} < [\sigma] = 170\text{MPa}$$

$$\tau_{\max} = \frac{F_{Q,\max}}{d\left(\frac{I_z}{S_z}\right)} = \frac{17 \times 10^3 \text{N}}{7.5\text{mm} \times 189\text{mm}}$$

$$= 12\text{MPa} < [\tau] = 100\text{MPa}$$

故梁的强度满足要求。

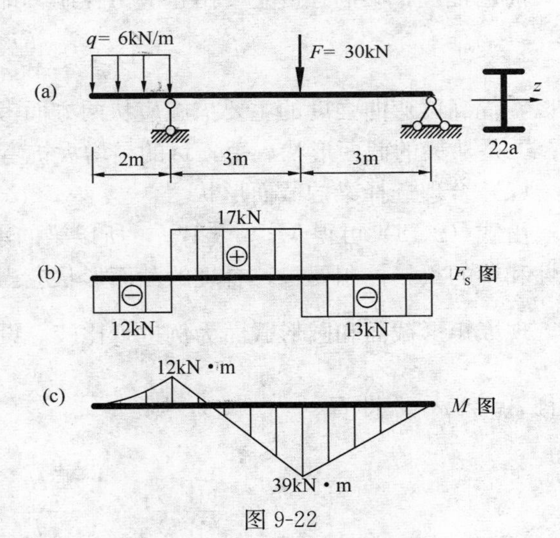

图 9-22

**例 9-10**　试重新为例 9-9 中的梁选择合适的工字钢型号。

| 型号 | $d$ (mm) | $W_z$ /cm³ | $I_z : S_z$ (cm) |
|---|---|---|---|
| 18 | 6.5 | 185 | 15.4 |
| 20a | 7.0 | 237 | 17.2 |
| 20b | 9.0 | 250 | 16.9 |
| 22a | 7.5 | 309 | 18.9 |

**解**　（1）由正应力强度选择截面。由

$$\sigma_{\max} = \frac{M_{\max}}{W_z} \leqslant [\sigma]$$

可得

$$W_z \geqslant \frac{M_{\max}}{[\sigma]} = \frac{39 \times 10^6 \text{N} \cdot \text{mm}}{170\text{MPa}} = 229.4 \times 10^3 \text{mm}^3 = 229\text{cm}^3$$

查型钢表，选 I20a，其 $W_z = 237\text{cm}^3 > 229\text{cm}^3$ 。

（2）校核所选择工字钢梁的切应力强度。对 I20a，其

$$d = 7.0\text{mm}, \ I_z/S_z = 17.2\text{cm}$$

所以

$$\tau_{\max} = \frac{F_{Q,\max}}{d\left(\dfrac{I_z}{s_z}\right)} = \frac{17 \times 10^3 \text{N}}{7.0\text{mm} \times 172\text{mm}} = 14\text{MPa} < [\tau]$$

故合适的工字钢型号为 20a。

## 9.4 提高梁弯曲强度的主要措施

前已提及，梁的强度主要由正应力控制，即

$$\sigma_{\max} = \frac{M}{W_z} \leqslant [\sigma] \tag{9-18}$$

所以，提高梁弯曲强度的主要措施应从两方面考虑，一是从梁的受力着手，目的是减小弯矩 $M$；二是从梁的截面形状入手，目的是增大抗弯截面模量 $W_z$。

（1）合理选择梁的截面形状

由式（9-18）可得 $M \leqslant [\sigma] W_z$ ，所以梁的承载能力与截面的 $W_z$ 成正比。因此，结合经济性和梁的重量控制要求，合理的截面形状应当满足横截面面积 $A$ 较小而其 $W_z$ 较大。

现以矩形截面和圆形截面为例进行比较。设矩形截面 $A_1 = b \times h$，圆形截面 $A_2 = \frac{1}{4}\pi d^2$，而且 $A_1 = A_2$ ，即 $bh = \frac{1}{4}\pi d^2$ ，则

$$\frac{(W_z)_{矩形}}{(W_z)_{圆形}} = \frac{\dfrac{1}{6}bh^2}{\dfrac{\pi d^3}{32}} = \sqrt{\frac{h}{0.716b}}$$

可见，在材料用量相同的前提下，当矩形截面的高度 $h$ 大于宽度 $b$ 的 0.716 倍时，其抗弯性能优于圆形截面。

为了增大 $I_z$ 及 $W_z$ ，可以将截面设计成工字形、箱形、槽形等，如图 9-23（a）所示。这些截面的抗弯性能比矩形截面更为优越。但是，如果材料的抗拉和抗压能力不同，就可以采取 L 形、T 形等截面形状，如图 9-23（b）所示。

当然，梁的截面形状的选择不仅仅是增大 $I_z$ 或者 $W_z$ 的问题，还涉及到梁的的抗剪能力、材料性能及施工工艺等方面，应综合考虑。

（2）变截面梁

梁中不同横截面上的弯矩一般是不同的，若只根据危险截面的抗弯强度而设计为等截面梁，则其他截面的抗弯性能没有被充分发挥。为了节约材料、减轻自重，可以根据梁的受力

特点将梁设计为变截面梁，如图 9-24 所示。

（3）合理配置支座，改变梁的受力

在满足使用要求的前提下，合理配置支座，可以达到减小最大弯矩从而提高抗弯强度的目的。例如，图 9-25（a）所示受均布荷载作用的简支梁，其 $M_{\max}=ql^2/8$，而当左、右支座向内移动五分之一跨长时，如图 9-25（b）所示，则其 $M_{\max}=ql^2/40$。

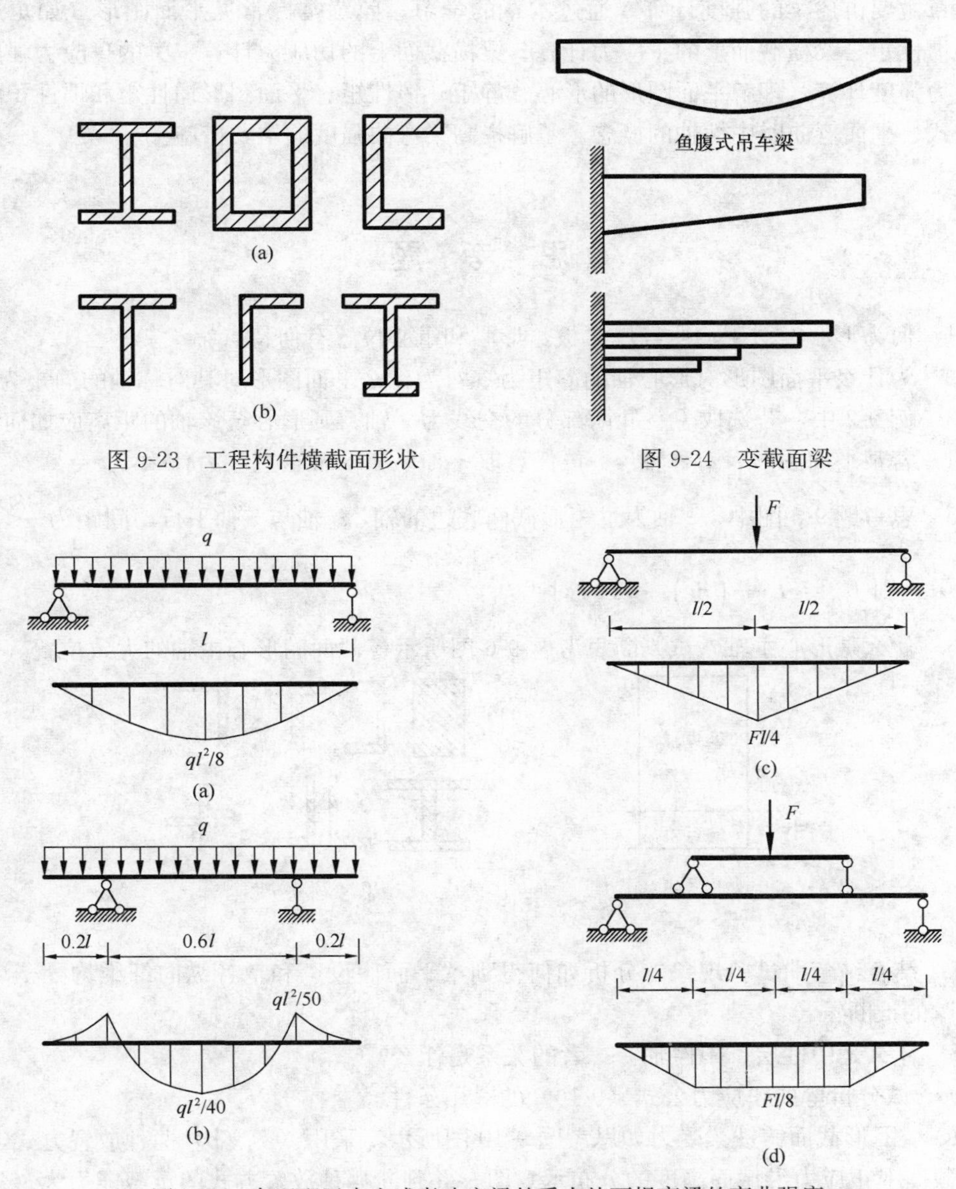


图 9-23　工程构件横截面形状

图 9-24　变截面梁

图 9-25　合理配置支座或者改变梁的受力从而提高梁的弯曲强度

另外，通过改变加载方式也可以减小梁的最大弯矩。如图 9-25（c）所示简支梁，其 $M_{\max}=Fl/4$。当增加辅助小梁时，如图 9-25（d）所示，其 $M_{\max}=Fl/8$，是未加辅助梁时最大弯矩的二分之一。

## 本 章 小 结

本章主要讲述梁的强度计算。通过本章的学习，熟练掌握常见平面图形（如矩形、圆形）的惯性矩、梁横截面上的正应力计算、梁横截面上的切应力计算、梁的正应力强度计算和切应力强度计算。理解平面图形的形心、静矩、惯性矩、平面图形惯性矩和惯性积的平行移轴公式、平面弯曲时中性轴的概念。了解提高梁弯曲强度的主要措施。

## 思 考 题

9-1 何为形心？对于均质等厚薄板，形心和重心位置有何特点？

9-2 为什么平面图形对形心轴的静矩为零？为什么平面图形对其对称轴的静矩为零？

9-3 例 9-2 中，若选取Ⅰ、Ⅱ两部分的交线为 $z$ 轴，则形心至该轴的距离应如何计算？

9-4 若某平面图形有对称轴 $y$，再任意取一轴 $z$ 和 $y$ 轴垂直，为什么 $I_{yz}=0$？

9-5 思考题 9-5 图中，$z$ 轴为过矩形截面底边的轴，$z_1$ 轴与 $z$ 轴平行，间距为 $\frac{h}{4}$，图形面积为 $A$，则 $I_{z_1}=I_z+\left(\frac{h}{4}\right)^2\cdot A$，对吗？

9-6 什么是形心主轴？试判断思考题 9-6 图所示各截面的形心主轴的大致位置。

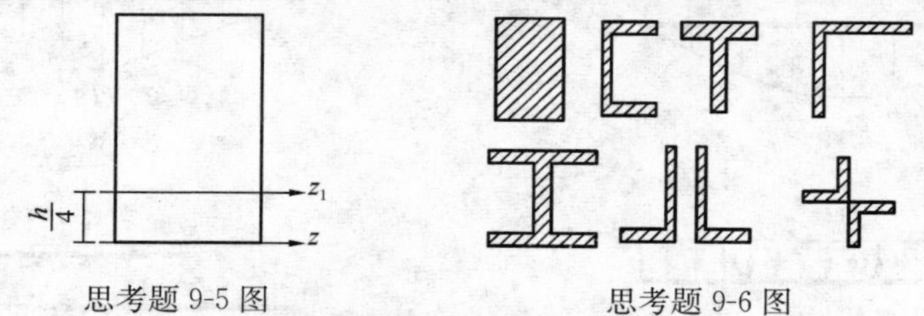


思考题 9-5 图　　思考题 9-6 图

9-7 结合纯弯曲试验现象，分析如何得到“平面假设”和“各纵向纤维均处于单向受力状态”的推断？

9-8 什么是中性层、中性轴？二者的关系是什么？

9-9 试分析弯曲正应力公式（9-10）的适用条件。

9-10 T 形截面铸铁梁受力如思考题 9-10 图所示，采用（a）（b）两种放置方式，试画出危险截面上正应力沿截面高度的分布示意图，并判断哪种放置方式的承载能力大（只考虑正应力）。

9-11 承受均布荷载作用的矩形截面简支梁，如果需要在跨中截面开一圆形小孔，试从弯曲正应力强度出发分析思考题 9-11 图所示（a）（b）两种开孔方式中哪一种最合理？（不考虑应力集中）

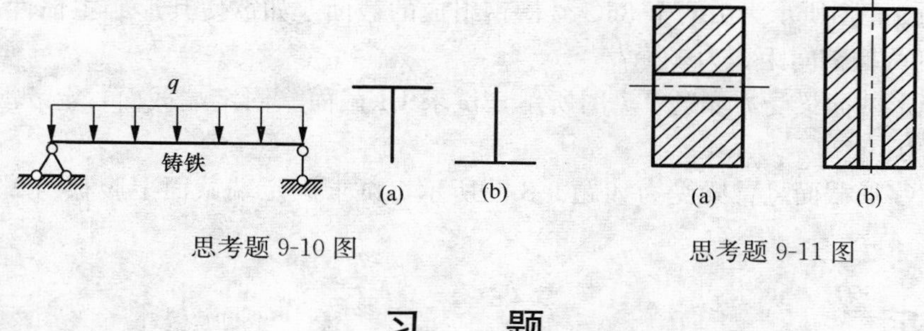


思考题 9-10 图　　　　思考题 9-11 图

## 习　题

9-1　试确定题 9-1 图所示平面图形的形心位置。

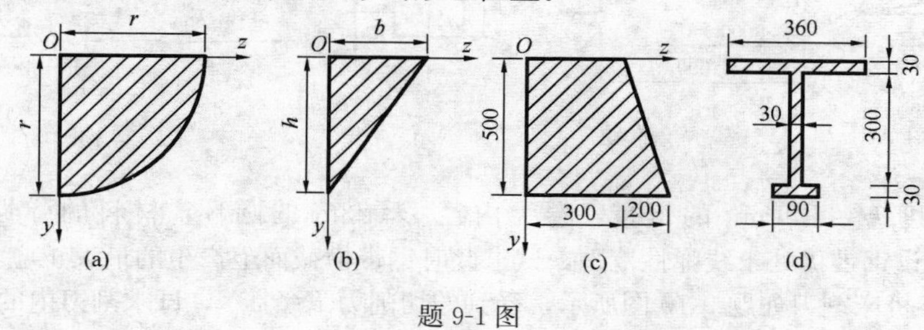


题 9-1 图

9-2　试计算题 9-2 图所示平面图形的阴影部分对 $z$ 轴的静矩。

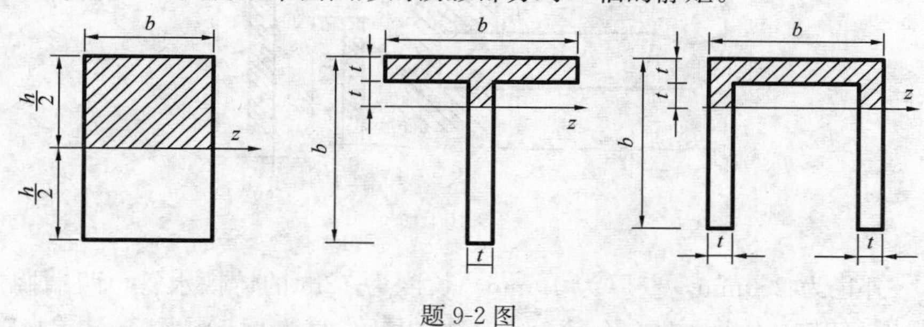


题 9-2 图

9-3　试用积分法计算题 9-1 图中（a）（b）图形对 $y$、$z$ 轴的惯性矩。

9-4　试计算题 9-4 图所示矩形截面对 $y$、$z$ 轴的惯性矩和惯性积以及对 $O$ 点的极惯性矩。

9-5　试计算题 9-5 图所示平面图形的形心主惯性矩（I22a 对对称轴的惯性矩分别为 $3400\text{cm}^4$ 和 $225\text{cm}^4$）。

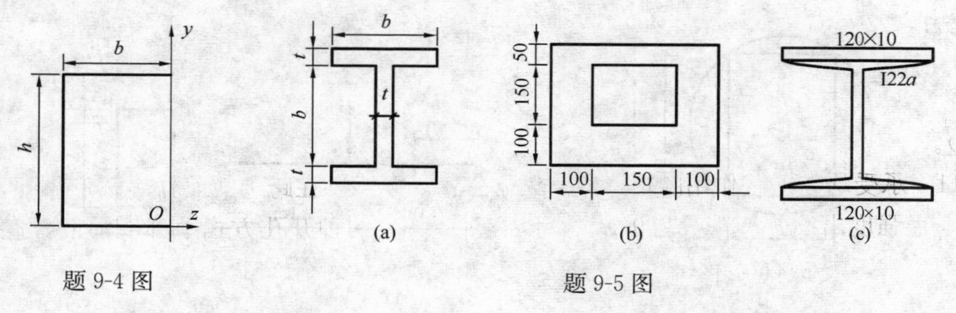


题 9-4 图　　　　题 9-5 图

9-6 题 9-6 图所示为由两个 36C 号槽钢组成的截面，如欲使其形心主惯性矩相等，即 $I_z = I_y$，则两槽钢间距 $a$ 为多少?

9-7 矩形截面梁受力如题 9-7 图所示，试求 I-I 截面（固定端截面）上 $a$、$b$、$c$、$d$ 四点处的正应力。

9-8 工字形截面悬臂梁受力如题 9-8 图所示，试求固定端截面上腹板与翼缘交界处 $k$ 点的正应力 $\sigma_k$。

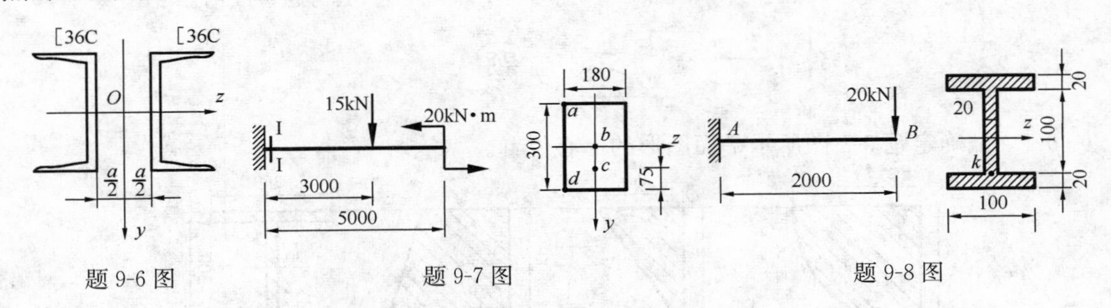


题 9-6 图　　题 9-7 图　　题 9-8 图

9-9 厚度 $h = 1.5\text{mm}$ 的钢带，卷为内径 $D = 3\text{m}$ 的圆环，材料的弹性模量 $E = 210\text{GPa}$。假设钢带仍处于线弹性范围，试求此时钢带横截面上产生的最大正应力。

9-10 某机床割刀如题 9-10 图所示，受到的切削力 $F = 1\text{kN}$，试求割刀内的最大弯曲正应力。

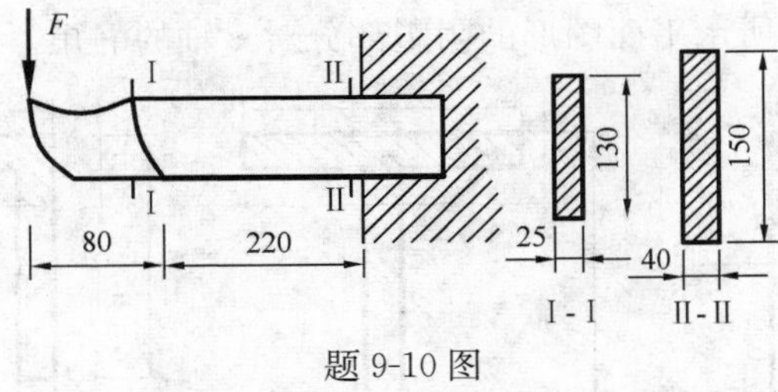


题 9-10 图

9-11 一外径为 250mm，壁厚为 10mm，长度为 12m 的铸铁水管，两端搁在支座上，管中充满着水。铸铁的重度 $\gamma_1 = 76\ \text{kN/m}^3$，水的重度 $\gamma_2 = 10\ \text{kN/m}^3$。试求水管内的最大拉、压正应力。

9-12 我国宋朝的《营造法式》中，圆木中锯出的矩形截面梁的高宽比约为 1.5。现从直径为 $d$ 的圆木中锯出一个强度最高的矩形截面梁，假设宽度为 $b$，高度为 $h$，如题 9-12 图所示。试从理论上证明最佳高宽比也接近 1.5。

9-13 矩形截面简支梁如题 9-13 图所示，已知 $F = 18\text{kN}$，试求 $D$ 截面上 $a$、$b$ 点处的弯曲切应力。

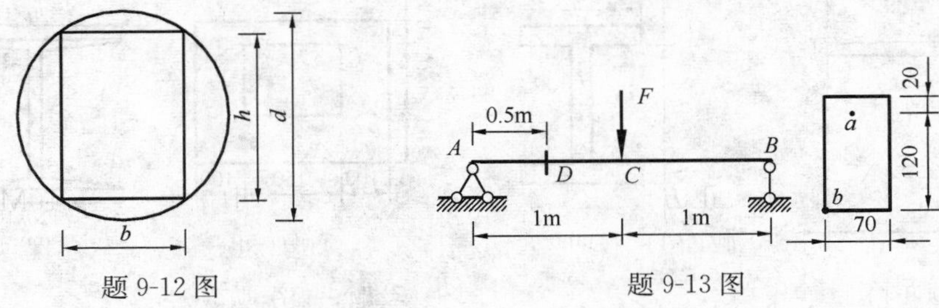


题 9-12 图　　题 9-13 图

9-14　题 9-14 图所示矩形截面梁采用（a）（b）两种放置方式，从弯曲正应力强度观点，试计算（b）的承载能力是（a）的多少倍？

9-15　题 9-15 图所示简支梁 $AB$，当荷载 $F$ 直接作用于中点时，梁内的最大正应力超过许用值 30%。为了消除这种过载现象，现配置辅助梁（图中的 $CD$），试求辅助梁的最小跨度 $a$。

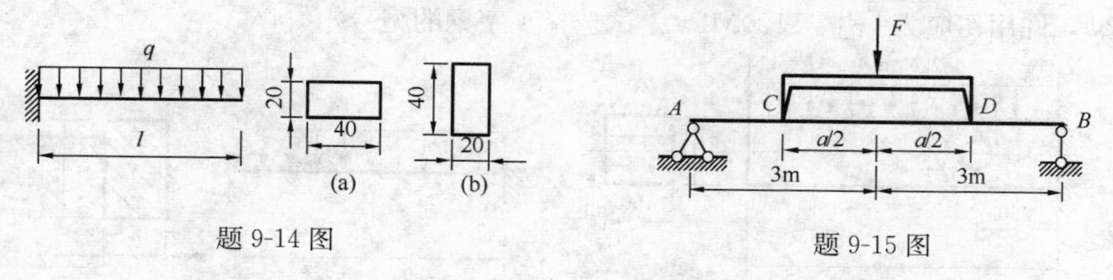


题 9-14 图　　题 9-15 图

9-16　题 9-16 图所示简支梁，$d_1 = 100\text{mm}$ 时，在 $q_1$ 的作用下，$\sigma_{\max} = 0.8[\sigma]$。材料的 $[\sigma] = 12\text{MPa}$，试计算：(1) $q_1 = ?$ (2) 当直径改用 $d_2 = 2d_1$ 时，该梁的许用荷载 $[q]$ 为 $q_1$ 的多少倍？

9-17　T 形简支梁受力如题 9-17 图所示，材料的许用拉应力 $[\sigma_t] = 80\text{MPa}$，许用压应力 $[\sigma_c] = 160\text{MPa}$。试求许用荷载 $[F]$。

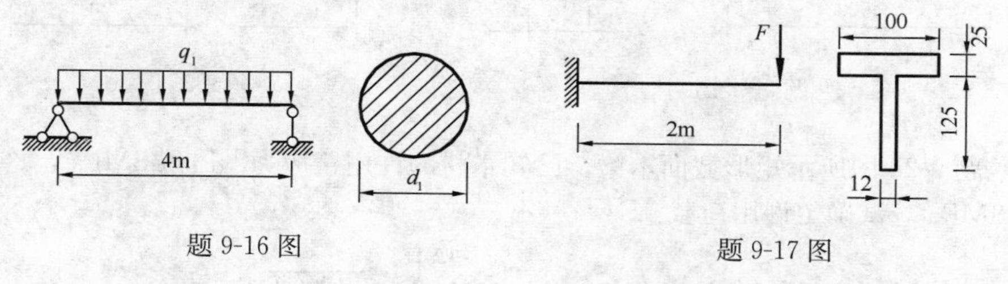


题 9-16 图　　题 9-17 图

9-18　题 9-18 图所示 T 形截面外伸梁，已知材料的许用拉应力 $[\sigma_t] = 80\text{MPa}$，许用压应力 $[\sigma_c] = 160\text{MPa}$，截面对形心轴 $z$ 的惯性矩 $I_z = 735 \times 10^4 \text{mm}^4$，试校核梁的正应力强度。

9-19　题 9-19 图所示工字形截面外伸梁，材料的许用拉应力和许用压应力相等。当只有 $F_1 = 12\text{kN}$ 作用时，其最大正应力等于许用正应力的 1.2 倍。为了消除此过载现象，现于右端再施加一竖直向下的集中力 $F_2$，试求力 $F_2$ 的变化范围。

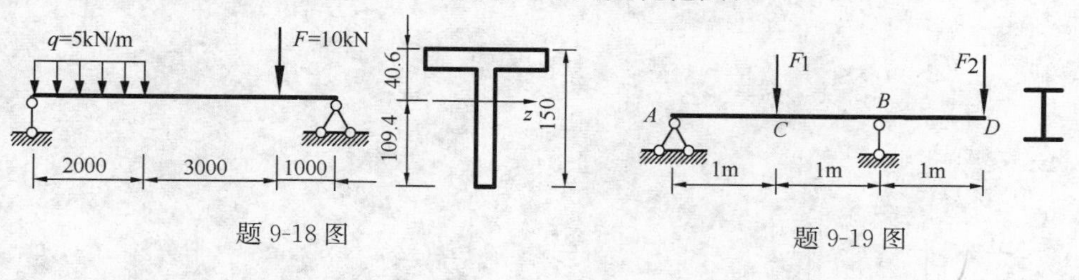


题 9-18 图　　题 9-19 图

9-20　题 9-20 图所示一正方形截面悬臂木梁，木材的许用应力 $[\sigma] = 10\text{MPa}$，现需要在梁中距固定端为 250mm 截面的中性轴处钻一直径为 $d$ 的圆孔。试计算在保证梁的强度条件下，圆孔的最大直径可达多少？（不考虑应力集中的影响）

9-21　悬臂梁受力如 9-21 题所示，试证明 $\frac{\sigma_{\max}}{\tau_{\max}}=\frac{2l}{h}$ 。

9-22　题 9-22 图所示矩形截面梁，已知材料的许用正应力 $[\sigma]=170\mathrm{MPa}$ ，许用切应力 $[\tau]=100\mathrm{MPa}$ 。试校核梁的强度。

9-23　题 9-23 图所示一简支梁受集中力和均布荷载作用。已知材料的许用正应力 $[\sigma]=170\mathrm{MPa}$ ，许用切应力 $[\tau]=100\mathrm{MPa}$ ，试选择工字钢的型号。

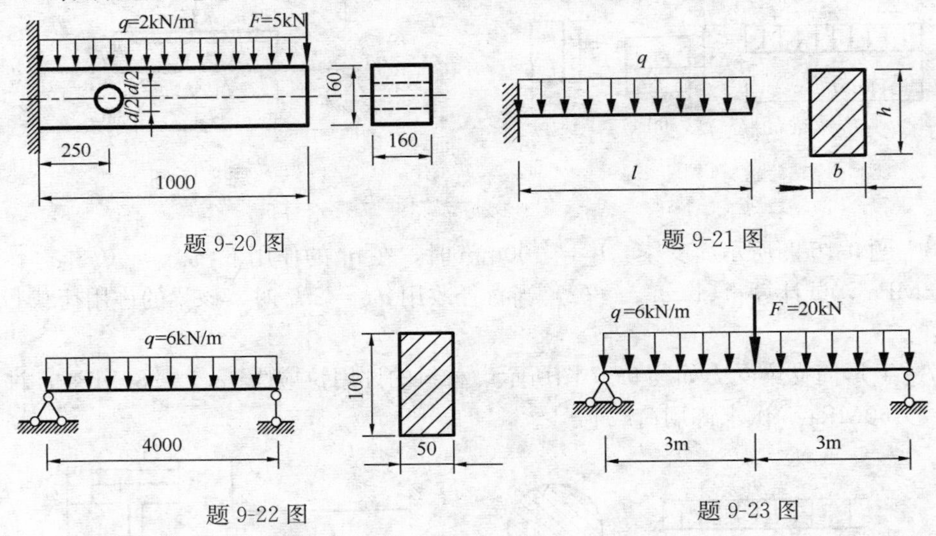


题 9-20 图　　题 9-21 图

题 9-22 图　　题 9-23 图

9-24　题 9-24 图所示矩形截面木梁，已知木材的许用正应力 $[\sigma]=8\mathrm{MPa}$ ，许用切应力 $[\tau]=0.8\mathrm{MPa}$ 。试确定许用荷载 $[F]$ 。

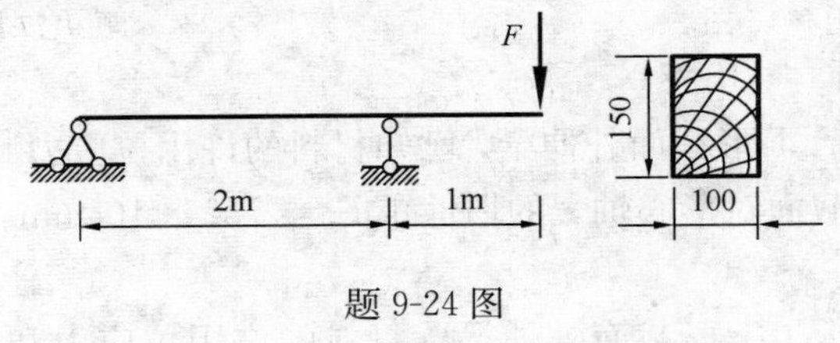


题 9-24 图

# 第 10 章　结构的位移计算

**本章基本内容：**

本章主要介绍梁的挠曲线的近似微分方程的建立；用积分法计算变形；用叠加法求梁的变形；梁的刚度计算；变形体系虚功原理的内容及其在结构位移计算中的应用；广义力和广义位移的概念；计算结构位移的单位荷载法；图形相乘法在位移计算中的应用；线弹性体系的互等定理。

## 10.1　概　　述

### 10.1.1　结构的位移

任何结构都是由可变形的固体材料组成的，在荷载、温度改变、支座位移等外界因素影响下，一般将产生变形和位移。这里，所谓变形是指结构（或其一部分）形状的改变。结构变形引起结构上任一横截面位置的移动和转动，这些移动和转动称为位移。截面位置的移动称为**线位移**，截面位置的转动称为**角位移**。

例如图 10-1 所示刚架，在荷载作用下，其变形曲线如图中虚线所示，其中 $A$ 点移动到 $A'$ 点，$AA'$ 称为 $A$ 点的线位移，用 $\Delta_A$ 表示，它也可以用水平分量 $\Delta_{AH}$ 和竖向分量 $\Delta_{AV}$ 来表示，分别称为 $A$ 点的水平位移和竖向位移。同时，截面 $A$ 还转动了一个角度 $\theta_A$，称为截面 $A$ 的角位移或转角。又如图 10-2 所示刚架，在荷载作用下发生虚线所示变形，截面 $A$ 的角位移为 $\theta_A$（顺时针方向），截面 $B$ 的角位移为 $\theta_B$（逆时针方向），这两个截面的方向相反的角位移之和，称为截面 $A$、$B$ 间的相对角位移，用 $\theta_{AB}$ 表示，即 $\theta_{AB}=\theta_A+\theta_B$。同样，$C$、$D$ 两点的水平线位移分别为 $\Delta_C$（向右）和 $\Delta_D$（向左），这两个指向相反的水平位移之和就称为

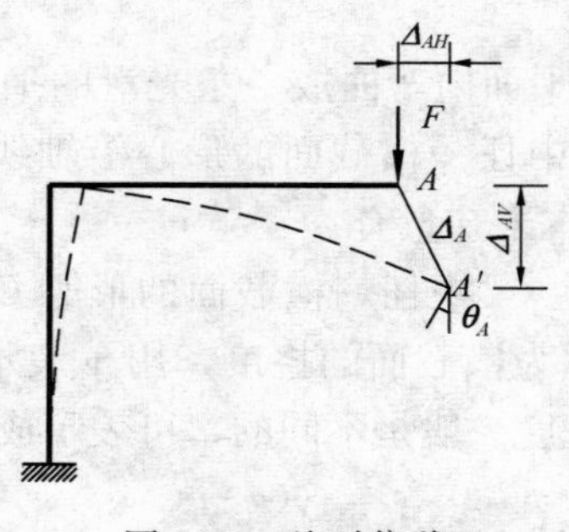

图 10-1　绝对位移

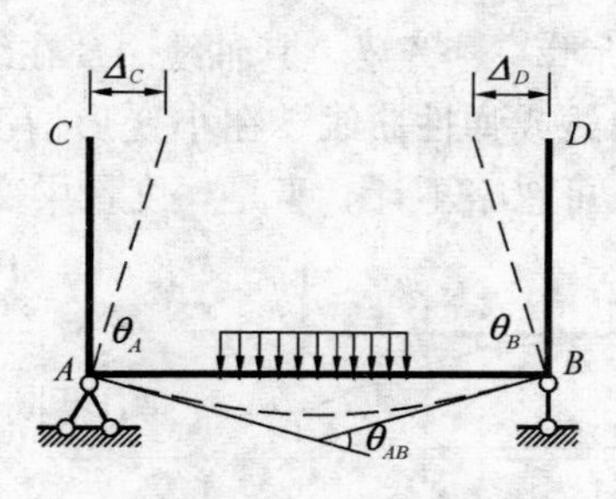

图 10-2　相对位移

$C$、$D$ 两点间的相对线位移，用 $\Delta_{CD}$ 表示，即 $\Delta_{CD}=\Delta_C+\Delta_D$。

以上四种形式的位移均可用本章所学方法进行计算。

### 10.1.2 位移计算的目的

1. 从工程应用方面看：主要进行结构刚度验算。要求结构的最大位移不超过规范规定的允许值。

例如，钢筋混凝土吊车梁的跨中允许挠度 $[f]=l/600$，其中 $l$ 为跨度。又如教室主梁，若 $l=6\text{m}$，则其跨中容许挠度 $[f]=l/200=3\text{cm}$。

2. 从结构分析方面看：为超静定结构的内力分析（如第 11 章中的力法等）打好基础。

欲计算超静定结构的内力，除静力平衡条件外，还须考虑位移条件，所以必须会计算结构的位移。

3. 从土建施工方面看：在结构构件的制作、架设等过程中，常需预先知道结构位移后的位置，以便制定施工措施，确保安全和质量。

### 10.1.3 结构位移计算的方法

1. 几何法

几何法是以杆件变形关系为基础的。例如，下节所要介绍的用于计算梁的挠度的重积分法。位移计算虽然是一个几何问题，但最好的解决办法并不是几何法，而是下面介绍的虚功法（虚力法）。

2. 虚功法

计算结构位移的虚功法是以虚功原理为基础的，所导出的单位荷载法最为实用。单位荷载法能直接求出结构任一截面、任一形式的位移，能适用于各种外因，且能适合于各种结构；还解决了重积分法推导位移方程较烦琐且不能直接求出任一指定截面位移的问题。

本章研究的是线性变形体系位移的计算，即位移与荷载成线性比例，变形是微小的，材料符合胡克定律。由于变形是微小的，因此在计算结构的反力和内力时，可认为结构的几何形状和尺寸，以及荷载的位置和方向保持不变。

## 10.2 梁的变形

### 10.2.1 度量梁变形的基本未知量

图 10-3 所示一悬臂梁，其轴线 $AB$ 在纵向对称平面内弯曲成一条光滑的平面曲线 $AB'$，称为梁的**挠曲线**或**弹性曲线**。在小变形情况下，梁中任一横截面的形心沿轴线 $x$ 方向的位移分量很小，可忽略不计。于是，度量梁变形的基本未知量有：

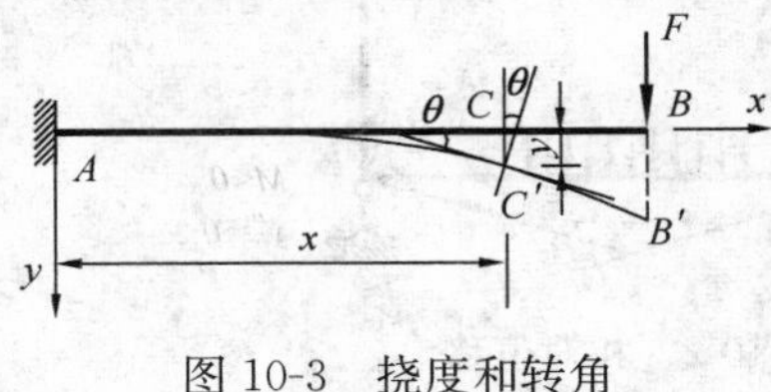

图 10-3 挠度和转角

（1）挠度 $y$。梁中任一横截面的形心 $C$ 在垂直于轴线方向的位移称为该截面的**挠度**，用 $y$ 表示。显然，梁中不同截面的挠度一般是不同的，可表示成

$$y=y(x)$$

称为挠曲线方程。在图示坐标系下，挠度以向下为正，

向上为负。

（2）转角 $\theta$。梁中任一横截面绕中性轴转过的角度，称为该截面的**转角**。转角沿梁长度的变化规律可用转角方程表示：

$$\theta = \theta(x)$$

在图示坐标系下，转角 $\theta$ 以顺时针为正，逆时针为负。

下面来分析挠曲线方程与转角方程之间的关系。根据平面假设，变形后梁的横截面与挠曲线垂直，所以挠曲线上 $C'$ 点的切线与 $x$ 轴正方向的夹角等于 $C$ 截面的转角，如图 10-3 所示。于是 $\theta \approx \tan\theta = \dfrac{\mathrm{d}y}{\mathrm{d}x} = y'$，即

$$\theta = y' \tag{10-1}$$

此式即为挠曲线方程与转角方程的关系。可见，只要求出梁的挠曲线方程 $y(x)$，即可求出任意横截面的挠度和转角。

## 10.2.2　挠曲线的近似微分方程

在 9.2.1 节中我们推导了梁在纯弯曲时中性层的曲率公式（9-9），即 $\dfrac{1}{\rho} = \dfrac{M}{EI_z}$。在横力弯曲时，弯曲变形是弯矩 $M$ 和剪力 $F_Q$ 共同产生的，但是对于工程中常见的细长梁，剪力对梁的变形影响很小，可忽略不计。于是曲率公式表示为

$$\frac{1}{\rho(x)} = \frac{M(x)}{EI_z} = \frac{M(x)}{EI} \tag{a}$$

式中 $I_z$ 为梁横截面对中性轴的惯性矩，今后为书写方便，取 $EI_z = EI$。

由数学知识，曲线 $y = y(x)$ 上任一点的曲率为

$$\frac{1}{\rho(x)} = \pm \frac{y''}{[1 + (y')^2]^{3/2}} \tag{b}$$

在小变形时，挠曲线是一条平缓的平面曲线，$y' = \theta \ll 1$，故 $(y')^2$ 与 1 相比可以忽略不计，于是式（b）成为

$$\frac{1}{\rho(x)} = \pm y'' \tag{c}$$

由式（a）和式（c）可得

$$\frac{M(x)}{EI} = \pm y'' \tag{d}$$

在选取的坐标系下，根据弯矩 $M$ 的正、负号规定可以看出：弯矩 $M$ 与 $y''$ 的符号总是相反的，如图 10-4 所示。所以，式（d）中应取负号，即

$$y'' = -\frac{M(x)}{EI} \tag{10-2}$$

此式即为**梁挠曲线的近似微分**方程，适用于理想线弹性材料制成的细长梁的小变形问题。

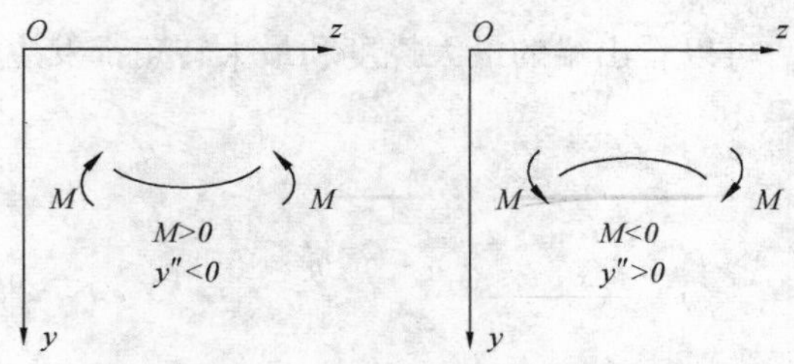


图 10-4　弯矩 $M$ 与 $y''$ 的符号

### 10.2.3 用积分法求梁的变形

将弯矩方程 $M(x)$ 代入式（10-2），积分一次，得到转角方程

$$\theta = y' = -\int \frac{M(x)}{EI}\mathrm{d}x + C \tag{10-3}$$

再积分一次，得挠度方程

$$y = -\iint \frac{M(x)}{EI}\mathrm{d}x\mathrm{d}x + Cx + D \tag{10-4}$$

式中的 $C$ 和 $D$ 为积分常数，由梁的**边界条件**和**变形连续光滑条件**来确定。所谓边界条件，是指梁中某些截面处已知的变形条件。例如在铰支座处，截面的挠度 $y=0$；又如在固定端处，截面的 $y=0$，且 $\theta=0$。而变形连续光滑条件是指：挠曲线应是一条连续光滑的平面曲线，梁在任一截面处应有唯一的挠度与转角。

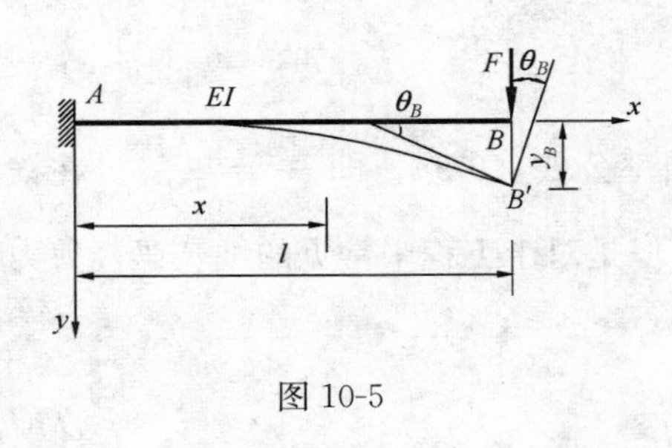


图 10-5

**例 10-1** 图 10-5 所示一等截面悬臂梁，在自由端受集中力 $F$ 作用，梁的抗弯刚度为 $EI$，试求最大挠度和最大转角。

**解** 取坐标系如图所示，弯矩方程为

$$M(x) = -F(l-x)$$

挠曲线近似微分方程为

$$EIy'' = -M(x) = Fl - Fx$$

积分两次，可得

$$EI\theta = EIy' = Flx - \frac{F}{2}x^2 + C \tag{e}$$

$$EIy = \frac{1}{2}Flx^2 - \frac{F}{6}x^3 + Cx + D \tag{f}$$

梁的边界条件为：

$$x = 0 \text{ 处}, y_A = 0, \theta_A = 0$$

将边界条件代入式（e）（f）可以解出

$$C = D = 0$$

于是梁的转角方程和挠度方程分别为

$$\theta = \frac{Flx}{2EI}\left(2 - \frac{x}{l}\right)$$

$$y = \frac{Flx^2}{6EI}\left(3 - \frac{x}{l}\right)$$

可以看出梁的最大挠度和最大转角都发生在自由端：

$$\theta_{\max} = \theta_B = \frac{Fl^2}{2EI}$$

$$y_{\max} = y_B = \frac{Fl^3}{3EI}$$

## 10.2.4　用叠加法求梁的变形

在线弹性及小变形条件下，梁的变形（挠度 $y$ 和转角 $\theta$）与荷载始终保持线性关系，而且每个荷载引起的变形与其他同时作用的荷载无关。这就是力的独立作用原理。当梁同时受几个（或几种）荷载作用时，可以先计算出梁在每个（或每种）荷载作用下的变形（见附录），然后进行叠加运算。这种计算变形的方法称为**叠加法**。

**例 10-2**　图 10-6（a）所示等截面简支梁的抗弯刚度为 $EI$，受集中力 $F$ 和均布荷载 $q$ 作用，试求 $C$ 截面处的挠度 $y_C$ 和 $A$ 截面的转角 $\theta_A$。

**解**　将荷载分解为两种简单荷载如图 10-6（b）和（c）所示，由附录可查出：

$$y_{Cq}=\frac{5ql^4}{384EI},\ \theta_{Aq}=\frac{ql^3}{24EI}$$

$$y_{CF}=\frac{Fl^3}{48EI},\ \theta_{AF}=\frac{Fl^2}{16EI}$$

式中，第一个下标表示截面位置，第二个下标表示引起该变形的原因。

将上述结果叠加，可得

$$y_C=y_{Cq}+y_{CF}=\frac{5ql^4}{384EI}+\frac{Fl^3}{48EI}$$

$$\theta_A=\theta_{Aq}+\theta_{AF}=\frac{ql^3}{24EI}+\frac{Fl^2}{16EI}$$

**例 10-3**　一等截面外伸梁受力如图 10-7（a）所示，其抗弯刚度为 $EI$。试求自由端处的挠度 $y_C$。

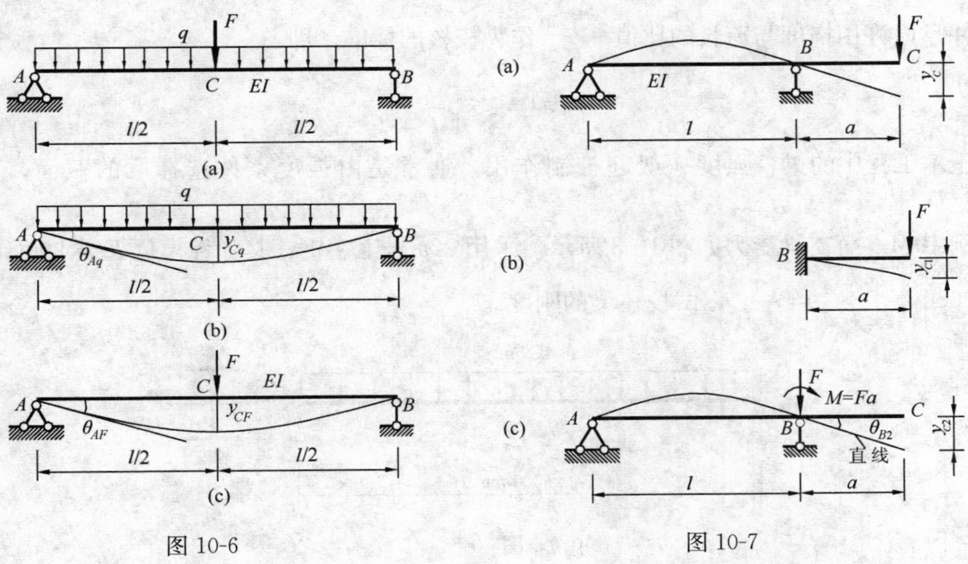

图 10-6　　图 10-7

**解**　画出梁的挠曲线大致形状如图所示，虽然由边界条件知 $y_B=0$，但是 $B$ 截面发生了转动，所以 $C$ 截面的变形可以看作是 $AB$ 部分和 $BC$ 部分的变形共同引起的。

（1）首先，仅考虑 $BC$ 部分的变形，此时将 $AB$ 部分视为刚体。根据 $A$、$B$ 处的支承情况，$AB$ 部分既不能移动，也不能转动，因此 $BC$ 部分可看成悬臂梁[图 10-7(b)]，查附录可得：

$$y_{C1} = \frac{Fa^3}{3EI}$$

（2）其次，仅考虑 $AB$ 部分的变形，此时将 $BC$ 部分视为刚体。由静力学知识，刚体 $BC$ 部分上 $C$ 处的力 $F$ 可以平移至 $B$ 处[图 10-7(c)]，而平移至 $B$ 处的力 $F$ 不会使 $AB$ 部分变形。在 $M = Fa$ 作用下，$B$ 截面的转动使 $BC$ 部分倾斜，且 $BC$ 段的挠曲线为直线，故

$$y_{C2} = a \cdot \tan\theta_{B2} \approx a\theta_{B2}$$

式中 $\theta_{B2}$ 是由 $M$ 引起的，查附录可得：

$$\theta_{B2} = \frac{Ml}{3EI} = \frac{Fal}{3EI}$$

（3）叠加

$$y_C = y_{C1} + y_{C2} = \frac{Fa^3}{3EI} + \frac{Fla^2}{3EI} = \frac{Fa^2}{3EI}(a + l)$$

### 10.2.5 梁的刚度计算

梁的刚度计算，通常是校核其变形是否超过许用挠度 $[f]$ 和许用转角 $[\theta]$，可以表述为：

$$y_{\max} \leqslant [f]$$
$$\theta_{\max} \leqslant [\theta]$$

式中 $y_{\max}$ 和 $\theta_{\max}$ 为梁的最大挠度和最大转角。

在机械工程中，一般对梁的挠度和转角都进行校核；而在土木工程中，常常只校核挠度，并且以许用挠度与跨长的比值 $\left[\frac{f}{l}\right]$ 作为校核的标准，即：

$$\frac{y_{\max}}{l} \leqslant \left[\frac{f}{l}\right] \tag{10-5}$$

土木工程中的梁，强度一般起控制作用，通常是由强度条件选择梁的截面，再校核刚度。

**例 10-4** 简支梁受力如图 10-8 所示，采用 22a 号工字钢，其弹性模量 $E = 200\text{GPa}$，$I_z = 3400\text{cm}^4$，$\left[\frac{f}{l}\right] = \frac{1}{400}$，试校核梁的刚度。

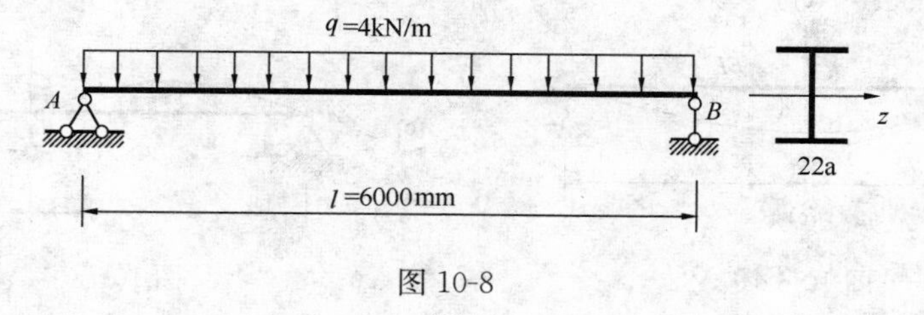


图 10-8

**解** 由附录查表可得 $y_{\max} = \frac{5ql^4}{384EI}$。于是

$$\frac{y_{\max}}{l} = \frac{5ql^3}{384EI} = \frac{5 \times 4\text{N/mm} \times 6000^3\text{mm}^3}{384 \times 200 \times 10^3\text{MPa} \times 3400 \times 10^4\text{mm}^4} = \frac{1}{600} < \left[\frac{f}{l}\right] = \frac{1}{400}$$

所以梁的刚度满足要求。

# 10.3 虚功原理

## 10.3.1　实功与虚功

功是能量变化的一种度量。可以定量地表述为：一个不变的集中力所做的功等于该力的大小与其作用点沿力作用线方向所发生的位移的乘积。在做功的两个要素中，若力在自身位移上做功，则称为实功。若做功的力与位移彼此独立无关，则所做的功称为虚功。

工程中作用在结构上的力除有常力外，还有变力，故功又分为：

1. 常力的功

力在其做功过程中大小和方向不随时间、位置的改变而改变，该力称为常力。所做的功为

$$W = F\Delta \tag{10-6}$$

力与位移方向一致为正。

例如，力 $F$ 作用于图 10-9 所示梁，使其达到细实线所示的平衡位置；然后又有另一力 $F_1$ 作用于该梁，使其达到虚线所示位置，$F$ 的作用点产生了新的位移 $\Delta$。这时，力 $F$ 在相应位移 $\Delta$ 上所做的功就是虚功。所谓“虚”就是表示位移与做功的力无关。在做虚功时，力不随位移而变化，是常力。

$$W = F\Delta \tag{10-6a}$$

由于式（10-6a）中的 $F$ 和 $\Delta$ 彼此独立无关，为了方便，常将力和位移看成是分别属于同一结构的两种彼此独立无关的状态，分开画在两个图中，如图 10-10 所示。图 10-10（a）表示做虚功的平衡力系，称为力状态；图 10-10（b）表示虚功中的位移，称为位移状态。位移状态上的位移应为结构可能发生（即满足支座约束条件）的、微小的连续位移，除了由荷载引起［如图 10-10（b）所示］外，也可以由温度变化、支座位移等引起，甚至可以是假想的。

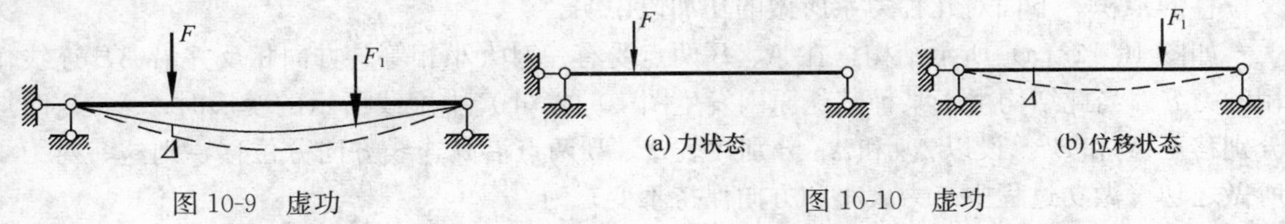


图 10-9　虚功　　　　图 10-10　虚功

2. 变力的功

图 10-11（a）所示的简支梁上作用一静力荷载 $F$，其值由零逐渐增加到最终值。梁变形成图中虚线所示，$F$ 的作用点产生一位移 $\Delta$，它也由零增加到最终值。在弹性范围内，$F$ 与 $\Delta$ 间成线性关系［如图 10-11（b）所示］，设比例常数为 $\beta$，则有

$$F = \beta\Delta \tag{a}$$

直线 $OA$ 上任一点的 $F_1$ 与 $\Delta_1$ 也符合关系式（a），即有

$$F_1 = \beta\Delta_1 \tag{b}$$

因此，在加载过程中 $F$ 所做的总功为

$$W = \int_0^{\Delta} F_1 \mathrm{d}\Delta_1 = \int_0^{\Delta} \beta\Delta_1 \mathrm{d}\Delta_1 = \frac{1}{2}\beta\Delta_1^2 \Big|_0^{\Delta} = \frac{1}{2}\beta\Delta^2 \tag{c}$$

将式（a）代入式（c），得

$$W = \frac{1}{2}F\Delta \tag{10-6b}$$

即等于图 10-11（b）中三角形 $OAB$ 的面积。由此可知，线性变形体系上外力做的实功等于外力的最后数值与其相应位移乘积的一半。

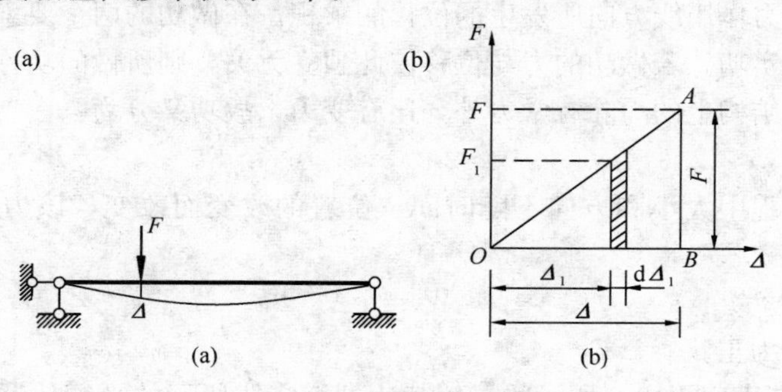


图 10-11 实功

需要指出，外力实功 $T$ 是由零逐渐增加到最后值 $\frac{1}{2}F\Delta$ 的，它与常力所做的功在概念上是不同的。

## 10.3.2 广义力和广义位移

今后不仅会遇到单个力做功的问题，而且会遇到其他形式的力和力系做功的问题。对于各种形式常力所做的虚功，可以参照式（10-6），用力和位移这两个彼此独立无关的因子的乘积来表示。与力相应的因子称为广义力，如集中力、力偶、分布力；而与位移相应的因子称为广义位移，如线位移、角位移。这样，便可用统一而紧凑的形式将功表示为广义力与广义位移的乘积。下面对几种力系所做的功加以说明。

如图 10-12（a）所示结构，在 $A$、$B$ 两点受有一对大小相等、方向相反并沿 $AB$ 连线作用的力 $F$。当此结构由于某种其他原因发生图 10-12（b）中虚线所示的变形时，$A$、$B$ 两点分别移至 $A'$ 和 $B'$。设以 $\Delta_A$ 和 $\Delta_B$ 分别代表 $A$、$B$ 两点沿其连线方向分位移，则这一对力 $F$ 所做之功（做功过程中二力大小和方向保持不变）为

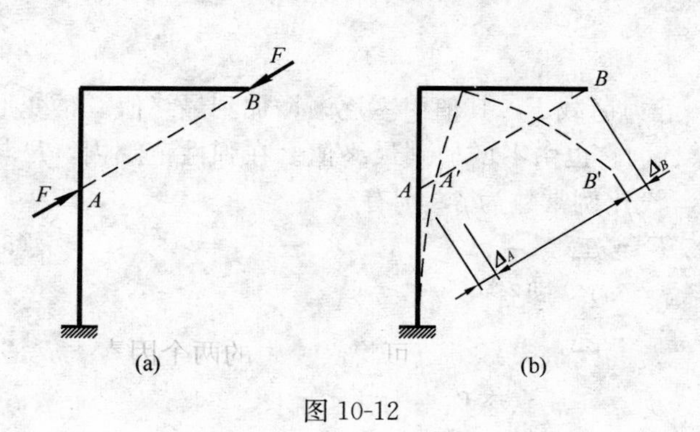


图 10-12

$$W = F\Delta_A + F\Delta_B = F(\Delta_A + \Delta_B) = F\Delta$$

式中 $\Delta = \Delta_A + \Delta_B$ 代表 $A$、$B$ 两点沿其连线方向的相对位移。由上式可见，广义力是作用于 $A$、$B$ 两点并沿该两点连线作用的一对等值而反向的力，在式中以 $F$ 来代表，而取 $A$、$B$ 两点沿力的方向的相对线位移作为广义位移。

又如图 10-13（a）所示结构，在 $C$、$D$ 两结点上作用着与杆 $CD$ 相垂直

的等值而反向的两个力 $F$。设由于某种其他原因使结构发生位移时，$C$、$D$ 两点分别移至 $C'$ 和 $D'$ 的位置［图 10-13（b）］，并用 $\Delta_C$ 和 $\Delta_D$ 分别代表 $C$、$D$ 两点沿力 $F$ 方向的分位移，则这两个力 $F$ 所做之功（做功过程中二力大小和方向保持不变）为

$$W = F\Delta_C + F\Delta_D = F(\Delta_C + \Delta_D) = F \times d\,\frac{\Delta_C + \Delta_D}{d}$$

式中 $d$ 为 $CD$ 杆长，所以 $Fd$ 即代表两个等值而反向的力 $F$ 所形成的力偶 $M = Fd$。又注意到在微小变形假设的前提下，结构变形时的位移是微小的。因此，在图 10-13（b）中，当 $CD$ 杆的转角为 $\theta$ 时，则有

$$\theta \approx \frac{ED'}{EC'} \approx \frac{\Delta_C + \Delta_D}{d}$$

故二力所做总功可写为

$$W = M\theta$$

因而在目前情况下，所取的广义力为力偶矩 $M$，广义位移为 $CD$ 杆的转角 $\theta$。

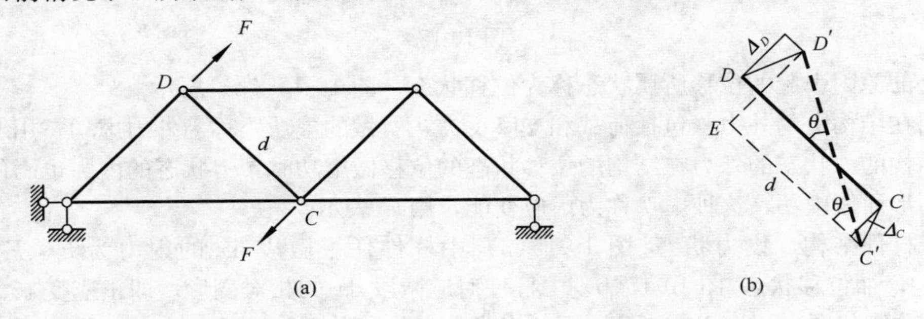


图 10-13

再看图 10-14（a）所示两端受等值而反向的力矩 $M$ 作用的简支梁 $AB$，当由于某种其他原因发生图 10-14（b）中虚线所示的变形时，其两端力矩所做总功（做功过程中 $M$ 的大小和方向保持不变）为

$$W = M\alpha + M\beta = M(\alpha + \beta) = M\theta$$

图 10-14

由上式可知，可取作用于 $A$、$B$ 两端等值而反向的力矩 $M$ 作为广义力，而取 $A$、$B$ 两端截面的相对转角 $\theta$ 作为广义位移。

由以上例子可见，做功时广义力与广义位移的乘积具有相同的量纲，即功的量纲。

### 10.3.3　外力虚功和虚应变能

由于在虚功中，力和位移是彼此独立无关的两个因素，故可将虚功中的两个因素看成是分别属于同一结构的两种彼此无关的状态，力系所属状态称为力状态［图 10-15（a）所示］，

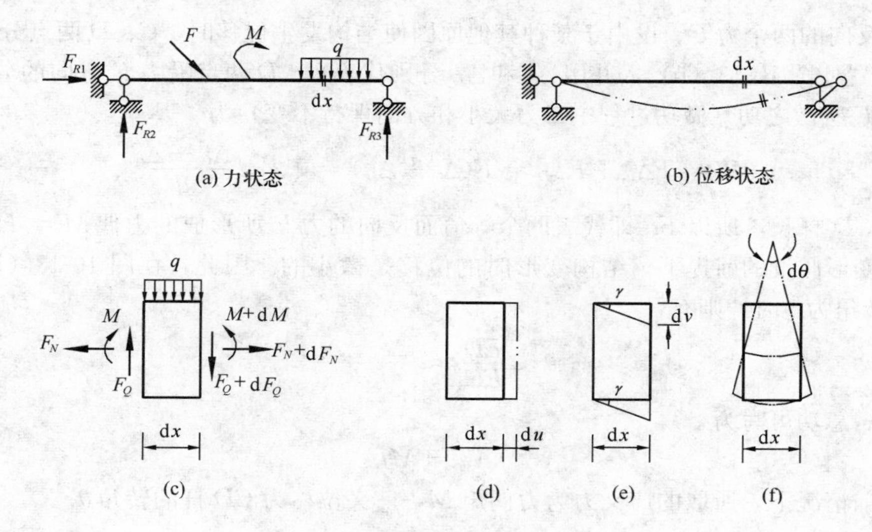


图 10-15

由于另外的原因引起的位移所属状态称为位移状态［图 10-15（b）所示］。

作用在结构上的外力（包括荷载和支座反力）所做的虚功，称为外力虚功，用 $W$ 表示。

当结构的力状态的外力在结构的位移状态的位移做虚功时，力状态的内力也因位移状态的相对变形而做虚功，这种虚功称为虚应变能，用 $U$ 表示。

对于杆件结构，设力状态［图 10-15(a)］中杆件任一微段 $\mathrm{d}x$ 的内力为 $F_N$、$F_Q$、$M$［图 10-15(c)］；而位移状态［图 10-15(b)］中杆件对应微段 $\mathrm{d}x$ 的相对变形，即正应变 $\varepsilon$、切应变 $\gamma$ 和曲率 $\kappa$ 分别如图 10-15(d)(e)(f)所示。当略去高阶微量后，微段上的虚应变能可表为

$$\mathrm{d}U = F_N\mathrm{d}u + F_Q\mathrm{d}v + M\mathrm{d}\theta$$

将上式表示的微段虚应变能沿杆长进行积分，然后对结构的全部杆件求和，即得杆件结构的虚应变能为

$$\left.\begin{aligned} U &= \Sigma\int F_N\mathrm{d}u + \Sigma\int F_Q\mathrm{d}v + \Sigma\int M\mathrm{d}\theta \\ \text{或}\quad U &= \Sigma\int F_N\varepsilon\,\mathrm{d}x + \Sigma\int F_Q\gamma\,\mathrm{d}x + \Sigma\int M\kappa\,\mathrm{d}x \end{aligned}\right\} \tag{10-7}$$

## 10.3.4 虚功原理

变形体系的虚功原理可表述为：变形体系在力系作用下处于平衡状态（力状态），又设该变形体系由于别的原因产生符合约束条件的微小的连续变形（位移状态），则力状态的外力在位移状态的位移上所做的虚功，恒等于力状态的内力在位移状态的变形上所做的虚功，即等于虚应变能。或简写为

$$W = U$$

对于杆件结构，将式（10-7）代入上式，虚功原理可用下式表达

$$\left.\begin{aligned} W &= \Sigma\int F_N\mathrm{d}u + \Sigma\int F_Q\mathrm{d}v + \Sigma\int M\mathrm{d}\theta \\ \text{或}\quad W &= \Sigma\int F_N\varepsilon\,\mathrm{d}x + \Sigma\int F_Q\gamma\,\mathrm{d}x + \Sigma\int M\kappa\,\mathrm{d}x \end{aligned}\right\} \tag{10-8}$$

上式即为杆件结构的虚功方程。

虚功原理有两种用法：

(1) 虚设位移状态——可求实际状态的未知力。这是在给定的力状态与虚设的位移状态之间应用虚功原理，这种形式的应用即为虚位移原理。

(2) 虚设力状态——可求实际状态的位移。这是在给定的位移状态与虚设的力状态之间应用虚功原理，这种形式的应用即为虚力原理。

## 10.3.5　利用虚功原理计算结构的位移

1. 位移计算的一般公式（单位荷载法）

下面将根据虚力原理，利用虚功方程（10-8）导出杆件结构位移计算的一般公式。

图 10-16（a）所示结构，由于荷载 $F_1$ 和 $F_2$、支座 $A$ 的位移 $c_1$ 和 $c_2$ 等各种因素的作用而发生如图中虚线所示的变形，这一状态称为结构的实际状态，将实际状态作为结构的位移状态。为了利用虚功方程求得 $D$ 点的水平位移，选取图 10-16（b）所示的虚力状态，即在 $D$ 点处沿水平方向加上一个单位荷载 $F=1$。计算虚力状态 $A$ 处的支座反力为 $\overline{F}_{R1}$、$\overline{F}_{R2}$ 和 $B$ 处的支座反力为 $\overline{F}_{By}$，以及结构的内力 $\overline{M}$、$\overline{F}_Q$、$\overline{F}_N$[图 10-16(f)(g)(h)]。虚设力系的外力（包括反力）对实际状态的位移所做的总外力虚功为

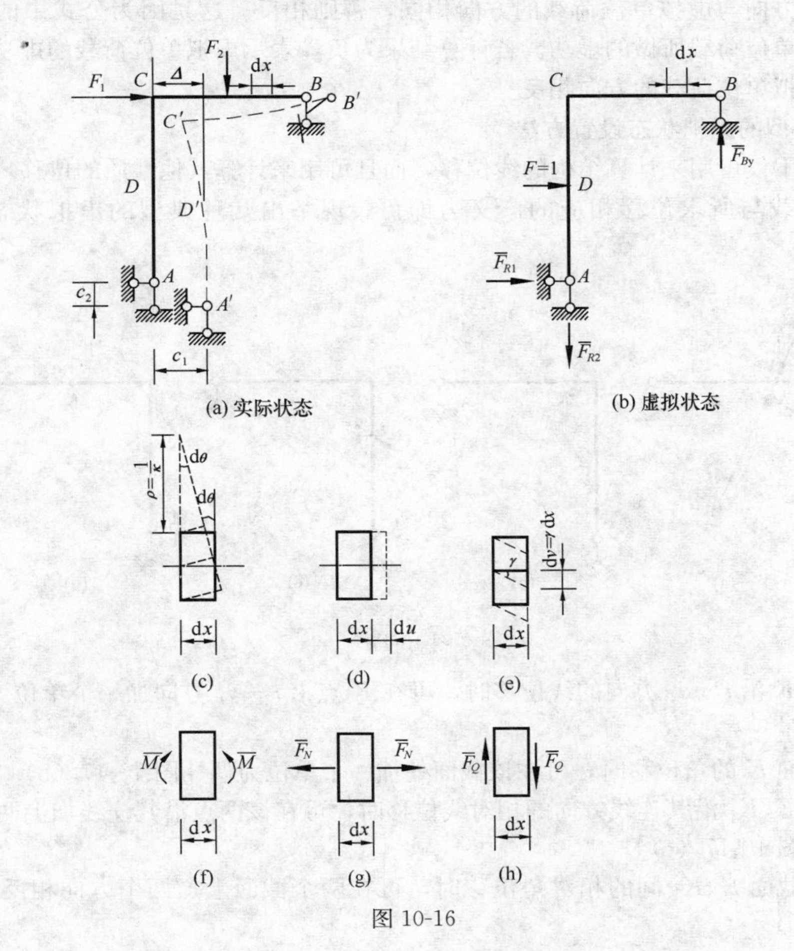

图 10-16

$$W=1\cdot\Delta+\overline{F}_{R1}c_1+\overline{F}_{R2}c_2$$

一般可写为

$$W=1\cdot\Delta+\sum\overline{F}_{R}c$$

式中 $\overline{F}_R$ 表示虚拟状态中的广义支座反力，$c$ 表示实际状态中的广义支座位移。以 $d\theta$、$du$、$dv$ 表示实际状态中微段的变形［图 10-16（c）（d）（e）］，则总虚应变能为

$$U=\sum\int\overline{M}d\theta+\sum\int\overline{F}_{N}du+\sum\int\overline{F}_{Q}dv$$

由杆件结构的虚功方程（10-8）可得

$$\Delta+\sum\overline{F}_{R}c=\sum\int\overline{M}d\theta+\sum\int\overline{F}_{N}du+\sum\int\overline{F}_{Q}dv$$

即

$$\Delta=\sum\int\overline{M}d\theta+\sum\int\overline{F}_{N}du+\sum\int\overline{F_{Q}}dv-\sum\overline{F}_{R}c \tag{10-9}$$

这种利用虚力原理求结构位移的方法称为**单位荷载法**。应用这个方法每次只能求得一个位移。在计算时，虚拟单位荷载的指向可以任意假定，若按上式计算出来的结果是正的，就表示实际位移的方向与虚拟单位荷载的方向相同，否则相反。这是因为公式中的左边一项 $\Delta$ 实际上为虚拟单位荷载所做的虚功。若计算结果为负，表示虚拟单位荷载的虚功为负，即位移的方向与虚拟单位荷载的方向相反。

2. 几种典型的虚拟状态设置方法

单位荷载不仅可用来计算结构的线位移，而且可用来计算其他性质的位移，只要虚拟状态中的单位荷载与所求位移相应的广义力即可。现举出几种典型的虚拟状态如图 10-17 所示。

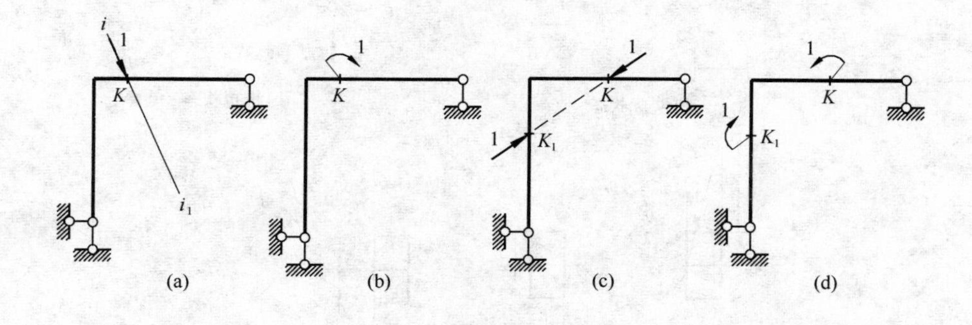


图 10-17

当求截面 $K$ 沿 $i-i_1$ 方向的线位移时，可在 $K$ 点沿 $i-i_1$ 方向加一个单位力［图 10-17（a)］。

当求某截面 $K$ 的角位移时，可在该截面处加一个单位力偶［图 10-17（b)］。

当求截面 $K$、$K_1$ 沿其连线方向的相对线位移时，可在该两点沿其连线加上两个方向相反的单位荷载［图 10-17（c)］。

当求两个截面 $K$、$K_1$ 间的相对角位移时，可在两个截面上加两个方向相反的单位力矩［图 10-17（d)］。

# 10.4　静定结构的位移计算

## 10.4.1　荷载作用下的位移计算

如果结构只考虑外荷载作用时，由于无支座位移 $c$，式（10-9）变为

$$\Delta=\Sigma\int\overline{M}\mathrm{d}\theta+\Sigma\int\overline{F}_Q\mathrm{d}v+\Sigma\int\overline{F}_N\mathrm{d}u \tag{10-10}$$

设实际状态中荷载引起的内力为 $M_F$、$F_{QF}$ 和 $F_{NF}$，则在实际状态下微段的变形为

$$\left.\begin{aligned}\mathrm{d}\theta&=\kappa\mathrm{d}x=\frac{M_F}{EI}\mathrm{d}x\\ \mathrm{d}v&=\gamma\mathrm{d}x=\frac{\mu F_{QF}}{GA}\mathrm{d}x\\ \mathrm{d}u&=\varepsilon\mathrm{d}x=\frac{F_{NF}}{EA}\mathrm{d}x\end{aligned}\right\} \tag{10-11}$$

式中，$E$ 为材料的弹性模量，$G$ 为剪切弹性模量，$I$ 和 $A$ 分别为截面的惯性矩和面积；$\mu$ 为截面的切应力分布不均匀引入的修正系数，它只与截面的形状有关，当截面为矩形时，$\mu=1.2$。将式（10-11）代入式（10-10）得荷载作用下结构位移计算的公式为

$$\Delta=\Sigma\int\frac{M_F\overline{M}}{EI}\mathrm{d}x+\Sigma\int\frac{\mu F_{QF}\overline{F}_Q}{GA}\mathrm{d}x+\Sigma\int\frac{F_{NF}\overline{F}_N}{EA}\mathrm{d}x \tag{10-12}$$

式中 $\overline{M}$、$\overline{F}_N$、$\overline{F}_Q$ 代表虚拟状态中由于单位荷载所产生的内力。在静定结构中，上述内力均可通过静力平衡条件求得。

在梁和刚架中，轴向变形和剪切变形的影响甚小，可以略去，其位移的计算只考虑弯曲变形一项的影响已足够精确。这样，式（10-12）可简化为

$$\Delta=\Sigma\int\frac{M_F\overline{M}}{EI}\mathrm{d}x \tag{10-13}$$

在桁架中，各杆只有轴力，且每一杆件的 $F_{NF}$、$\overline{F}_N$ 及 $EA$ 沿杆长 $l$ 均为常数，故其位移计算的公式为

$$\Delta=\Sigma\frac{F_{NF}\overline{F}_N}{EA}l \tag{10-14}$$

应该指出，在计算由于内力所引起的变形时，我们没有考虑杆件的曲率对变形的影响，这只是对直杆才是正确的，应用于曲杆的计算则是近似的。不过，在常用的结构中，例如拱结构或具有曲杆的刚架等，其曲率对变形的影响都很微小，可以略去不计。

应用单位荷载法计算在荷载作用下梁和刚架的位移，其计算步骤可归纳如下：

1）列写在实际荷载作用下的 $M_F$ 的表达式；

2）加相应的单位荷载，列写 $\overline{M}$ 的表达式；

3）计算位移值：将 $\overline{M}$ 和 $M_F$ 代入式（10-13），求出拟求位移。

**例 10-5** 试求图 10-18（a）所示简支梁在均布荷载作用下跨中截面 $C$ 的竖向位移（即挠度）$\Delta_{CV}$。已知 $EI$=常数。

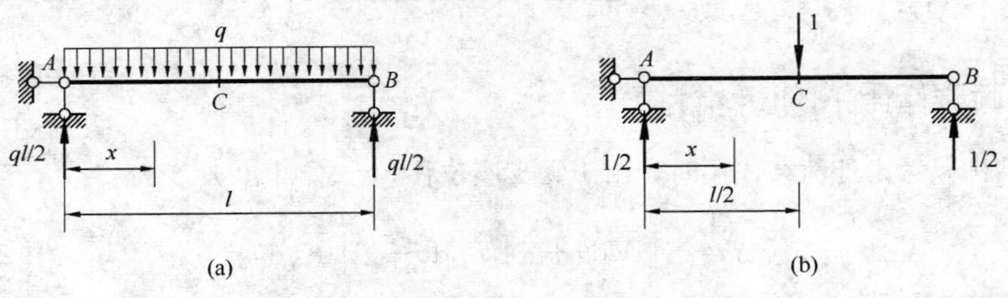


图 10-18

**解** （1）列写在实际荷载作用下的 $M_F$ 的表达式

建立 $x$ 坐标，如图 10-18（a）所示。当 $0 \leqslant x \leqslant l/2$ 时，有

$$M_F = \frac{q}{2}(lx - x^2)$$

（2）列写在虚拟单位荷载作用下的 $\overline{M}$ 的表达式

根据拟求 $\Delta_{CV}$，在截面 $C$ 加一竖向单位荷载，作为虚拟状态，如图 10-18（b）所示。当 $0 \leqslant x \leqslant l/2$ 时，有

$$\overline{M} = \frac{x}{2}$$

（3）用公式（10-13）计算位移

因为结构和荷载均为对称，所以由式（10-13），得

$$\Delta_{CV} = 2\int_A^C \frac{M_F\overline{M}}{EI}\mathrm{d}x = \frac{2}{EI}\int_0^{l/2} \frac{q}{2}(lx - x^2) \times \frac{1}{2}x\mathrm{d}x = \frac{5}{384EI}ql^4(\downarrow)$$

**例 10-6** 试求图 10-19（a）所示刚架中截面 $C$ 的水平位移 $\Delta_{CH}$ 和角位移 $\theta_C$。设各杆 $EI$ 为常数。

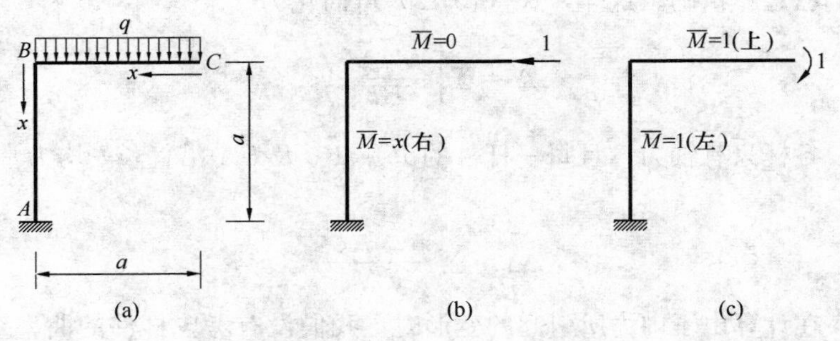


图 10-19

**解** （1）先建立各杆的 $x$ 坐标，如图 10-19（a）所示，列写在实际荷载作用下 $M$ 的表达式

对 $BC$ 杆有

$$M_F = \frac{1}{2}qx^2 \qquad \text{（上侧受拉）}$$

对 $AB$ 杆有

$$M_F=\frac{1}{2}qa^2 \qquad (\text{左侧受拉})$$

（2）加单位力，求 $\overline{M}$

图 10-19（b）（c）分别为求 $\Delta_{CH}$ 和 $\theta_C$ 时对应的虚拟状态。各杆的 $\overline{M}$ 及其受拉侧已标于图中。

（3）用公式（10-13）计算位移

$$\Delta_{CH}=\int_B^A \frac{M_F\overline{M}}{EI}\mathrm{d}x=\frac{1}{EI}\int_0^a -\frac{1}{2}qa^2x\mathrm{d}x=-\frac{qa^4}{4EI}\ (\rightarrow)$$

$$\theta_C=\int_B^A \frac{M_F\overline{M}}{EI}\mathrm{d}x+\int_C^B \frac{M_F\overline{M}}{EI}\mathrm{d}x=\frac{1}{EI}\int_0^a \frac{1}{2}qa^2\cdot 1\mathrm{d}x+\frac{1}{EI}\int_0^a \frac{1}{2}qx^2\cdot 1\mathrm{d}x=\frac{2qa^3}{3EI}(\curvearrowright)$$

**例 10-7**　试求图 10-20（a）所示桁架结点 4 的挠度 $\Delta_{4V}$。设各杆的横截面面积均为 $A=0.0144\text{m}^2$，弹性模量 $E=850\times10^4\text{kN/m}^2$。

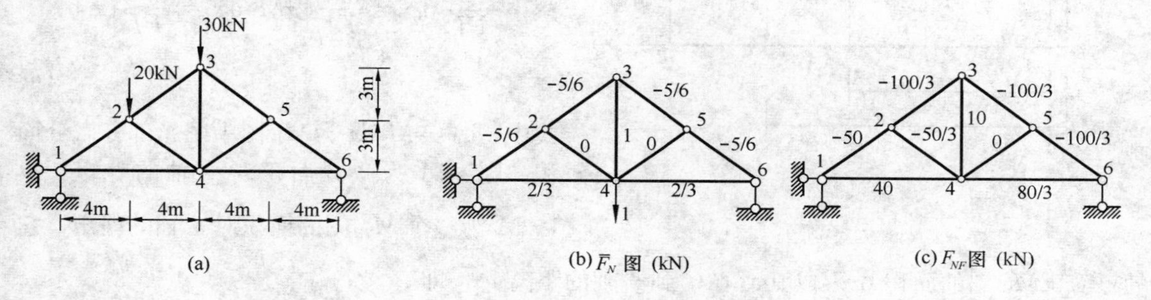


图 10-20

**解**　（1）求各杆轴力 $F_{NF}$ 并标于杆旁，如图 10-20（c）所示。

（2）在结点 4 处加竖向单位力，求出轴力 $\overline{F}_N$ 并标于杆旁。如图 10-20（b）所示。

（3）利用式（10-14）计算位移

$$\Delta_{4V}=\sum\frac{F_{NF}\overline{F}_Nl}{EA}=\frac{1}{0.0144\times850\times10^4}\Big[(-50)\times\left(-\frac{5}{6}\right)\times5+\left(-\frac{100}{3}\right)\times\left(-\frac{5}{6}\right)$$

$$\times5\times3+40\times\frac{2}{3}\times8+\frac{80}{3}\times\frac{2}{3}\times8+1\times10\times6\Big]=8.5\text{mm}(\downarrow)$$

## 10.4.2　图乘法

1. 图乘法的实用条件

计算梁和刚架在荷载作用下的位移时，常需利用式（10-13）

$$\Delta=\sum\int\frac{\overline{M}M_F}{EI}\mathrm{d}s$$

当结构杆件数量较多而荷载情况又较复杂时，以上弯矩列式和积分工作将十分繁琐。如果符合下列条件：

（1）杆段轴线为直线。

（2）杆段的 EI 为常数。

(3) 各杆段的 $M_F$ 与 $\overline{M}$ 图中至少有一个为直线图形。

则可用**图乘法**来代替积分运算，以简化计算工作。

其实，只要梁和刚架各杆段均为等直杆（即等截面直线杆），则以上的三个条件都能自然得到满足。因为若杆段为等截面，则其抗弯刚度 $EI$ 必然为常数；杆段为直线杆，则由单位荷载产生的单位弯矩图 $\overline{M}$ 必然为直线图形或折线图形。

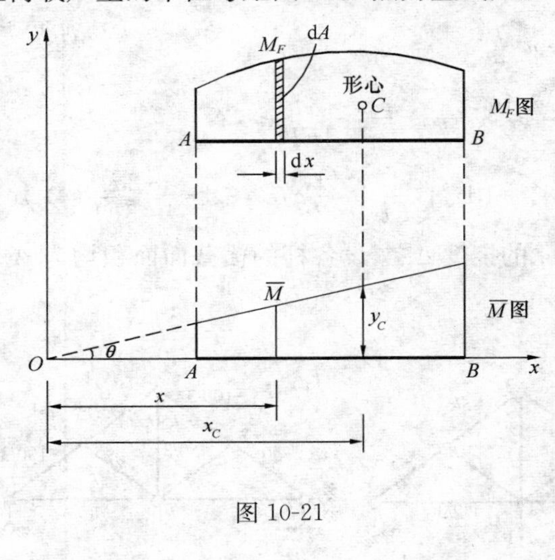

图 10-21

2. 图乘法的计算公式

如图 10-21 所示，等截面直杆 $AB$ 段上的两个弯矩图中，设 $\overline{M}$ 图为一段直线，而 $M_F$ 图为任意形状。对于图示坐标系，则有

$$\overline{M}=x\tan\theta$$

则有

$$\int\frac{M_F\overline{M}}{EI}\mathrm{d}x=\frac{\tan\theta}{EI}\int xM_F\,\mathrm{d}x=\frac{\tan\theta}{EI}\int x\mathrm{d}A \tag{a}$$

式中，$\mathrm{d}A=M_F\mathrm{d}x$ 为 $M_F$ 图中阴影部分微分面积，则 $x\mathrm{d}A$ 为微分面积对 $y$ 轴的静矩。故 $\int x\mathrm{d}A$ 为整个 $M_F$ 图的面积对 $y$ 轴的静矩，它应等于 $M_F$ 图的面积 $A$ 乘以其形心 $C$ 到 $y$ 轴的距离 $x_c$，即

$$\int xdA=Ax_c \tag{b}$$

将式（b）代入式（a）有

$$\int\frac{M_F\overline{M}}{EI}\mathrm{d}x=\frac{\tan\theta}{EI}Ax_c=\frac{Ay_c}{EI} \tag{10-15}$$

其中，$y_c=x_c\tan\theta$ 为 $M_F$ 图的形心 $C$ 处所对应的 $\overline{M}$ 图中的竖标。可见，上述积分式等于一个弯矩图的面积 $A$ 乘以其形心 $C$ 处所对应的另一直线弯矩图上的竖标 $y_C$，再除以 $EI$。这种以图形计算代替积分运算的位移计算方法，就称为图形相乘法（图乘法）。式（10-15）即为图乘法的计算公式。

如果结构中各杆均可图乘，则式（10-15）可改写为

$$\Delta=\Sigma\frac{Ay_C}{EI} \tag{10-16}$$

3. 应用图乘法的注意事项

(1) $y_c$ 只能取自直线图形，而 $A$ 应取自另一图形。

(2) 当 $A$ 与 $y_c$ 在弯矩图的基线同侧时，其互乘值应取正号；在异侧时，应取负号。

(3) 图 10-22 列出了几种常见简单弯矩图形的面积与形心位置。需注意的是：图中所示抛物线弯矩图均为标准抛物线，即弯矩图曲线的中点（或端点）为抛物线的顶点，而曲线顶点处的切线均与基线平行，该处剪力为零。

(4) 如果 $M_F$ 与 $\overline{M}$ 均为直线，则 $y_c$ 可取自其中任一图形。

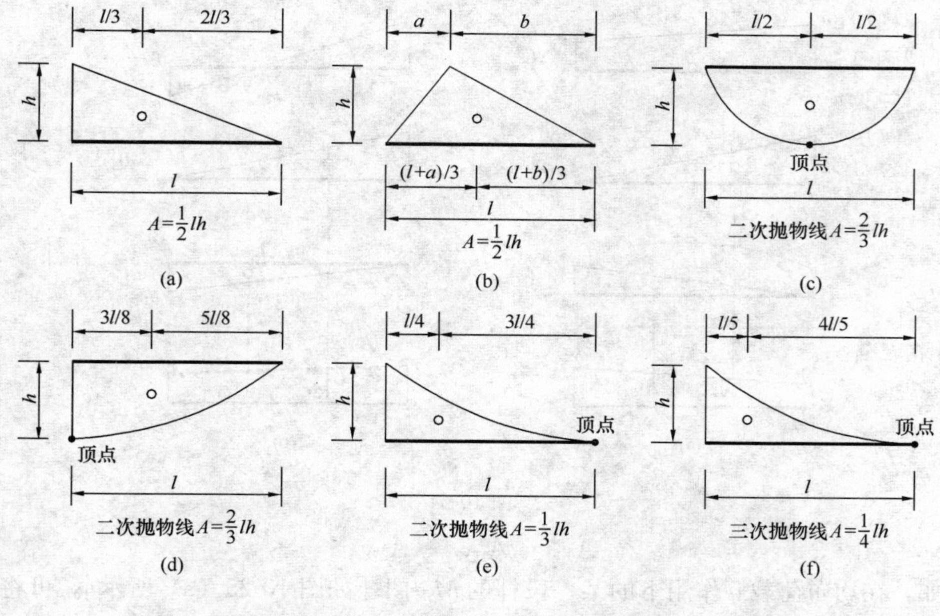


图 10-22

(5) 如果 $\overline{M}$ 是折线图形，而 $M_F$ 为非直线图形，则应分段图乘，然后叠加，如图 10-23 (a) 所示。

$$\sum \frac{Ay_c}{EI} = \frac{1}{EI}(A_1 y_{c1} + A_2 y_{c2})$$

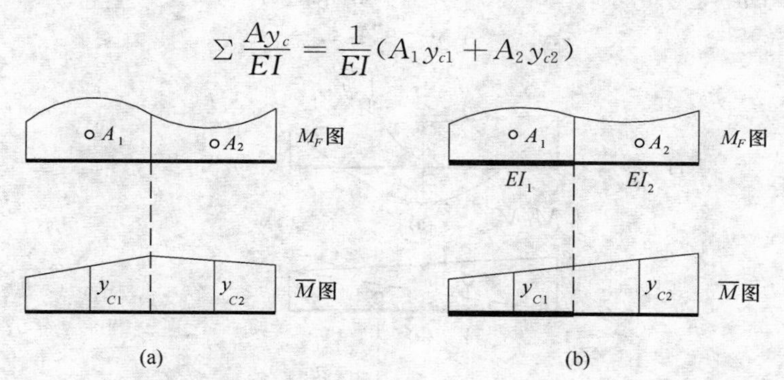


图 10-23

(6) 如果杆件为阶形杆($EI$ 为分段常数)，则应按 $EI$ 分段图乘，然后叠加，如图 10-23(b) 所示。

$$\sum \frac{Ay_c}{EI} = \frac{A_1 y_{c1}}{EI_1} + \frac{A_2 y_{c2}}{EI_2}$$

(7) 当取 $A$ 的图形较复杂，其面积和形心位置无现成图表可查时，应将其分解为图 10-24 所示简单图形，把它们分别与取 $y_c$ 的图形相乘，然后将所得结果叠加。

例如，图 10-24 (a) 所示取 $A$ 的一个弯矩图为梯形时，可将其分解为两个三角形，面积分别为 $A_1$ 和 $A_2$，则公式 (10-16) 中的 $Ay_c$ 为

$$Ay_c = A_1 y_{c1} + A_2 y_{c2}$$

如果取 $A$ 的弯矩图如图 10-24 (b) 所示，仍可将其分解为两个三角形。其中，$A_1$ 在基线上侧，而 $A_2$ 在基线下侧，则

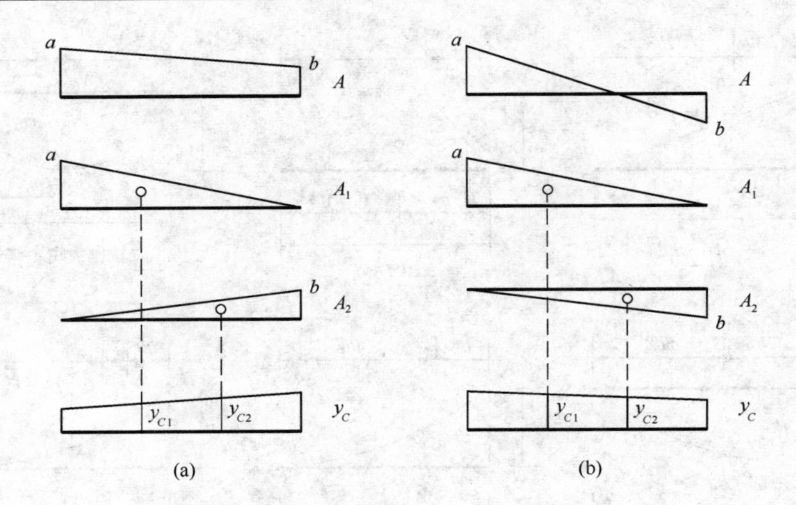


图 10-24

$$Ay_c = A_1 y_{c1} - A_2 y_{c2}$$

又如，在均布荷载 $q$ 作用下的某一段杆的 $M_F$ 图［如图 10-25（a）所示］，可将其分解为基线上侧的一个梯形再叠加基线下侧的一个标准抛物线，如图 10-25（b）（c）所示，而图 10-25（b）中梯形又可分解为两个三角形。即可将 $M_F$ 图的面积 $A$ 分解为 $A_1$、$A_2$ 和 $A_3$，再让它们分别和 $\overline{M}$ 图中 $y_c$［如图 10-25（d）所示］相乘，即

$$Ay_c = A_1 y_{c1} + A_2 y_{c2} - A_3 y_{c3}$$

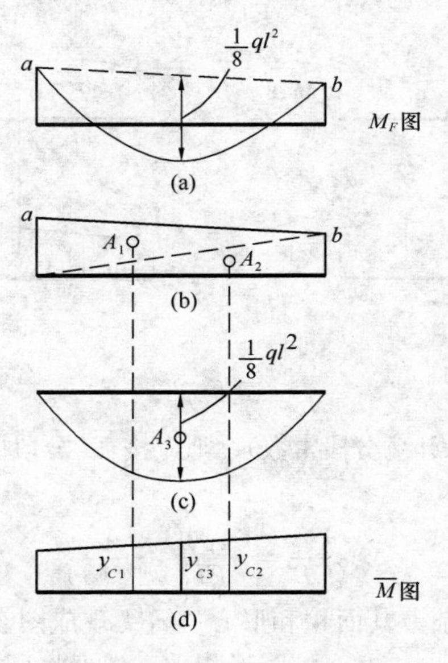


图 10-25

4. 图乘法的计算步骤

（1）作实际荷载弯矩图 $M_F$ 图；

（2）加相应单位荷载，作单位弯矩图 $\overline{M}$ 图；

（3）用图乘法公式（10-16）求位移。

**例 10-8**　求图 10-26（a）所示简支梁 $A$ 端的转角 $\theta_A$ 及跨中截面 $C$ 的挠度 $\Delta_{CV}$。$EI$ 为常数。

**解**　（1）作 $M_F$ 图，如图 10-26（b）所示。

（2）在简支梁 $A$ 端加一单位力偶，并绘 $\overline{M}_1$ 图，如图 10-26（c）所示。

在截面 $C$ 处加一单位集中力，绘出 $\overline{M}_2$ 图如图 10-26（d）所示。

（3）求位移

由 $M_F$ 图与 $\overline{M}_2$ 图相乘得 $\Delta_{CV}$，由 $M_F$ 图与 $\overline{M}_1$ 图相乘得 $\theta_A$，由公式（10-16）得

$$\Delta_{CV}=2\times\frac{1}{EI}\left(\frac{2}{3}\times\frac{1}{8}ql^2\times\frac{l}{2}\right)\times\left(\frac{5}{8}\times\frac{l}{4}\right)=\frac{5ql^4}{384EI}(\downarrow)$$

该结果与例 10-1 中用积分法求得的相同。

$$\theta_A=\frac{1}{EI}\left(\frac{2}{3}\times\frac{1}{8}ql^2\times l\right)\times\frac{1}{2}=\frac{ql^3}{24EI}(\curvearrowright)$$

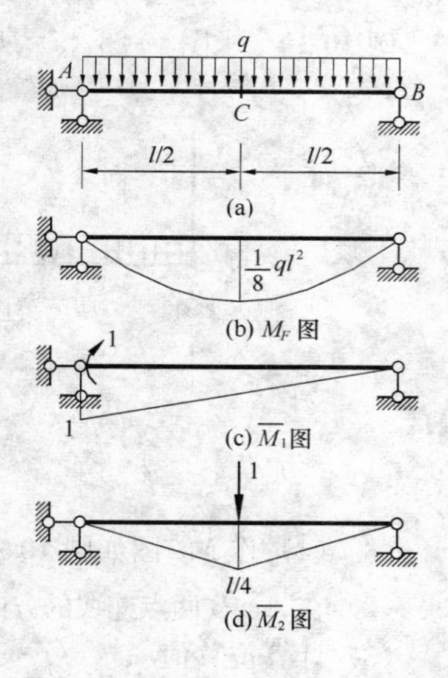


图 10-26

**例 10-9**　试求图 10-27（a）所示刚架截面 $D$ 的水平位移 $\Delta_{DH}$。已知各杆 $EI$＝常数。

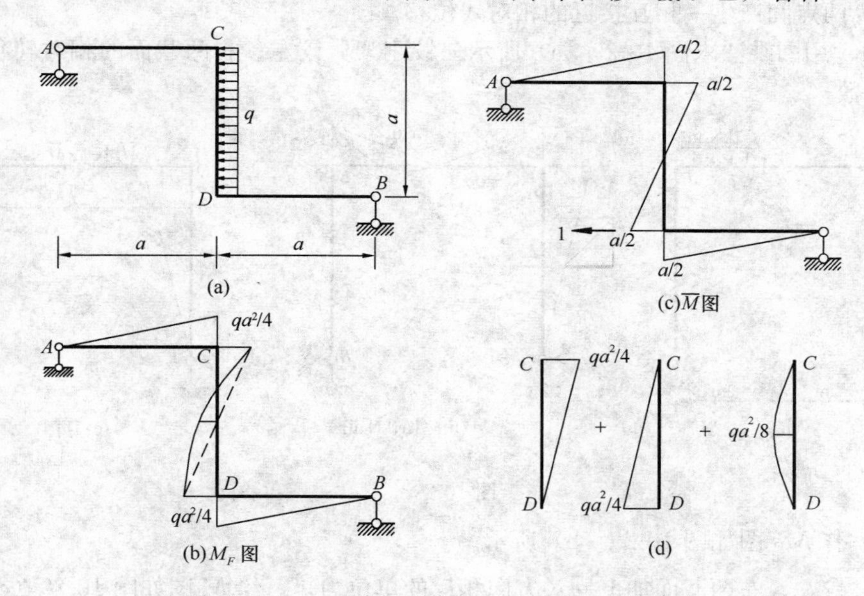


图 10-27

**解**　（1）作 $M_F$ 图，如图 10-27（b）所示。其中，竖杆 $CD$ 的 $M_F$ 图可分解为：两个三角形和一个标准二次抛物线图形，如图 10-27（d）所示。

（2）加相应单位荷载，作 $\overline{M}$ 图，如图 10-27（c）所示。

（3）计算位移值

$$\Delta_{DH}=\frac{1}{EI}\left[2\times\left(\frac{1}{2}\times\frac{qa^2}{4}\times a\right)\times\left(\frac{2}{3}\times\frac{a}{2}\right)+2\times\left(\frac{1}{2}\times\frac{qa^2}{4}\times a\right)\times\left(\frac{1}{3}\times\frac{a}{2}\right)+0\right]$$

$$=\frac{qa^4}{8EI}(\leftarrow)$$

**例 10-10** 求图 10-28（a）所示刚架中 $A$、$B$ 两点间的相对线位移 $\Delta_{AB}$。各杆 $EI$ 为常数。

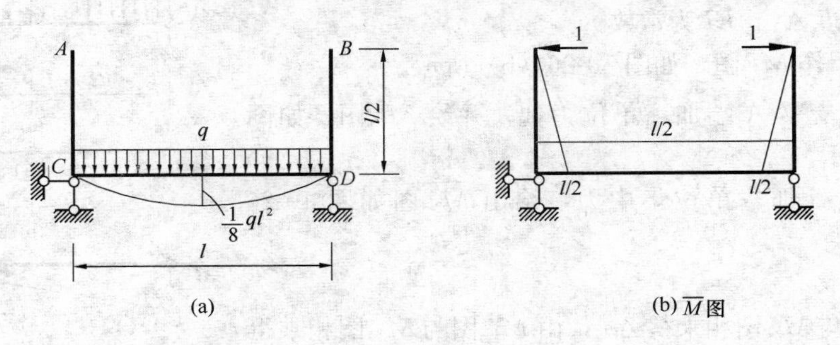


图 10-28

**解** （1）作 $M_F$ 图如图 10-28（a）所示。

（2）在 $A$、$B$ 两点连线的方向上加一对方向相反的单位力，绘 $\overline{M}$ 图如图 10-28（b）所示。

（3）计算位移值

$$\Delta_{AB}=-\frac{1}{EI}\left(\frac{2}{3}\times\frac{1}{8}ql^2\times l\right)\times\frac{l}{2}=-\frac{1}{24EI}ql^4(\rightarrow\leftarrow)$$

即 $A$、$B$ 两点间产生一相互接近的相对线位移。

**例 10-11** 用图乘法求图 10-29（a）所示三铰刚架 $c$ 铰左、右两截面的相对转角。已知各杆 $EI$＝常数。

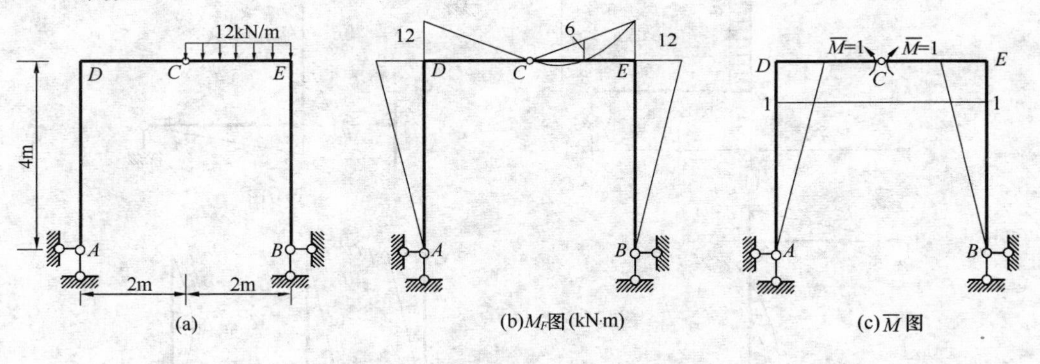


图 10-29

**解** （1）作 $M_F$ 图如图 10-29（b）所示。

（2）在 $c$ 铰左、右两截面加上一对方向相反的单位力矩，绘 $\overline{M}$ 图如图 10-29（c）所示。

（3）计算位移值

$$\theta_{C左、C右}=-\frac{2}{EI}\left(\frac{1}{2}\times12\times4\times\frac{1}{3}+\frac{1}{2}\times12\times2\times1\right)+\frac{1}{EI}\times\frac{2}{3}\times6\times2\times1=-\frac{32}{EI}(\text{)(})$$

实际 $c$ 铰左、右两截面的相对转角与所设的单位荷载方向相反。

### 10.4.3 支座位移时的位移计算

静定结构在发生支座位移时不引起内力，杆件只有刚体位移而不产生微段变形，即 d ＝ d$V$ ＝ d$u$ ＝ 0，代入位移计算一般公式（10-9）得

$$\Delta = -\sum \overline{F}_{R} c \tag{10-17}$$

式中，$\sum \overline{F}_{R} c$ 为反力虚功总和。当支座位移 $c$ 与虚拟状态中对应的支反力 $\overline{F}_R$ 方向相同时，乘积 $\overline{F}_R c$ 为正，否则为负。

**例 10-12**　图 10-30（a）所示简支梁支座 $B$ 产生竖向位移 $\Delta_B = 0.03\text{m}$，试求杆端 $A$ 处的转角 $\theta_A$。

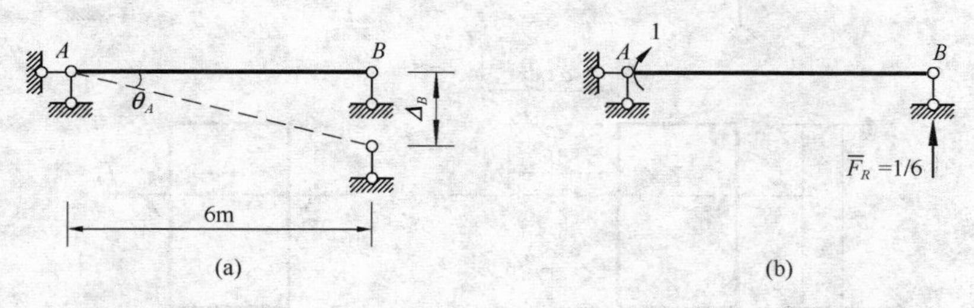


图 10-30

**解**　在杆端 $A$ 处加一单位力偶，求得 $B$ 支杆的支反力，如图 10-30（b）所示，则

$$\theta_A = -(\overline{F}_R \Delta_B) = -\left(-\frac{1}{6} \times 0.03\right) = 0.005\text{rad}(\curvearrowright)$$

**例 10-13**　结构的支座位移如图 10-31（a）所示，求铰 $C$ 处的竖向位移 $\Delta_{CV}$。

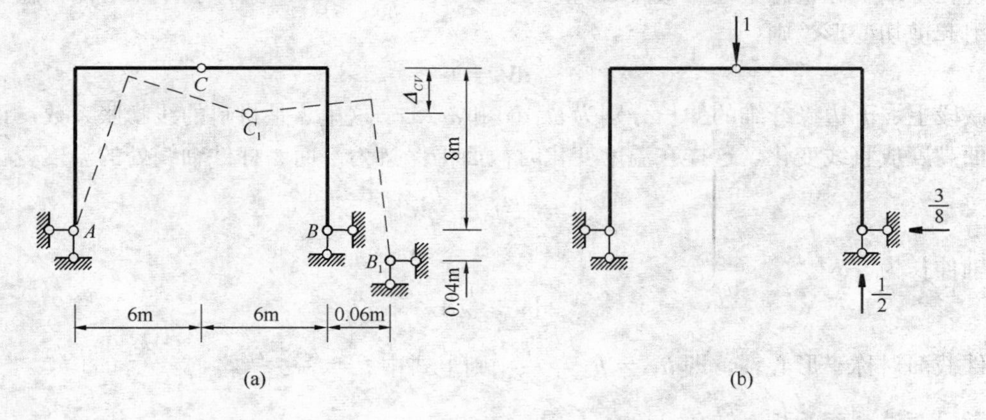


图 10-31

**解**　在 $C$ 点加一竖向单位力，求出支座位移处的支反力，如图 10-31（b）所示。则

$$\Delta_{cv} = -\left(-\frac{1}{2} \times 0.04 - \frac{3}{8} \times 0.06\right)\text{m} = 0.0425\text{m}(\downarrow)$$

## *10.4.4　温度变化时的位移计算

对于静定结构，温度变化并不引起内力。但由于材料热胀冷缩，会使结构产生变形和位移。

如图 10-32（a）所示，结构外侧温度升高 $t_1$℃，内侧温度升高 $t_2$℃，现要求由此引起的任一截面沿任一方向的位移，例如截面 $K$ 的竖向位移 $\Delta$。此时位移计算的一般公式(10-9)为

$$\Delta = \int \overline{M} \mathrm{d}\theta + \sum \int \overline{F}_Q \mathrm{d}v + \sum \int \overline{F}_N \mathrm{d}u \tag{a}$$

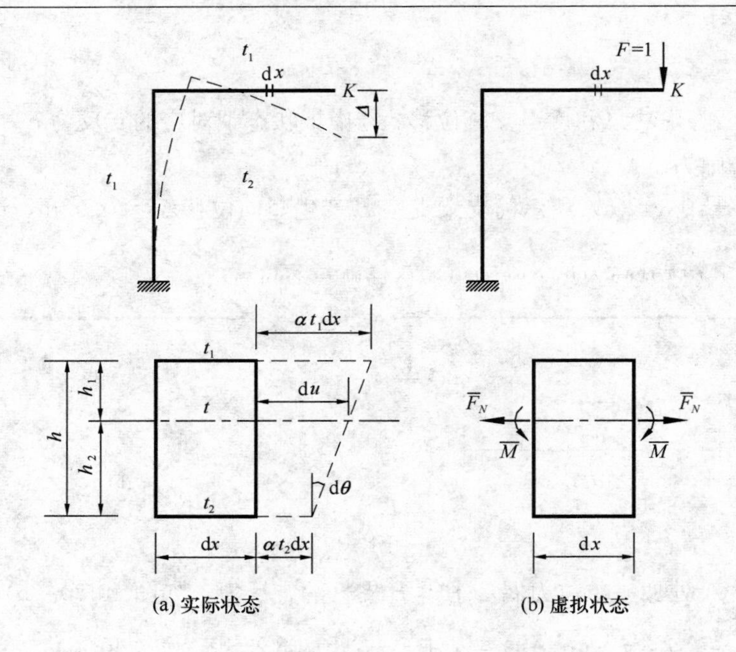


(a) 实际状态　　(b) 虚拟状态

图 10-32

现在来求实际状态中任一微段 d$x$ 上的变形［图 10-32（a）］。对于杆件结构，温度变化并不引起剪切变形，则

$$\mathrm{d}V = 0 \tag{b}$$

微段上、下边缘纤维的伸长分别为 $\alpha t_1 \mathrm{d}x$ 和 $\alpha t_2 \mathrm{d}x$，这里 $\alpha$ 是材料的线膨胀系数。设温度沿截面高度成直线变化，这样在温度变化时截面仍保持为平面。杆件轴线处的温度变化为

$$t = \frac{h_2}{h}t_1 + \frac{h_1}{h}t_2$$

则杆轴伸长为

$$\mathrm{d}u = \alpha t \mathrm{d}x \tag{c}$$

若杆件截面对称于形心轴，即 $h_1 = h_2 = \dfrac{h}{2}$，则上式中 $t = \dfrac{t_1 + t_2}{2}$。

微段两端截面的相对转角 d$\theta$ 为

$$\mathrm{d}\theta = \frac{\alpha t_1 \mathrm{d}x - \alpha t_2 \mathrm{d}x}{h} = \frac{\alpha(t_1 - t_2)\mathrm{d}x}{h} = \frac{\alpha \Delta t \mathrm{d}x}{h} \tag{d}$$

式中，$\Delta t = t_1 - t_2$，为两侧温度变化之差。

将式（b）（c）（d）代入式（a）可得

$$\Delta = \Sigma \int \overline{M} \frac{\alpha \Delta t}{h} \mathrm{d}x + \Sigma \int \overline{F}_N \alpha t \mathrm{d}x \tag{10-18}$$

这就是静定结构由于温度变化引起的位移计算公式。

如果 $t$、$\Delta t$、$\overline{F}_N$ 和 $h$ 沿杆件的全长 $l$ 为常数，且杆轴为直线，式（10-18）可改写为

$$\Delta = \Sigma \frac{\alpha \Delta t}{h} \int \overline{M} \mathrm{d}x + \Sigma \overline{F}_N \alpha t l = \Sigma \frac{\alpha \Delta t}{h} A_{\overline{M}} + \Sigma \overline{F}_N \alpha t l \tag{10-19}$$

式中，$A_{\overline{M}} = \int_l \overline{M} \mathrm{d}x$ 为 $\overline{M}$ 图的面积。

在应用式（10-18）和式（10-19）时，应注意右边各项正负号的确定。由于它们都是内力所做的变形虚功，因此当虚拟状态的内力与实际状态的温度变形方向一致时，变形虚功为正，相反时为负。据此，式（10-19）各项的正负号可以这样确定：温差 $\Delta t$ 采用绝对值，若 $\overline{M}$ 引起的弯曲变形与温度变化引起的弯曲变形方向一致，则乘积 $\frac{\alpha\Delta t}{h}A_{\overline{M}}$ 取正号，反之取负号。乘积 $\overline{F}_N\alpha tl$ 也可以按变形一致与否来定正负号，但更方便的作法是：规定 $\overline{F}_N$ 以拉力为正，压力为负，杆轴温度变化 $t$ 以升高为正下降为负，这样就自然符合按变形确定正负号的规定。

注意：对于梁和刚架，在计算温度变化引起的位移时，一般不能略去轴向变形的影响。

**例 10-14**　图 10-33（a）所示刚架施工时温度为 20℃，试求夏季当外侧温度为 30℃，内侧温度为 20℃时 $A$ 点的水平位移 $\Delta_{AH}$ 和转角 $\theta_A$。已知 $l=4\text{m}$，$\alpha=10^{-5}$，各杆均为矩形截面，高度 $h=0.4\text{m}$。

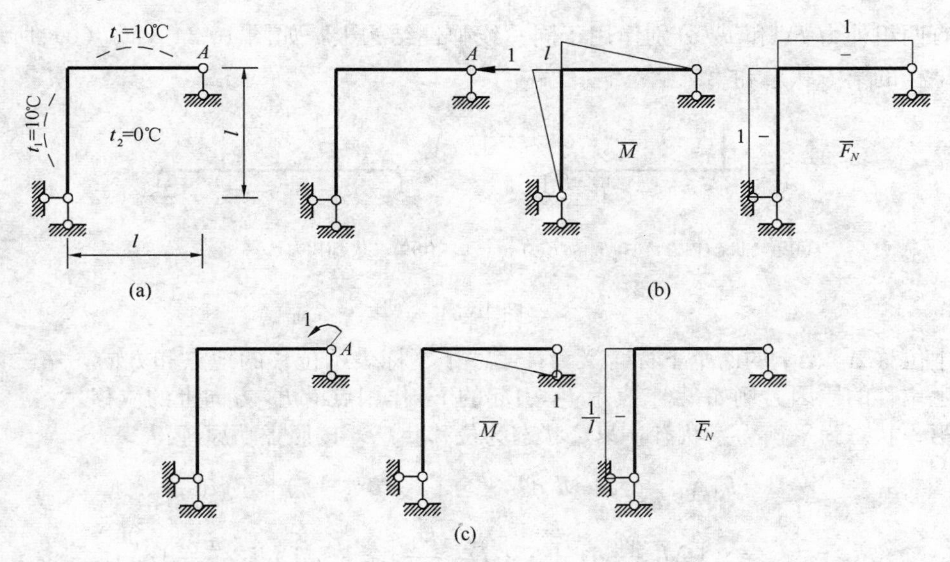


图 10-33

**解**　外侧温度变化为 $t_1=30-20=10℃$，内侧温度变化为 $t_2=20-20=0℃$，故有

$$\Delta t=t_1-t_2=10℃$$

$$t=\frac{t_1+t_2}{2}=\frac{10+0}{2}=5℃$$

温变引起杆件的弯曲方向如图 10-33（a）中虚线所示。

（1）求 $\Delta_{AH}$

在 $A$ 处加一水平单位力，并绘 $\overline{M}$、$\overline{F}_N$ 图，如图 10-33（b）所示。由公式（10-19），并注意正负号的确定，可得

$$\Delta_{AH}=\frac{\alpha\Delta t}{h}\left(\frac{1}{2}l^2+\frac{1}{2}l^2\right)+\alpha t(-1\times l-1\times l)=\frac{10^{-5}\times 10}{0.4}\times 4^2-10^{-5}\times 5\times 2\times 4$$
$$=3.6\times 10^{-3}\text{m}=3.6\text{mm}(\leftarrow)$$

（2）求 $\theta_A$

在 $A$ 处加一单位力偶，绘 $\overline{M}$、$\overline{F}_N$ 图，如图 10-33（c）所示。则

$$\theta_A = -\frac{\alpha\Delta t}{h}\times\left(\frac{1}{2}l\right)+\alpha t\left(-\frac{1}{l}\times l\right)=-\frac{10^{-5}\times 10}{0.4}\times\frac{1}{2}\times 4-10^{-5}\times 5$$
$$=-5.5\times 10^{-4}\,\text{rad}(\text{顺时针})$$

# 10.5 线性弹性结构的互等定理

本节介绍线弹性结构的三个互等定理，其中最基本的是功的互等定理，其他两个定理都可由此推导出来。所谓线弹性结构，是指结构的位移与荷载成正比，当荷载全部撤除后位移也完全消失。这样的结构，位移应是微小的，应力与应变的关系符合胡克定律。

## 10.5.1 功的互等定理

设有两组外力 $F_1$ 和 $F_2$ 分别作用于同一线弹性结构上，如图 10-34（a）（b）所示，分别称为结构的第一状态和第二状态。

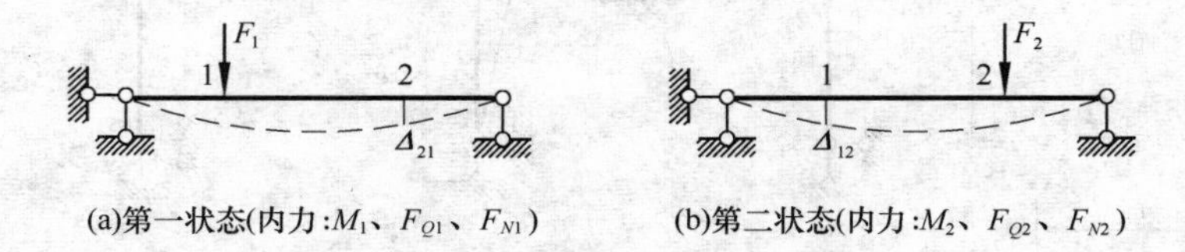


图 10-34

图中位移 $\Delta_{12}$、$\Delta_{21}$ 的两个下标含义为：第一个下标表示位移的地点和方向，第二个下标表示产生位移的原因。例如，$\Delta_{21}$ 表示 $F_1$ 引起的 $F_2$ 作用点沿 $F_2$ 方向上的位移。

设第一状态为平衡力系状态，第二状态为位移状态，按照虚功原理得

$$\begin{aligned}W_{12} &= F_1\Delta_{12} = \Sigma\int M_1\,\mathrm{d}\theta_2 + \Sigma\int F_{N1}\,\mathrm{d}u_2 + \Sigma\int F_{Q1}\,\mathrm{d}v_2 \\ &= \Sigma\int M_1\frac{M_2}{EI}\mathrm{d}x + \Sigma\int F_{N1}\frac{F_{N2}}{EA}\mathrm{d}x + \Sigma\int \mu F_{Q1}\frac{F_{Q2}}{GA}\mathrm{d}x\end{aligned} \tag{a}$$

其次，让第二状态的力在第一状态的位移上做虚功，可得

$$\begin{aligned}W_{21} &= F_2\Delta_{21} = \Sigma\int M_2\,\mathrm{d}\theta_1 + \Sigma\int F_{N2}\,\mathrm{d}u_1 + \Sigma\int F_{Q2}\,\mathrm{d}v_1 \\ &= \Sigma\int M_2\frac{M_1}{EI}\mathrm{d}x + \Sigma\int F_{N2}\frac{F_{N1}}{EA}\mathrm{d}x + \Sigma\int \mu F_{Q2}\frac{F_{Q1}}{GA}\mathrm{d}x\end{aligned} \tag{b}$$

以上两式（a）（b）的右边完全相同，因此左边也应相等，故有

$$F_1\Delta_{12} = F_2\Delta_{21} \tag{10-20}$$

或写为

$$W_{12} = W_{21} \tag{10-21}$$

这就是虚功互等定理。它表明：一个弹性结构，第一状态的外力在第二状态的位移上所做的外力虚功（$W_{12}$），等于第二状态的外力在第一状态的位移上所做的外力虚功（$W_{21}$）。

## 10.5.2 位移互等定理

如果图 10-35 中的 $F_1$、$F_2$ 为单位力，相应的位移由 $\Delta$ 改为 $\delta$ 表示，如图 10-35 所示。由

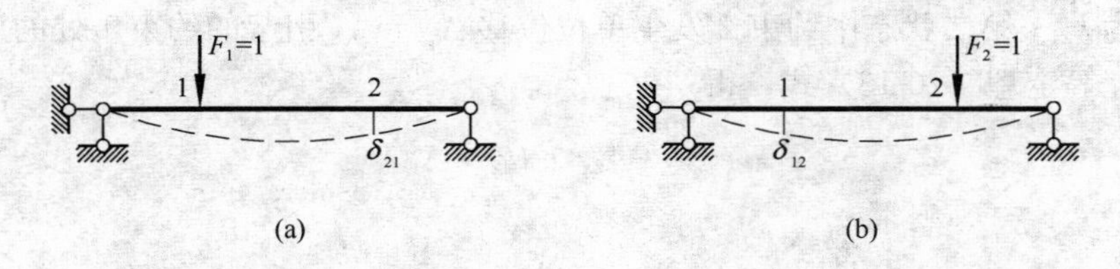


图 10-35

功的互等定理（10-13）可得

$$1 \cdot \delta_{12} = 1 \cdot \delta_{21}$$

即

$$\delta_{12} = \delta_{21} \tag{10-22}$$

这就是功的互等定理的一种特殊情况，即位移互等定理。它表明：第二个单位力所引起的第一个单位力作用点沿其方向的位移，等于第一个单位力所引起的第二个单位力作用点沿其方向的位移。

需要指出的是，这里所说的单位力及其相应的位移，均是广义力和广义位移。即位移互等可能是两个线位移之间的互等、两个角位移之间的互等，也可能是线位移与角位移之间的互等。例如在图 10-36 的两个状态中，根据位移互等定理，有 $\delta_C = \theta_B$。由本章 10.2 可知

$$\theta_B = \frac{Fl^2}{16EI}, \delta_C = \frac{Ml^2}{16EI}$$

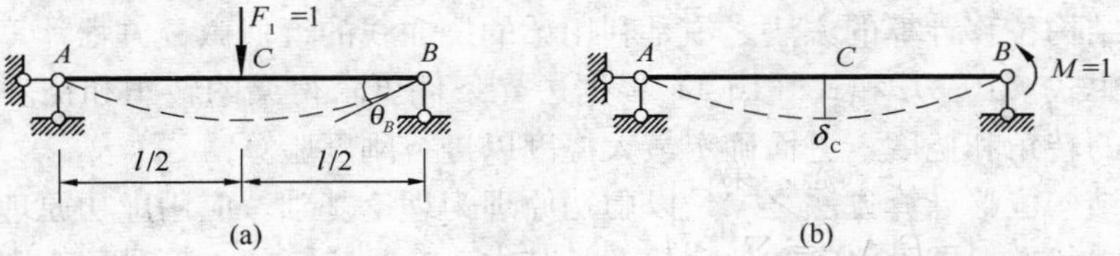

F1 =1
A C B
θB
l/2 l/2
(a)
A C B M=1
δC
(b)

图 10-36

将 $F = 1, M = 1$（这里的 1 都是不带单位的，即为无量纲量）代入，也可得到 $\delta_C = \theta_B$，且都等于 $\frac{l^2}{16EI}$。可见，虽然 $\theta_B$ 是单位力引起的角位移，$\delta_C$ 是单位力偶引起的线位移，含义不同，但此时二者在数值上是相等的，量纲也相同。

位移互等定理将在用力法计算超静定结构中得到应用。

### 10.5.3　反力互等定理

反力互等定理也是功的互等定理的一个特殊情况。

图 10-37 为同一结构的两种状态。第一状态中的约束 1 发生单位位移 $\Delta_1 = 1$，引起的约

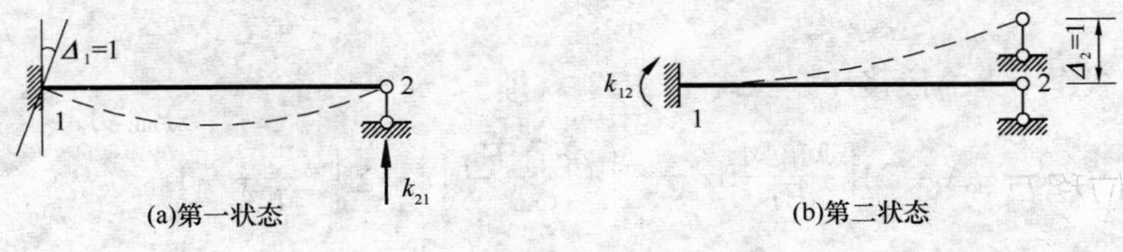


图 10-37

束 2 处反力为 $k_{21}$；第二状态中约束 2 发生单位位移 $\Delta_2 = 1$，引起的约束 1 处的反力为 $k_{12}$。

由功的互等定理（10-13）式，得

$$k_{21} \cdot \Delta_2 = k_{12} \cdot \Delta_1$$

即

$$k_{12} = k_{21} \tag{10-23}$$

这就是反力互等定理。它表明：约束 1 发生单位位移所引起的约束 2 的反力，等于约束 2 发生单位位移所引起的约束 1 的反力。

这一定理对结构上任何两个支座都适用，但应注意反力与位移在做功的关系上应相对应，即力对应于线位移，力偶对应于角位移。图 10-37 中，$k_{21}$ 为反力，$k_{12}$ 为反力偶，虽然含义不同，但在数值上是相等的，量纲也相同。

反力互等定理将在用位移法计算超静定结构中得到应用。

## 本 章 小 结

（1）结构在荷载、温度变化、支座位移等外因作用下都会产生位移。位移计算在工程实践和结构分析中有重要地位。本章内容既是静定部分的结尾，又是超静定部分的先导。

（2）静定结构位移计算的方法之一是利用梁的挠曲线的近似微分方程计算位移，此方法称为积分法。由式（10-3）和式（10-4）根据边界条件可求得梁的转角和挠度方程，从而计算出任意截面的转角和挠度，进而确定最大挠度以进行刚度验算。

（3）静定结构位移计算方法之二是以虚功原理为理论基础。应用虚功原理必须要有两个互不相关的独立状态，即力状态和位移状态，其中一个是实际的，而另一个则是根据计算的需要虚设的，两个状态应发生在相同的结构上。根据虚设的是力状态或是位移状态，变形体虚功原理相应的称为虚力原理或虚位移原理。

（4）位移计算的一般公式（10-9），即

$$\Delta = \Sigma\int \overline{M}\mathrm{d}\theta + \Sigma\int \overline{F}_N \mathrm{d}u + \Sigma\int \overline{F}_Q \mathrm{d}v - \Sigma\, \overline{F}_R c$$

是根据虚力原理推导的。由于在虚设的力状态中，与拟求位移（或广义位移）相应的外力为单位荷载（或广义单位荷载），因此，这一方法也称为单位荷载法。

一般公式（10-9）中包含两套物理量：一套是给定的位移和变形（$\Delta$、$c$、$\mathrm{d}\theta$、$\mathrm{d}v$、$\mathrm{d}u$）；另一套是虚设的外力（$\overline{F} = 1$）及与之保持平衡的反力（$\overline{F}_R$）和内力（$\overline{M}$、$\overline{F}_Q$、$\overline{F}_N$）。公式（10-9）具有普遍适用性：弹性与非弹性均适用；支座移动、温度变化与荷载均适用；静定与超静定结构均适用。

（5）荷载作用下的位移计算公式（10-12），即

$$\Delta = \Sigma\int \frac{M_F \overline{M}}{EI}\mathrm{d}x + \Sigma\int \frac{\mu F_{QF} \overline{F}_Q}{GA}\mathrm{d}x + \Sigma\int \frac{F_{NF} \overline{F}_N}{EA}\mathrm{d}x$$

只适用于线弹性的静定（或超静定）结构的位移计算。要注意掌握其在各种具体条件下的简

化形式。例如

梁和刚架(10-13)　　$$\Delta=\sum\int\frac{M_F\overline{M}}{EI}ds$$

桁架(10-14)　　$$\Delta=\sum\frac{F_{NF}\overline{F}_N}{EA}l$$

(6) 公式 (10-13) 中的积分运算可改用图乘法公式 (10-16)，即

$$\Delta=\sum\frac{Ay_c}{EI}$$

要注意了解图乘法的三个应用条件及复杂图形的分解等问题，熟练掌握这一方法。

(7) 支座位移与温度变化作用下的位移计算公式：

支座位移(10-17)　　$$\Delta=-\sum\overline{F}_Rc$$

温度变化(10-19)　　$$\Delta=\sum\frac{\alpha\Delta t}{h}\int\overline{M}dx+\sum\overline{F}_N\alpha tl$$

均可由一般公式 (10-9) 导出。

可以看出，用虚功原理计算结构的位移问题主要归结为计算结构的内力问题。因此，在学习位移计算的同时，应当提高内力计算的能力。应通过一定量的习题，以求切实掌握。

(8) 本章最后讨论线弹性结构的三个互等定理。其中功的互等定理是基础，其余两个即位移互等定理、反力互等定理是特例。

本章的重点是：利用单位荷载法计算静定结构由于荷载作用、支座移动、温度变化等产生的位移，特别是用图形相乘法计算梁和刚架的位移。

## 思 考 题

10-1　没有变形就没有位移，此结论是否成立？

10-2　没有内力就没有位移，此结论是否成立？

10-3　什么是相对线位移和相对角位移？请举例说明。

10-4　何谓实功和虚功？两者的区别是什么？

10-5　结构上本来没有虚拟单位荷载，但在求位移时却加上了虚拟单位荷载，这样求出的位移会等于原来的实际位移吗？

10-6　求位移时怎样确定虚拟的广义单位力？这个广义单位力具有什么量纲？为什么？

10-7　说明式 (10-13) 和式 (10-14) 中各量的物理意义和正负号规定，适用条件。

10-8　图乘法的应用条件是什么？求变截面梁的位移时可否用图乘法？

10-9　思考题 (10-1) 图中各图的图乘是否正确？若不正确加以改正。(图 a、b、c 中 $EI$ 为常数)

10-10　在温度变化引起的位移计算公式 (10-14) 中，如何确定各项的正负号？

10-11　反力互等定理是否可用于静定结构？结果如何？

10-12　何谓线弹性结构？位移互等定理能否用于非线性弹性的静定结构？

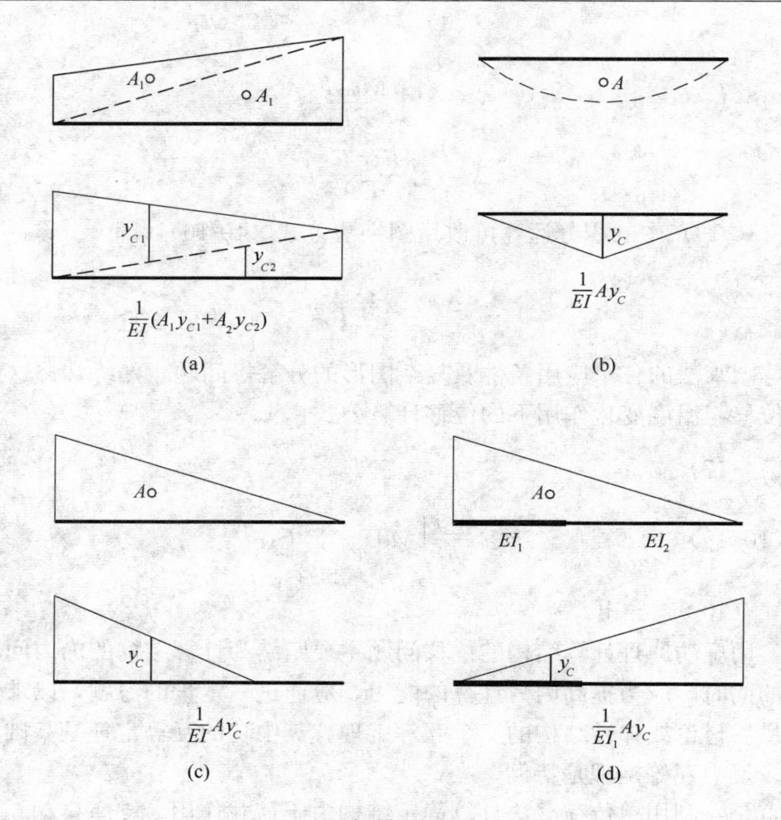


思考题 10-1 图

# 习 题

10-1 试用积分法求题 10-1 图所示各梁的挠曲线方程、最大挠度和最大转角。梁的抗弯刚度 $EI$ 为常数。

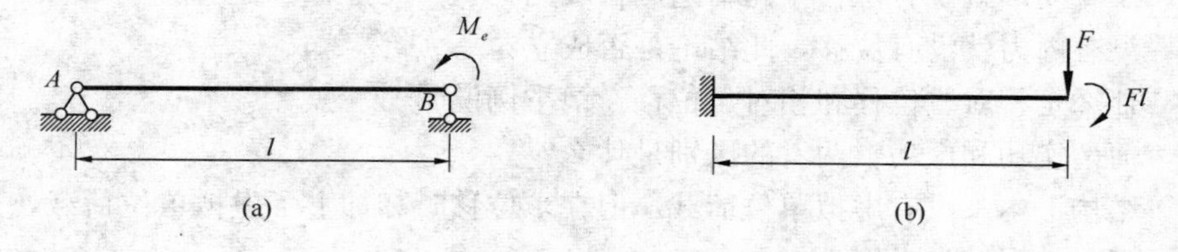


题 10-1 图

10-2 试用积分法求题 10-2 图所示梁自由端处的挠度和转角。梁的抗弯刚度 $EI$ 为常数。

10-3 用积分法求题 10-3 图所示各梁的变形时，应分几段来列挠曲线的近似微分方程？各有几个积分常数？试分别列出确定积分常数时所需用的边界条件和连续条件。

10-4 根据梁的受力和约束情况，画出题 10-4 图所示各梁挠曲线的大致形状。

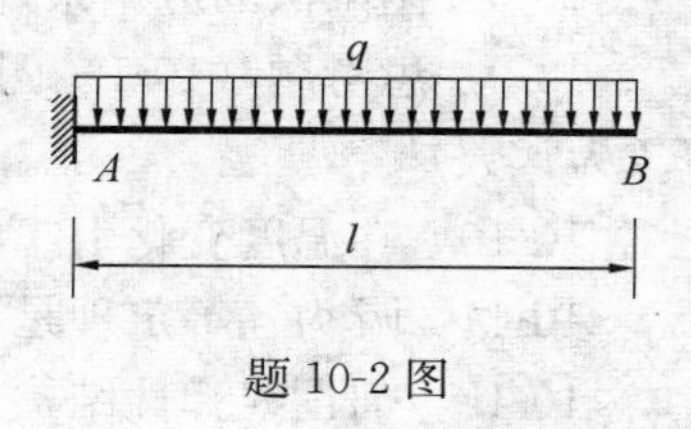


题 10-2 图

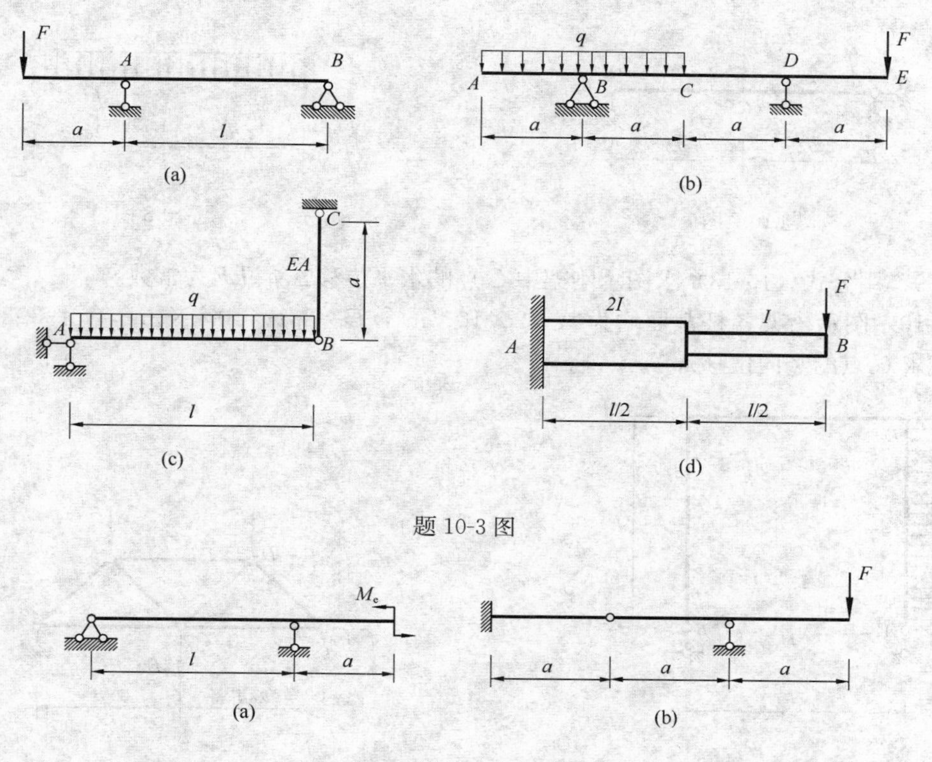


题 10-3 图

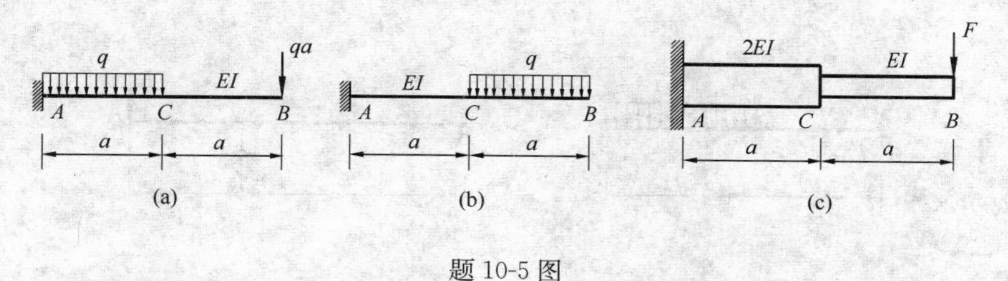


题 10-4 图

10-5　试用叠加原理求题 10-5 图所示各梁截面 $B$ 处的挠度 $y_B$。梁的抗弯刚度 $EI$ 为常数。



题 10-5 图

10-6　题 10-6 图所示工字型钢（No. 25a）的简支梁，已知钢材的弹性模量 $E=200\text{GPa}$，$I=5020\text{cm}^4$，$\left[\dfrac{f}{l}\right]=\dfrac{1}{400}$，试校核梁的刚度。

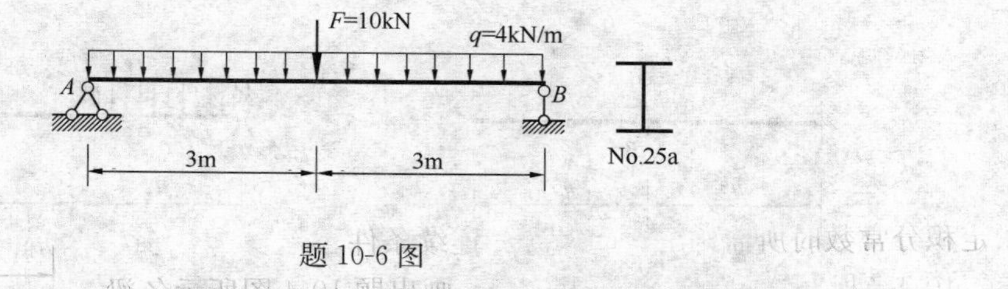


题 10-6 图

10-7～10-8　用公式（10-13）求题 10-7 图～题 10-8 图所示结构中 $C$ 点的竖向位移 $\Delta_{CV}$。$EI$ 为常数。

题 10-7 图　　　　题 10-8 图

10-9　用公式（10-13）求图示刚架中 $C$ 点的水平位移 $\Delta_{CH}$。$EI$ 为常数。

10-10　图示桁架各杆截面均为 $A=2\times10^{-3}\mathrm{m}^2$，$E=2.1\times10^8\mathrm{kN/m}^2$，$F=30\mathrm{kN}$，$d=2\mathrm{m}$，试求 $C$ 点的竖向位移 $\Delta_{CV}$。

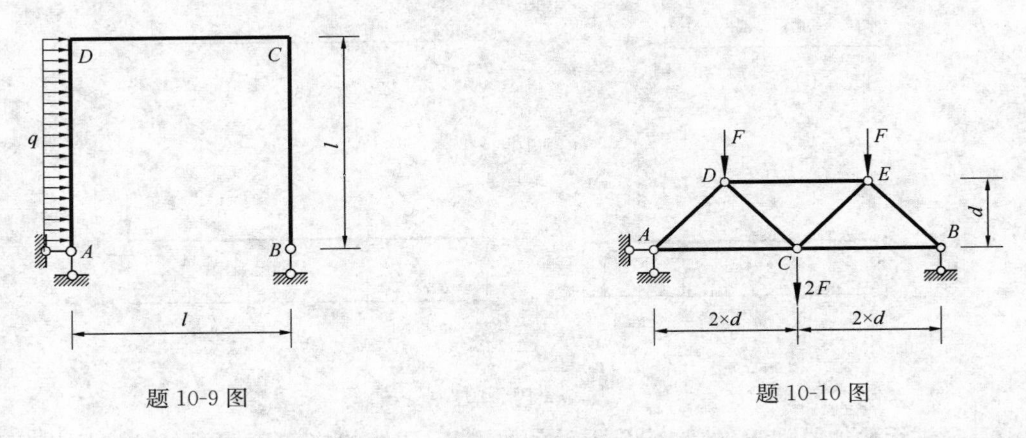


题 10-9 图　　　　题 10-10 图

10-11　试用图乘法求题 10-11 图所示各梁自由端处的竖向位移和转角。梁的抗弯刚度 $EI$ 为常数。

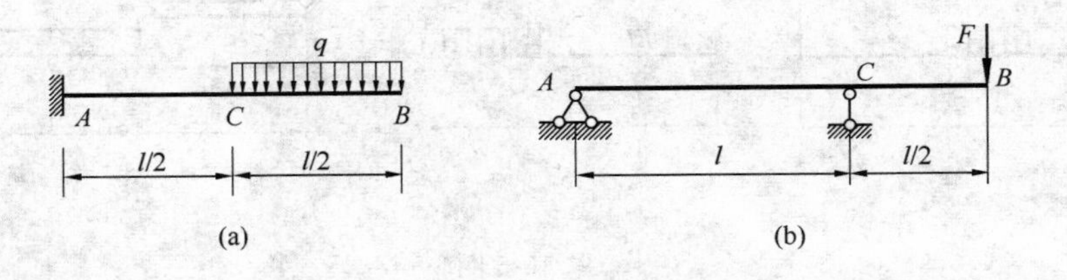


题 10-11 图

10-12　试用图乘法求题 10-12 图所示各梁截面 $C$ 处的竖向位移 $\Delta_{cV}$。梁的抗弯刚度 $EI$ 为常数。

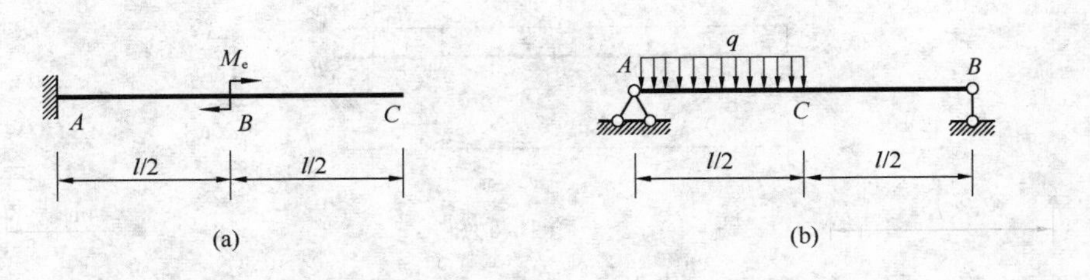


题 10-12 图

10-13　试用图乘法求题 10-13 图所示各悬臂梁截面 $B$ 处的竖向位移 $\Delta_{cV}$ 和转角 $\theta_B$。

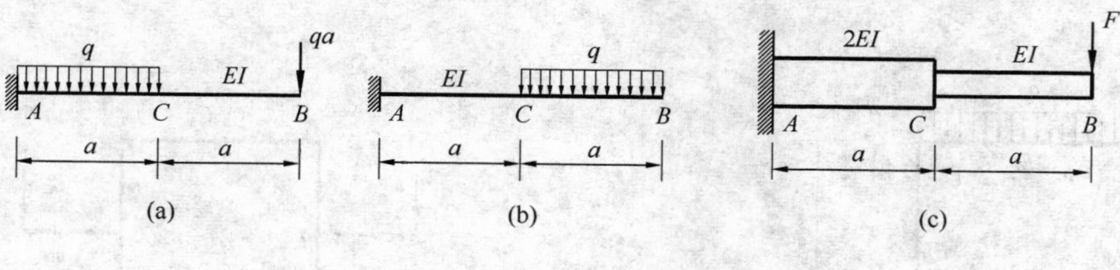


题 10-13 图

10-14　试用图乘法求题 10-14 图所示各梁截面 $A$ 的转角 $\theta_A$，以及截面 $C$ 处的竖向位移 $\Delta_{cV}$ 和转角 $\theta_C$。梁的抗弯刚度 $EI$ 为常数。

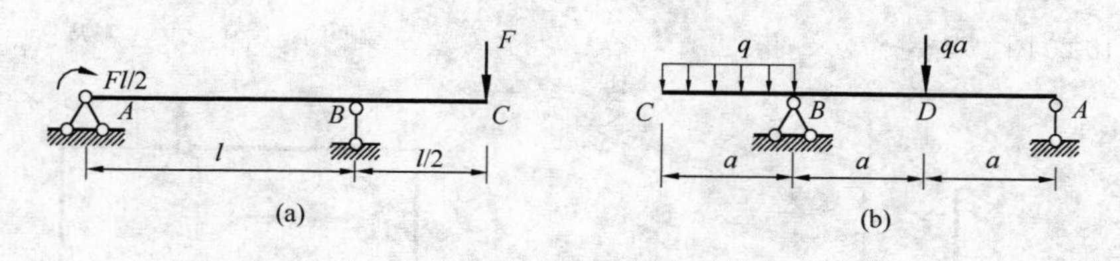


题 10-14 图

10-15　用图乘法重新计算题 10-7～题 10-9 所示结构的指定位移。

10-16～10-17　用图乘法计算题 10-16 图～题 10-17 图所示结构的指定位移。

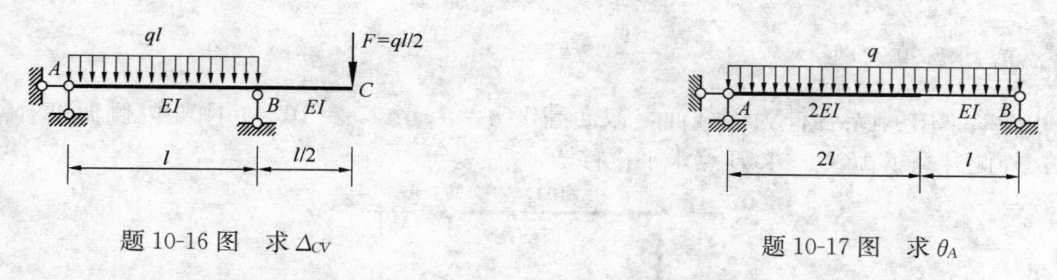


题 10-16 图　求 $\Delta_{CV}$

题 10-17 图　求 $\theta_A$

10-18～10-21　用图乘法计算题 10-18 图～题 10-21 图所示结构的指定位移。

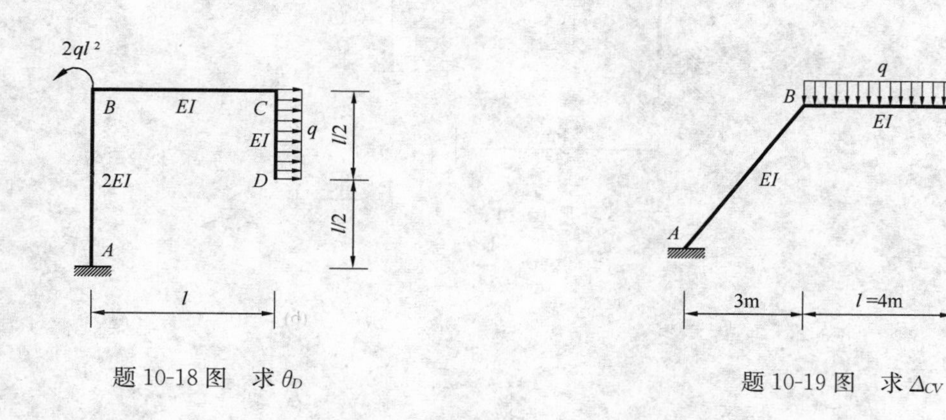


题 10-18 图　求 $\theta_D$

题 10-19 图　求 $\Delta_{CV}$

10-22　求图示刚架 $A$、$B$ 两点间水平相对位移 $\Delta_{AB}$。$EI$ 为常数。

10-23　试计算由于图示支座位移所引起 $C$ 点的竖向位移 $\Delta_{CV}$ 及铰 $B$ 左右两侧截面间的相对转角 $\theta_{B_1B_2}$。

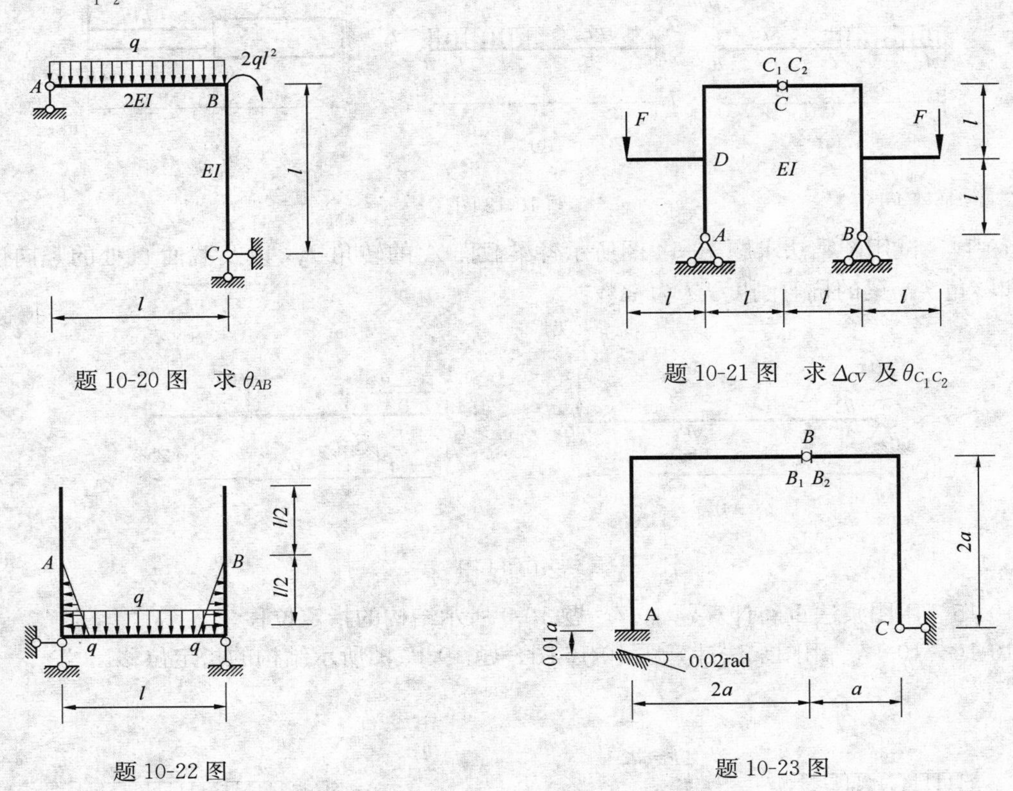


题 10-20 图　求 $\theta_{AB}$

题 10-21 图　求 $\Delta_{CV}$ 及 $\theta_{C_1C_2}$

题 10-22 图

题 10-23 图

10-24　图中刚架各杆为等截面，截面高度 $h=0.5\text{m}$，$\alpha=10^{-5}$，刚架内侧温度升高了 40℃，外侧升高了 10℃。求 $B$ 点水平位移 $\Delta_{BH}$。

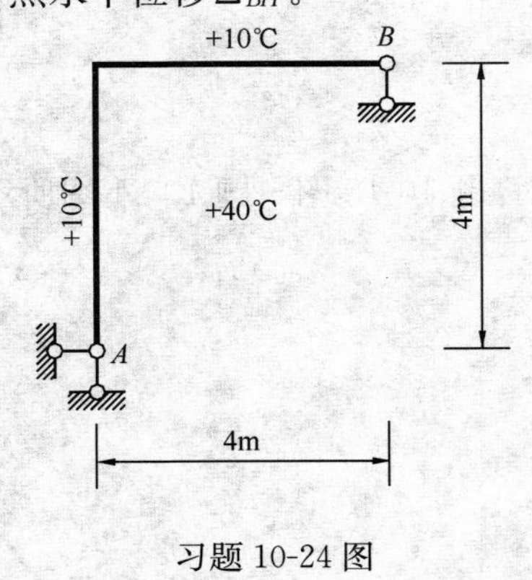


习题 10-24 图

# 第 11 章　超静定结构内力计算

**本章基本内容：**

本章主要介绍超静定结构内力计算的力法、位移法、力矩分配法的基本原理，及用这三种方法计算超静定结构在荷载作用下的内力；超静定结构的力学特征。

## 11.1　超静定结构概述

### 11.1.1　超静定结构

前面各章节中，介绍了静定结构的内力及位移的计算。从几何构造分析角度看，静定结构为几何不变且无多余约束的体系，如图 11-1（a）所示；从受力分析角度看，静定结构的支座反力及内力可根据静力平衡条件全部确定。

在工程应用中还有另一类结构，从几何构造分析角度看，结构为几何不变体系，但体系内存在多余约束，如图 11-1（b）所示；从受力分析角度看，其支座反力及内力通过平衡条件无法完全确定。我们把这类结构称为超静定结构。

总起来说，约束有多余的，内力（或支座反力）是超静定的，这就是超静定结构区别于静定结构的两大基本特征。凡符合这两个特征的结构，就称为超静定结构。

图 11-1　静定与超静定结构

（a）静定结构；（b）超静定结构

常见的超静定结构类型有：超静定梁（图 11-2），超静定刚架（图 11-3），超静定桁架（图 11-4），超静定组合结构（图 11-5），超静定拱（图 11-6）。

力法和位移法是分析超静定结构的两个基本方法。此外还有各种派生出来的方法，如力矩分配法就是由位移法派生出来的一种方法。这些方法将在本章予以介绍。

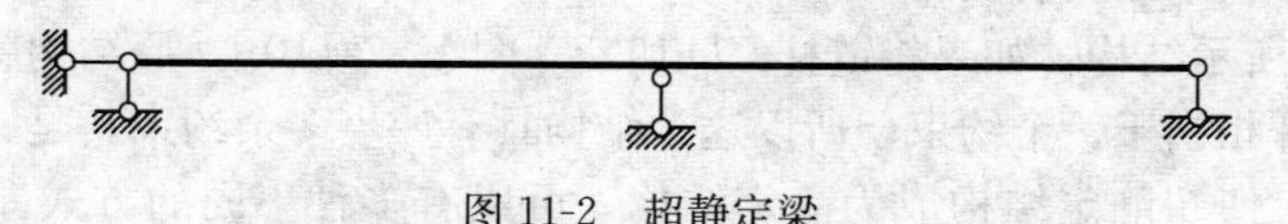

图 11-2　超静定梁

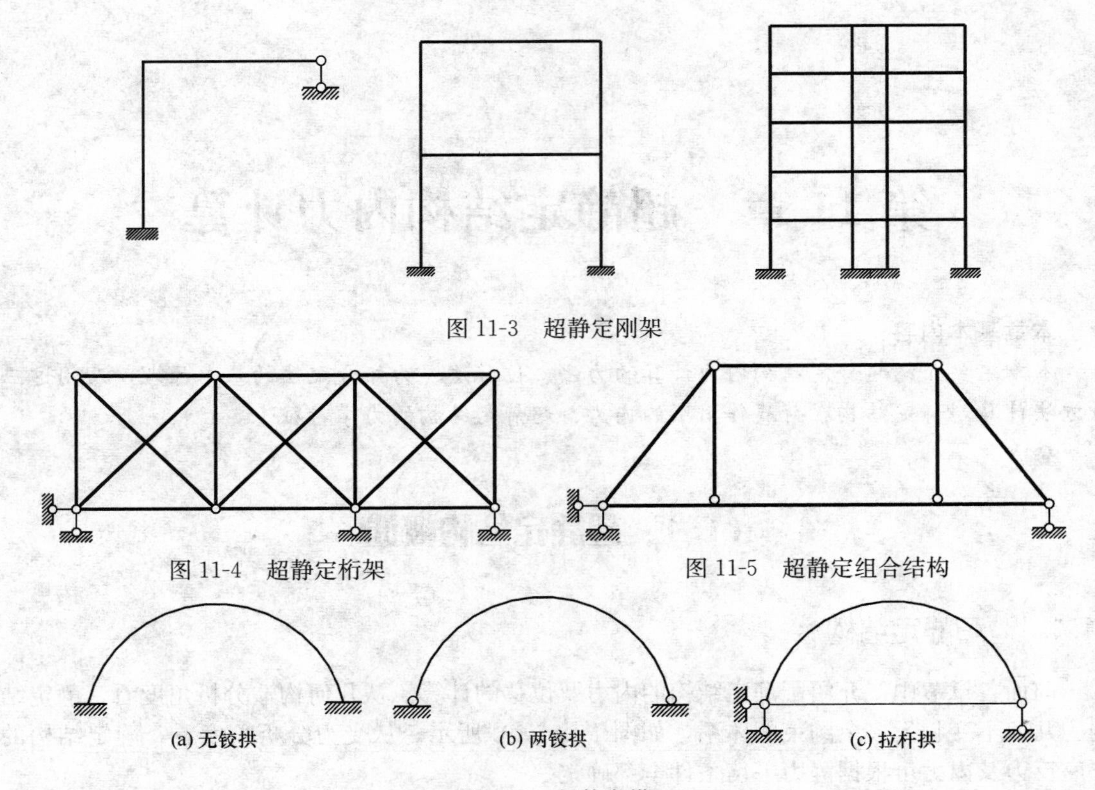


图 11-3　超静定刚架

图 11-4　超静定桁架

图 11-5　超静定组合结构

图 11-6　超静定拱

(a) 无铰拱；(b) 两铰拱；(c) 拉杆拱

### 11.1.2　超静定次数的确定

力法是以结构中的多余约束力作为基本未知量，一个结构的基本未知量数目就等于结构的多余约束数目。因此，力法计算首先要找出结构的多余约束。

超静定结构中的多余约束数目，称为超静定次数，用 $n$ 表示。确定结构超静定次数最直接的方法是解除多余约束法，即将原结构的多余约束去掉，使其成为一个（或几个）静定结构，该静定结构称为力法的基本结构。所解除的多余约束数目就是原结构的超静定次数。

解除超静定结构的多余约束，归纳起来有以下几种方式：

（1）撤去一个支座链杆或者切断一根链杆，相当于去掉一个约束。

（2）撤去一个不动铰支座或切开一个单铰，相当于去掉两个约束。

（3）撤去一个固定支座或切断一根梁式杆，相当于去掉三个约束。

（4）将固定支座改为不动铰支座或将梁式杆中某截面改为铰结，相当于去掉一个转动约束。

下面结合具体例子加以说明。

图 11-7（a）所示结构，如果将链杆 $CD$ 切断［图 11-7（b）］，原结构就成为一个静定结构，因为一根链杆相当于一个约束，所以这个结构具有一个多余约束，是一次静定结构。

去掉多余约束使超静定结构成为静定结构，可以有多种不同的方式。例如图 11-8（a）所示超静定结构，可以把 $B$ 支座链杆去掉成为静定的悬臂梁［图 11-8（b）］，所以它是具有一个多余约束的超静定结构。如果去掉固定支座 A 处的转动约束，使之成为固定铰支座，则成为图 11-8（c）所示的简支梁，这时与所去约束相对应的多余未知力则是固定端截面的弯矩。对于同一个超静定结构，去掉多余约束的方式可不同，但是所去掉多余约束的数目是一样的。

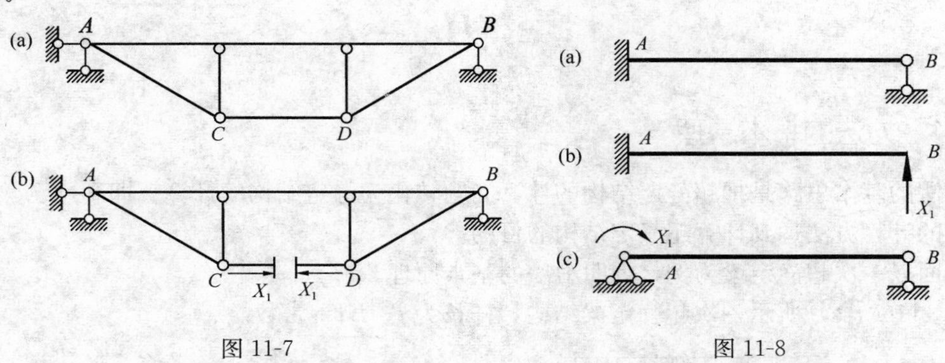


图 11-7　　图 11-8

图 11-9（a）所示结构，可以将两固定支座改成固定铰支座，则得到图 11-9（b）所示的静定结构，所以原结构是两次超静定结构。也可以去掉中间铰 $C$，而得到图 11-9（c）所示静定结构。所以去掉一个连接两刚片的铰，相当于去掉两个约束，即阻止铰接处两侧截面发生相对水平位移和相对竖向位移的约束。

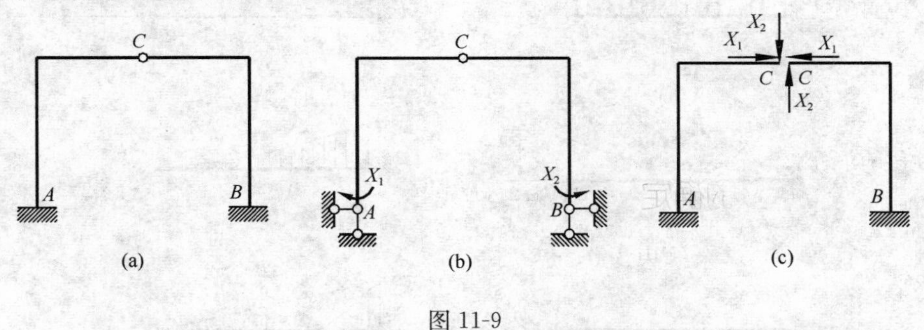


图 11-9

图 11-10（a）所示结构，将它从中间切开，就成为图 11-10（b）所示静定结构，由于切断了原结构的两根梁式杆，所以相当于去掉六个约束，故原结构是六次超静定结构。

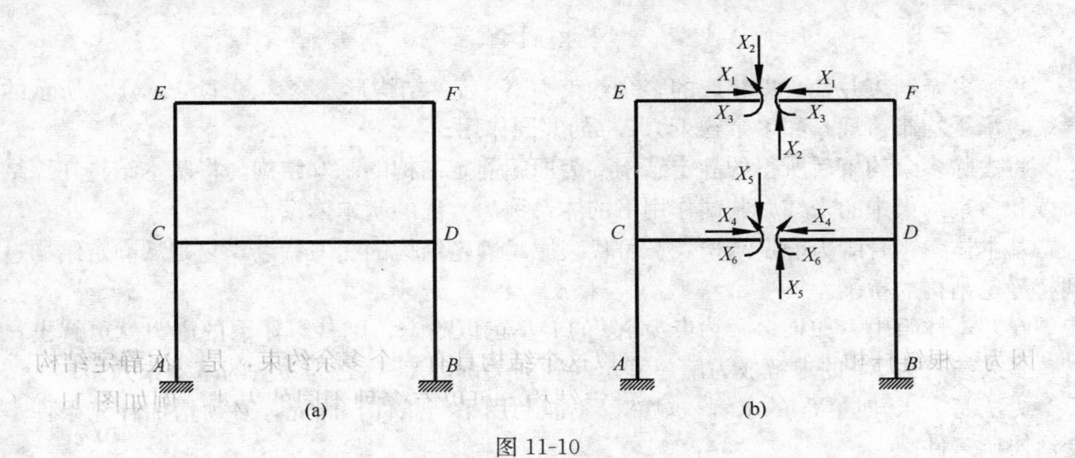


图 11-10

由此可知，对同一超静定结构，可以采取不同的方式去掉多余约束，而得到不同的静定结构，但是多余约束的数目总是相同的，因而所确定的结构超静定次数也是唯一的。但应注意，去掉多余约束后的体系必须是几何不变的。

# 11.2 力 法

## 11.2.1 力法的基本原理

力法的基本思路是把超静定结构的计算问题转化为静定结构的计算，即利用已熟悉的静定结构的计算方法达到计算超静定结构的目的。

下面以一次超静定梁为例，说明力法的基本原理。

图 11-11（a）所示一次超静定梁结构，杆长为 $l$，$EI$=常数。

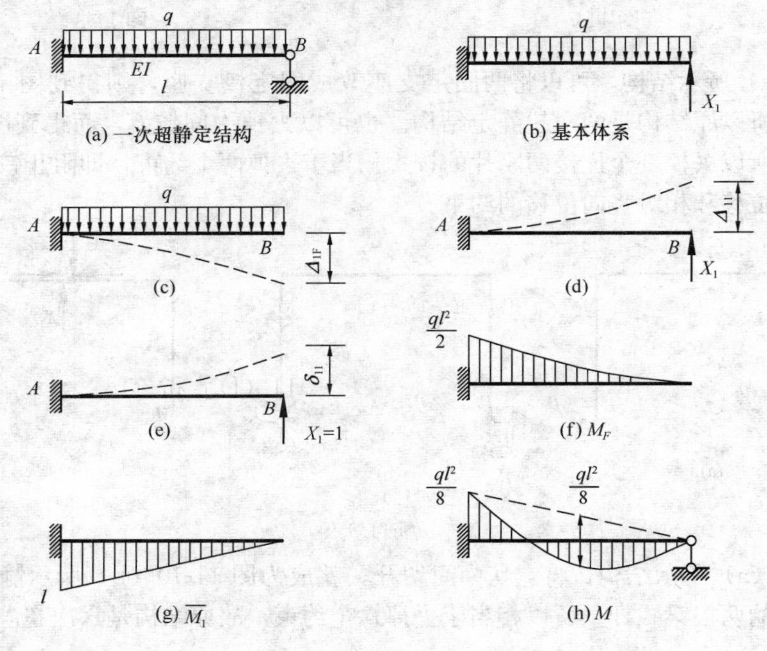


图 11-11

去除多余约束并代之以相应的多余约束力 $X_1$ 后，结构形式变为图 11-11（b）所示的悬臂梁，承受均布荷载 $q$ 和多余约束力 $X_1$ 的共同作用。

将去除多余约束后所得的静定结构称为原超静定结构的**基本结构**，将基本结构在原结构荷载和多余约束中的未知力共同作用下的体系称为力法的**基本体系**。

基本体系本身既为静定结构，又可代表原超静定结构的受力特点，它是从静定结构过渡到超静定结构的桥梁。

在基本体系中，如果多余约束力 $X_1$ 的大小可以确定，则基本体系的内力就可解出。此时，多余约束力 $X_1$ 的求解成为解超静定问题的关键，$X_1$ 称之为力法的**基本未知量**。

力法基本未知量 $X_1$ 的求解，显然已不能利用平衡条件，因此，必须增加补充条件——变形协调条件。

现考虑原结构与基本体系在变形上的异同点。在原结构中，$X_1$ 为被动力，是固定值，与 $X_1$ 相应的位移也是唯一确定的，在本例题中为零。

在基本体系中，$X_1$ 为主动力，大小是可变的，相应的位移也是不确定的。当 $X_1$ 值过大时，$B$ 点上翘；如果过小，$B$ 点下垂。只有当 $B$ 点的位移与原结构的位移相同时，基本体系中的主动力 $X_1$ 大小才与原结构中的被动力 $X_1$ 相等，这时基本体系才能真正转化为原来的超静定结构。

因此，基本体系转化为原超静定结构的条件是，基本体系沿基本未知量 $X_1$ 方向的位移 $\Delta_1$ 应与原超静定结构相应的位移相同，即为

$$\Delta_1 = 0 \tag{11-1}$$

这个条件就是计算力法基本未知量时的变形协调方程。

在线性弹性体系中，可利用叠加原理计算 $\Delta_1$。基本结构在荷载 $q$ 和 $X_1$ 单独作用下沿 $X_1$ 方向的位移分别为 $\Delta_{1F}$ 和 $\Delta_{11}$，其中 $\Delta_{1F}$ 是基本结构在荷载单独作用下沿 $X_1$ 方向的位移［图 11-11（c)］，$\Delta_{11}$ 是基本结构在未知力 $X_1$ 单独作用下沿 $X_1$ 方向的位移［图 11-11（d)］。因此，式（11-1）可表示为

$$\Delta_1 = \Delta_{1F} + \Delta_{11} = 0 \tag{11-2}$$

如用 $\delta_{11}$ 表示在 $X_1=1$ 单独作用下，基本结构沿 $X_1$ 方向产生的位移［图 11-11（e)］则

$$\Delta_{11} = \delta_{11} X_1 \tag{11-3}$$

将式（11-3）代入式（11-2），可得

$$\delta_{11} X_1 + \Delta_{1F} = 0 \tag{11-4}$$

上式即为一次超静定结构的力法基本方程。方程中的系数 $\delta_{11}$ 和自由项 $\Delta_{1F}$ 均为基本结构的位移。可用第 10 章中的单位荷载法计算。

作出基本结构在荷载作用下的弯矩图 $M_F$［图 11-11（f)］和单位力 $X_1=1$ 作用下的弯矩图 $\overline{M}_1$ 图［图 11-11（g)］，应用图乘法，可得：

$$\delta_{11} = \Sigma \int \frac{\overline{M}_1^2}{EI} \mathrm{d}x = \frac{l^3}{3EI}$$

$$\Delta_{1F} = \Sigma \int \frac{\overline{M}_1 M_F}{EI} \mathrm{d}x = -\frac{ql^4}{8EI}$$

代入式（11-4）求得：

$$X_1 = -\frac{\Delta_{1F}}{\delta_{11}} = \frac{3}{8} ql$$

所得 $X_1$ 为正值时，表示基本未知量的实际方向与假设方向相同；如为负值，则方向相反。

基本未知量确定后，基本体系的内力即可利用平衡方程求解，作出内力图［图 11-11（h)］。由于已经作出 $M_F$ 和 $\overline{M}_1$ 图，可以利用叠加原理绘制原超静定结构的弯矩图更为方便快捷，即

$$M = \overline{M}_1 X_1 + M_F$$

综上所述，力法是以超静定结构的多余约束力作为基本未知量，再根据基本体系在多余约束处与原结构位移相同的条件，建立变形协调方程以求解基本未知量，从而把超静定结构的求解问题转化为静定结构分析问题。这就是用力法分析超静定结构的基本原理和计算方

法。

## 11.2.2 力法的典型方程

下面先以一个二次超静定刚架为例，说明如何建立多次超静定结构的力法方程，再进一步推广到 $n$ 次超静定结构的力法典型方程。

图 11-12（a）所示为二次超静定刚架，分析时必须解除两个多余约束。现去掉支座 $B$，相应的代以多余未知力 $X_1$ 和 $X_2$，得到图 11-12（b）所示的基本体系。由于原结构在支座 $B$ 处没有水平线位移和竖向线位移，因此，基本结构在荷载和多余未知力 $X_1$ 和 $X_2$ 共同作用下，必须保证同样的位移条件。即 $B$ 点沿 $X_1$ 和 $X_2$ 方向的位移 $\Delta_1$、$\Delta_2$ 都应等于零，即

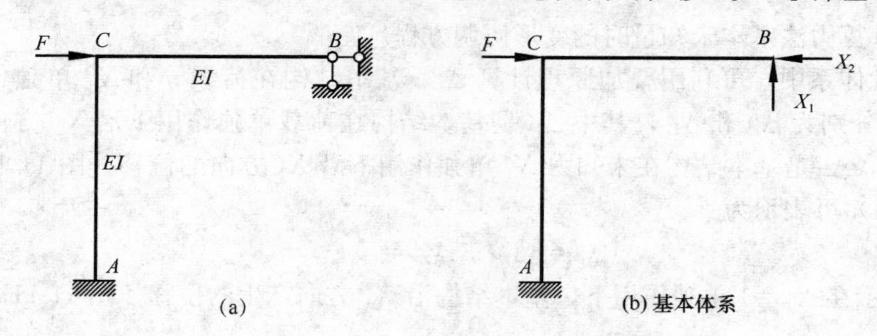


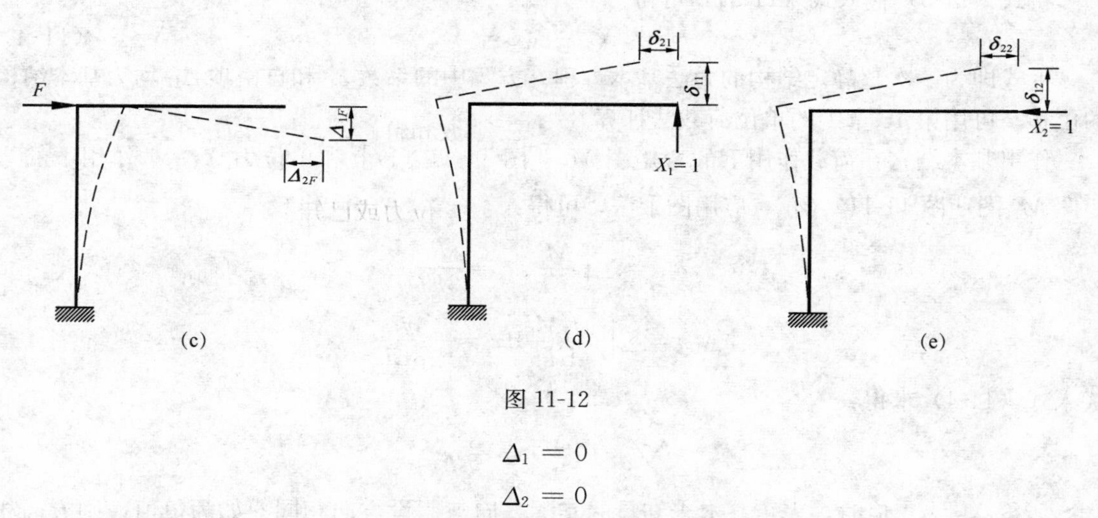


图 11-12

$$\Delta_1 = 0$$
$$\Delta_2 = 0$$

设单位未知力 $X_1=1$、$X_2=1$ 和荷载分别作用于基本结构上，$B$ 点沿 $X_1$ 方向的位移分别为 $\delta_{11}$、$\delta_{12}$ 和 $\Delta_{1F}$；沿 $X_2$ 方向的位移分别为 $\delta_{21}$、$\delta_{22}$ 和 $\Delta_{2F}$［图 11-12（c）（d）（e）］。根据叠加原理，上述位移条件可表示为

$$\left.\begin{aligned}\Delta_1 = \delta_{11}X_1 + \delta_{12}X_2 + \Delta_{1F} = 0\\ \Delta_2 = \delta_{21}X_1 + \delta_{22}X_2 + \Delta_{2F} = 0\end{aligned}\right\} \tag{11-5}$$

这就是根据位移条件建立的求解多余未知力 $X_1$、$X_2$ 的联立方程组，即为二次超静定结构的力法典型方程。

对于一个 $n$ 次超静定结构，相应地有 $n$ 个多余未知力，而每一个多余未知力处总有一个

已知的位移条件相对应，故可按已知位移条件建立一个含 $n$ 个未知量的代数方程组，从而可解出 $n$ 个多余未知力。设基本体系上各多余未知力处的位移为 $\Delta_i$（$i=1$，2，$\cdots n$），则此 $n$ 个方程式为

$$\left.\begin{aligned}\Delta_1 &= \delta_{11}X_1+\delta_{12}X_2+\cdots+\delta_{1n}X_n+\Delta_{1F}=0\\ \Delta_2 &= \delta_{21}X_1+\delta_{22}X_2+\cdots+\delta_{2n}X_n+\Delta_{2F}=0\\ &\vdots\\ \Delta_n &= \delta_{n1}X_1+\delta_{n2}X_2+\cdots+\delta_{nn}X_n+\Delta_{nF}=0\end{aligned}\right\}\tag{11-6}$$

上式即为 $n$ 次超静定结构的力法典型方程。其物理意义是，基本结构在多余未知力和荷载的共同作用下，多余约束处的位移与原结构相应的位移相等。

在上述方程中，主对角线上的系数 $\delta_{ii}(i=1,2,\cdots,n)$ 称为主系数，它代表单位未知力 $X_i=1$ 单独作用在基本结构上时，在 $X_i$ 自身方向上所引起的位移，其值恒为正，不会等于零。其余的系数 $\delta_{ij}(i\neq j)$ 称为副系数，它代表基本结构在未知力 $X_j=1$ 单独作用下引起的 $X_i$ 方向的位移。$\Delta_{iF}$ 称为自由项，它是由广义荷载（如外荷载、温度改变、支座位移等）单独作用下引起的 $X_i$ 方向的位移。副系数 $\delta_{ij}$ 和自由项 $\Delta_{iF}$ 的值可以为正、负或为零。根据位移互等定理，副系数存在以下关系

$$\delta_{ij}=\delta_{ji}$$

系数和自由项可按第 10 章静定结构位移计算中的位移计算公式或图乘法进行计算。然后可解算典型方程以求得各多余未知力，再按照分析静定结构的方法求原结构的内力。

### 11.2.3　力法典型方程中系数和自由项的计算

当力法典型方程建立以后，只需计算出其中的系数和自由项，而后即可由方程组确定出各多余未知力。

因为力法方程中的系数和自由项都是基本结构在单位力或已知荷载作用下的位移，故均可按第 10 章所介绍的计算静定结构位移的方法求得。

对于梁和刚架，一般忽略剪切变形和轴向变形的影响，按下式计算

$$\left.\begin{aligned}\delta_{ii} &= \sum\int\frac{\overline{M}_i^2}{EI}\mathrm{d}x\\ \delta_{ij} &= \sum\int\frac{\overline{M}_i\overline{M}_j}{EI}\mathrm{d}x\\ \Delta_{iF} &= \sum\int\frac{\overline{M}_iM_F}{EI}\mathrm{d}x\end{aligned}\right\}\tag{11-7}$$

对于桁架，杆件内力只有轴力，按下式计算

$$\left.\begin{aligned}\delta_{ii} &= \sum\frac{\overline{F}_{Ni}{}^2}{EA}\cdot l\\ \delta_{ij} &= \sum\frac{\overline{F}_{Ni}\,\overline{F}_{Nj}}{EA}\cdot l\\ \Delta_{iF} &= \sum\frac{\overline{F}_{Ni}F_{NF}}{EA}\cdot l\end{aligned}\right\}\tag{11-8}$$

将求得的系数和自由项代入力法典型方程，便可求出 $X_1$、$X_2$……$X_n$，将荷载和已求出

的多余力作用于基本结构，由静力平衡条件即可确定出其余反力和内力。结构的最后内力图可利用基本结构的单位内力图和荷载内力图按叠加法绘出。即

$$M = \overline{M_1}X_1 + \overline{M_2}X_2 + \cdots + \overline{M_n}X_n + M_F \tag{11-9}$$

## 11.2.4 力法计算示例

1. 力法计算步骤

用力法计算超静定结构的步骤可归纳如下：

（1）判断超静定次数，选择基本未知量，同时确定基本体系。

（2）建立力法典型方程。

（3）分别作出基本结构在 $X_i=1$ 和荷载作用下的内力图（或写出内力表达式），计算典型方程中的系数和自由项。

（4）求解典型方程，得出各多余未知力。

（5）绘制结构的内力图。

（6）校核。

2. 用力法计算超静定结构在荷载作用下的内力

**例 11-1** 试作图 11-13（a）所示连续梁的弯矩图，$EI$ 为常数。

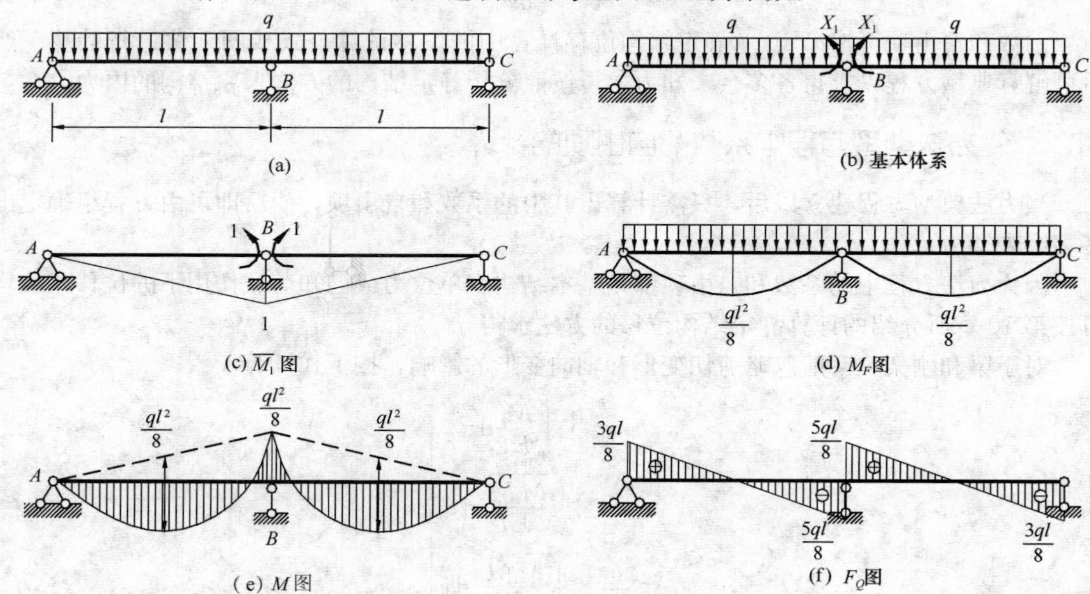


图 11-13

**解** （1）该连续梁为一次超静定结构，取图 11-13（b）为力法基本体系

（2）建立力法典型方程

根据原结构 $B$ 截面已知的变形连续条件——相对转角 $\theta_{B左、右}$ 为零，建立力法基本方程

$$\Delta = \delta_{11}X_1 + \Delta_{1F} = 0$$

（3）作出 $M_F$ 、$\overline{M}_1$ 图如图 11-13（c）（d）所示，计算系数及自由项。

$$\delta_{11} = \frac{2}{EI} \times \left(\frac{1}{2} \times 1 \times l\right) \times \left(\frac{2}{3} \times 1\right) = \frac{2l}{3EI}$$

$$\Delta_{1F}=\frac{2}{EI}\times\left(\frac{2}{3}\times\frac{ql^2}{8}\times l\right)\times\frac{1}{2}=\frac{ql^3}{12EI}$$

（4）解方程，求多余未知力 $X_1$

$$X_1=-\frac{\Delta_{1F}}{\delta_{11}}=-\frac{ql^3}{12EI}\times\frac{3EI}{2l}=-\frac{ql^2}{8}(\curvearrowright\curvearrowleft)$$

（5）作内力图

可利用叠加公式 $M=\overline{M_1}X_1+M_F$ 计算和作 $M$ 图，如图 11-13（e）所示。

取杆件为隔离体，化作等效简支梁，根据已知的杆端弯矩和跨间荷载，由平衡条件求出杆端剪力，并作 $F_Q$ 图，如图 11-13（f）所示。

**例 11-2**　试计算图 11-14（a）所示刚架，并作内力图。

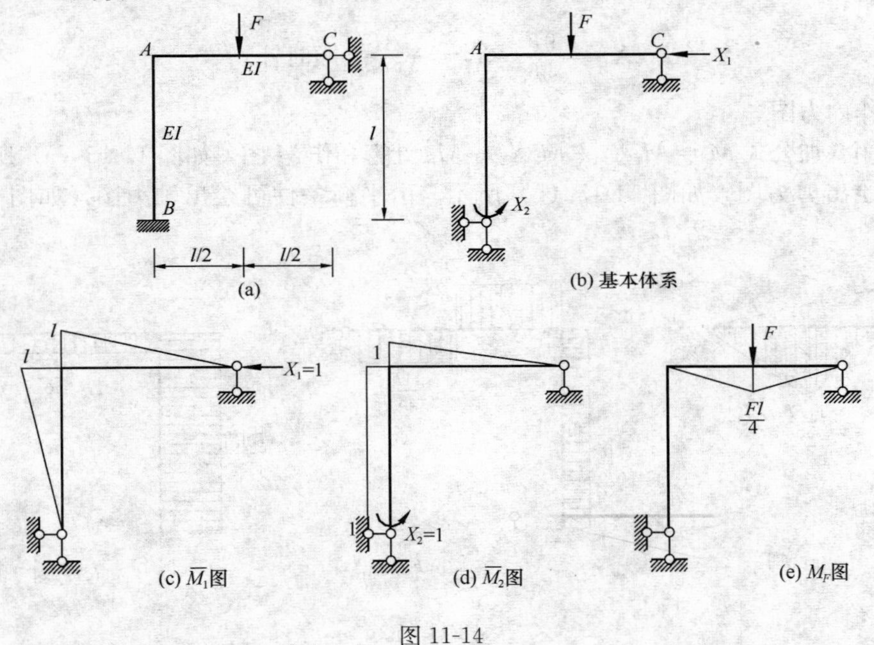


图 11-14

**解**　（1）该刚架为二次超静定结构，取图 11-14（b）为力法基本体系

（2）建立力法典型方程

根据原结构 $B$ 截面水平位移为零及 $A$ 截面的转角为零的变形条件建立力法典型方程如下：

$$\left.\begin{aligned}\delta_{11}X_1+\delta_{12}X_2+\Delta_{1F}=0\\ \delta_{21}X_1+\delta_{22}X_2+\Delta_{2F}=0\end{aligned}\right\}$$

（3）作出、$\overline{M}_1$、$\overline{M}_2$、$M_F$ 图如图 11-14（c）（d）（e）所示，并计算系数及自由项

$$\delta_{11}=\frac{1}{EI}\times\frac{1}{2}\times l\times l\times\frac{2}{3}l=\frac{2l^3}{3EI}$$

$$\delta_{22}=\frac{1}{EI}\left(1\times l\times 1+\frac{1}{2}\times 1\times l\times\frac{2}{3}\right)=\frac{4l}{3EI}$$

$$\delta_{12}=\delta_{21}=\frac{1}{EI}\left(\frac{1}{2}\times l\times l\times 1+\frac{1}{2}\times l\times l\times\frac{2}{3}\right)=\frac{5l^2}{6EI}$$

$$\Delta_{1F}=-\frac{1}{EI}\times\frac{1}{2}\times\frac{1}{4}Fl\times l\times\frac{l}{2}=-\frac{Fl^3}{16EI}$$

$$\Delta_{2F}=-\frac{1}{EI}\times\frac{1}{2}\times\frac{1}{4}Fl\times l\times\frac{1}{2}=-\frac{Fl^2}{16EI}$$

（4）解方程，求多余未知力 $X_1$、$X_2$

将系数和自由项代入典型方程并整理得

$$\frac{2l}{3}X_1+\frac{5}{6}X_2-\frac{Fl}{16}=0$$

$$\frac{5l}{6}X_1+\frac{4}{3}X_2-\frac{Fl}{16}=0$$

联立解得

$$X_1=\frac{9F}{56}\quad X_2=-\frac{3Fl}{56}\text{（顺时针）}$$

（5）作内力图

可利用叠加公式 $M=\overline{M}_1X_1+\overline{M}_2X_2+M_F$ 计算和作 $M$ 图，如图 11-15（a）所示。根据弯矩图可绘出剪力图，如图 11-15（b）所示。由平衡条件可绘出轴力图，如图 11-15（c）所示。

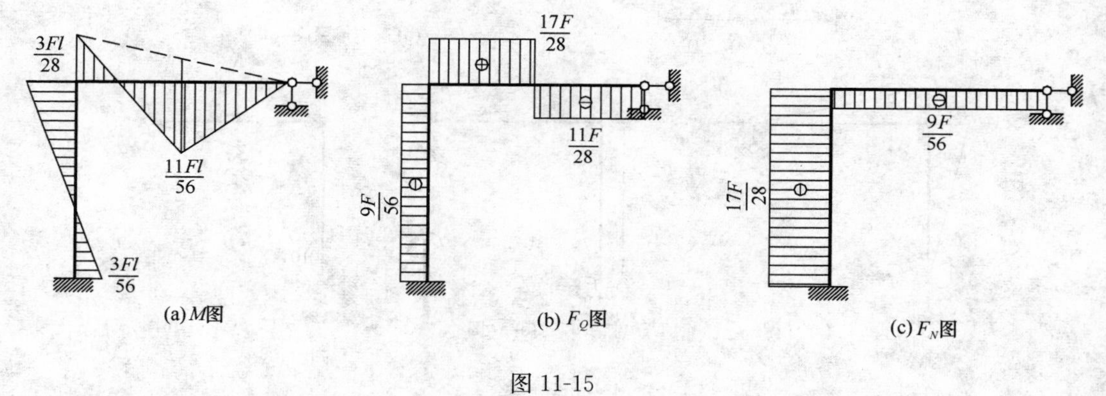


图 11-15

**例 11-3** 求解图 11-16（a）所示超静定桁架的内力，各杆 $EA$=常数。

**解** （1）该桁架为一次超静定结构，取图 11-16（b）为力法基本体系

（2）建立力法典型方程

根据 $CD$ 杆切口处两侧截面沿 $X_1$ 方向的相对位移为零，建立力法典型方程为

$$\delta_{11}X_1+\Delta_{1F}=0$$

（3）作出、$\overline{F}_{N1}$、$F_{NF}$ 图如图 11-16（c）（d）所示，并计算系数及自由项

$$\delta_{11}=\Sigma\frac{\overline{F_{N1}}^2 l}{EA}=\frac{1}{EA}\left[(1^2\times l\times 4+(-\sqrt{2})^2\times\sqrt{2}l\times 2\right]=\frac{4+4\sqrt{2}}{EA}l$$

$$\Delta_{1F}=\Sigma\frac{\overline{F}_{N1}\ \overline{F}_{NF}l}{EA}=\frac{1}{EA}\left[1\times F\times l\times 2+(-\sqrt{2})\times(-\sqrt{2}F)\times\sqrt{2}l\right]=\frac{(2+2\sqrt{2})Fl}{EA}$$

（4）解方程，求多余未知力 $X_1$

$$X_1=-\frac{\Delta_{1F}}{\delta_{11}}=-\frac{F}{2}\text{（压力）}$$

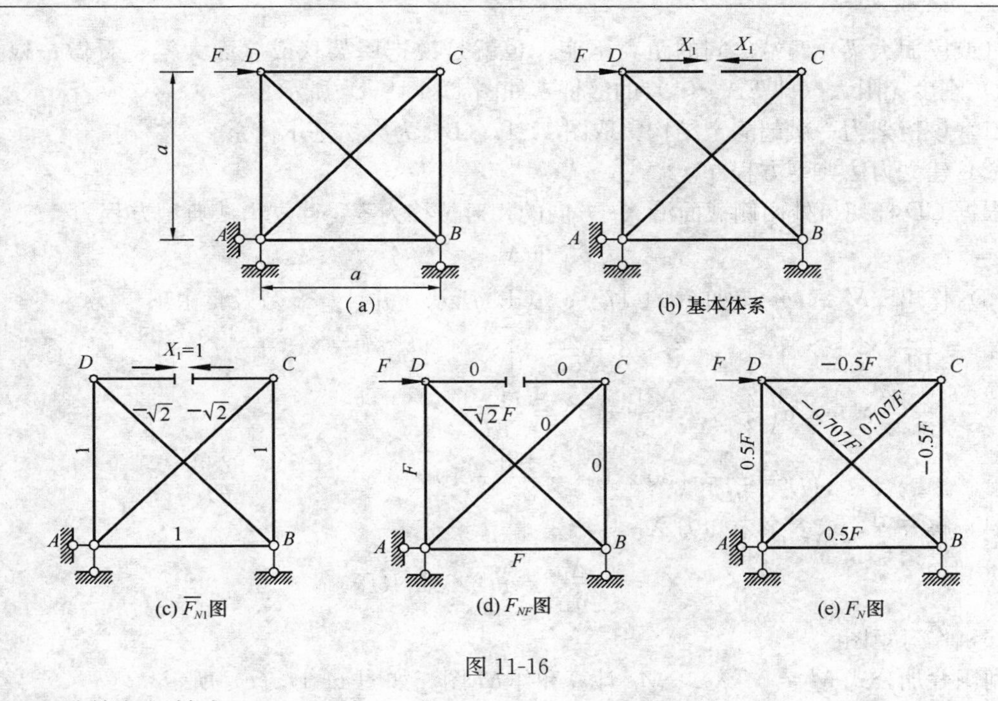


( a)

图 11-16

（5）计算各杆轴力

可利用叠加公式 $F_N = \overline{F}_{N1}X_1 + F_{NF}$ 计算各杆轴力，如图 11-16（e）所示。

**例 11-4**　计算图 11-17（a）所示铰结排架，并作弯矩图。已知 $I_2 = 5I_1$ 。

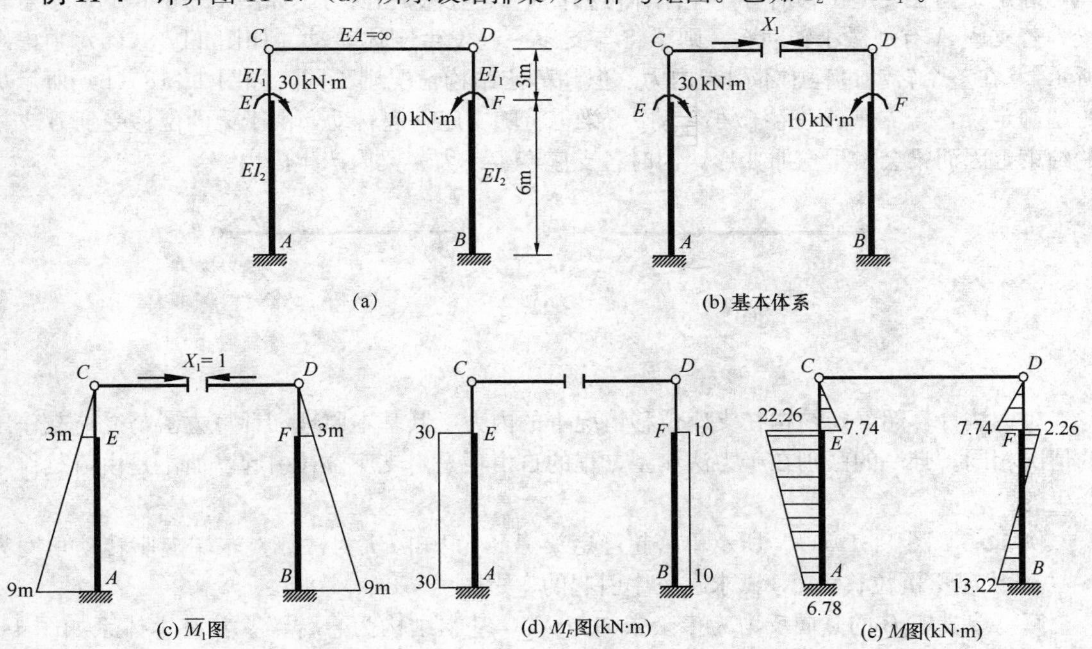


图 11-17

**解**　排架结构是单层工业厂房中的主要承重结构，是由屋架（或屋面大梁）、柱子、基础等构件组成。排架计算就是对柱子进行内力分析。在一般情况下，可认为联系两个柱顶的屋架（或屋面大梁）两端之间的距离不变，也就是说把屋架（或屋面大梁）看做一根抗拉（抗压）刚度无限大（即 $EA\to\infty$）的链杆，如图 11-17（a）所示。

（1）该桁架为一次超静定结构，取图 11-17（b）为力法基本体系

（2）建立力法典型方程

根据 $CD$ 杆切口处两侧截面沿 $X_1$ 方向的相对位移为零，建立力法典型方程为

$$\delta_{11}+\Delta_{1F}=0$$

（3）作出、$\overline{M}_1$、$M_F$ 图如图 11-17（c）（d）所示，并计算系数及自由项

$$\delta_{11}=\frac{2}{EI_1}\times\frac{1}{2}\times 3\times 3\times\frac{2}{3}\times 3+\frac{2}{5EI_1}\left[\frac{1}{2}\times 3\times 6\left(\frac{2}{3}\times 3+\frac{1}{3}\times 9\right)\right]$$
$$+\frac{1}{2}\times 9\times 6\left(\frac{2}{3}\times 9+\frac{1}{3}\times 3\right)=\frac{111.6}{EI_1}$$

$$\Delta_{1F}=\frac{1}{5EI_1}\left(30\times 6\times\frac{3+6}{2}+10\times 6\times\frac{3+6}{2}\right)=\frac{288}{EI_1}$$

（4）解方程，求多余未知力 $X_1$

$$X_1=-\frac{\Delta_{1F}}{\delta_{11}}=-2.58\text{kN(压)}$$

（5）作弯矩图

利用叠加公式 $M=\overline{M}_1X_1+M_F$ 计算和作 $M$ 图，如图 11-17（e）所示。

## 11.2.5 支座位移时超静定结构的计算

静定结构在支座位移时会产生刚体位移但不产生反力和内力。如图 11-18（a）所示悬臂梁，若支座 $A$ 有一微小转动 $\theta$，则梁将与支座一起发生刚体转动［如图 11-18（a）中虚线所示］，在整个转动过程中不引起内力。但超静定结构情况则不同，如图 11-18（b）所示单跨超静定梁，若支座 $A$ 发生微小转动 $\theta$，梁也将随支座一起转动，由于梁的位移受到 $B$ 支杆的约束，因而梁会发生弯曲变形，同时各支座产生反力、梁内产生内力。

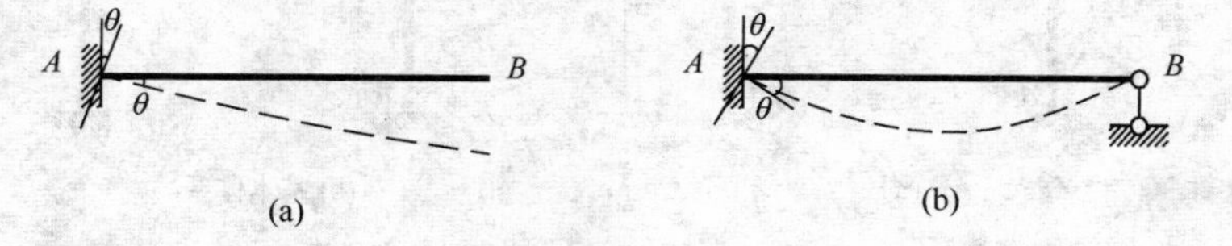


图 11-18

用力法计算超静定结构在支座位移情况下的内力，其基本原理和计算方法与受荷载作用的情况相同。唯一的区别在于力法典型方程的自由项是由支座位移引起，而不是由荷载作用产生的。

**例 11-5** 图 11-19（a）所示单跨超静定梁 $AB$，已知 $EI$ 为常数，左端支座转动角度为 $\theta$，右端支座下沉位移为 $a$，试求在梁中引起的弯矩图。

**解** 取支座 $B$ 的竖向反力为多余未知力 $X_1$，基本结构为悬臂梁，其基本体系如图 11-19（b）所示。其力法方程为

$$\delta_{11}X_1+\Delta_{1c}=-a$$

上式右边取负号是因为原结构 $B$ 支座实际下沉位移与 $X_1$ 假设方向相反。上式左边的自由项 $\Delta_{1c}$ 是当支座 $A$ 产生转角时在基本结构中产生的沿 $X_1$ 方向的位移。自由项 $\Delta_{1c}$ 可根据以下位

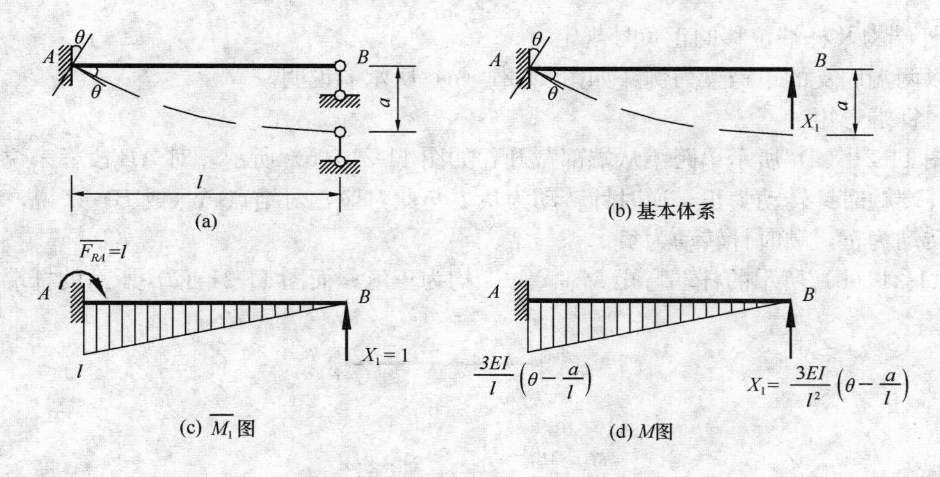


图 11-19

移公式求得

$$\Delta_{1c}=-\sum\overline{F}_Rc=-(l\times\theta)=-\theta l$$

系数 $\delta_{11}$ 则可由图 11-19（c）中的 $\overline{M}_1$ 图图乘求得

$$\delta_{11}=\frac{1}{EI}\times\frac{1}{2}\times l\times l\times\frac{2}{3}l=\frac{l^3}{3EI}$$

将系数和自由项代入力法方程，得

$$\frac{l^3}{3EI}X_1-\theta l=-a$$

由此求得

$$X_1=\frac{3EI}{l^2}\left(\theta-\frac{a}{l}\right)$$

利用弯矩叠加公式 $M=\overline{M}_1X_1$ 可作出 $M$ 图，如图 11-19（d）所示。

从上例中可以看出，由支座位移引起的超静定结构内力计算问题具有如下特点：

（1）力法典型方程的右边项根据所选取的基本体系的不同可不为零，应根据实际位移条件确定。

（2）力法典型方程中，自由项是由基本体系中的支座位移引起的。

（3）内力与结构的刚度绝对值有关，因此在计算中必须采用刚度绝对值。

## 11.2.6　等截面直杆的转角位移方程

在以后位移法和力矩分配法等的计算过程中，需要用到单跨超静定梁在荷载及杆端发生位移时的杆端内力(简称为杆端力)，可以用力法求得。

基本的单跨超静定梁有图 11-20 所示的三种。在本节中将讨论这三种单跨超静定梁的杆端内力（包括杆端弯矩和杆端剪力）与杆端位移（包括线位移及角位移）和杆上荷载之间的函数关系，这种关系称为转角位移方程。

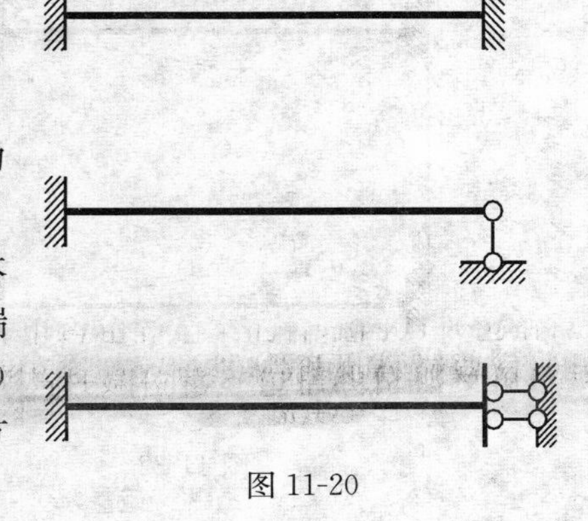

图 11-20

1. 杆端力及杆端位移的正负号规定

现以两端固支的单跨梁为例［如图 11-21（a）所示］说明。

（1）杆端弯矩

把图 11-21（a）所示单跨梁从端部截开，如图 11-21（b）所示。对 $AB$ 段杆来说，杆端弯矩绕杆端顺时针转动为正，逆时针转动为负。与此对应，对结点 $A$（或 $B$）来说，绕结点逆时针转动为正，顺时针转动为负。

图 11-21（b）所示的杆端弯矩 $M_{AB}$ 、$M_{BA}$ 均为正值；而图 11-21（c）所示的杆端弯矩均为负值。

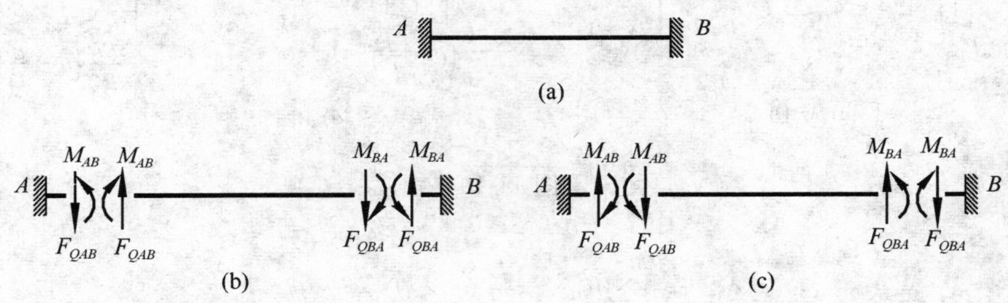


图 11-21

应当注意，本书前面各章中并未规定弯矩的正负号。在本节和下面的位移法和力矩分配法中，杆端弯矩的正负号将遵循此处规定，并按这一规定绘杆件的弯矩图，弯矩图竖标仍绘在受拉侧。

（2）杆端剪力

剪力的正负号规定与前面的规定相同，即使其作用的杆端有顺时针转动趋势时为正，否则为负。图 11-21（b）所示剪力 $F_{QAB}$ 及 $F_{QBA}$ 为正，图 11-21（c）所示的 $F_{QAB}$ 及 $F_{QBA}$ 则为负。

（3）杆端截面转角

杆端转角规定顺时针方向为正，逆时针方向为负。图 11-22（a）所示转角 $\theta_A$ 为正，图 11-22（b）所示转角 $\theta_A$ 则为负。

（4）杆端相对线位移

杆件两端相对线位移的方向规定为：沿垂直于杆轴线方向，一端相对于另一端的位移以顺时针转动为正，逆时针转动为负。图 11-23（a）所示杆端相对线位移 $\Delta$ 为正，而图 11-23（b）所示则为负。

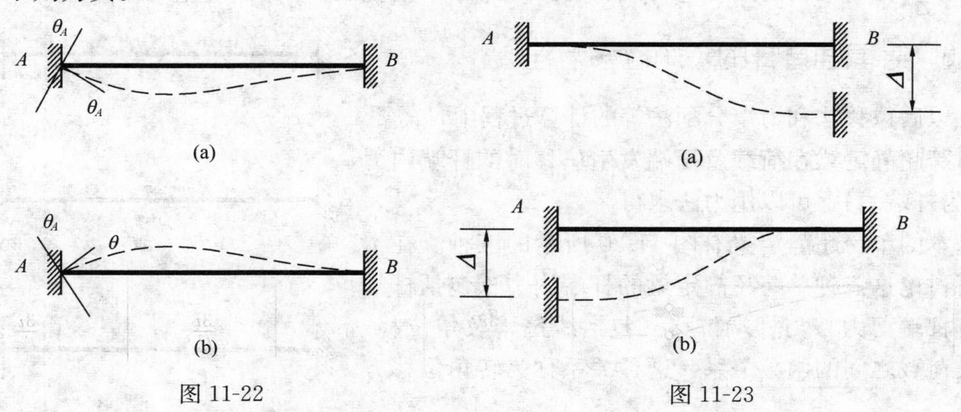


图 11-22　　图 11-23

2. 等截面直杆的转角位移方程

对于图 11-20 所示的三种基本单跨超静定梁在荷载或支座位移引起的杆端内力均可由力法求出，现列于表 11-1 中。

表中引入了记号 $i=EI/l$，称为杆件的**线刚度**。式中 $l$ 为杆长，$EI$ 为抗弯刚度。

**表 11-1　等截面直杆 $\left(\text{表中 } i=\dfrac{EI}{l}\right)$ 的杆端弯矩和剪力**

| 编号 | 梁的简图 | 弯矩 | | 剪力 | |
|---|---|---|---|---|---|
| | | $M_{AB}$ | $M_{BA}$ | $F_{QAB}$ | $F_{QBA}$ |
| 1 | $\theta=1$, A, EI, B, $l$ | $4i$ | $2i$ | $-\dfrac{6i}{l}$ | $-\dfrac{6i}{l}$ |
| 2 | A, B, $l$ | $-\dfrac{6i}{l}$ | $-\dfrac{6i}{l}$ | $\dfrac{12i}{l^2}$ | $\dfrac{12i}{l^2}$ |
| 3 | A, F, a, b, B, $l$ | $-\dfrac{Fab^2}{l^2}$ | $\dfrac{Fa^2b}{l^2}$ | $\dfrac{Fb^2(l+2a)}{l^3}$ | $-\dfrac{Fa^2(l+2b)}{l^3}$ |
| | | 当 $a=b=\dfrac{l}{2}$ 时 $-\dfrac{Fl}{8}$ | $\dfrac{Fl}{8}$ | $\dfrac{F}{2}$ | $-\dfrac{F}{2}$ |
| 4 | q, A, B, $l$ | $-\dfrac{ql^2}{12}$ | $\dfrac{ql^2}{12}$ | $\dfrac{ql}{2}$ | $-\dfrac{ql}{2}$ |
| 5 | $\theta=1$, A, B, $l$ | $3i$ | 0 | $-\dfrac{3i}{l}$ | $-\dfrac{3i}{l}$ |
| 6 | $\theta$, A, B, $l$ | $-\dfrac{3i}{l}$ | 0 | $\dfrac{3i}{l^2}$ | $\dfrac{3i}{l^2}$ |

续表

| 编号 | 梁的简图 | 弯矩 | | 剪力 | |
|---|---|---|---|---|---|
| | | $M_{AB}$ | $M_{BA}$ | $F_{QAB}$ | $F_{QBA}$ |
| 7 | | $-\frac{ql^2}{8}$ | 0 | $\frac{5ql}{8}$ | $-\frac{3ql}{8}$ |
| 8 | | $-\frac{Fab(a+b)}{2l^2}$ | 0 | $\frac{Fb(3l^2-b^2)}{2l^3}$ | $-\frac{Fa^2(2l+b)}{2l^3}$ |
| | | 当 $a=b=\frac{l}{2}$ 时 $-\frac{3Fl}{16}$ | 0 | $\frac{11F}{16}$ | $-\frac{5F}{16}$ |
| 9 | | $\frac{m}{2}$ | $m$ | $-\frac{3m}{2l}$ | $-\frac{3m}{2l}$ |
| 10 | | $i$ | $-i$ | 0 | 0 |
| 11 | | $-\frac{Fa}{2l}(2l-a)$ | $-\frac{Fa^2}{2l}$ | $F$ | 0 |
| | | 当 $a=\frac{l}{2}$ 时 $-\frac{3Fl}{8}$ | $-\frac{Fl}{8}$ | $F$ | 0 |
| 12 | | $-\frac{Fl}{2}$ | $-\frac{Fl}{2}$ | $F$ | $F_{QB}^{左}=F$ $F_{QB}^{右}=0$ |
| 13 | | $-\frac{ql^2}{3}$ | $-\frac{ql^2}{6}$ | $ql$ | 0 |

为了区别于由杆端位移引起的杆端力，在下面推导的转角位移方程中，由荷载引起的杆端弯矩称为固端弯矩，用 $M_{AB}^{F}$ 和 $M_{BA}^{F}$ 表示；由荷载引起的杆端剪力称为固端剪力，用 $F_{QAB}^{F}$ 和 $F_{QBA}^{F}$ 表示。

（1）两端固定梁

图 11-24 所示两端固定的等截面梁 $AB$，设 $A$、$B$ 两端的转角分别为 $\theta_A$ 和 $\theta_B$，垂直于杆轴方向的相对线位移为 $\Delta$，梁上还作用有外荷载。梁 $AB$ 在上述 4 种外因共同作用下的杆端弯矩，应等于 $\theta_A$、$\theta_B$、$\Delta$ 和荷载单独作用下的杆端弯矩的叠加。利用表 11-1 可得

$$\left.\begin{aligned}M_{AB}&=4i\theta_A+2i\theta_B-6i\frac{\Delta}{l}+M_{AB}^{F}\\M_{BA}&=4i\theta_B+2i\theta_A-6i\frac{\Delta}{l}+M_{BA}^{F}\end{aligned}\right\}\tag{11-10}$$

$$\left.\begin{aligned}F_{QAB}&=-6\frac{i}{l}\theta_A-6\frac{i}{l}\theta_B+12\frac{i}{l^2}\Delta+F_{QAB}^{F}\\F_{QBA}&=-6\frac{i}{l}\theta_A-6\frac{i}{l}\theta_B+12\frac{i}{l^2}\Delta+F_{QBA}^{F}\end{aligned}\right\}\tag{11-11}$$

式（11-10）和式（11-11）称为两端固定梁的转角位移方程。

（2）一端固定一端铰支梁

如图 11-25 所示，设 $A$ 端转角为 $\theta_A$，两端相对线位移为 $\Delta$，梁上还作用有外荷载。利用表 11-1 及叠加原理，可得一端固定一端铰支梁的转角位移方程为

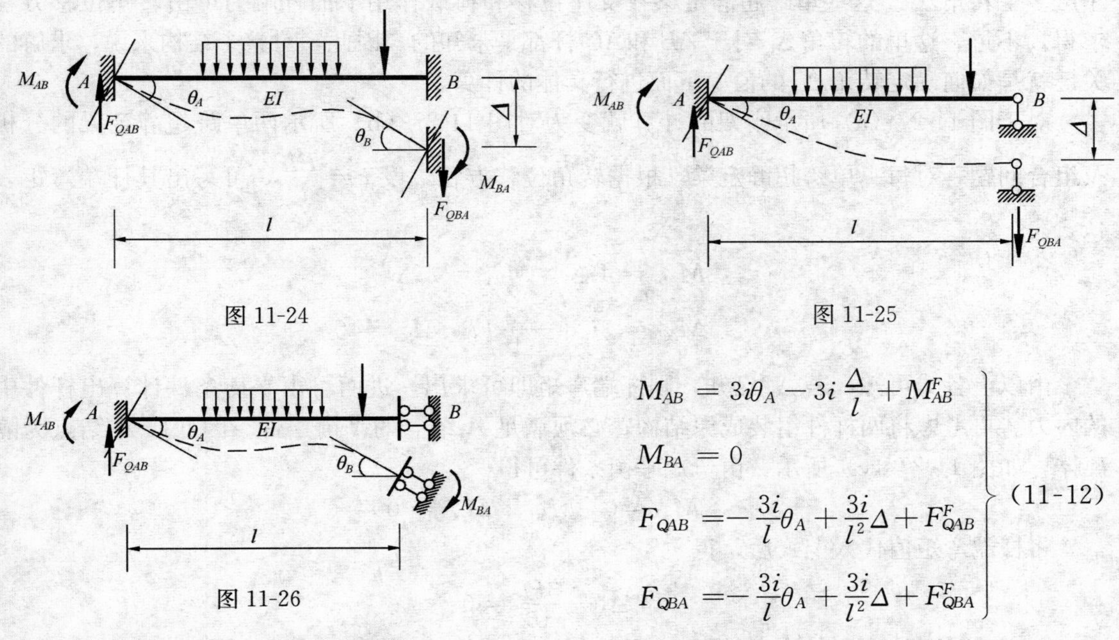


图 11-24　　图 11-25

图 11-26

$$\left.\begin{aligned}M_{AB}&=3i\theta_A-3i\frac{\Delta}{l}+M_{AB}^{F}\\M_{BA}&=0\\F_{QAB}&=-\frac{3i}{l}\theta_A+\frac{3i}{l^2}\Delta+F_{QAB}^{F}\\F_{QBA}&=-\frac{3i}{l}\theta_A+\frac{3i}{l^2}\Delta+F_{QBA}^{F}\end{aligned}\right\}\tag{11-12}$$

（3）一端固定一端定向支承梁

如图 11-26 所示，设 $A$ 端转角为 $\theta_A$，$B$ 端转角为 $\theta_B$，梁上还作用有外荷载。利用表 11-1 及叠加原理，可得其转角位移方程为

$$\left.\begin{aligned} M_{AB} &= i\theta_A - i\theta_B + M_{AB}^F \\ M_{BA} &= i\theta_B - i\theta_A + M_{BA}^F \\ F_{QAB} &= F_{QAB}^F \\ F_{QBA} &= 0 \end{aligned}\right\} \tag{11-13}$$

# 11.3 位 移 法

在一定的外因作用下，线性弹性结构的内力和位移之间存在着一一对应关系。因此，在计算超静定结构时，既可以先设法求出内力，然后计算相应的位移，这便是力法。也可以反过来，先设法求出结构中的某些位移，然后利用位移与内力之间确定的对应关系，求出相应的内力，这便是位移法。位移法是计算超静定结构的另一种基本方法。位移法的基本未知量用 $\Delta_i(i=1,2,\cdots\cdots n)$ 表示。

## 11.3.1 位移法的基本原理

图 11-27（a）所示刚架在荷载 $F$ 作用下发生虚线所示的变形，由于结点 $A$ 为刚结点，杆件 $AB$、$AC$ 在结点 $A$ 处有相同的转角 $\Delta_1$。此外，如略去杆件的轴向变形，且杆件的弯曲变形是微小的，则结点 $A$ 无线位移。考虑该刚架中每根杆件的变形情况，可以作出各杆件的变形图如图 11-27（b）所示。其中杆件 $AC$ 相当于一端固定另一端铰支的单跨梁，除承受荷载 $F$ 作用外，固定支座 $A$ 还产生了转角 $\Delta_1$。杆件 $AB$ 相当于两端固定的单跨梁，固定端 $A$ 产生了转角 $\Delta_1$。这些单跨超静定梁在支座位移和荷载作用下的杆端力可由转角位移方程求得，不过，这里的转角 $\Delta_1$ 对于 $AB$ 和 $AC$ 杆都是未知的。因此，对整个结构来说，求解的关键就是如何确定转角 $\Delta_1$ 的值。下面进行具体的计算。

对于图 11-27（a）所示刚架的计算就变为对图 11-27（b）所示两单跨超静定梁的分析及组合问题，对每一单跨超静定梁，根据转角位移方程，设 $i=\dfrac{EI}{l}$，可写出其杆端弯矩表达式

$$M_{AB} = 4i\Delta_1 \quad M_{BA} = 2i\Delta_1$$

$$M_{AC} = 3i\Delta_1 - \frac{3}{16}Fl \quad M_{CA} = 0$$

由以上各式可知，若 $\Delta_1$ 已知，则杆端弯矩即可求出，进而可由平衡条件计算出杆件中的内力。再考虑将两杆件组装成原结构，必须满足 $A$ 结点的平衡条件。因此取 $A$ 结点为隔离体，如图 11-27（c）所示，由弯矩平衡条件可得

$$\sum M_A = 0 \quad M_{AB} + M_{AC} = 0$$

将杆端弯矩值代入上式后，得

$$7i\Delta_1 - \frac{3Fl}{16} = 0$$

解方程得

$$\Delta_1 = \frac{3Fl}{112i}$$

将 $\Delta_1$ 代回原杆端弯矩表达式中，即可求得各杆的杆端弯矩为

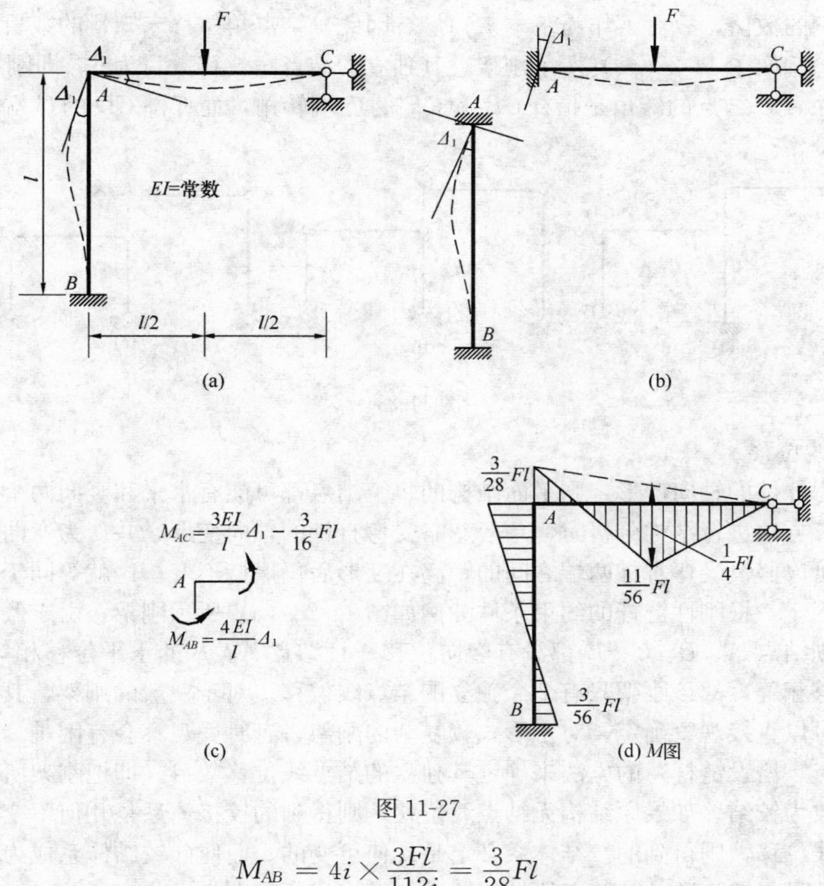


图 11-27

$$M_{AB}=4i\times\frac{3Fl}{112i}=\frac{3}{28}Fl$$

$$M_{BA}=2i\times\frac{3Fl}{112i}=\frac{3}{56}Fl$$

$$M_{AC}=3i\times\frac{3Fl}{112i}-\frac{3}{16}Fl=-\frac{3}{28}Fl$$

$$M_{CA}=0$$

已知各杆杆端弯矩，即可将各杆视为简支梁，利用平衡条件或区段叠加法绘弯矩图，如图 11-27（d）所示。与前面用力法作出的弯矩图相同。根据弯矩图可绘出剪力图。然后利用杆端剪力由结点平衡条件可作出轴力图（本例请读者自行绘出 $F_Q$、$F_N$ 图）。

## 11.3.2　位移法基本未知量数目的确定

由转角位移方程可知，如果结构上每根杆件两端的角位移和垂直于杆轴的相对线位移已知，则各杆的内力即可确定。由于结构中的杆件是在结点处相联结的，因此，位移法的基本未知量等于结构上结点的角位移数目和线位移数目之和，并用广义位移符号 $\Delta_i$ 表示。用位移法计算结构时，应首先确定独立的结点角位移和线位移的数目。

1. 结点角位移

在某一刚结点处，汇交于该结点的各杆端的转角是相等的，因此，每个刚结点只有一个独立的角位移。至于铰结点或铰支座处各杆端的转角，由式（11-12）可知，计算杆端弯矩时不需要它们的数值，故可不作为基本未知量。因此，结点角位移未知量的数目等于结构刚结点的数目。例如图 11-28（a）所示刚架，其独立的结点角位移数目为 3。即刚结点 $B$、$C$、$D$ 的转角。注意 $C$ 结点的转角是指杆 $CB$ 和 $CF$ 的 $C$ 端转角，而杆件 $CD$ 的 $C$ 端转角不作为基本未知量。

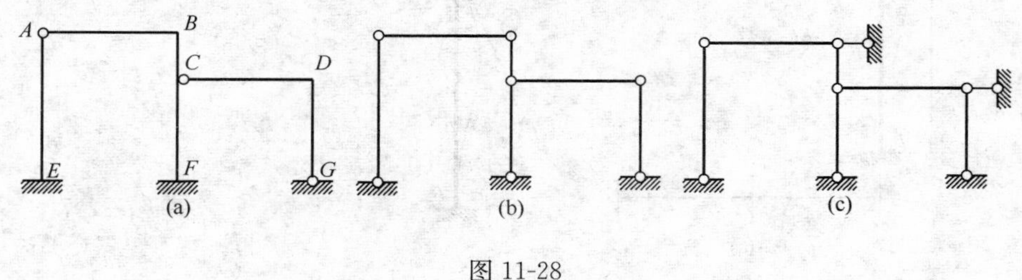


图 11-28

2. 结点线位移

如果考虑杆件的轴向变形，则平面结构的每个结点都可能有水平和竖向两个线位移。但是，在用手算方法进行结构分析时，一般忽略受弯直杆的轴向变形，并认为弯曲变形是微小的。因此，可以假设受弯直杆两端之间的距离在变形后仍保持不变。这就等同于每根受弯直杆提供了相当于一根刚性链杆的约束条件。例如图 11-28（a）所示刚架，由于假设各杆两端距离不变，则结点 $A$、$B$、$C$、$D$ 都没有竖向位移。且结点 $A$、$B$ 的水平位移相等，结点 $C$、$D$ 的水平位移相等，故该刚架只有 2 个独立的结点线位移。对于一般的刚架，其独立的结点线位移数目可以直接观察确定。对于形式较复杂的刚架，有时凭观察会有困难。这时可以采用“铰化结点、增设链杆”的方法来确定其独立的结点线位移数目。即把刚架所有刚结点和固定支座均改为铰结。如果原结构无结点线位移，则得到的铰接体系是几何不变的；如果原结构有结点线位移，则得到的铰结体系必定是几何可变的，而使此铰结体系成为几何不变体系所需增加的最少链杆数，就等于原结构独立的结点线位移数目。

仍以图 11-28（a）所示刚架为例。经过“铰化”后的链杆体系如图 11-28（b）所示；由几何组成分析可知，该链杆体系为几何可变体系，最少需设两根支座链杆才能使该链杆体系成为几何不变体系［图 11-28（c）］，故原刚架有两个结点独立线位移。其位移法的基本未知量个数等于结构的刚结点个数与独立的结点线位移个数之和，即有 5 个基本未知量。

按照上述方法，图 11-29（a）所示结构有一个角位移，一个线位移。图 11-29（b）所示结构有两个角位移，两个线位移。图 11-29（c）所示结构有八个角位移，三个线位移。

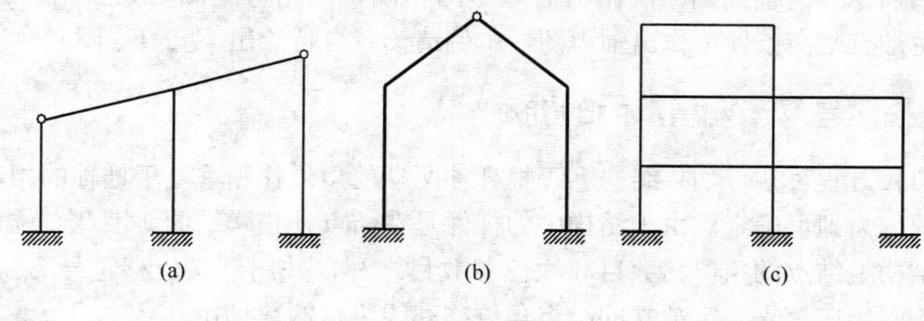


图 11-29

图 11-30 所示刚架的横梁 $AB$ 具有无限刚度，在外力作用下只能平移而无弯曲变形，故横梁与柱子的刚结点 $A$ 和 $B$ 只能水平移动而转角为零。该刚架只有结点 $C$ 一个未知角位移。

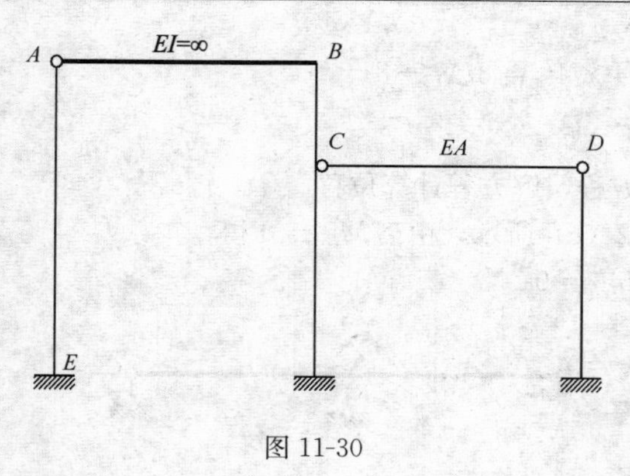

图 11-30

对于需要考虑轴向变形的二力杆或受弯杆，其两端连线长度是变化的，因此对于图 11-30 所示刚架，其独立的线位移数为三。

### 11.3.3　位移法的基本结构

从前面可知，用位移法计算结构时，须将其每根杆件变成单跨超静定梁。为此，可在原结构可能发生独立位移的结点上加入相应的附加约束，使其成为固定端或铰支端。具体做法是：在每个刚结点上加一个附加刚臂（用符号“▼”表示），其作用是控制刚结点的转动（但不控制结点的线位移）；同时，在每个产生独立结点线位移的结点，沿线位移的方向加上附加链杆，其作用是控制结点的线位移。这样，原结构的所有杆件就变成彼此独立的单跨超静定梁。这个单跨超静定梁的组合体，称为位移法的基本结构。例如图 11-30 所示刚架的位移法基本结构如图 11-31 所示。图中用 $\Delta_1$、$\Delta_2$、$\Delta_3$、表示 3 个结点角位移未知量，用 $\Delta_4$、$\Delta_5$ 表示 2 个独立结点线位移未知量。通常先假定所有基本未知量都是正的，即 $\Delta_1$、$\Delta_2$、$\Delta_3$ 为顺时针方向转动，$\Delta_4$、$\Delta_5$ 为向右移动（使相应单跨梁两端相对线位移 $\Delta$ 为正）。

### 11.3.4　位移法计算举例

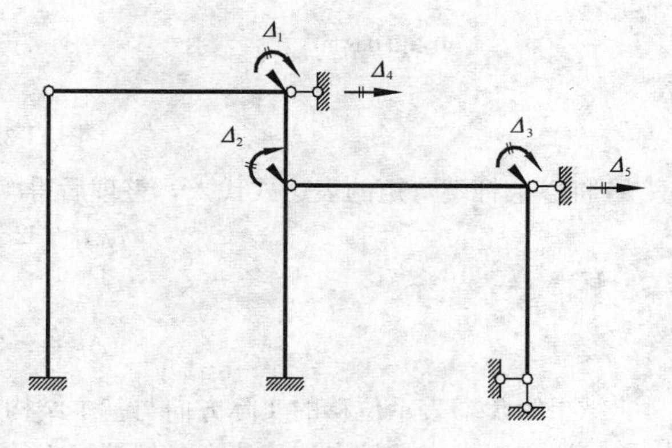

图 11-31

1. 位移法计算步骤

（1）确定基本未知量和基本结构；

（2）利用转角位移方程写出各杆端弯矩表达式和剪力表达式；

（3）利用结点的弯矩平衡条件和部分结构隔离体力的平衡条件建立位移法方程，解方程计算位移；

（4）将所求出的结点位移代入各杆端弯矩的表达式中，计算出各杆端弯矩；

（5）根据杆端弯矩绘弯矩图，继而绘出剪力图和轴力图。

2. 位移法计算举例

**例 11-6**　用位移法计算图 11-32（a）所示连续梁，并绘弯矩图与剪力图。

**解**　（1）确定基本未知量和基本结构。

基本未知量为刚结点 $B$ 的角位移 $\Delta_1$，基本结构如图 11-32（b）所示。

（2）利用转角位移方程写出各杆端弯矩表达式和剪力表达式（其中 $i=\frac{EI}{4}$）。

$$M_{AB}=2i\Delta_1-\frac{1}{8}\times20\times4=2i\Delta_1-10$$

$$M_{BA}=4i\Delta_1+\frac{1}{8}\times20\times4=4i\Delta_1+10$$

$$M_{BC}=3i\Delta_1-\frac{1}{8}\times4\times4^2=3i\Delta_1-8$$

$$M_{CB}=0$$

（3）利用结点的弯矩平衡条件建立位移法方程，解方程计算位移。

从原结构中取结点 $B$ 为隔离体，如图 11-32（c）所示，由 $\sum M_B=0$ 得

$$M_{BA}+M_{BC}=0$$

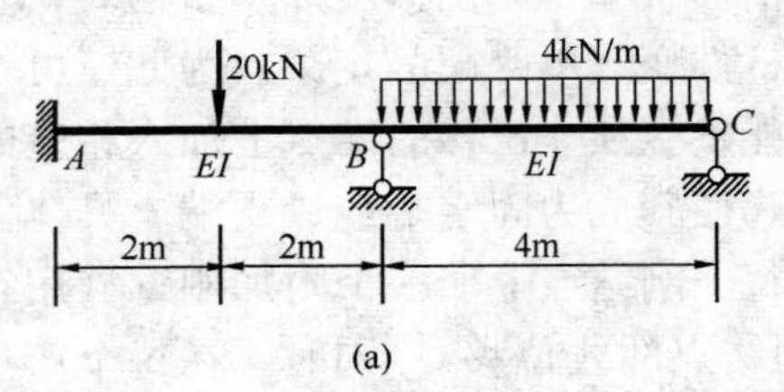

(a)

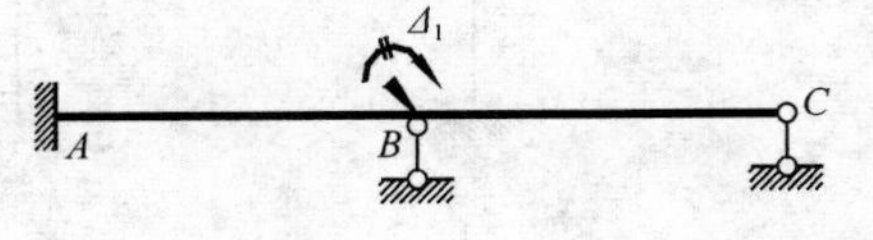

(b) 基本结构

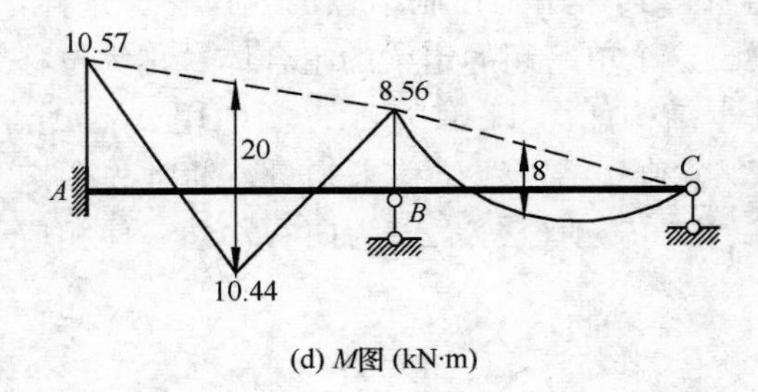

(d) $M$图 (kN·m)

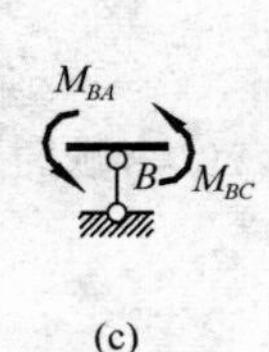

(c)

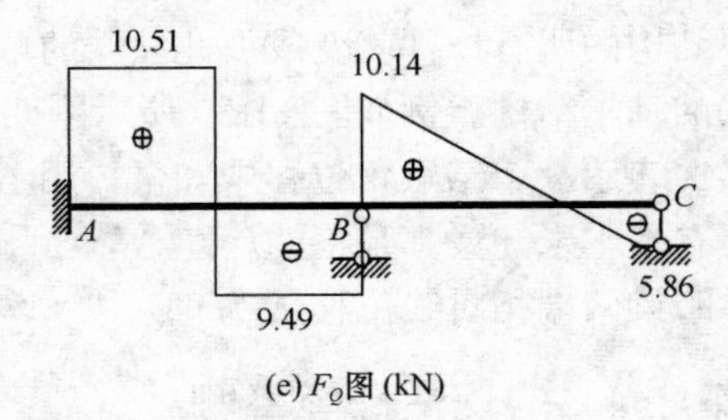

(e) $F_Q$图 (kN)

图 11-32

将以上杆端弯矩的表达式代入，整理后得

$$7i\Delta_1+2=0$$

解得

$$\Delta_1=-\frac{2}{7i}$$

结果为负，表示位移的实际方向与基本结构中假定的方向相反。

（4）将所求出的结点位移代入各杆端弯矩的表达式中，计算出各杆端弯矩。

$$M_{AB}=2i\times\left(-\frac{2}{7i}\right)-10=-10.57\text{kN}\cdot\text{m}$$

$$M_{BA}=4i\times\left(-\frac{2}{7i}\right)+10=8.56\text{kN}\cdot\text{m}$$

$$M_{BC}=3i\left(-\frac{2}{7i}\right)-8=-8.56\text{kN}\cdot\text{m}$$

$$M_{CB}=0$$

（5）根据杆端弯矩绘弯矩图，继而绘出剪力图。

弯矩图和剪力图如图 11-32（d）（c）所示

**例 11-7** 用位移法计算图 11-33（a）所示刚架，并绘内力图。

**解** （1）确定基本未知量和基本结构。

基本未知量为刚结点 $B$ 和结点 $C$ 的角位移 $\Delta_1$、$\Delta_2$，基本结构如图 11-33（b）所示。

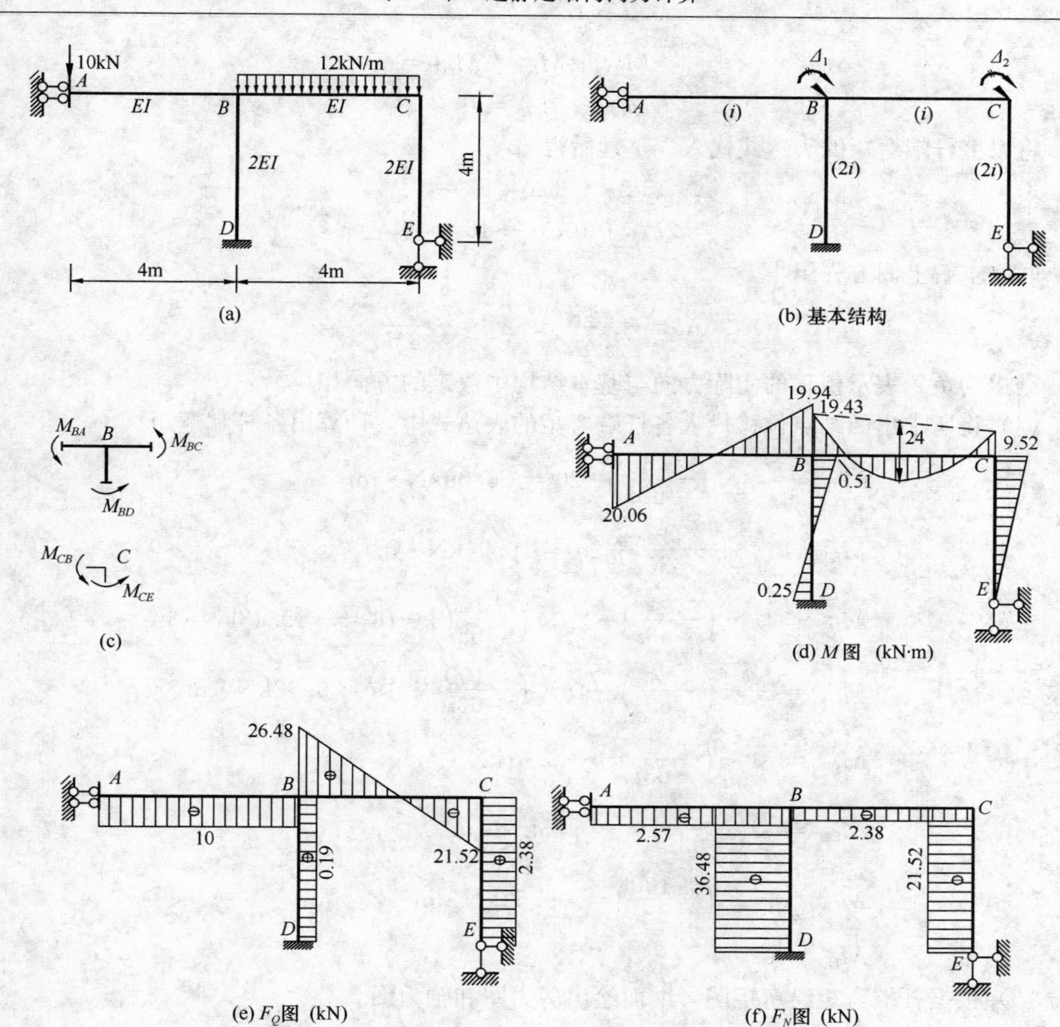


图 11-33

（2）利用转角位移方程写出各杆端弯矩表达式$\left(\text{其中 } i=\dfrac{EI}{4}\right)$。

$$M_{AB}=-i\Delta_1+\frac{1}{2}\times10\times4=-i\Delta_1+20$$

$$M_{BA}=i\Delta_1+\frac{1}{2}\times10\times4=i\Delta_1+20$$

$$M_{BC}=4i\Delta_1+2i\Delta_2-\frac{1}{12}\times12\times4^2=4i\Delta_1+2i\Delta_2+16$$

$$M_{CB}=2i\Delta_1+4i\Delta_2+\frac{1}{12}\times12\times4^2=2i\Delta_1+4i\Delta_2+16$$

$$M_{BD}=4\times2i\Delta_1=8i\Delta_1\quad M_{DB}=4i\Delta_1$$

$$M_{CE}=3\times2i\Delta_2=6i\Delta_2\quad M_{EC}=0$$

（3）利用结点的弯矩平衡条件建立位移法方程，解方程计算位移。

从原结构中取结点 $B$、$C$ 为隔离体，如图 11-33（c）所示。由$\sum M_B=0$ 和$\sum M_C=0$ 得

$$M_{BA}+M_{BD}+M_{BC}=0$$
$$M_{CB}+M_{CE}=0$$

将以上杆端弯矩的表达式代入，整理后得

$$13i\Delta_1+2i\Delta_2+4=0$$
$$2i\Delta_1+10i\Delta_2+16=0$$

联立求解上面方程组得

$$\Delta_1=-\frac{4}{63i}\qquad \Delta_2=-\frac{100}{63i}$$

结果为负，表示位移的实际方向与基本结构中假定的方向相反。

（4）将所求出的结点位移代入各杆端弯矩的表达式中，计算出各杆端弯矩。

$$M_{AB}=-i\times\left(-\frac{4}{63i}\right)+20=20.06\text{kN}\cdot\text{m}$$

$$M_{BA}=i\times\left(-\frac{4}{63i}\right)+20=19.94\text{kN}\cdot\text{m}$$

$$M_{BC}=4i\times\left(-\frac{4}{63i}\right)+2i\times\left(-\frac{100}{63i}\right)-16=-19.43\text{kN}\cdot\text{m}$$

$$M_{CB}=2i\times\left(-\frac{4}{63i}\right)+4i\times\left(-\frac{100}{63i}\right)+16=9.52\text{kN}\cdot\text{m}$$

$$M_{BD}=8i\times\left(-\frac{4}{63i}\right)=-0.51\text{kN}\cdot\text{m}$$

$$M_{DB}=4i\left(-\frac{4}{63i}\right)=-0.25\text{kN}\cdot\text{m}$$

$$M_{CE}=6i\times\left(-\frac{100}{63i}\right)=-9.52\text{kN}\cdot\text{m}$$

$$M_{EC}=0$$

（5）根据杆端弯矩绘弯矩图，继而绘出剪力图和轴力图。

弯矩图、剪力图和轴力图如图 11-33（d）（e）（f）所示。

**例 11-8** 用位移法计算图 11-34（a）所示刚架，并绘弯矩图。

**解** （1）确定基本未知量和基本结构。

基本未知量为刚结点 $B$ 的角位移 $\Delta_1$ 和结点 $C$ 的水平线位移 $\Delta_2$，基本结构如图 11-34（b）所示。

（2）利用转角位移方程写出各杆端弯矩表达式和剪力表达式$\left(\text{其中 } i=\frac{EI}{6}\right)$。

$$M_{BC}=3i\Delta_1\quad M_{CB}=0$$

$$M_{BA}=4i\Delta_1-\frac{6i}{6}\Delta_2+\frac{1}{12}\times10\times6^2=4i\Delta_1-i\Delta_2+30$$

$$M_{AB}=2i\Delta_1-\frac{6i}{6}\Delta_2-\frac{1}{12}\times10\times6^2=2i\Delta_1-i\Delta_2-30$$

$$M_{DC}=-\frac{3i}{6}\Delta_2=-\frac{i}{2}\Delta_2\quad M_{CD}=0$$

$$F_{QBA}=-\frac{6i}{6}\Delta_1+\frac{12i}{6^2}\Delta_2-\frac{1}{2}\times10\times6=-i\Delta_1+\frac{i}{3}\Delta_2-30$$

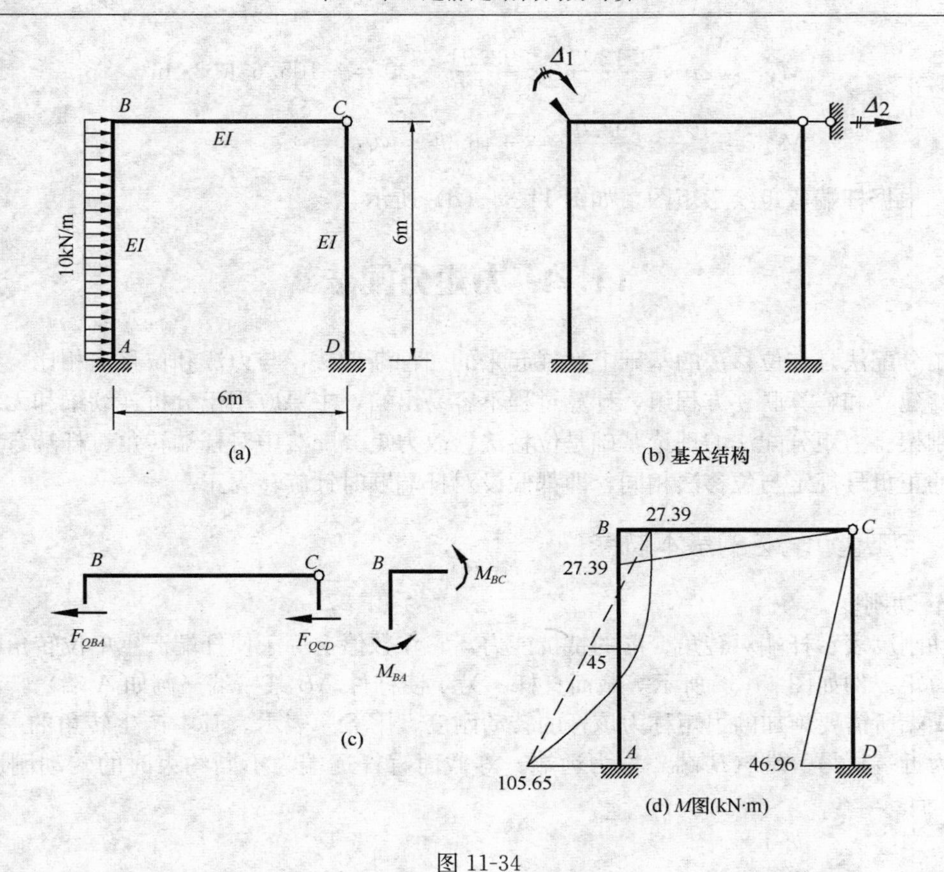


图 11-34

$$F_{QCD}=\frac{3i}{6^2}\Delta_2=\frac{i}{12}\Delta_2$$

（3）利用平衡条件建立位移法方程，解方程计算位移。

从原结构中取结点 $B$、杆件 $BC$ 为隔离体，如图 11-34（c）所示。由 $B$ 结点 $\sum M_B=0$ 和 $BC$ 杆的 $\sum X=0$ 得

$$M_{BA}+M_{BC}=0$$

$$F_{QBA}+F_{QCD}=0$$

将以上杆端弯矩和杆端剪力的表达式代入，整理后得

$$7i\Delta_1-i\Delta_2+30=0$$

$$-i\Delta_1-\frac{5i}{12}\Delta_2-30=0$$

联立求解上面方程组得

$$\Delta_1=\frac{9.13}{i}\qquad \Delta_2=-\frac{93.91}{i}$$

（4）将所求出的结点位移代入各杆端弯矩的表达式中，计算出各杆端弯矩。

$$M_{BC}=3i\times\frac{9.13}{i}=27.39\text{kN}\cdot\text{m}\quad M_{CB}=0$$

$$M_{BA}=4i\times\frac{9.13}{i}-i\times\frac{93.91}{i}+30=-27.39\text{kN}\cdot\text{m}$$

$$M_{AB}=2i\times\frac{9.13}{i}-i\times\frac{93.91}{i}-30=-105.65\text{kN}\cdot\text{m}$$

$$M_{DC}=-\frac{i}{2}\times\frac{93.91}{i}=-46.96\quad M_{CD}=0$$

（5）根据杆端弯矩绘弯矩图，如图 11-34（d）所示。

## 11.4 力矩分配法

力矩分配法是在位移法的基础上发展起来的一种渐近法，与力法和位移法相比，其特点是不需要建立和解算联立方程组，计算过程不容易出错，主要应用于分析连续梁和无结点线位移的刚架。力矩分配法的理论基础是位移法，故力矩分配法中对杆端转角、杆端弯矩、固端弯矩的正负号规定与位移法相同，即都假设对杆端顺时针旋转为正。

### 11.4.1 力矩分配法的基本概念

1. 转动刚度

转动刚度表示杆端对转角变形的抵抗能力，它在数值上等于使杆端产生单位转角时需要施加的力矩。例如图 11-35 所示等截面直杆，为了使杆件 $AB$ 某一端（例如 $A$ 端）转动单位角度，$A$ 端所需要施加的力矩称为该杆的**转动刚度**，用 $S_{AB}$ 表示。其中产生转角的一端（$A$ 端）称为近端，另一端（$B$ 端）称为远端。等截面直杆远端为不同约束时的转动刚度如图 11-35 所示。

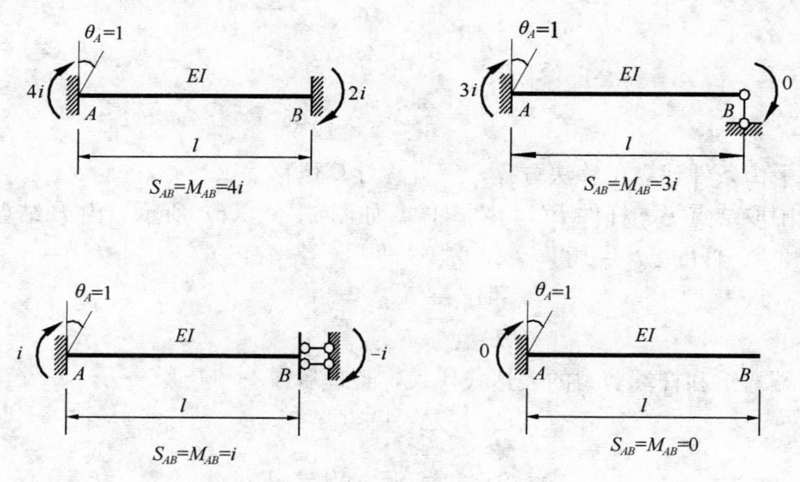


图 11-35 转动刚度

图 11-35 中所示梁的转动刚度可由位移法中介绍的转角位移方程导出，即

远端固定：$S_{AB}=4i$

远端铰支：$S_{AB}=3i$

远端滑动：$S_{AB}=i$

远端自由：$S_{AB}=0$

式中 $i=EI/l$。

2. 分配系数

图 11-36（a）所示刚架由等截面杆件组成，只有一个结点 $A$，且只能转动不能移动，$B$ 端为固定端，$C$ 端为滑动支座，$D$ 端为铰支座。外力偶矩 $M$ 作用于结点 $A$，使结点 $A$ 产生转角 $\theta_A$，各杆发生如图 11-36（a）中虚线所示的变形。由刚结点的特点可知，各杆在 $A$ 端均发生转角 $\theta_A$，然后达到平衡。试求杆端弯矩 $M_{AB}$、$M_{AC}$ 和 $M_{AD}$。

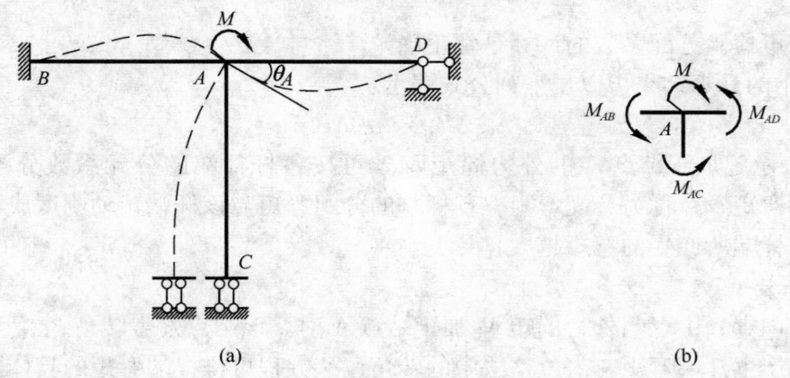


图 11-36　力矩分配概念

由转动刚度的定义可知：

$$\left.\begin{aligned} M_{AB} &= S_{AB}\theta_A = 4i_{AB}\theta_A \\ M_{AC} &= S_{AC}\theta_A = i_{AC}\theta_A \\ M_{AD} &= S_{AD}\theta_A = 3i_{AD}\theta_A \end{aligned}\right\} \tag{a}$$

取结点 $A$ 为隔离体如图 11-36（b）所示，由结点 $A$ 的力矩平衡条件得：

$$M = M_{AB} + M_{AC} + M_{AD} = S_{AB}\theta_A + S_{AC}\theta_A + S_{AD}\theta_A$$

因而得到：

$$\theta_A = \frac{M}{S_{AB} + S_{AC} + S_{AD}} = \frac{M}{\sum_A S}$$

式中 $\sum_A S$ 为汇交于结点 $A$ 的各杆件在 $A$ 端的转动刚度之和。

将所求得的 $\theta_A$ 代入式（a）中，得：

$$\left.\begin{aligned} M_{AB} &= \frac{S_{AB}}{\sum_A S}M \\ M_{AC} &= \frac{S_{AC}}{\sum_A S}M \\ M_{AD} &= \frac{S_{AD}}{\sum_A S}M \end{aligned}\right\} \tag{b}$$

由此可知，各杆 $A$ 端的弯矩与各杆 $A$ 端的转动刚度成正比。

令

$$\mu_{Aj} = \frac{S_{Aj}}{\sum_A S} \tag{11-14}$$

式（11-14）中的下标 $j$ 为汇交于结点 $A$ 的各杆之远端，在本例中即为 $B$、$C$、$D$ 端。这里 $\mu_{Aj}$ 称为各杆在近端（即 $A$ 端）的**分配系数**。如 $\mu_{AB}$ 为杆 $AB$ 在 $A$ 端的分配系数，它等于杆 $AB$ 的转动刚度与汇交于刚结点 $A$ 的各杆的转动刚度之和的比值。汇交于同一刚结点的各杆杆端的分配系数之和恒等于 1，即：

$$\sum_{A} \mu_{Aj} = \mu_{AB} + \mu_{AC} + \mu_{AD} = 1$$

利用这一性质可检验分配系数的计算是否正确。

式（b）中的计算结果可以用下列公式表示：

$$M_{Aj} = \mu_{Aj} M \tag{11-15}$$

式（11-15）表示施加于结点 $A$ 的外力偶矩 $M$，可按各杆杆端的分配系数分配给各杆的近端。因而杆端弯矩 $M_{Aj}$ 称为分配弯矩。各杆端的分配弯矩与该杆端转动刚度成正比，转动刚度越大，则该杆端所产生的弯矩越大。

3. 传递系数

在图 11-36（a）中，当外力偶矩 $M$ 加于结点 $A$ 时，该结点发生转角 $\theta_A$，于是各杆的近端和远端都将产生杆端弯矩。由位移法中的转角位移方程可得杆端弯矩的具体数值如下：

$$M_{AB} = 4i_{AB}\theta_A, M_{BA} = 2i_{AB}\theta_A$$
$$M_{AC} = i_{AC}\theta_A, M_{CA} = -i_{AC}\theta_A$$
$$M_{AD} = 3i_{AD}\theta_A, M_{DA} = 0$$

将远端弯矩与近端弯矩的比值称为**传递系数**，用 $C_{Aj}$ 表示。如 $C_{AB} = \dfrac{M_{BA}}{M_{AB}} = \dfrac{1}{2}$，系数 $C_{AB}$ 称为由 $A$ 端至 $B$ 端的弯矩传递系数。对等截面直杆来说，传递系数随远端的支承情况而不同，有下列几种情况：

远端固定，$C = \dfrac{1}{2}$

远端滑动，$C = -1$

远端铰支，$C = 0$

将远端弯矩称为传递弯矩，按下式计算：

$$M_{jA} = C_{Aj} M_{Aj} \tag{11-16}$$

由此可知，对于图 11-36（a）所示只有一个刚结点的结构，在结点上受一力矩 $M$ 的作用，则该结点只产生角位移，其杆端弯矩的求解过程可分为两步：第一步，按各杆的分配系数求出近端弯矩，亦即分配弯矩，此步称为分配过程；第二步，根据各杆远端的支承情况，将近端弯矩乘以传递系数得到远端弯矩，亦即传递弯矩，此步称为传递过程。经过分配和传递得到各杆的杆端弯矩，这种求解方法就是力矩分配法。

在实际的超静定结构中，连续梁和无侧移刚架中的刚结点往往不止一个，通常根据所计算结构中刚结点的数量将力矩分配法划分为：单结点结构的力矩分配法和多结点结构的力矩分配法。

### 11.4.2 单结点结构的力矩分配

对于图 11-37（a）所示非结点力矩作用的只有一个结点角位移的连续梁，可利用叠加原理，按以下步骤计算其杆端弯矩。

（1）固定结点，求约束力矩。即在结点 $B$ 设置附加刚臂，形成位移法的基本结构，然后将荷载作用在基本结构上［图 11-37（b）］。此时各杆端将产生固端弯矩，利用结点 $B$ 的力矩平衡条件，可求出刚臂对结点 $B$ 的约束力矩 $M_B$。约束力矩以顺时针方向为正。

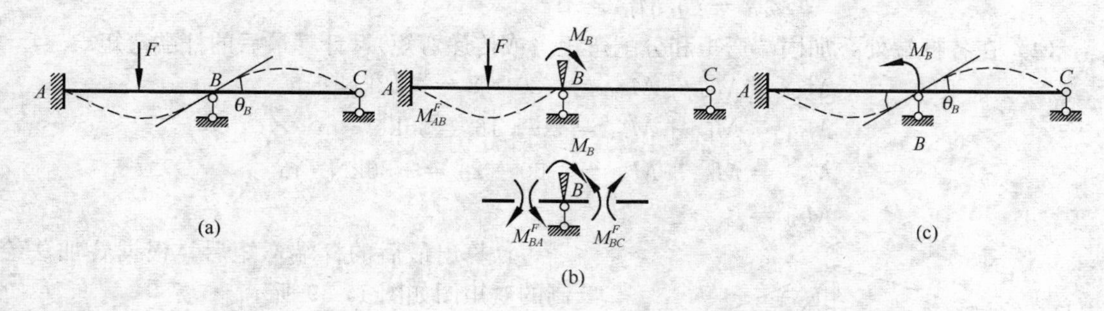


图 11-37

（2）放松结点，求分配弯矩和传递弯矩。因结点 $B$ 处实际上没有刚臂，也不存在约束力矩 $M_B$，为了使其恢复原状，在结点 $B$ 施加一个与 $M_B$ 大小相等、方向相反的力矩［图 11-37（c）］。这相当于取消刚臂，让结点 $B$ 转动。此时各杆近端按式（11-15）求分配弯矩，各杆远端按式（11-16）求传递弯矩。

（3）结构的实际受力状态为以上两种情况的叠加。因此，将图 11-37（b）中各杆端的固端弯矩与图 11-37（c）中相应杆端的分配弯矩或传递弯矩叠加，即得原结构各杆端弯矩。

**例 11-9**　用力矩分配法计算图 11-38 所示两跨连续梁，绘出弯矩图。

**解**　（1）计算刚结点处各杆端的分配系数

$$S_{BA}=4i_{AB}=\frac{4\times EI}{4}=EI$$

$$S_{BC}=3i_{BC}=\frac{3\times 2EI}{4}=1.5EI$$

$$\mu_{BA}=\frac{S_{BA}}{S_{BA}+S_{BC}}=0.4$$

$$\mu_{BA}=\frac{S_{BC}}{S_{BA}+S_{BC}}=0.6$$

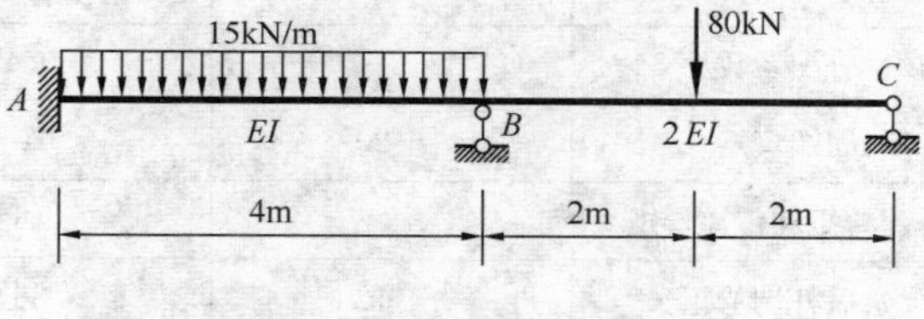

15kN/m　80kN　A　B　C　EI　2EI　4m　2m　2m

图 11-38

（2）在结点 $B$ 加上附加刚臂，计算固端弯矩

$$M^F_{AB}=-\frac{ql^2}{12}=-\frac{15\times 4^2}{12}=-20\text{kN}\cdot\text{m}$$

$$M^F_{BA}=\frac{ql^2}{12}=\frac{15\times 4^2}{12}=20\text{kN}\cdot\text{m}$$

$$M^F_{BC}=-\frac{3F_Pl}{16}=-\frac{3\times 80\times 4}{16}=-60\text{kN}\cdot\text{m}$$

则结点 $B$ 的不平衡力矩 $M_B=\sum M^F=M^F_{BA}+M^F_{BC}=20-60=-40\text{kN}\cdot\text{m}$

（3）放松附加刚臂，计算分配弯矩和传递弯矩。将不平衡力矩反号进行分配，计算分配弯矩：

$$M^{\mu}_{BA}=\mu_{BA}\times(-M_B)=0.4\times 40=16\text{kN}\cdot\text{m}$$

$$M^{\mu}_{BC} = \mu_{BC} \times (-M_B) = 0.6 \times 40 = 24\text{kN} \cdot \text{m}$$

计算传递弯矩：

$$M^{C}_{AB} = C_{BA} M^{\mu}_{BA} = 0.5 \times 16 = 8\text{kN} \cdot \text{m}$$
$$M^{C}_{CB} = C_{BC} M^{\mu}_{BC} = 0$$

（4）在各杆端处叠加固端弯矩和分配弯矩（或传递弯矩），计算最后的杆端弯矩

$$M_{AB} = M^{F}_{AB} + M^{C}_{AB} = -20 + 8 = -12\text{kN} \cdot \text{m}$$
$$M_{BA} = M^{F}_{BA} + M^{\mu}_{BA} = 20 + 16 = 36\text{kN} \cdot \text{m}$$
$$M_{BC} = M^{F}_{BC} + M^{\mu}_{BC} = -60 + 24 = -36\text{kN} \cdot \text{m}$$
$$M_{CB} = 0$$

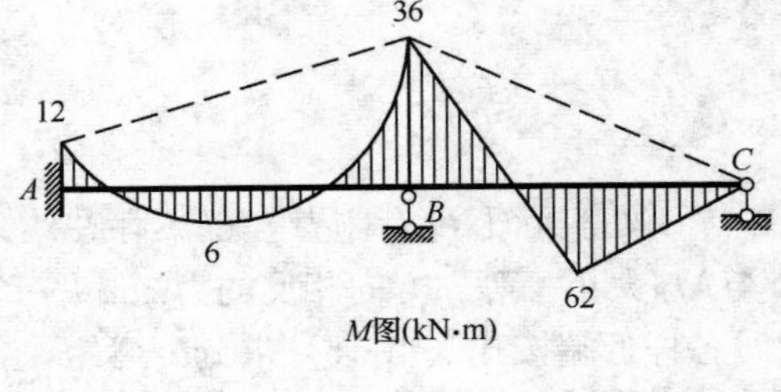


图 11-39

计算出最后的杆端弯矩后，根据叠加法绘制的弯矩图如图 11-39 所示。

以上的计算步骤也可以用下面的计算表格完成。首先将分配系数和固端弯矩填入表中对应位置；然后直接在表中结点 $B$ 处进行分配，同时进行传递；最后，在各杆端处将表中“固端弯矩”一栏与“分配弯矩和传递弯矩”一栏对应叠加，即得最后杆端弯矩。

**表 11-2　杆端弯矩计算**

| 结　点 | $A$ | $B$ | | $C$ |
|---|---|---|---|---|
| 杆端 | $AB$ | $BA$ | $BC$ | $CB$ |
| 分配系数 | | 0.4 | 0.6 | |
| 固端弯矩 | −20 | 20 | −60 | 0 |
| 分配弯矩和传递弯矩 | 8 | 16 | 24 | 0 |
| 最后杆端弯矩 | −12 | 36 | −36 | 0 |

注：表格里弯矩的单位为 kN·m。

**例 11-10**　用力矩分配法计算图 11-40 所示的无结点线位移刚架，绘出弯矩图。各杆线刚度的相对值示于图中。

**解**　（1）计算结点 $A$ 处各杆端的分配系数

$$S_{AB} = i = 2$$
$$S_{AC} = 4i = 4 \times 2 = 8$$
$$S_{AD} = 3i = 3 \times 1.5 = 4.5$$
$$\sum_{A} S = 2 + 8 + 4.5 = 14.5$$
$$\mu_{AB} = \frac{S_{AB}}{\sum_{A} S} = \frac{2}{14.5} = 0.138$$
$$\mu_{AC} = \frac{S_{AC}}{\sum_{A} S} = \frac{8}{14.5} = 0.552$$

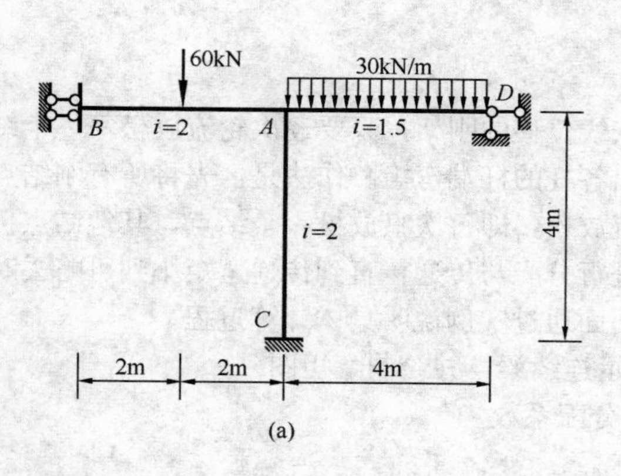

(a)

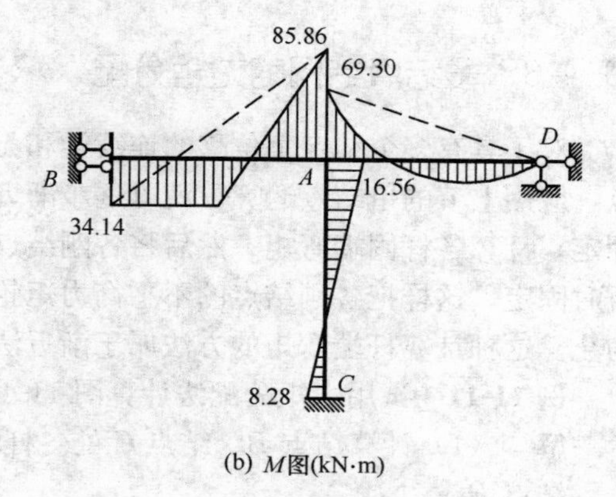

(b) $M$图(kN·m)

图 11-40

$$\mu_{AD}=\frac{S_{AD}}{\sum_A S}=\frac{4.5}{14.5}=0.310$$

验算：
$$\sum_A \mu=\mu_{AB}+\mu_{AC}+\mu_{AD}=0.138+0.552+0.310=1$$

（2）在结点 $A$ 加上附加刚臂，计算固端弯矩

$$M_{BA}^F=\frac{Fl}{8}=\frac{60\times4}{8}=30\text{kN}\cdot\text{m}$$

$$M_{AB}^F=\frac{3Fl}{8}=\frac{3\times60\times4}{8}=90\text{kN}\cdot\text{m}$$

$$M_{AD}^F=-\frac{ql^2}{8}=-\frac{30\times4^2}{8}=-60\text{kN}\cdot\text{m},M_{DA}^F=0$$

$$M_{AC}^F=M_{CA}^F=0$$

则结点 $A$ 的不平衡力矩为：

$$M_A=\sum M^F=M_{AB}^F+M_{AC}^F+M_{AD}^F=90+0-60=30\text{kN}\cdot\text{m}$$

（3）放松附加刚臂，计算分配弯矩、传递弯矩以及最后的杆端弯矩，整个计算过程列表进行，见表 11-3。

**表 11-3　杆端弯矩计算**

| 结点 | $B$ | $A$ | | | $C$ | $D$ |
|---|---|---|---|---|---|---|
| 杆端 | $BA$ | $AB$ | $AC$ | $AD$ | $CA$ | $DA$ |
| 分配系数 | | 0.138 | 0.552 | 0.310 | | |
| 固端弯矩 | 30 | 90 | 0 | −60 | 0 | 0 |
| 分配弯矩和传递弯矩 | 4.14 | −4.14 | −16.56 | −9.30 | −8.28 | 0 |
| 最后杆端弯矩 | 34.14 | 85.86 | −16.56 | −69.30 | −8.28 | 0 |

注：表格里弯矩的单位为 kN·m。

由此可绘制刚架的最后弯矩图如图 11-40（b）所示。

### 11.4.3 多结点结构的力矩分配

对于具有多个结点角位移的连续梁和无结点线位移的刚架，只要逐次轮流放松每一个结点，应用上节的单结点运算，就可逐步渐近求出各杆的杆端弯矩。作法是：先将所有刚结点固定，计算各杆固端弯矩；然后将各刚结点轮流放松，即每次只放松一个结点，其他结点仍暂时固定，这样把各刚结点的不平衡力矩轮流进行分配与传递，直到传递弯矩小到可略去时为止。这种计算杆端弯矩的方法属于渐近法。下面通过实例说明具体计算过程。

**例 11-11** 试用力矩分配法计算图 11-41 所示连续梁，并绘制弯矩图。

**解** （1）计算结点 $B$、结点 $C$ 处各杆端的分配系数

结点 $B$：

$$S_{BA}=4i_{BA}=4\times\frac{1}{4}=1$$

$$S_{BC}=4i_{BC}=4\times\frac{2}{8}=1$$

$$\sum_{B}S=1+1=2$$

$$\mu_{BA}=\frac{S_{BA}}{\sum_{B}S}=\frac{1}{2}=0.5$$

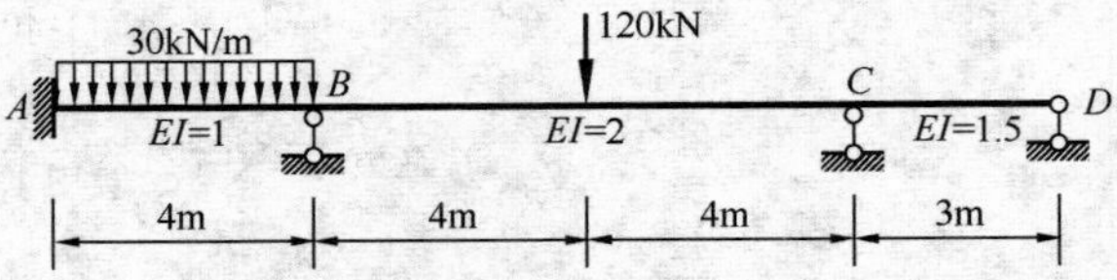

图 11-41

$$\mu_{BC}=\frac{S_{BC}}{\sum_{B}S}=\frac{1}{2}=0.5$$

结点 $C$：

$$S_{CB}=4i_{BC}=4\times\frac{2}{8}=1$$

$$S_{CD}=3i_{CD}=3\times\frac{1.5}{3}=1.5$$

$$\sum_{C}S=1+1.5=2.5$$

$$\mu_{CB}=\frac{S_{CB}}{\sum_{C}S}=\frac{1}{2.5}=0.4$$

$$\mu_{CD}=\frac{S_{CD}}{\sum_{C}S}=\frac{1.5}{2.5}=0.6$$

（2）在结点 $B$、结点 $C$ 加上附加刚臂，计算固端弯矩

$$M_{AB}^{F}=-\frac{ql^{2}}{12}=-\frac{30\times4^{2}}{12}=-40\text{kN}\cdot\text{m}$$

$$M_{BA}^{F}=\frac{ql^{2}}{12}=\frac{30\times4^{2}}{12}=40\text{kN}\cdot\text{m}$$

$$M_{BC}^{F}=-\frac{Fl}{8}=-\frac{120\times8}{8}=-120\text{kN}\cdot\text{m}$$

$$M_{CB}^{F}=\frac{Fl}{8}=\frac{120\times8}{8}=120\text{kN}\cdot\text{m}$$

$$M_{CD}^{F} = 0$$

$$M_{DC}^{F} = 0$$

则结点 $B$ 的不平衡力矩 $M_B = \sum M^F = M_{BA}^F + M_{BC}^F = 40 - 120 = -80\text{kN} \cdot \text{m}$；结点 C 的不平衡力矩 $M_C = \sum M^F = M_{CB}^F + M_{CD}^F = 120 + 0 = 120\text{kN} \cdot \text{m}$。

（3）轮流放松结点 $C$、结点 $B$ 计算分配弯矩和传递弯矩

为了能较快地得到最终结果，通常应先从不平衡力矩绝对值较大的一个结点开始计算。本例中，结点 $C$ 的不平衡力矩绝对值较大，因此，先放松结点 $C$，将结点 $C$ 的不平衡力矩反号后乘以各杆端的分配系数进行分配，同时向远端传递；再放松结点 $B$，同时固定结点 $C$，进行分配和传递；重复以上步骤，达到一定的精度后，即停止分配和传递，最后叠加各杆端处所有的固端弯矩、分配弯矩（或传递弯矩）得到最后的杆端弯矩。整个计算过程列表进行，见表 11-4。

**表 11-4　杆端弯矩计算**

| 结　点 | *A* | *B* | | *C* | | *D* |
|---|---|---|---|---|---|---|
| 杆端 | *AB* | *BA* | *BC* | *CB* | *CD* | *DC* |
| 分配系数 | | 0.5 | 0.5 | 0.4 | 0.6 | |
| 固端弯矩 | −40 | 40 | −120 | 120 | 0 | 0 |
| 放松 C | | | −24 | −48 | −72 | 0 |
| 放松 B | 26 | 52 | 52 | 26 | | |
| 放松 C | | | −5.2 | −10.4 | −15.6 | 0 |
| 放松 B | 1.3 | 2.6 | 2.6 | 1.3 | | |
| 放松 C | | | −0.26 | −0.52 | −0.78 | 0 |
| 放松 B | 0.07 | 0.13 | 0.13 | | | |
| 最后杆端弯矩 | −12.63 | 94.73 | −94.73 | 88.38 | −88.38 | 0 |

注：表格里弯矩的单位为 kN・m。

由此可绘制两结点连续梁的最后弯矩图，如图 11-42 所示。

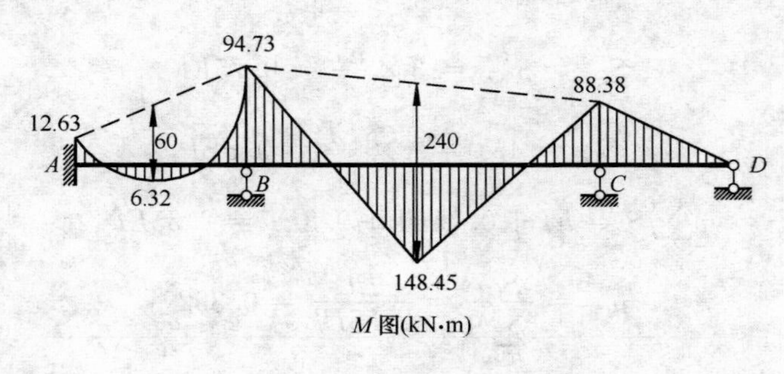


图 11-42

**例 11-12**　用力矩分配法计算图 11-43 所示的多结点刚架，并作弯矩图。

**解**　（1）计算结点 $B$、结点 $C$ 处各杆端的分配系数

结点 $B$：

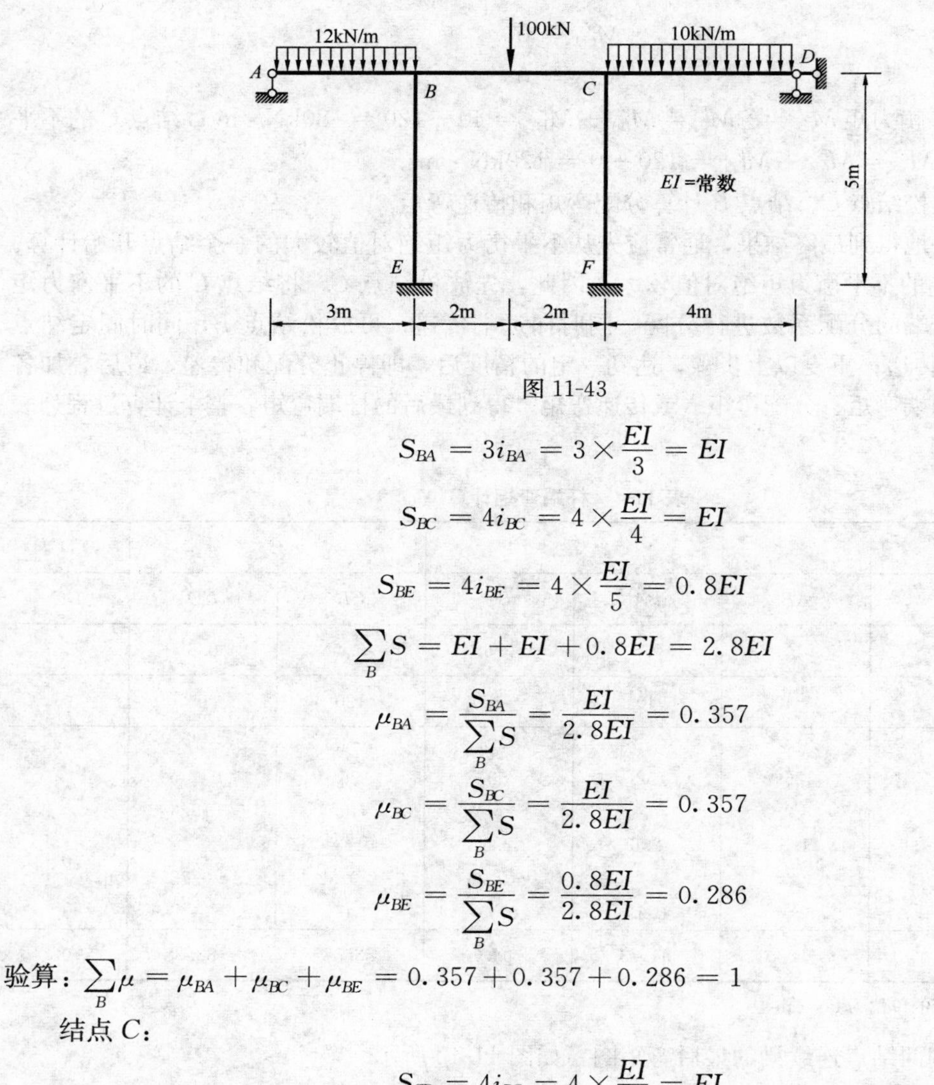


图 11-43

$$S_{BA}=3i_{BA}=3\times\frac{EI}{3}=EI$$

$$S_{BC}=4i_{BC}=4\times\frac{EI}{4}=EI$$

$$S_{BE}=4i_{BE}=4\times\frac{EI}{5}=0.8EI$$

$$\sum_{B}S=EI+EI+0.8EI=2.8EI$$

$$\mu_{BA}=\frac{S_{BA}}{\sum_{B}S}=\frac{EI}{2.8EI}=0.357$$

$$\mu_{BC}=\frac{S_{BC}}{\sum_{B}S}=\frac{EI}{2.8EI}=0.357$$

$$\mu_{BE}=\frac{S_{BE}}{\sum_{B}S}=\frac{0.8EI}{2.8EI}=0.286$$

验算：$\sum_{B}\mu=\mu_{BA}+\mu_{BC}+\mu_{BE}=0.357+0.357+0.286=1$

结点 $C$：

$$S_{CB}=4i_{BC}=4\times\frac{EI}{4}=EI$$

$$S_{CD}=3i_{CD}=3\times\frac{EI}{4}=0.75EI$$

$$S_{CF}=4i_{CF}=4\times\frac{EI}{5}=0.8EI$$

$$\sum_{C}S=EI+0.75EI+0.8EI=2.55EI$$

$$\mu_{CB}=\frac{S_{CB}}{\sum_{C}S}=\frac{EI}{2.55EI}=0.392$$

$$\mu_{CD}=\frac{S_{CD}}{\sum_{C}S}=\frac{0.75EI}{2.55EI}=0.294$$

$$\mu_{CF}=\frac{S_{CF}}{\sum_{C}S}=\frac{0.8EI}{2.55EI}=0.314$$

验算：$\sum_{C}\mu = \mu_{CB} + \mu_{CD} + \mu_{CF} = 0.392 + 0.294 + 0.314 = 1$

（2）在结点 $B$、结点 $C$ 加上附加刚臂，计算固端弯矩

$$M_{AB}^{F} = 0$$

$$M_{BA}^{F} = \frac{ql^2}{8} = \frac{12\times 3^2}{8} = 13.5\text{kN}\cdot\text{m}$$

$$M_{BC}^{F} = -\frac{Fl}{8} = -\frac{100\times 4}{8} = -50\text{kN}\cdot\text{m}$$

$$M_{BE}^{F} = 0, M_{EB}^{F} = 0$$

$$M_{CB}^{F} = \frac{Fl}{8} = \frac{100\times 4}{8} = 50\text{kN}\cdot\text{m}$$

$$M_{CD}^{F} = -\frac{ql^2}{8} = -\frac{10\times 4^2}{8} = -20\text{kN}\cdot\text{m}$$

$$M_{CF}^{F} = 0, M_{FC}^{F} = 0$$

$$M_{DC}^{F} = 0$$

则结点 $B$ 的不平衡力矩为：

$$M_B = \sum M^F = M_{BA}^{F} + M_{BC}^{F} + M_{BE}^{F} = 13.5 - 50 + 0 = -36.5\text{kN}\cdot\text{m}$$

结点 $C$ 的不平衡力矩为：

$$M_C = \sum M^F = M_{CB}^{F} + M_{CD}^{F} + M_{CF}^{F} = 50 - 20 + 0 = 30\text{kN}\cdot\text{m}$$

（3）轮流放松结点 $B$、结点 $C$ 计算分配弯矩和传递弯矩。先放松结点 $B$，将结点 $B$ 的不平衡力矩反号乘以各杆端分配系数进行分配，同时向远端传递；再放松结点 $C$，并固定结点 $B$，进行分配和传递；重复以上步骤，达到一定的精度后，即停止分配和传递，最后叠加所有的固端弯矩、分配弯矩（或传递弯矩）得到最后的杆端弯矩。整个计算过程列表进行，见表 11-5。

**表 11-5　杆端弯矩计算**

| 结　点 | A | B | | | C | | | D | E | F |
|---|---|---|---|---|---|---|---|---|---|---|
| 杆端 | AB | BA | BC | BE | CB | CD | CF | DC | EB | FC |
| 分配系数 | | 0.357 | 0.357 | 0.286 | 0.392 | 0.294 | 0.314 | | | |
| 固端弯矩 | 0 | 13.5 | −50 | 0 | 50 | −20 | 0 | 0 | 0 | 0 |
| 放松 B | 0 | 13.03 | 13.03 | 10.44 | 6.52 | | | | 5.22 | |
| 放松 C | | | −7.16 | | −14.31 | −10.74 | −11.47 | 0 | | −5.74 |
| 放松 B | 0 | 2.56 | 2.56 | 2.04 | 1.28 | | | | 1.02 | |
| 放松 C | | | −0.25 | | −0.50 | −0.38 | −0.40 | 0 | | −0.20 |
| 放松 B | 0 | 0.09 | 0.09 | 0.07 | 0.05 | | | | 0.04 | |
| 放松 C | | | | | −0.02 | −0.01 | −0.02 | 0 | | −0.01 |
| 最后杆端弯矩 | 0 | 29.18 | −41.73 | 12.55 | 43.02 | −31.13 | −11.89 | 0 | 6.28 | −5.95 |

注：表格里弯矩的单位为 kN・m。

由此可绘制刚架的最后弯矩图如图 11-44 所示。

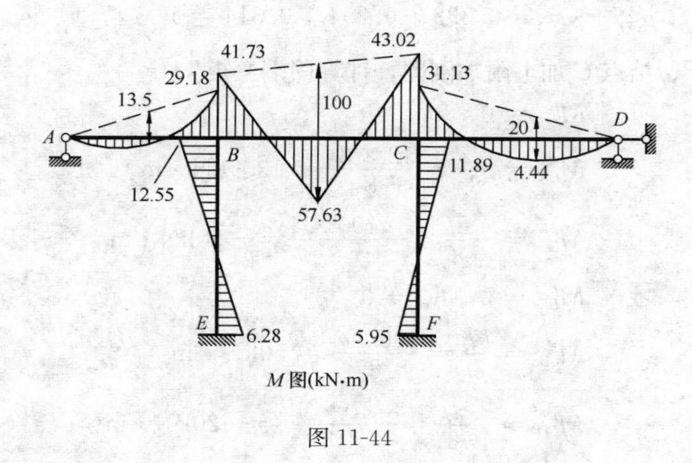


图 11-44

## 11.5 超静定结构的特性

超静定结构与静定结构相比较，其本质的区别在于，构造上有多余约束存在，从而导致在受力和变形方面具有下列一些重要特性。

(1) 超静定结构满足平衡条件和变形条件的内力解答才是唯一真实的解

超静定结构由于存在多余约束，仅用静力平衡条件不能确定其全部反力和内力，而必须综合应用超静定结构的平衡条件、数量与多余约束数相等的变形条件后，才能求得唯一的内力解答。

(2) 超静定结构可产生自内力

在静定结构中，因几何不变且无多余约束，除荷载以外的其他因素，如温度变化、支座移动、制造误差、材料收缩等，都不会引起内力。但在超静定结构中，由于这些因素引起的变形在其发展过程中，会受到多余约束的限制，因而都可能产生内力（称自内力）。

(3) 超静定结构的内力与刚度有关

静定结构的内力只按静力平衡条件即可确定，其值与各杆的刚度（弯曲刚度 $EI$、轴向刚度 $EA$、剪切刚度 $GA$）无关。但超静定结构的内力必须综合应用平衡条件和变形条件后才能确定，故与各杆的刚度有关。在本章前几节的讨论中已经知道：在荷载作用下，超静定结构的内力只与各杆刚度的相对比值有关，而与绝对值无关；在非荷载因素影响下产生的自内力，则与各杆刚度的绝对值有关，而且一般是与各杆的刚度值成正比。

(4) 超静定结构有较强的防护能力

超静定结构在某些多余约束被破坏后，仍能维持几何不变性；而静定结构在任一约束被破坏后，即变成可变体系而失去承载能力。因此，在抗震防灾、国防建设等方面，超静定结构比静定结构具有较强的防护能力。

(5) 超静定结构的内力和变形分布比较均匀

静定结构由于没有多余约束，一般内力分布范围小，峰值大；变形大、刚度小。而超静定结构由于存在多余约束，较之相应静定结构，其内力分布范围大，峰值小；且变形小，刚度大。

## 本 章 小 结

1. 力法的基本思路是将超静定问题转化为静定问题，因此静定结构的内力与位移计算的原理及方法是学习力法的基础。同时，力法的某些计算结果将是位移法计算超静定结构的基础。力法是以多余未知力为基本未知量，基本未知量的个数一般等于结构的超静定次数。将原结构的多余约束去掉得到的无任何外加因素的几何不变体系（一般为静定结构）是力法基本结构；若基本结构上受到原荷载和全部多余未知力作用则为力法基本体系。同一超静定结构可以有多个不同的力法基本结构。根据基本体系沿多余未知力方向的位移与原结构相应处位移一致的条件建立力法方程，解方程求出多余未知力，而后按静定结构的方法计算结构的内力。力法的基本方程是表示变形条件。

2. 位移法的基本未知量是结构的结点位移，即刚结点的角位移和独立的结点线位移。在刚结点处附加刚臂以阻止结点转动，在线位移处附加链杆以阻止结点移动，得到位移法的基本结构。它是单跨超静定梁的组合体。根据等截面直杆的转角位移方程可写出杆端弯矩和杆端剪力的表达式，然后再利用结点与部分结构为隔离体，利用平衡条件建立位移法方程，解方程求出位移，再回代求出各杆的杆端弯矩，绘出弯矩图，从而绘出剪力图和轴力图。位移法的基本方程是平衡方程。重点是深入理解位移法的基本原理，并熟练掌握用位移法计算超静定刚架在荷载作用下的内力。

3. 力矩分配法适用于计算连续梁和无结点线位移的刚架。力矩分配法的理论基础是位移法，但不需建立和求解结点位移方程组，收敛速度快（一般只需分配两轮或三轮），直接求得杆端弯矩。力矩分配法的基本运算是单结点的力矩分配和传递。首先固定刚结点，根据各杆的转动刚度计算分配系数，根据荷载计算各杆的固端弯矩和结点的约束力矩。然后放松结点，将结点约束力矩反号分配并传递。多结点结构是先固定全部刚结点，计算分配系数和固端弯矩，然后逐个放松结点，轮流进行单结点的力矩分配和传递。

本章的重点是：判定超静定次数、选取力法基本体系、建立力法典型方程；位移法基本未知量的确定，位移法的基本结构，位移法方程的建立；力矩分配法的适用条件及三个要素；荷载作用下超静定结构的计算及内力图绘制。

## 思 考 题

11-1　如何确定结构的超静定次数?

11-2　力法求解超静定结构的思路是什么?

11-3　什么是力法基本未知量? 力法的基本结构与基本体系之间有什么不同? 基本体系与原结构之间有什么不同? 在选取力法基本结构时应掌握哪些原则?

11-4　力法方程的物理意义是什么? 力法典型方程的右端是否一定为零?

11-5　为什么静定结构的内力与杆件的刚度无关而超静定结构与此有关? 在什么情况下，超静定结构的内力只与各杆刚度的相对值有关? 在什么情况下，超静定结构内力与各杆刚度的实际值有关？

11-6　位移法中杆端角位移、杆端相对线位移的正负号是怎样规定的？

11-7　位移法中的杆端弯矩、杆端剪力的正负号是怎样规定的？

11-8　用位移法计算超静定刚架时，有哪两类基本未知量？如何确定基本未知量的数目？

11-9　为什么说位移法方程实质是平衡方程？

11-10　位移法主要用于计算超静定结构，可以计算静定结构吗？

11-11　力矩分配法中对杆端的固端弯矩、杆端弯矩的正负号是怎样规定的？

11-12　什么是转动刚度？分配系数与转动刚度有何关系？为什么每一结点的分配系数之和应等于1？

11-13　什么是固端弯矩？不平衡力矩如何计算？为什么不平衡力矩要变号后才进行分配？

11-14　力矩分配法的基本运算步骤有哪些？每一步骤的物理意义是什么？

11-15　在用力矩分配法计算多结点结构时，为什么每次只放松一个结点？

## 习　题

11-1　确定题11-1图所示结构的超静定次数。

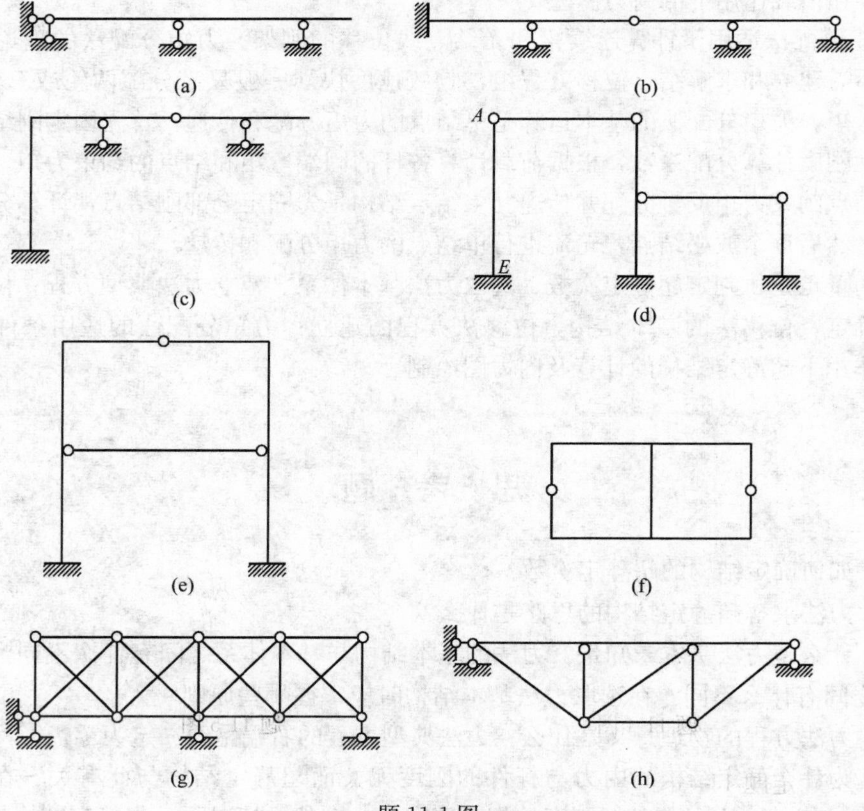


题11-1图

11-2　用力法计算题 11-2 图所示结构，并作 $M$、$F_Q$ 图。各图中 $EI$＝常数。

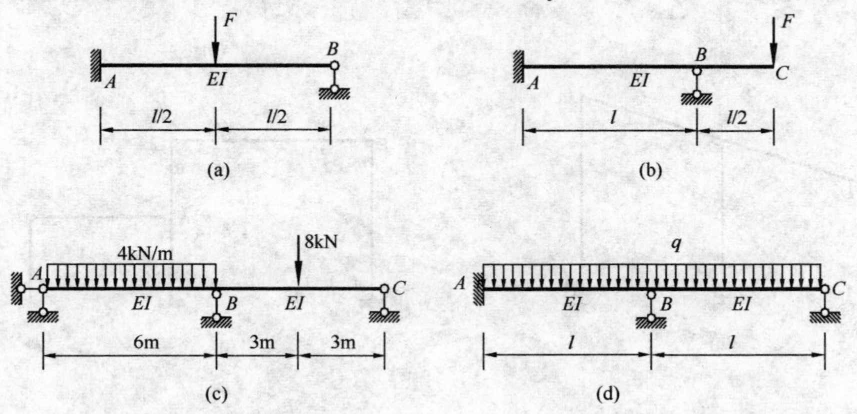


题 11-2 图

11-3　用力法计算题 11-3 图所示刚架，并作 $M$ 图。各图中 $EI$＝常数。

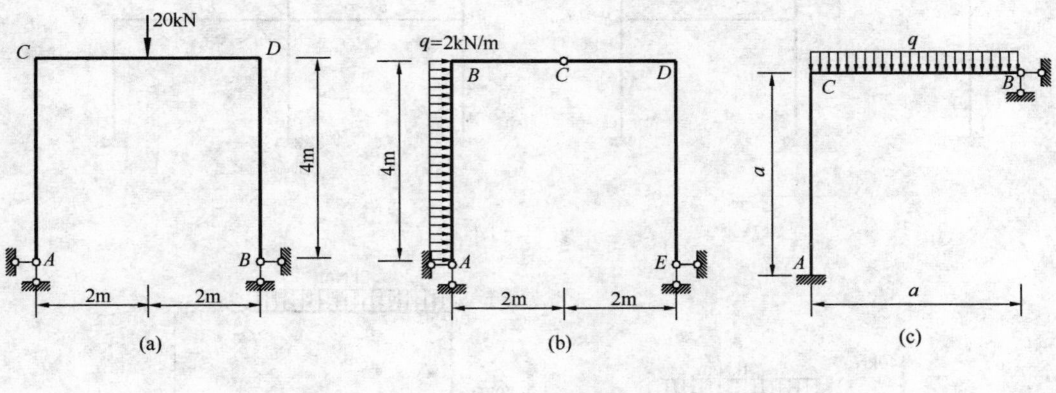


题 11-3 图

11-4　用力法计算题 11-4 图所示排架，作 $M$ 图。

11-5　用力法计算题 11-5 所示桁架的轴力，各杆 $EA$＝常数。

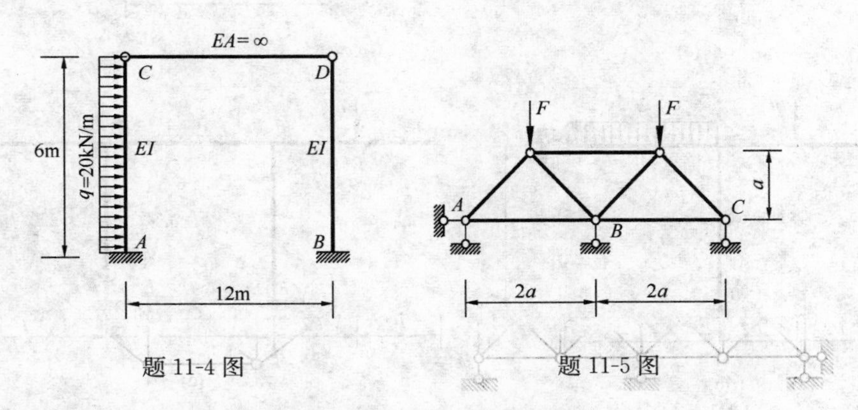


题 11-4 图　　题 11-5 图

11-6　试确定题 11-6 图所示结构的位移法基本未知量。

11-7　用位移法计算题 11-7 图所示结构，并绘弯矩图。

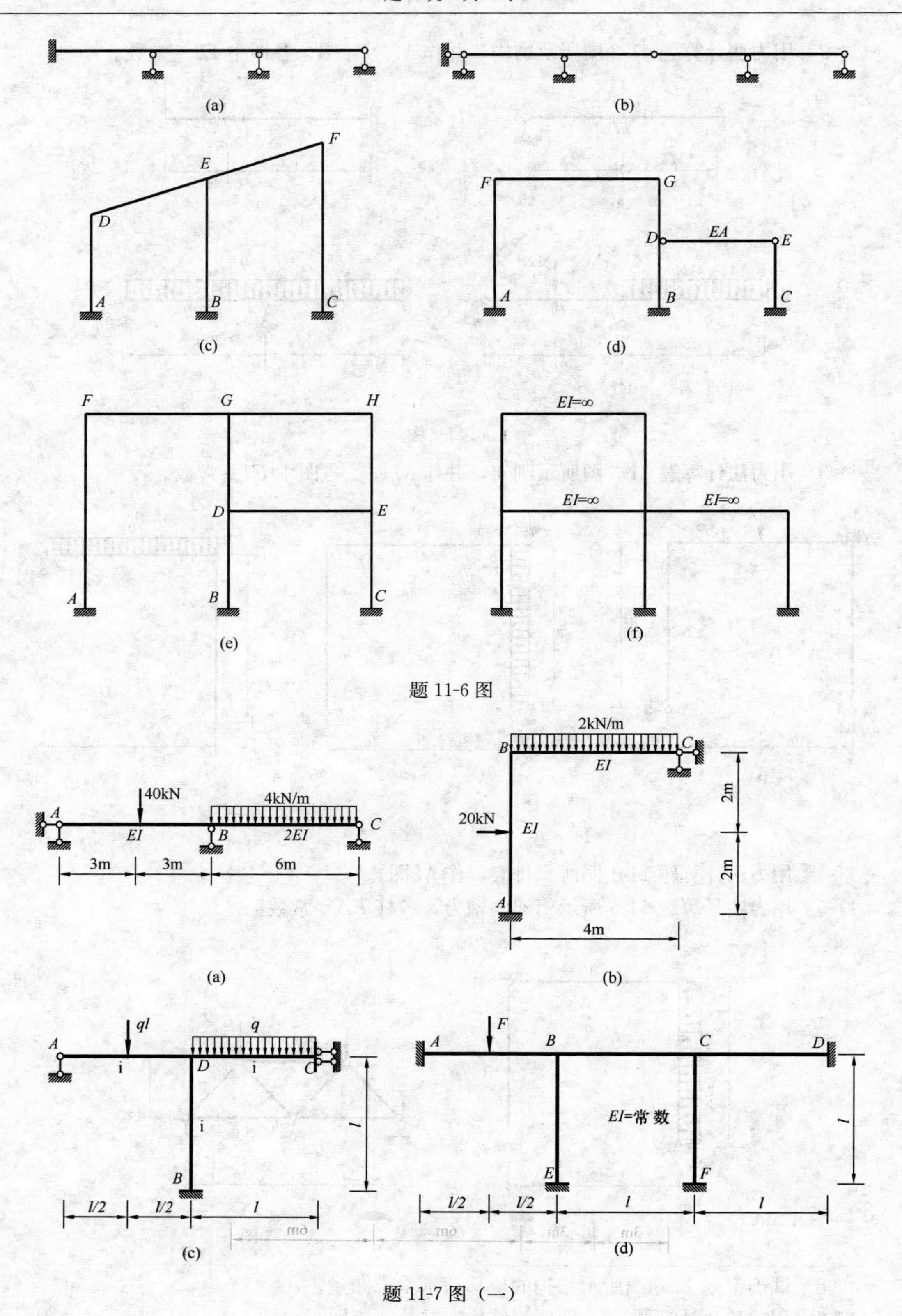
(a)
(b)
F
E
D
A
B
C
(c)
F
G
D
EA
E
A
B
C
(d)
F
G
H
D
E
A
B
C
(e)
EI=∞
EI=∞
EI=∞
(f)
题 11-6 图
40kN
4kN/m
A
EI
B
2EI
C
3m
3m
6m
(a)
2kN/m
B
C
EI
2m
20kN
EI
2m
A
4m
(b)
ql
q
A
i
D
i
C
i
l
B
l/2
l/2
l
(c)
F
A
B
C
D
EI=常 数
l
E
F
l/2
l/2
l
l
(d)

题 11-7 图（一）

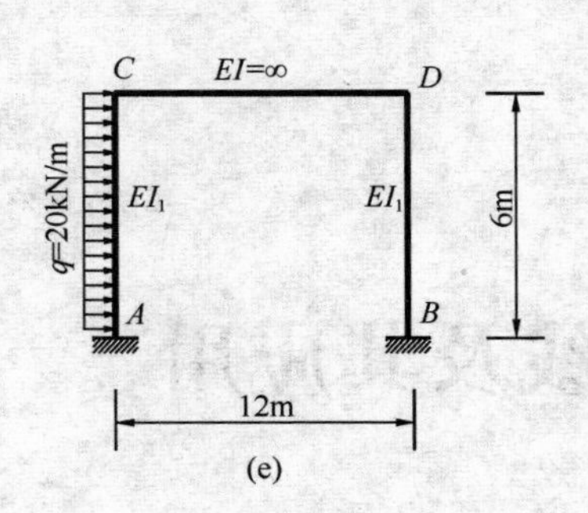


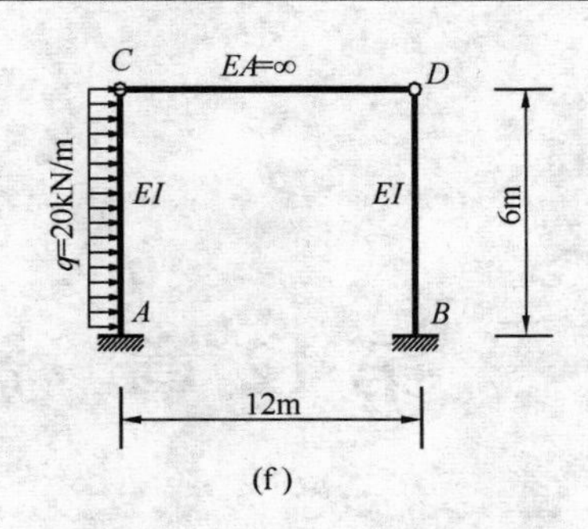


题 11-7 图（二）

11-8　试用力矩分配法计算题 11-8 图所示超静定梁，并作出弯矩图。

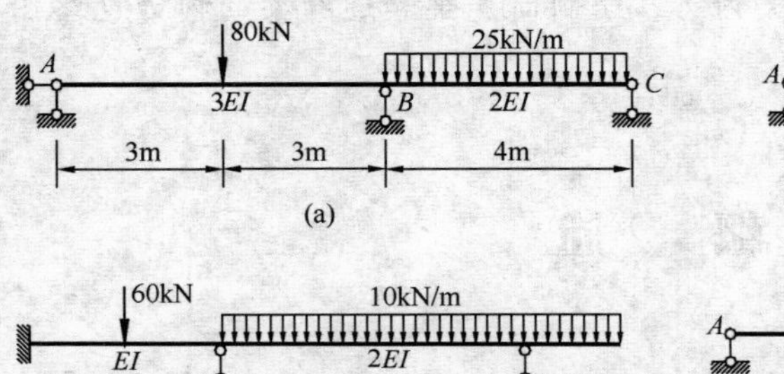


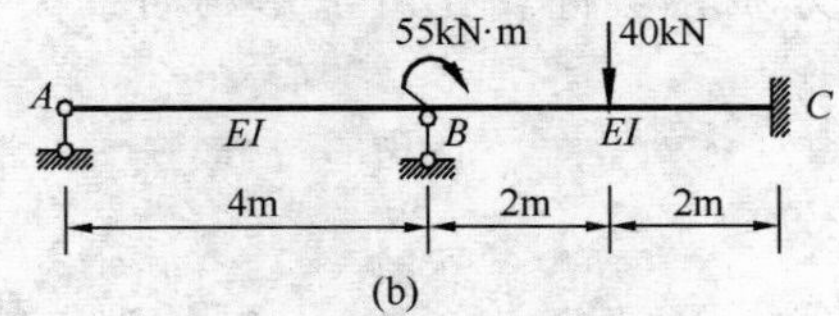


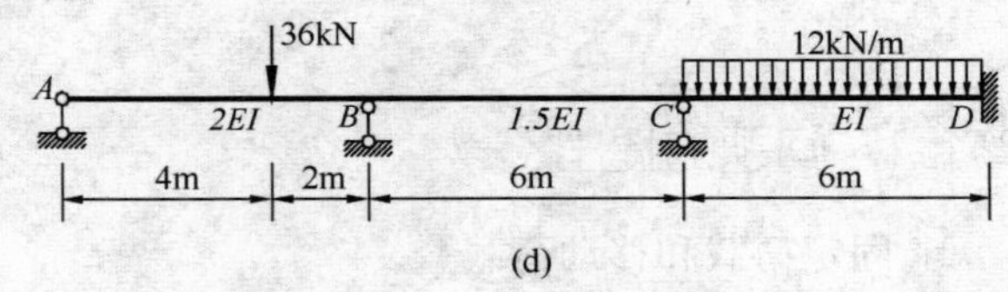


题 11-8 图

11-9　用力矩分配法计算题 11-9 图所示刚架，作弯矩图。

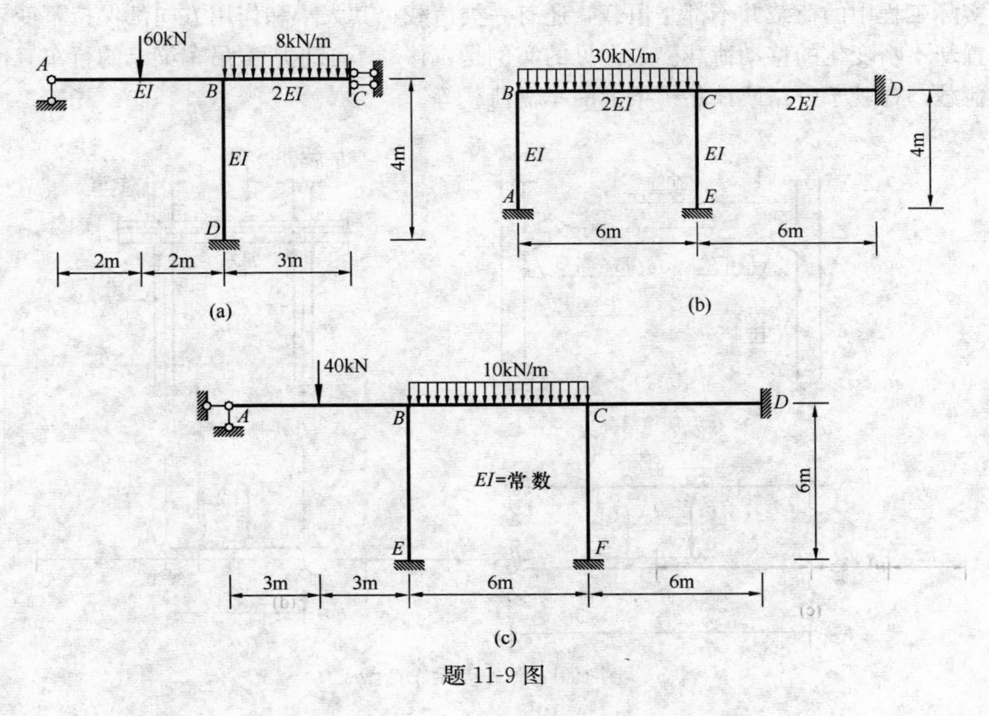


题 11-9 图

# 第 12 章　影响线及其应用

**本章基本内容：**

本章主要介绍影响线的概念；用静力法作静定梁的影响线；利用影响线求固定荷载作用下结构的内力和移动荷载作用下结构的最大内力；绘制简支梁和连续梁的内力包络图的方法。

## 12.1 概　　述

### 12.1.1 问题的提出

1. 固定荷载和移动荷载

在本章之前，我们讨论了静定和超静定结构在固定荷载（也称恒载）作用下的内力分析和位移计算。由于荷载的位置是固定不变的，所以，只要知道荷载的实际数值，就可以给出结构的内力图（弯矩、剪力和轴力图），并据此确定结构中产生最大应力的截面位置和数值。

实际工程中的荷载并不都是恒载，还有一类荷载，其大小和作用方向都保持不变，但作用位置却不断变化的移动荷载。最常见的实例是，移动于工业厂房吊车梁上的行车（也称吊车）荷载，行驶于公路或铁路桥梁上的车辆荷载等。

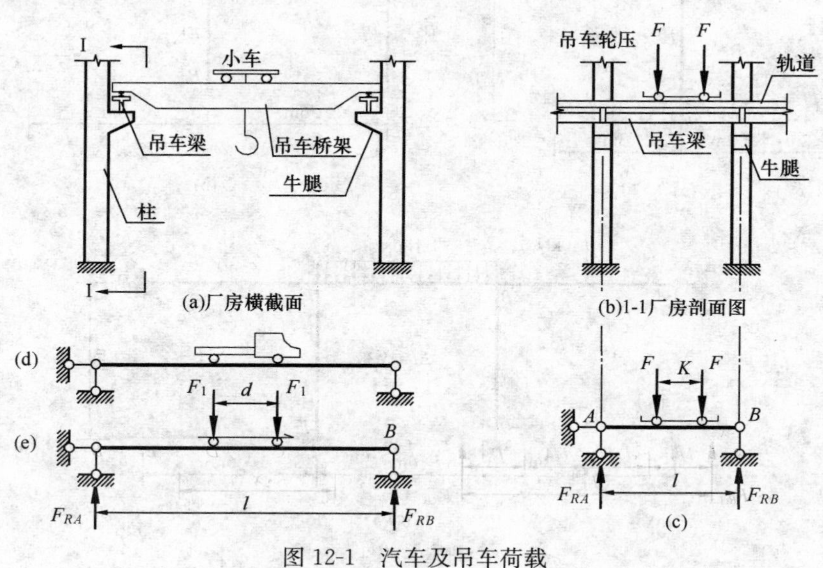


图 12-1　汽车及吊车荷载

图 12-1（a）所示工业厂房桥式行车，由大车桥架和起重小车组成。大车桥架通过每端的两个轮子将荷载传递给支承在柱座（牛腿）上的吊车梁，如图 12-1（b）所示。当起重小车负荷、行车运行时两个间距为 $K$ 的集中竖向荷载 $F$，就成为沿吊车梁（每跨均简化为简支梁）上移动的移动荷载，如图 12-1（c）所示。图 12-1（d）所示在桥梁上行驶的汽车荷载，也是一种间距不变的成组的竖向移动荷载，如图 12-1（e）所示。

2. 需要具体解决的几个问题

（1）找出各量值 $Z$ 随荷载位置 $x$ 变化的规律。若用函数表示，即为影响线方程 $Z=f(x)$；若用图形表示，即为下面将讨论的影响线。

（2）从以上各量值的变化规律中，找出使某一量值达到最大值时的荷载位置，称为荷载的最不利位置，并求出相应的最不利值。

（3）确定结构各截面上内力变化的范围，即内力变化的上限和下限。

### 12.1.2　基本假定

1. 采用单位移动荷载（$F=1$）

工程实际中的移动荷载类型很多，通常是由多个间距不变的竖向荷载组成的移动荷载组。为了使研究所得的结果具有普遍意义且计算方便，可以从各种移动荷载中抽象出一个最简单、最基本、最典型的移动荷载，那就是不带任何单位的、数值为 1、量纲也为 1 的单位移动荷载 $F=1$（以后利用影响线研究实际荷载的影响时，再乘以实际荷载相应的单位）。只要把单位移动荷载作用下的某一量值（例如某一反力、某一截面的某一内力或某一位移）的变化规律分析清楚了，然后根据线弹性结构的叠加原理，就可以顺利地解决各种移动荷载作用下的计算问题和最不利位置的确定问题。

2. 将动力移动荷载作为静力移动荷载看待

移动荷载一般都具有动力荷载的性质，但由于其加速度（a）一般不大，所产生的惯性力（$-ma$）常可加以忽略而作为静力荷载看待。其实际存在的动力影响，则在结构设计中，采用大于 1 的有关放大系数加以考虑。例如，吊车荷载实际上是动力荷载。实测分析表明，吊车荷载在构件中引起的位移和内力，要比相应的静力荷载引起的约大 10%～30%。这样的动力影响，就通过采用相应的动力系数加以考虑。

### 12.1.3　影响线的定义

图 12-2（a）所示简支梁，当竖向单位移动荷载 $F=1$ 分别移动到 $A$、$C$、$D$、$E$、$B$ 五个点上时，反力 $F_{RA}$ 的数值分别为 1、3/4、1/2、1/4、0。若以水平线为基线，将以上各数值用竖标绘出，并将各竖标顶点连起来，则所得图形［图 12-2（b）］就表示了单位移动荷

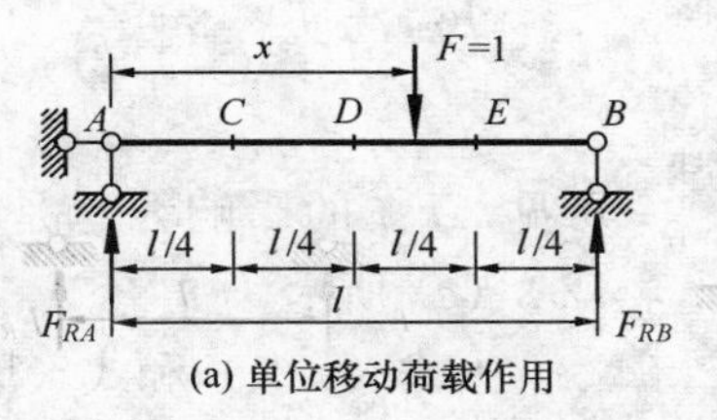


(a) 单位移动荷载作用

1　3/4　1/2　y　1/4　0

A　C　D　E　B

x

(b)　反力 $F_{RA}$ 影响线

图 12-2

载 $F=1$ 在梁上移动时反力 $F_{RA}$ 的变化规律。这一图形就称为反力 $F_{RA}$ 的影响线。

一般地说，当一个指向不变的单位集中荷载（通常是竖直向下的）沿结构移动时，表示某一指定量值（反力、内力或位移）变化规律的图形，称为该量值的影响线。影响线上任一点的横坐标 x 表示荷载的位置参数，纵坐标 $y$ 表示 $F=1$ 作用于此点时该量值的数值。

## 12.2 用静力法作简支梁的影响线

绘制影响线的基本方法有两种，即静力法和机动法。

根据影响线的定义，用静力法绘制某量值影响线的步骤为：①选定一坐标系，并以横坐标 $x$ 表示单位荷载 $F=1$ 的作用点位置。②根据静力平衡条件，求出所求量值与荷载位置 $x$ 之间的函数关系式，这种关系式称为影响线方程。③根据影响线方程绘制图形，即为所求量值的影响线。一般规定：量值为正值时，画在基线上方，负值时画在基线下方。

### 12.2.1 简支梁的影响线

图 12-3（a）为一简支梁，现在来作其支反力 $F_{RA}$ 和 $F_{RB}$、梁上任一截面 $C$ 的弯矩 $M_C$ 和剪力 $F_{QC}$ 的影响线。规定支反力以向上为正，弯矩以使梁下侧纤维受拉为正。剪力的正负号规定同前面的第 6 章。

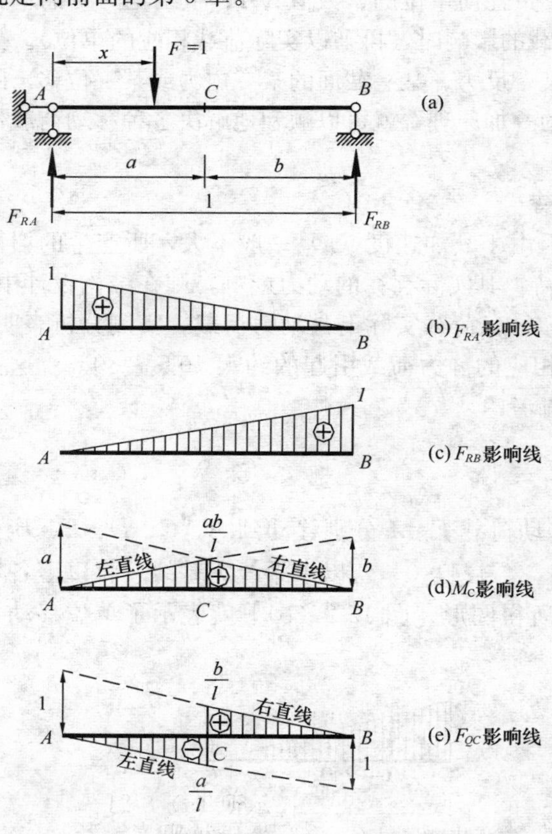


图 12-3

1. 支反力的影响线

首先建立坐标系［图 12-3（a）］。取 $A$ 为坐标原点，$x$ 表示荷载 $F=1$ 的位置。

由 $\Sigma M_B=0$

$$F_{RA}l-F(l-x)=0$$

得 $F_{RA}=F\dfrac{l-x}{l}=1-\dfrac{x}{l}\ (0\leqslant x\leqslant l)$

$$(12\text{-}1)$$

上述关系式表示反力 $F_{RA}$ 随 $F=1$ 位置的改变而变化的规律，它是 $x$ 的一次函数，所以 $F_{RA}$ 的影响线是一条直线。作出 $F_{RA}$ 的影响线如图 12-3（b）所示。

同理，对于 $F_{RB}$ 的影响线，可由 $\Sigma M_A=0$ 得

$$F_{RB}l-Fx=0$$

$$F_{RB}=F\frac{x}{l}=\frac{x}{l}\quad(0\leqslant x\leqslant l)\tag{12-2}$$

可见，$F_{RB}$ 的影响线也是一条直线，如图 12-3（c）所示。

由式（12-1）和式（12-2）看出，既然单位荷载 $F=1$ 是无量纲的，所以反力影响

线的竖标也是无量纲的。

2. 弯矩 $M_C$的影响线

当 $F=1$ 在截面 $C$ 以左移动时（即在 $AC$ 上移动，$0\leqslant x\leqslant a$），可取截面 $C$ 以右部分为隔离体，由平衡条件得

$$M_C = F_{RB}b = \frac{x}{l}b \qquad (0 \leqslant x \leqslant a) \tag{12-3a}$$

可见 $M_C$影响线在截面 $C$ 以左部分为一直线。当 $x=0$ 时，$M_C=0$；当 $x=a$ 时，$M_C=\frac{ab}{l}$。据此可绘出 $M_C$影响线的左直线［图 12-3（d）］。

当 $F=1$ 在 $CB$ 段上移动时（$a\leqslant x\leqslant l$），前面求得的影响线方程不再适用，此时，可取截面 $C$ 以左部分为隔离体，得

$$M_C = F_{RA}a = \left(1-\frac{x}{l}\right)a \quad (a \leqslant x \leqslant l) \tag{12-3b}$$

可见 $M_C$影响线在截面 $C$ 以右部分也是一条直线［图 12-3（d）］。

由图 12-3（d）可知，$M_C$影响线由上述两段直线组成，与基线形成一个三角形。左、右两直线的交点，即三角形的顶点，正好位于截面 $C$ 处，其竖标为$\frac{ab}{l}$。两支座处的竖标为零。

由 $M_C$的影响线方程（12-3a）（12-3b）可以看出，其左直线可由反力 $F_{RB}$ 的影响线乘以常数 $b$ 并取其 $AC$ 段而得到，其右直线则可由反力 $F_{RA}$ 的影响线乘以常数 $a$ 并取其 $CB$ 段而得到。这种利用已知量值的影响线作其他量值的影响线的方法是很方便的。

弯矩影响线竖标的量纲是长度。

3. 剪力 $F_{QC}$ 的影响线

当 $F=1$ 在 $AC$ 段移动时（$0\leqslant x\leqslant a$），由 $CB$ 段竖向平衡得

$$F_{QC} =- F_{RB} =- \frac{x}{l} \quad (0 \leqslant x < a) \tag{12-4a}$$

上式表明，只要将 $F_{RB}$ 的影响线画在基线下方，并取其 $AC$ 段，即得 $F_{QC}$ 影响线的左直线［图 12-3（e）］比例可求得 $C$ 点左侧的竖标为$-\frac{a}{l}$。

当 $F=1$ 在 $CB$ 段移动时（$a<x\leqslant l$），由 $AC$ 段竖向平衡可得

$$F_{QC} = F_{RA} = 1-\frac{x}{l} \quad (a < x \leqslant l) \tag{12-4b}$$

可见，只要画出 $F_{RA}$ 的影响线并取其 $CB$ 段，即得 $F_{QC}$ 影响线的右直线［图 12-3（e）］$C$ 点右侧的竖标为$\frac{b}{l}$。由图可知，$F_{QC}$ 影响线由两段平行的直线组成，在 $C$ 点形成突变。当 $F=1$ 作用在 $AC$ 段上时，截面 $C$ 产生负剪力；当 $F=1$ 作用在 $CB$ 段上时，截面 $C$ 产生正剪力。当 $F=1$ 从截面 $C$ 左侧移动到右侧，虽然这个移动是极微小的，$F_{QC}$ 却从$-\frac{a}{l}$跃为$+\frac{b}{l}$，出现了一个突变，其突变值的绝对值等于$\frac{a}{l}+\frac{b}{l}=1$。由图看出，$F_{QC}$ 影响线在 $C$ 处为一间断点，因此当 $F=1$ 恰好作用在 $C$ 点时，$F_{QC}$ 是不确定的。

剪力影响线的竖标和反力影响线一样，是无量纲的。

## 12.2.2 伸臂梁的影响线

图 12-4（a）为一伸臂梁，现在来作其有关量值的影响线。

1. 支反力的影响线

由平衡条件可求得两支座反力为

$$\left.\begin{aligned} F_{RA} &= \frac{l-x}{l} \\ F_{RB} &= \frac{x}{l} \end{aligned}\right\} \quad (-l_1 \leqslant x \leqslant l+l_2)$$

注意到，当 $F=1$ 位于 $A$ 点以左时，$x$ 为负值，故以上两方程在梁的全长范围内都是适用的。由于上面两式与简支梁的反力影响方程完全相同，因此，只需将简支梁的反力影响线向两个伸臂部分延长，即得伸臂梁的反力影响线，如图 12-4（b）（c）所示。

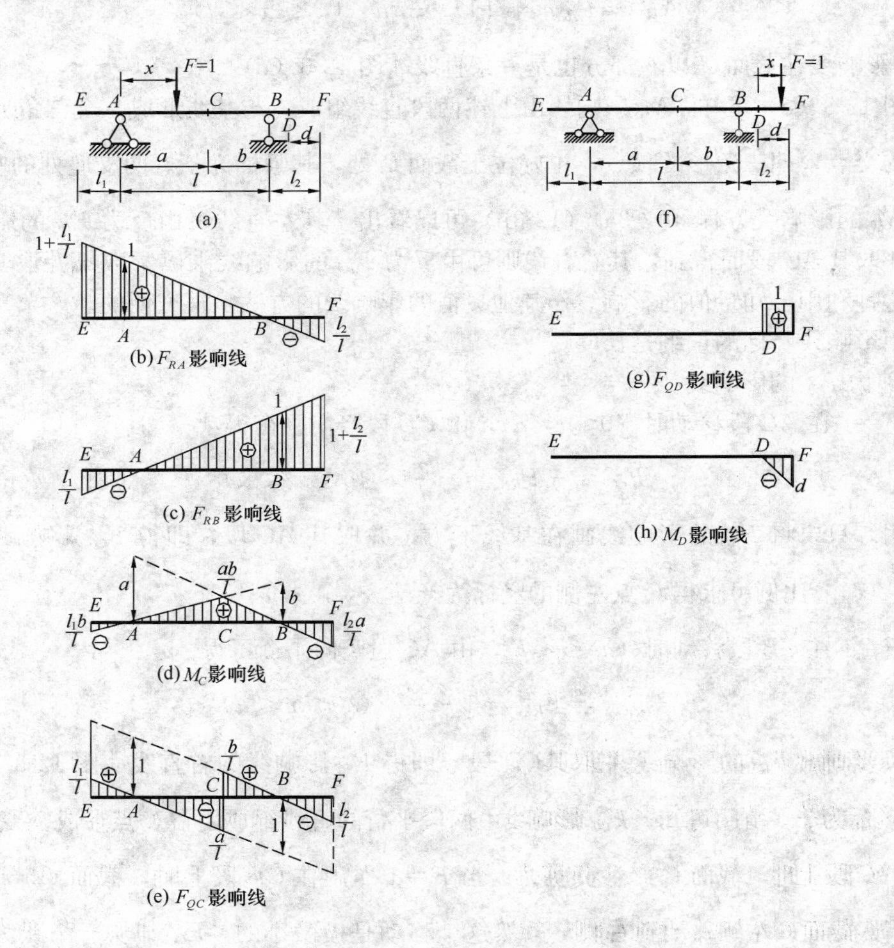


图 12-4

2. 跨内部分截面内力影响线

设求作两支座间的任一指定截面 $C$ 的弯矩 $M_C$ 和剪力 $F_{QC}$ 的影响线。

当 $F=1$ 在截面 $C$ 以左移动时，取截面 $C$ 以右为隔离体，由 $\sum M_C=0$ 和 $\sum F_y=0$，分

别有

$$\left.\begin{aligned} M_C &= F_{RB}b \\ F_{QC} &= -F_{RB} \end{aligned}\right\} \quad (F = 1 \text{ 在 } EAC \text{ 段移动})$$

当 $F=1$ 在截面 $C$ 以右移动时，取截面 $C$ 以左为隔离体，由 $\sum M_C = 0$ 和 $\sum F_y = 0$，分别有

$$\left.\begin{aligned} M_C &= F_{RA}a \\ F_{QC} &= F_{RA} \end{aligned}\right\} \quad (F = 1 \text{ 在 } CBF \text{ 段移动})$$

由此作出 $M_C$ 和 $F_{QC}$ 的影响线如图 12-4（d）（e）所示。

由上可知，作伸臂梁的支反力和 $AB$ 跨内任一截面的弯矩、剪力影响线时，可将 $AB$ 简支梁的相应影响线延长至伸臂段的自由端处即得。

3. 伸臂段上内力的影响线

现在来作图 12-4（f）所示伸臂段上任一指定截面 $D$ 的弯矩 $M_D$ 和剪力 $F_{QD}$ 的影响线。

当 $F=1$ 在截面 $D$ 以左时，因截面 $D$ 的右边部分无外力作用，所以

$$\left.\begin{aligned} M_D &= 0 \\ F_{QD} &= 0 \end{aligned}\right\} \quad (F = 1 \text{ 在 } EABD \text{ 段移动})$$

当 $F=1$ 在截面 $D$ 以右时，以 $D$ 为坐标原点，并规定 $x$ 以向右为正。取截面 $D$ 以右为隔离体，由 $\sum M_D = 0$ 和 $\sum F_y = 0$，有

$$\left.\begin{aligned} M_D &= -x \\ F_{QD} &= +1 \end{aligned}\right\} \quad (F = 1 \text{ 在 } DF \text{ 段移动})$$

作出 $M_D$ 和 $F_{QD}$ 的影响线如图 12-4（g）（h）所示。

由上可知，作伸臂段上某一截面的弯矩和剪力影响线时，只有当 $F=1$ 作用于该截面以外的伸臂段上时，才对弯矩和剪力产生影响。

## 12.2.3　内力影响线与内力图的区别

如图 12-5 所示简支梁，图 12-5（a）表示截面 $C$ 的弯矩影响线，而图 12-5（b）表示荷载 $F$ 作用在 $C$ 处时梁的弯矩图。这两个图形十分相似，但它们的意义却截然不同。

$M_C$ 影响线表示单位荷载 $F=1$ 沿结构移动时，截面 $C$ 的弯矩值的变化情况。$M_C$ 影响线

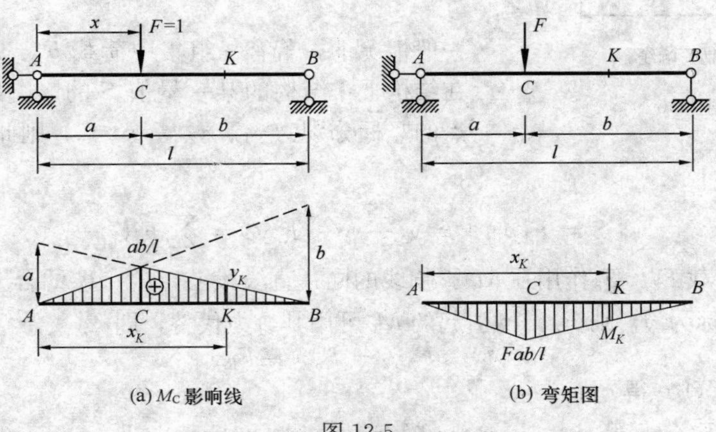


(a) $M_C$ 影响线　　(b) 弯矩图

图 12-5

上所有竖标都表示截面$C$的弯矩值。如$M_C$影响线在截面$K$处的竖标$y_K$，表示当$F=1$移动到截面$K$时，引起的截面$C$的弯矩值。

而$M$图则表示在固定荷载$F$作用下，梁上各个截面弯矩的分布情况。$M$图上的竖标表示所在截面的弯矩值。不同截面处的竖标表示不同截面的弯矩。如$M$图上在截面$K$处的竖标$M_K$表示在截面$C$处作用固定荷载$F$时引起的截面$K$的弯矩。

还须指出，$M_C$影响线的量纲为长度，图中应标正负号；而$M$图的量纲为力×长度，图中不标正负号，一律绘于受拉侧。

## 12.3 影响线的应用

### 12.3.1 利用影响线求量值

绘制影响线的目的，是为了利用它来确定具体移动荷载组对于某一量值（影响量）的最不利位置，从而求出该量值的最大值。在研究这一问题之前，本节先来说明荷载组不移动时（固定荷载作用下）影响量的计算。

前面作影响线时虽然采用的是单位移动荷载，但根据叠加原理，可以利用影响线求出一般荷载作用下的影响量值。

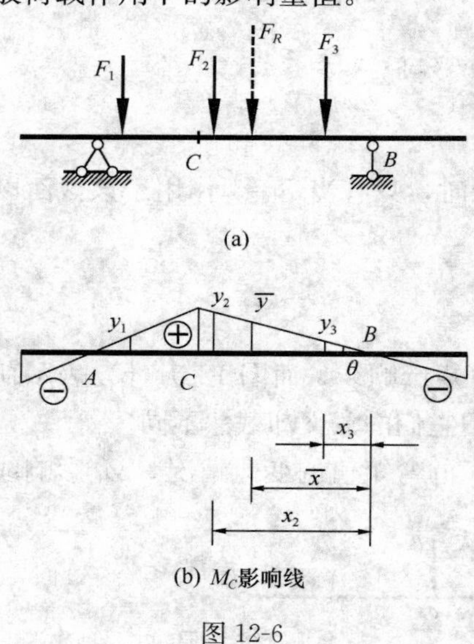

(b) $M_C$影响线

图 12-6

1. 一组集中荷载作用

图 12-6（a）所示伸臂梁，承受一组位置确定的集中荷载$F_1$、$F_2$、$F_3$的作用，若需求截面$C$的弯矩$M_C$，除可用静力平衡条件求解外，亦可用影响线求解。为此，先作出$M_C$影响线［图 12-6（b）］，设$M_C$影响线在各荷载作用点处的竖标依次为$y_1$、$y_2$、$y_3$。由影响线的定义可知，$F_1$引起的$M_C$等于$F_1y_1$，$F_2$引起的$M_C$等于$F_2y_2$，$F_3$引起的$M_C$等于$F_3y_3$。在$F_1$、$F_2$、$F_3$共同作用下的$M_C$可通过叠加得到，即

$$M_C = F_1y_1 + F_2y_2 + F_3y_3 = \sum_{i=1}^{3} F_iy_i$$

一般情况下，若有一组集中荷载$F_1$、$F_2$、……$F_n$作用在结构上，结构的某一量值$S$的影响线在各荷载作用点的竖标分别为$y_1$、$y_2$、……$y_n$，则此组荷载引起的$S$值为

$$S = F_1y_1 + F_2y_2 + \cdots + F_ny_n = \sum_{i=1}^{n} F_iy_i \tag{12-5}$$

图 12-6 中荷载$F_2$、$F_3$作用在$M_C$影响线的同一直线段上，$F_2$、$F_3$的合力为$F_R$，$F_R$作用点处的影响线竖标为$\overline{y}$，则$F_2$、$F_3$引起的$M_C$可用其合力代替，即

$$M_C = F_2y_2 + F_3y_3 = F_R\overline{y}$$

因为，由图 12-6（b）得

$$F_2y_2 + F_3y_3 = F_2x_2\tan\theta + F_3x_3\tan\theta = (F_2x_2 + F_3x_3)\tan\theta$$

括号内的值是 $F_2$、$F_3$对 $B$ 点力矩之和，它等于合力 $F_R$对 $B$ 点的矩，即

$$F_2x_2+F_3x_3=F_R\bar{x}$$

所以

$$F_2y_2+F_3y_3=F_R\bar{x}\tan\theta=F_R\bar{y}$$

此结论可推广到一般情况：作用在 $S$ 影响线某一直线段上的一组荷载引起的 $S$，等于其合力引起的 $S$ 值。

2. 分布荷载作用

$S=\int_a^b yq(x)\mathrm{d}x$ 设某量值 $S$ 的影响线如图 12-7（b）所示，现有分布荷载 $q(x)$ 作用于区间［$a$，$b$］上［$q$（$x$）为常数时，即为均布荷载］，求 $q(x)$ 引起的 $S$ 值。将分布荷载化成无数个微小集中荷载 $q(x)\mathrm{d}x$［参见图 12-7（a）］。由 $q(x)\mathrm{d}x$ 引起的 $S$ 值为 $yq(x)\mathrm{d}x$，全部 $AB$ 段内 $q$（$x$）引起的 $S$ 值为

$$S=\int_a^b yq(x)\mathrm{d}x$$

若 $q(x)$ 等于常数 $q$，即为一均布荷载，则其作用在 $AB$ 段内引起的 $S$ 值为

$$S=\int_a^b yq\mathrm{d}x=q\int_a^b y\mathrm{d}x=qA \tag{12-6}$$

式中，$A$ 为影响线图形在受荷段内的正负面积的代数和。

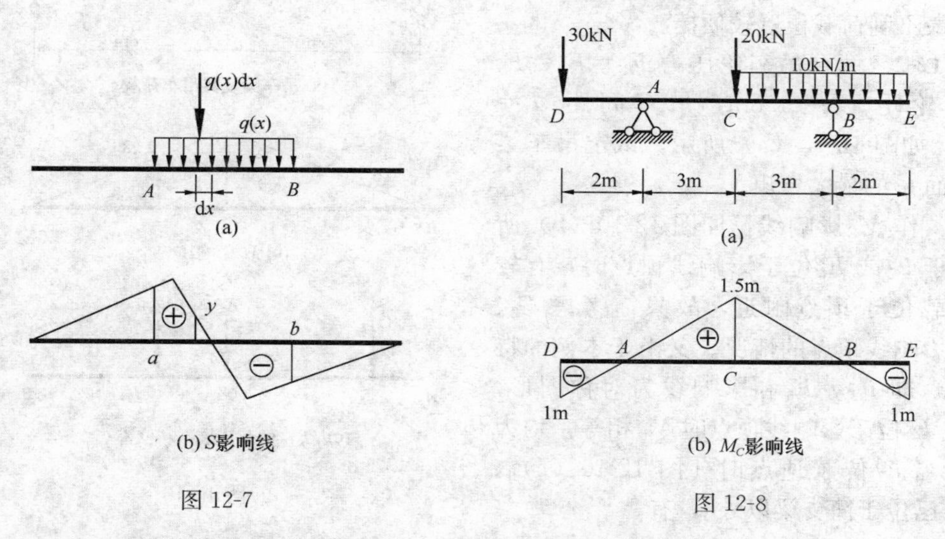


图 12-7　　　　　　　　　　图 12-8

**例 12-1**　利用影响线求图 12-8（a）所示梁在给定荷载作用下的 $M_C$值。

**解**　作出 $M_C$的影响线如图 12-8（b）所示，根据式（12-5）和式（12-6）由叠加原理可得

$$M_C=30\times(-1)+20\times1.5+10\times\frac{1}{2}\times1.5\times3-10\times\frac{1}{2}\times1\times2=12.5\text{kN}\cdot\text{m}$$

## 12.3.2　移动荷载最不利位置的确定

当具体荷载组移动时，要达到什么样的位置，才会使某影响量达到最大（或最小）的问题，也就是如何确定移动荷载最不利位置的问题。这是影响线在工程设计中的主要应用。下

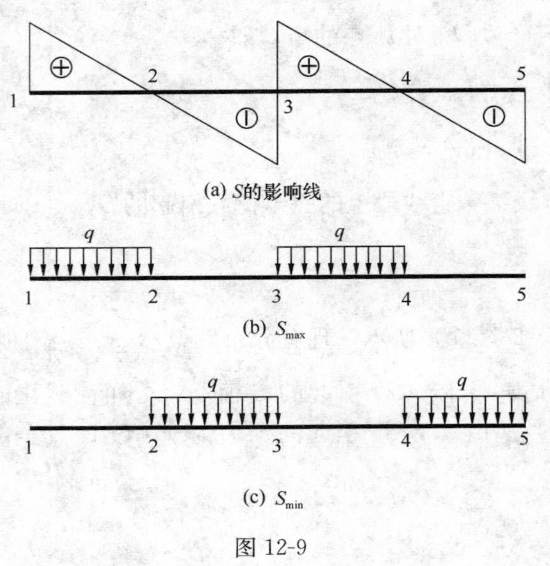

(a) $S$的影响线

(b) $S_{max}$

(c) $S_{min}$

图 12-9

面，分别就两种情况来说明确定荷载最不利位置的方法。

1. 任意断续布置的均布荷载

对于人群、货物等任意断续布置的均布荷载，由 $s=qA_0$ 可知：当荷载布满影响线所有正号区间时，引起 $S_{max}$［图 12-9（a）（b）］；当荷载布满影响线所有负号区间时，引起 $S_{min}$［图 12-9（a）（c）］。

2. 行列荷载

间距不变的一组移动集中荷载称为行列荷载，如火车、吊车的轮压荷载等。

行列荷载作用下，在最不利位置时，必有一个集中荷载作用在影响线的顶点。

由式（12-5），即 $S=\sum F_i y_i$ 可知，只要把数值大、排列密的荷载放在影响线竖标大的位置处，并让其中一个荷载通过影响线的顶点（这可能有多种情况），分别算出 $S$ 值，从中选出的最大值必定是 $S_{max}$。对于集中荷载个数较少的行列荷载，用这种方法求 $S_{max}$ 及其对应的最不利荷载位置较便捷。

**例 12-2** 两台吊车轮压力 $F_1=F_2=F_3=F_4$，轮距 $K=4.8\text{m}$，吊车间距 $d=1.44\text{m}$，如图 12-10（a）所示。试求吊车梁跨中截面 $C$ 的最大弯矩 $M_{C\max}$。

**解** 作 $M_C$ 影响线，如图 12-10（b）所示。由于 $F_2$ 或 $F_3$ 位于影响线顶点时，有较多的荷载位于顶点附近，故只需考虑 $F_2$、$F_3$ 位于影响线顶点的情况。又由于本例的特殊情况，即 $F_2=F_3$ 和影响线为对称图形，故 $F_2$ 或 $F_3$ 位于影响线顶点时 $M_C$ 相等，均为 $M_{C\max}$。当 $F_2$ 位于顶点时［图 12-10（c）］，此时 $F_4$ 已位于简支梁以外］，有

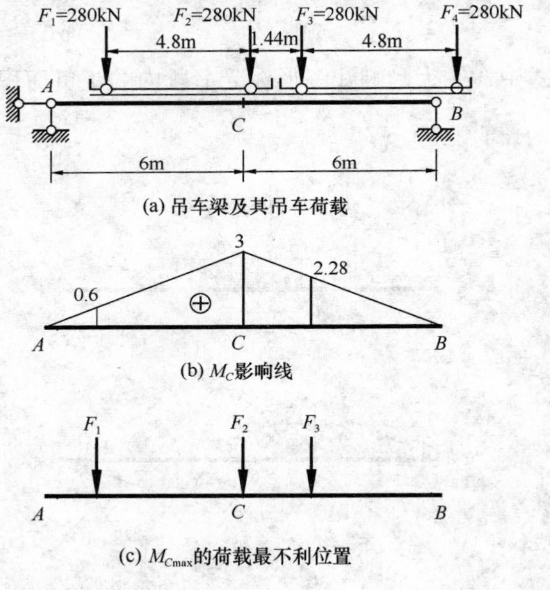

(a) 吊车梁及其吊车荷载

(b) $M_C$影响线

(c) $M_{C\max}$的荷载最不利位置

图 12-10

$$M_{C\max}=F_1y_1+F_2y_2+F_3y_3=280\times(0.6+3+2.28)=1646.4\text{kN}\cdot\text{m}$$

## 12.4 梁的内力包络图

### 12.4.1 简支梁的内力包络图

把图 12-11（a）中的吊车梁分为若干等分（如图中为十等分），用 12.3 节中所述的方法求出吊车移动时，各等分点截面 1、2、……、9 处的最大弯矩，按同一比例量出各等分点截

面的最大弯矩，并以光滑的曲线连接之［图 12-11（b）］，此图称为吊车梁在移动荷载（或称活载）作用下的弯矩包络图。一般称结构在恒载和活载共同作用下各截面的最大内力（最大正值、最大负值）的连线为**内力包络图**。同理求出此梁各截面的最大、最小剪力值，作出剪力包络图［图 12-11（c）］。由于每一截面都会产生最大剪力和最小剪力，因此剪力包络图有两条曲线，它们接近直线。工程上常这样简化：求出两端和跨中最大、最小剪力值，分别连以直线，作为近似剪力包络图（为了简化，图 12-11 中均未包含恒载引起的内力）。

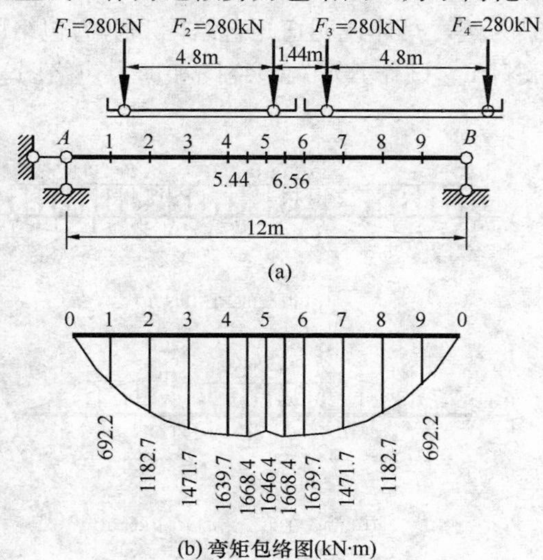

(a)

(b) 弯矩包络图(kN·m)

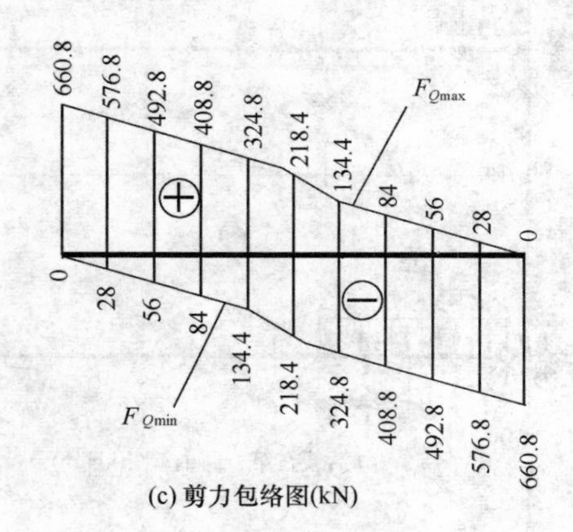

(c) 剪力包络图(kN)

图 12-11

根据内力包络图来设计截面和选用材料，就能确保荷载移动过程中的安全。所以在设计吊车梁、桥梁、楼盖的主梁时，先要作出内力包络图。

需要指出，弯矩包络图中用于截面设计的数值应为其中的最大值，该最大值称为**绝对最大弯矩**。如图 12-11（a）中移动荷载作用下，距跨中截面左右两侧各 0.56m 的截面上将产生绝对最大弯矩 1668.4kN·m，它比跨中截面的最大弯矩 1646.4kN·m 稍大一些（5%以内）。设计时常用跨中截面的最大弯矩近似代替绝对最大弯矩。

## 12.4.2　连续梁的内力包络图

土木工程中的连续梁同时承受恒载和活载的作用，恒载引起的各截面内力可用弯矩图和剪力图表示，它是不变的。活载引起的内力随活载分布的不同而变化。只要求出活载作用下某一截面的最大、最小内力，再加上恒载作用下该截面的内力，就可求得该截面的最大、最小内力，作为结构设计的依据。在研究活载的影响时，通常按每一跨单独布满活载的情况逐一作出其相应的弯矩图，然后对于任一截面，将这些弯矩图中对应的所有正弯矩与恒载作用下的相应弯矩值相加，便得到该截面的最大弯矩；同理，将对应的所有负弯矩与恒载作用下相应的弯矩值相加，便得到该截面的最小弯矩。将各截面的最大弯矩和最小弯矩在同一图中按一定的比例尺用竖标表示出来，并将竖标顶点分别连成两条曲线，所得图形称为连续梁的弯矩包络图。该图表明，连续梁在已知恒载和活载共同作用下，各个截面可能产生的弯矩极限范围，不论活载如何分布，各个截面产生的弯矩都不会超出这一范围。

同理，绘制反映连续梁在恒载和活载共同作用下的最大剪力和最小剪力变化情形的剪力包络图，绘制原理与弯矩包络图相同。实际设计中，主要用到各支座附近截面上的剪力值。因此，通常只要将各跨两端靠近支座截面上的最大剪力和最小剪力求出，作出相应的竖标后，在每跨中用直线相连，近似地作出所求的剪力包络图。

内力包络图在结构设计中是很有用的，它清楚地表明了连续梁各截面内力变化的极限情形，可以根据它合理地选择截面尺寸，在设计钢筋混凝土梁时，也是配置钢筋的重要依据。

下面以图 12-12（a）所示三跨等截面连续梁为例，具体说明弯矩包络图和剪力包络图的作法。设梁上的恒载 $g=20\text{kN/m}$，活载 $q=30\text{kN/m}$。试作其弯矩包络图和剪力包络图。

1. 作弯矩包络图

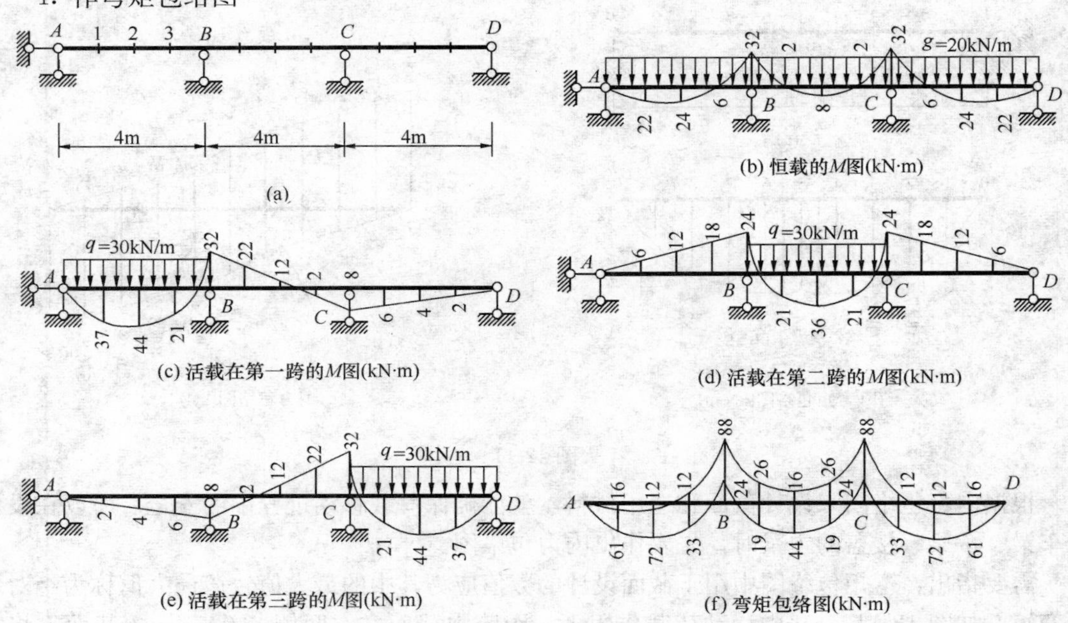


图 12-12　连续梁弯矩包络图

（1）作出恒载 $g$ 作用下的弯矩图［图 12-12（b）］。

（2）逐一作出各跨单独布满活载 $q$ 时的弯矩图［见图 12-12（c）（d）（e）］，具体计算时可用力矩分配法或查静力计算手册。

（3）将各跨分为若干等分，对每一等分点处截面，把各活载弯矩图中此截面的所有正弯矩值加在一起，所有负弯矩值加在一起，再分别加上恒载作用下此截面的弯矩值，就得到此截面的最大和最小弯矩值。

（4）将各截面的最大弯矩值用一曲线相连，最小弯矩值用另一曲线相连，此二曲线构成的封闭图形即为弯矩包络图［图 12-12（f）］。

例如截面 1 及支座截面 $B$：

$$M_{1\max} = 22 + (37 + 2) = 61\text{kN}\cdot\text{m}$$

$$M_{1\min} = 22 + (-6) = 16\text{kN}\cdot\text{m}$$

$$M_{B\max} = -32 + (8) = -24\text{kN}\cdot\text{m}$$

$$M_{B\min} = -32 + (-32 - 24) = 88\text{kN}\cdot\text{m}$$

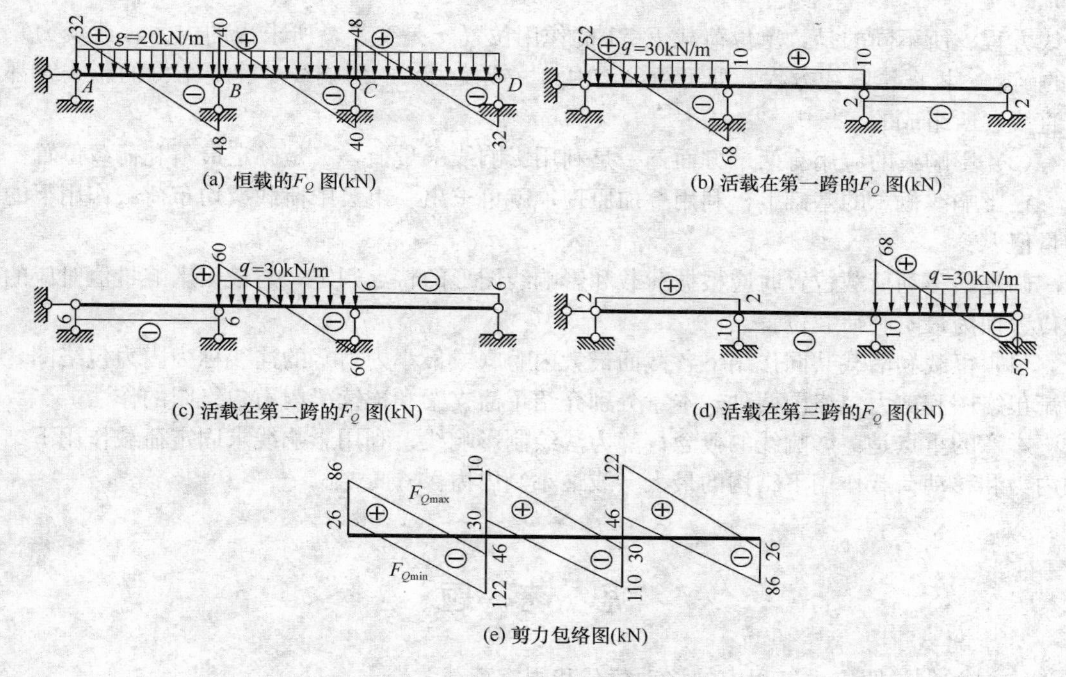


图 12-13　连续梁剪力包络图

2. 作剪力包络图

（1）作恒载作用下的剪力图［图 12-13（a）］。

（2）作各跨分别布满活载下的剪力图［图 12-13（b）（c）（d）］。

（3）求支座两侧截面的最大、最小剪力值。

例如

$$F_{QB左\max}=-48+2=-46\text{kN}$$

$$F_{QB左\min}=-48+(-68-6)=-122\text{kN}$$

$$F_{QB右\max}=40+(10+60)=110\text{kN}$$

$$F_{QB右\min}=40+(-10)=30\text{kN}$$

（4）用直线连接各跨两端的最大剪力，用另一直线连接各跨两端的最小剪力，即得近似的剪力包络图［图 12-13（e）］。

# 本　章　小　结

（1）应深入理解影响线的定义，并搞清内力影响线与内力图的区别。内力影响线是单位集中荷载 $F=1$ 移动时，结构上某指定截面内力随荷载位置的变化图形；而内力图则是固定荷载作用下，内力沿各截面的变化图形。

（2）静力法是绘制静定结构影响线的最基本的方法，应正确和熟练地掌握。静力法求作结构内力（或反力）影响线的基本步骤与求固定荷载作用下结构的内力（或反力）相同，即：取隔离体，把所求内力（或反力）暴露出来，利用平衡方程建立该内力（或反力）的影响线方程。所不同的是，单位荷载 $F=1$ 的作用位置 $x$ 是变量，所求出的内力（或反力）是 $x$ 的函数。根据影响线方程，即可绘出该内力（或反力）的影响线。静定结构的影响线都是由直线段所组成的。

（3）影响线的应用有两个方面：一是利用影响线求量值，二是确定最不利荷载位置。

在影响线概念的基础上，利用叠加原理，就可求出一组集中荷载或均布荷载作用下的影响量值。

确定最不利荷载位置时应根据荷载和影响线图形的特点判定，与最大影响量值对应的荷载位置即为最不利荷载位置。

（4）恒载和活载共同作用下各截面最大内力（或最小内力）的连线称为内力包络图，分弯矩包络图和剪力包络图两种。本章分别介绍了简支梁和连续梁内力包络图的作法。

本章的重点是：影响线的概念；静力法绘制影响线；利用影响线求固定荷载作用下结构的内力和移动荷载作用下结构的最大（或最小）内力。

## 思 考 题

1. 试举例说明土木工程中的移动荷载和固定荷载。
2. 用静力法作影响线的理论依据是什么？步骤如何？
3. 影响线上任一点的横坐标与纵坐标各代表什么意义？
4. 图 12-3（e）中 $F_{QC}$ 影响线的左、右直线是平行的，在 $C$ 点有突变，它们代表什么含义？
5. 为何可用影响线来求恒载作用下的反力和内力？
6. 何谓最不利荷载位置？计算某量值最大值的步骤如何？
7. 梁中同一截面的不同内力（如弯矩 $M$、剪力 $F_Q$等）的最不利荷载位置是否相同？为什么？
8. 何谓内力包络图？写出绘制连续梁弯矩包络图的步骤。

## 习 题

12-1 作图示悬臂梁 $F_{RA}$、$M_C$、$F_{QC}$的影响线。

12-2 作图示结构中 $F_{NBC}$、$M_D$的影响线，$F=1$ 在 $AE$ 上移动。

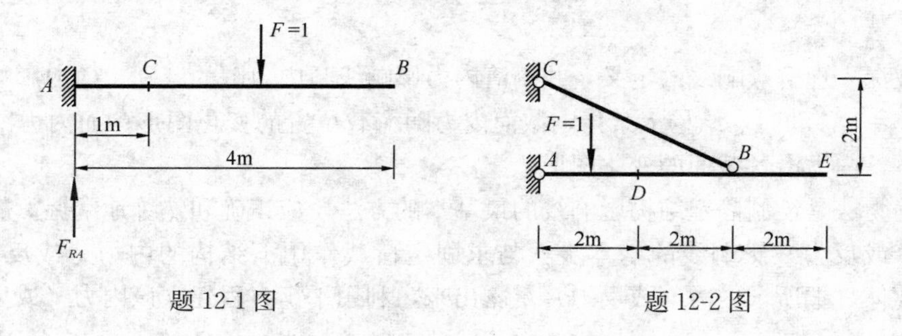


题 12-1 图　　题 12-2 图

12-3　作图示伸臂梁的 $M_A$、$M_C$、$F_{QA左}$、$F_{QA右}$ 的影响线。

12-4　作图示梁 $M_A$、$F_{RB}$ 的影响线。

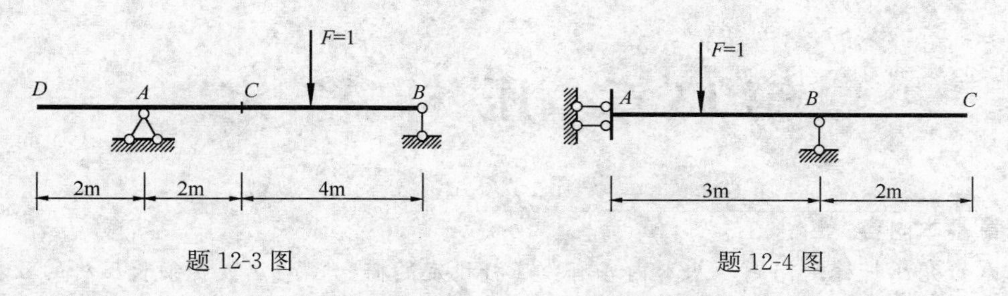


题 12-3 图　　　　题 12-4 图

12-5　利用影响线，求图示固定荷载作用下 $B$ 支座的反力 $F_{RB}$ 及截面 $C$ 的内力 $M_C$ 和 $F_{QC}$。

12-6　试求图示梁在两台吊车荷载作用下支座 $B$ 的最大反力和截面 $D$ 的最大弯矩。

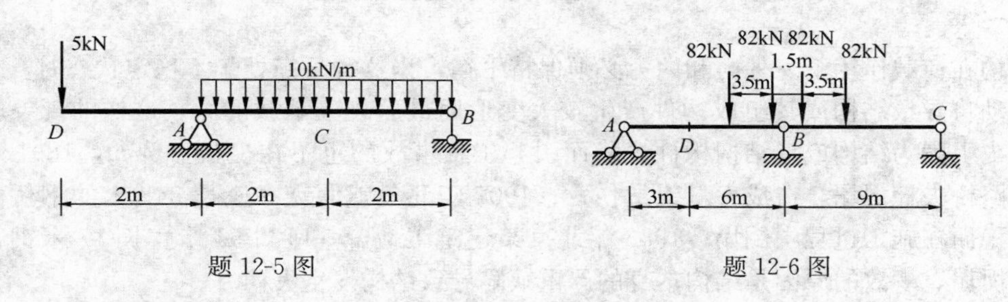


题 12-5 图　　　　题 12-6 图

# 第13章　压 杆 稳 定

**本章基本内容：**

本章研究压杆稳定问题，基本内容有：压杆稳定的概念，两端铰支细长压杆的欧拉临界力，杆端约束对细长压杆欧拉临界力的影响，临界应力及欧拉公式的适用范围，压杆的稳定条件及稳定计算，提高压杆稳定性的主要措施等。

## 13.1　压杆稳定的概念

结构在荷载作用下，外力和内力必须保持平衡，当这种平衡处于不稳定状态时，外界的轻微扰动将导致结构或其组成构件产生较大变形而最后丧失承载能力。这样的现象就是失稳。历史上因为结构或者结构构件失稳而引起工程事故的也不在少数。例如，1891 年瑞士一座铁路桥失稳坍塌，造成大量人员伤亡；1907 年北美魁北克一座长 548 米的钢桥由于其桁架失稳而在施工过程中倒塌；1983 年北京某建筑工地，一座高 54 米、长 17 米钢管脚手架轰然坍塌，事故的原因是结构本身的严重缺陷导致结构发生失稳。

近几十年来，由于结构形式的发展和高强度材料（如高强钢材）的大量应用，轻型而薄壁的结构构件不断增多，如，薄板、薄壳、薄壁型钢等，更容易出现失稳现象。而受压杆件的失稳理论是最重要、最基础的，本章只讨论理想压杆的稳定性。

理想压杆是理论研究中一种抽象化的理想模型，满足“轴心受压、均质、等截面直杆”的假定。在无扰动（如微小横向干扰力可视为扰动）时，理想压杆将只产生轴向压缩变形，而且保持直线状态的平衡。但是其平衡状态有稳定和不稳定之分。如图 13-1（a）所示两端球铰支承的理想压杆，在微小的横向干扰力 $Q$ 作用后，压杆将产生弯曲变形。当轴心压力 $F$ 较小时，干扰力 $Q$ 去除后压杆将恢复到原来的直线平衡状态，这说明压杆在直线状态的平衡是稳定的。当 $F$ 较大时，$Q$ 去除后压杆继续弯曲到一个变形更显著的位置而平衡，则压杆在直线状态的平衡是不稳定的。理想压杆由稳定的平衡状态过渡到不稳定的平衡状态过程中，有一临界状态：当轴心外力 $F$ 达到一定数值时，施加干扰力 $Q$ 后压杆将在一个微弯状态保持平衡，而 $Q$ 去除后压杆既不能回到原来的直线平衡状态，弯曲变形也不增大。则压杆在直线状态的平衡是临界平衡或中性平衡，此时压杆上所作用的外力称为压杆的临界力或临界荷载，用 $F_{cr}$ 表示。显然，临界平衡状态也是不稳定的平衡状态。

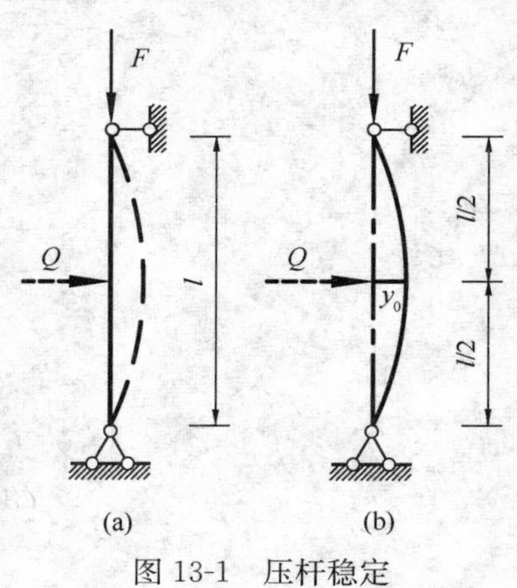

图 13-1　压杆稳定

由此可以看出，理想压杆的**稳定性**是指压杆保持直线平衡状态的稳定性。而理想压杆是否处于稳定平衡状态取决于轴向压力 $F$ 是否达到或超过临界力 $F_{cr}$。当 $F<F_{cr}$时，压杆处于稳定的平衡状态；当 $F\geqslant F_{cr}$时，压杆处于不稳定的平衡状态。

对于理想压杆，当轴向压力 $F\geqslant F_{cr}$时，外界的微小扰动将使压杆产生弯曲变形，而且扰动去除后压杆不能回到原来的直线平衡状态，这一现象称为理想压杆的**失稳或屈曲**。和强度、刚度问题一样，失稳也是构件失效的形式之一。

须指出的是，理想压杆的失稳形式除了弯曲屈曲以外，视截面、长度等因素不同，还可能发生扭转屈曲和弯扭屈曲。

## 13.2 两端铰支细长压杆的临界力

对于理想细长压杆而言，当轴向力 $F$ 小于临界力 $F_{cr}$时，其直线状态的平衡是稳定的。所以，确定其临界力 $F_{cr}$是至关重要的。本节研究的压杆模型是：理想细长压杆，两端球铰支承，临界力 $F_{cr}$作用，横向干扰力 $Q$ 去除后保持微弯平衡状态，失稳后材料仍保持线弹性状态[(图 13-2 (a)]。

从微弯平衡状态的压杆中取分离体如图 13-2（b）所示，在 $x$ 截面上的弯矩为：

$$M(x)=F_{A}y(x)=F_{cr}y(x) \tag{a}$$

在小变形条件下，梁挠曲线的近似微分方程为

$$M(x)=-EIy'' \tag{b}$$

式（a）代入式（b），可得

$$EIy''+F_{cr}y=0 \tag{c}$$

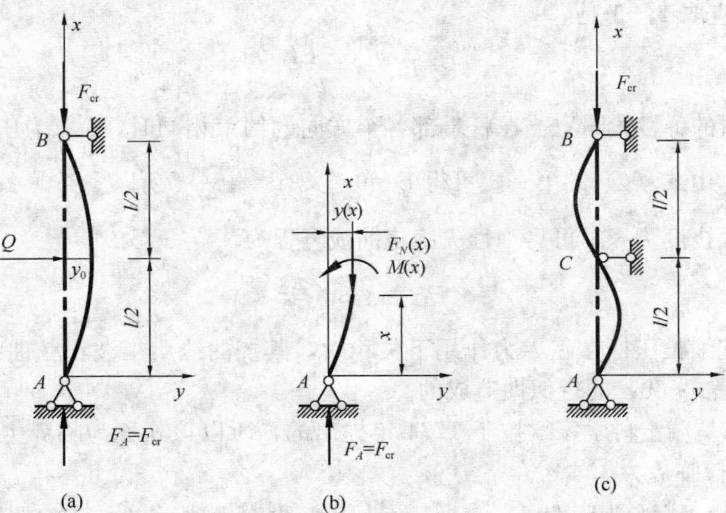


图 13-2 两端铰支细长压杆

此式即为压杆微弯弹性曲线的微分方程。令

$$k^{2}=\frac{F_{cr}}{EI} \tag{d}$$

式（c）可写为

$$y'' + k^2 y = 0 \tag{e}$$

这是一个二阶常系数线性齐次微分方程，其通解为

$$y = A\sin kx + B\cos kx \tag{f}$$

式中的积分常数 $A$、$B$ 可以根据位移边界条件确定：

$$\left.\begin{aligned} x = 0 \text{ 处}，y = 0 \\ x = l \text{ 处}，y = 0 \end{aligned}\right\}$$

代入式（f）可得线性方程组

$$\left.\begin{aligned} A \times 0 + B \times 1 = 0 \\ A\sin kl + B\cos kl = 0 \end{aligned}\right\} \tag{g}$$

显然方程组（g）有零解，即 $A=B=0$，但由式（f）可得此时的 $y = 0$，这和前面的假设条件不符。所以，方程组（g）必有非零解，其系数行列式等于零，即

$$\begin{vmatrix} 0 & 1 \\ \sin kl & \cos kl \end{vmatrix} = 0$$

解得

$$\sin kl = 0 \tag{h}$$

则

$$kl = \pm n\pi \quad (n = 0,1,2,3\cdots)$$

结合式（d），可得

$$F_{cr} = k^2 EI = \frac{n^2\pi^2 EI}{l^2} \qquad (n = 0,1,2,3\cdots) \tag{i}$$

可见 $F_{cr}$ 是一系列的理论取值，但是使压杆保持微弯平衡状态的最小压力才是临界力，所以式（i）中的 $n$ 应取 1，于是

$$F_{cr} = \frac{\pi^2 EI}{l^2} \tag{13-1}$$

式中，$E$ 为材料的弹性模量；当压杆端部各个方向的约束相同时，$I$ 取为压杆横截面的最小形心主惯性矩。由式（g）的第一式可得 $B=0$，又 $k = \pm\frac{\pi}{l}$，所以 $y = \pm A\sin\frac{\pi x}{l}$。再假设压杆中点处的最大挠度为 $y_0$，可得弹性失稳挠曲线方程为

$$y = y_0 \sin\frac{\pi x}{l} \tag{j}$$

可见，两端铰支细长压杆在临界力作用下失稳时，其挠曲线为半波正弦曲线。式（j）中的 $y_0$ 不能确定，是式（b）的近似性造成的。

式（13-1）是瑞士科学家欧拉于 1774 年提出的，所以该式称为临界力的欧拉公式，而 $\pi^2 EI/l^2$ 称为欧拉临界力。

须指出的是，式（i）中的 $n = 2$ 时，对应的情况是图 13-2（c）所示中部有支承时的压杆，其失稳挠曲线是两个半波正弦曲线。同理，当 $n=3$、4……时可以依此类推。

**例 13-1** 用三号钢制成的细长杆件，长 1m，截面是 8mm×20mm 的矩形，两端为铰支座。材料的屈服极限 $\sigma_s = 240\text{MPa}$，弹性模量 $E = 210\text{GPa}$，试按强度观点和稳定性观点分别计算其屈服荷载 $F_s$ 及临界荷载 $F_{cr}$，并加以比较。

**解** 杆的横截面面积为

$$A = 8 \times 20\text{mm}^2 = 160\text{mm}^2$$

横截面的最小惯性矩为

$$I_{\min} = \frac{1}{12} \times 20 \times 8^3 \text{mm}^4 = 853.3\text{mm}^4$$

所以

$$F_s = A\sigma_s = 160\text{mm}^2 \times 240\text{MPa} = 38.4\text{kN}$$

$$F_{cr} = \frac{\pi^2 EI}{l^2} = \frac{\pi^2 \times 210 \times 10^3 \text{MPa} \times 853.3\text{mm}^4}{1000^2 \text{mm}^2} = 1.768\text{kN}$$

两者之比为

$$F_{cr} : F_s = 1.768 : 38.4 = 1 : 21.72$$

可见对杆的承载能力起控制作用的是稳定问题。

**例 13-2** 两端铰支的中心受压细长压杆，长 1m，材料的弹性模量 $E$=200GPa，考虑采用三种不同截面，如图 13-3 所示。试比较这三种截面的压杆的稳定性。[图 13-3（b）示角钢，其 $A$=507.6mm$^2$，$I_{\min}=I_z$=3.89cm$^4$]

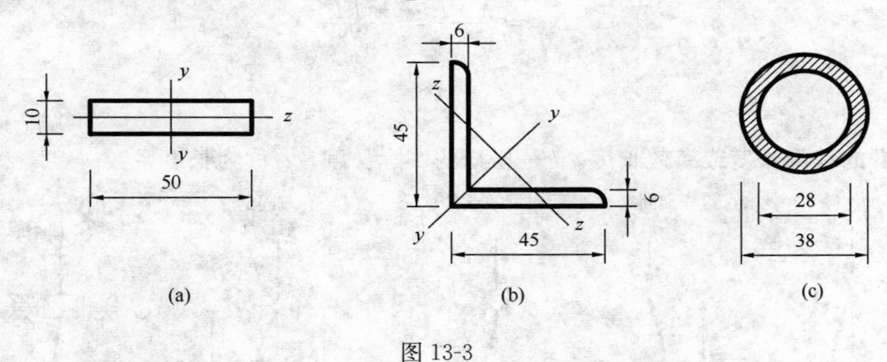


图 13-3

**解** (1) 矩形截面

$$I_{\min,1} = I_z = \frac{1}{12} \times 50\text{mm} \times 10^3 \text{mm}^3 = 4166.6\text{mm}^4$$

$$F_{cr,1} = \frac{\pi^2 EI}{l^2} = \pi^2 \times 200 \times 10^3 \text{MPa} \times 4166.6\text{mm}^4 / 1000^2 \text{mm}^2 = 8.255\text{kN}$$

(2) 等边角钢 L45×6

$$I_{\min,2} = I_z = 3.89\text{cm}^4 = 3.89 \times 10^4 \text{mm}^4$$

$$F_{cr,2} = \frac{\pi^2 EI}{l^2} = \pi^2 \times 200 \times 10^3 \text{MPa} \times (3.89 \times 10^4 \text{mm}^4) / 1000^2 \text{mm}^2 = 76.79\text{kN}$$

(3) 圆管截面

$$I_{\min,3} = \frac{\pi}{64}(D^4 - d^4) = \frac{\pi}{64}(38^4 - 28^4)\text{mm}^4 = 72182\text{mm}^4$$

$$F_{cr,3} = \frac{\pi^2 EI}{l^2} = \pi^2 \times 200 \times 10^3 \text{MPa} \times 72182\text{mm}^4 / 1000^2 \text{mm}^2 = 142.48\text{kN}$$

讨论：三种截面的面积依次为

$$A_1 = 500\text{mm}^2, A_2 = 507.6\text{mm}^2, A_3 = \frac{\pi}{4}(38^2 - 28^2) = 518.4\text{mm}^2$$

$$A_1 : A_2 : A_3 = 1 : 1.02 : 1.04$$

所以，三根压杆所用材料的量相差无几，但是

$$F_{cr,1}:F_{cr,2}:F_{cr,3}=I_{min,1}:I_{min,2}:I_{min,3}=1:9.34:17.32$$

由此可见，**当端部各个方向的约束均相同时**，对用同样多的材料制成的压杆，要提高其临界力就要设法提高 $I_{min}$ 的值，不要让 $I_{max}$ 和 $I_{min}$ 的差太大。因为对稳定而言，$I_{max}$ 再大也无益，最好让 $I_{max}=I_{min}$。从这方面看，圆管截面是最合理的截面。但须注意，应避免为使材料尽量远离中性轴而把圆管直径定得太大，同时因为在材料消耗量不变的情况下会使管壁太薄，从而可能发生杆的轴线不弯曲，但管壁突然出现绉痕的**局部失稳现象。**

## 13.3　杆端约束的影响

由上一节欧拉临界力的推导过程可以看出，当理想压杆的杆端约束不同时，其临界力一般也不同。与两端铰支细长压杆的临界力推导过程相似，可以求出几种常见杆端约束下压杆的临界力，如图 13-4 所示，并用统一形式表达为

$$F_{cr}=\frac{\pi^2 EI}{l_0^2}=\frac{\pi^2 EI}{(\mu l)^2} \tag{13-2}$$

式中

$$l_0=\mu l \tag{13-3}$$

$l_0$ 称为压杆的**计算长度或有效长度**。$l$ 是压杆的实际长度，$\mu$ 称为**长度系数**。

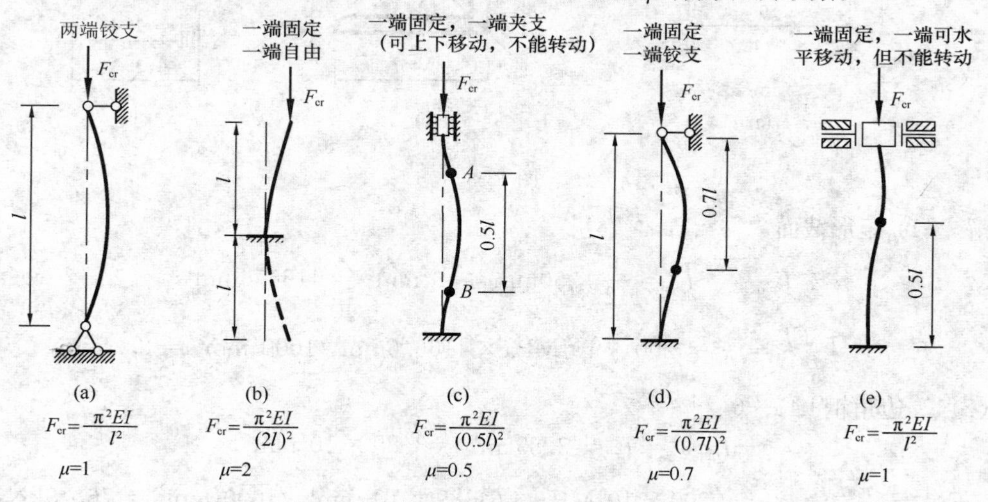


图 13-4　不同杆端约束压杆的临界力和长度系数

从图 13-4 可以看出，不同杆端约束下的压杆可以比拟为两端铰支压杆，其计算长度 $l_0$ 相当于失稳挠曲线中一个半波正弦曲线段所对应的轴向长度。例如，图 13-4（b）所示一端固定、一端自由的压杆，其失稳挠曲线假想沿支承面延长一倍即为一个半波正弦曲线，所以 $l_0=2l$ 即 $\mu=2$；又如图 13-4（c）所示一端固定、一端夹支（可上、下移动，但不能左、右移动及转动）的压杆，失稳后在距上、下支座为 $l/4$ 处（图中 $A$、$B$ 截面）弯矩为零（称 $A$、$B$ 截面所在位置为拐点或反弯点），而且两个反弯点之间的挠曲线为一个半波正弦曲线，所以 $l_0=0.5l$ 即 $\mu=0.5$。其他常见约束下压杆的反弯点和失稳挠曲线见图 13-4（d）和（e）所示。

**例 13-3**　图 13-5 所示一细长压杆，长度为 $l$，截面为 $b \times h$ 的矩形，就 $xy$ 平面内的弹性曲线而言它是两端铰支，就 $xz$ 平面内的弹性曲线而言它是两端固定，问 $b$ 和 $h$ 的比例应等于多少才合理？

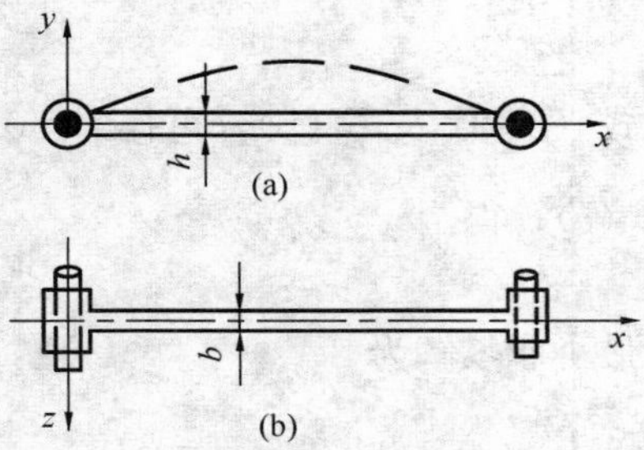

图 13-5

**解**　在 $x-y$ 平面内弯曲时，因两端铰支，所以 $l_0 = l$。弯曲的中性轴为 $z$ 轴，惯性矩应取 $I_z$

$$(F_{cr})_{xy} = \frac{\pi^2 EI_z}{l_0^2} = \frac{\pi^2 E}{l^2} \cdot \frac{bh^3}{12}$$

在 $x-z$ 平面内弯曲时，因两端固定，所以 $l_0 = l/2$。弯曲的中性轴为 $y$ 轴，所以惯性矩应取 $I_y$

$$(F_{cr})_{xz} = \frac{\pi^2 EI_y}{(l/2)^2} = \frac{\pi^2 E}{l^2} \cdot 4\left(\frac{hb^3}{12}\right)$$

令 $(F_{cr})_{xy} = (F_{cr})_{xz}$（这样最合理），得

$$h^2 = 4b^2$$

所以

$$h = 2b$$

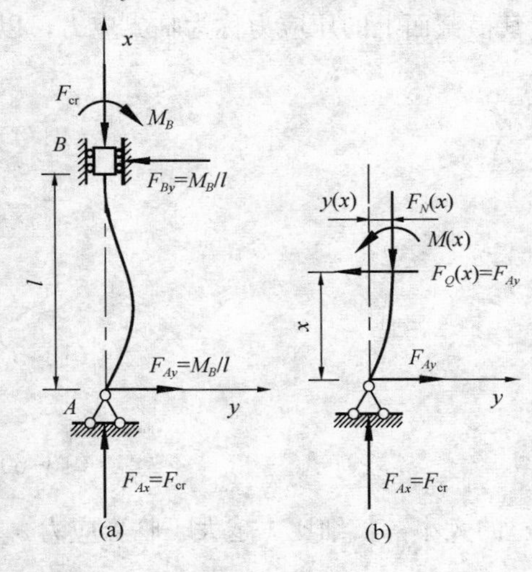


图 13-6

***例 13-4**　试求图 13-6（a）所示一端铰支，一端夹支（可上、下移动，但不能转动）的细长理想压杆的临界力 $F_{cr}$。

**解**　首先求出压杆在临界平衡状态下两端约束处的反力。设上端支反力偶矩为 $M_B$，则 $F_{By} = F_{Ay} = M_B/l, F_{Ax} = F_{cr}$，如图 13-7（a）所示。取分离体如图 13-7（b）所示，可得任意截面的弯矩为

$$M(x) = F_{cr} y - \frac{M_B}{l} x$$

代入挠曲线近似微分方程 $M(x) = -EIy''$，得

$$EIy'' + F_{cr} y = \frac{M_B}{l} x \tag{a}$$

令

$$k^2 = \frac{F_{cr}}{EI}$$

式（a）成为

$$y'' + k^2 y = \frac{M_B}{EIl} x$$

其通解是

$$y = A\sin kx + B\cos kx + \frac{M_B x}{F_{cr} l} \tag{b}$$

考虑位移边界条件

$$x = 0 \text{ 处}，y = 0 \tag{c}$$

$$x = l \text{ 处}，\theta = \frac{\mathrm{d}y}{\mathrm{d}x} = 0 \tag{d}$$

$$x = l \text{处}, y = 0 \tag{e}$$

将式（c）代入式（b），可得 $B=0$。将式（d）代入式（b），可得 $A=-\dfrac{M_B}{F_{cr}kl\cos kl}$。最后由式（e），得

$$\tan kl = kl$$

其最小非零解为

$$kl = 4.493$$

所以该压杆的临界力为

$$F_{cr} = k^2EI = \frac{20.2EI}{l^2} = \frac{\pi^2 EI}{(0.7l)^2}$$

## 13.4 临界应力及欧拉公式的适用范围

当中心压杆所受压力等于临界力而仍旧直立时，其横截面上的压应力称为临界应力，以记号 $\sigma_{cr}$ 表示，设横截面面积为 $A$，则

$$\sigma_{cr} = \frac{F_{cr}}{A} = \frac{\pi^2 E}{l_0^2} \cdot \frac{I}{A} \tag{13-4}$$

又 $I/A=i^2$，$i$ 是截面的回转半径，于是得

$$\sigma_{cr} = \frac{\pi^2 Ei^2}{l_0^2}$$

令

$$l_0/i = \lambda \tag{13-5}$$

称 $\lambda$ 为压杆的**长细比**或**柔度**，于是有

$$\sigma_{cr} = \frac{\pi^2 E}{\lambda^2} \tag{13-6}$$

对同一材料而言，$\pi^2 E$ 是一常数。因此，$\lambda$ 值决定着 $\sigma_{cr}$ 的大小，长细比 $\lambda$ 越大，临界应力 $\sigma_{cr}$ 越小。式（13-6）是欧拉公式的另一形式。

欧拉公式适用范围：

若压杆的临界力已超过比例极限 $\sigma_p$，胡克定律不成立，这时式 $M(x)=EI/\rho$ 不能成立。所以欧拉公式的适用范围是**临界应力不超过材料的比例极限**。即

$$\sigma_{cr} \leqslant \sigma_p \tag{13-7}$$

对于某一压杆，当临界力未算出时，不能判断式（13-7）是否满足；能否在计算临界力之前，预先判断哪一类压杆的临界应力不会超过比例极限，哪一类压杆的临界点应力将超过比例极限，哪一类压杆不会发生失稳而只有强度问题？回答是肯定的。

若用 $\lambda_p$ 表示可用欧拉公式的最小柔度，则欧拉公式的适用范围可表示为

$$\lambda \geqslant \sqrt{\frac{\pi^2 E}{\sigma_p}} = \lambda_p \tag{13-8}$$

**例 13-5** 图 13-7 所示两端铰支（球形铰）的圆截面压杆，该杆用 3 号钢制成，$E=210\text{GPa}$，$\sigma_p=200\text{MPa}$，已知杆的直径 $d=100\text{mm}$，问：杆长 $l$ 为多大时，方可用欧拉公式计算该杆的临界力？

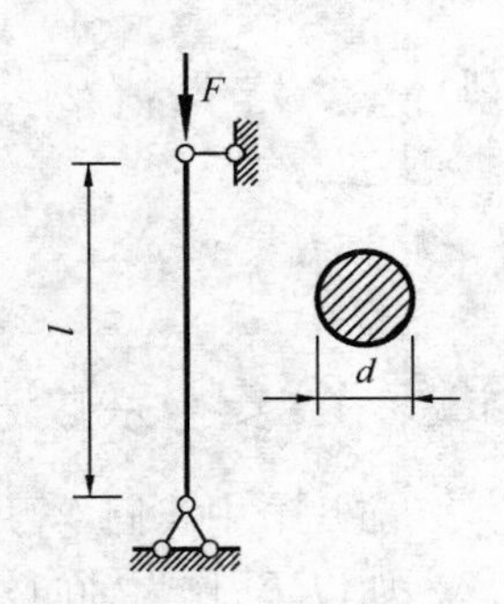

图 13-7

**解**　当 $\lambda \geqslant \lambda_p$ 时，才能用欧拉公式计算该杆的临界力

$$\lambda = l_0/i = \frac{\mu l}{\sqrt{\frac{I}{A}}} = \frac{1 \times l}{\frac{d}{4}} = \frac{4l}{d}$$

$$\lambda_p = \sqrt{\frac{\pi^2 E}{\sigma_p}} = \sqrt{\frac{\pi^2 \times 210 \times 10^3}{200}} = 102$$

由
$$\lambda = \frac{4l}{d} \geqslant \lambda_p = 102$$

得 $l \geqslant \frac{102}{4} d = 2550\text{mm} = 2.55\text{m}$

即当该杆的长度大于 2.55m 时，才能用欧拉公式计算临界力。

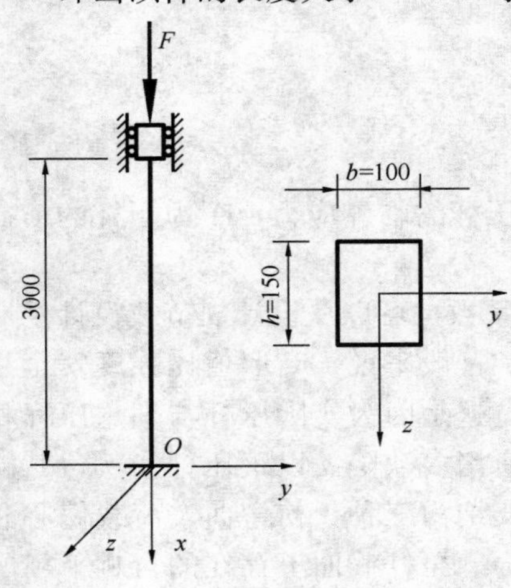

图 13-8

**例 13-6**　图 13-8 所示钢压杆，材料的弹性模量 $E=200\text{GPa}$，比例极限 $\sigma_p=265\text{MPa}$，其两端约束分别为：下端——固定；上端——在 $xOy$ 平面内为夹支，在 $xOz$ 平面内为自由端。（1）计算该压杆的临界力；（2）从该压杆的稳定角度（在满足 $\lambda \geqslant \lambda_p$ 情况下），$b$ 与 $h$ 的比值应等于多少才合理？

**解**　（1）计算临界力

在 $x-y$ 平面内弯曲时，因一端固定，一端夹支，所以 $l_{01}=0.5l=1500\text{mm}$；因弯曲的中性轴为 $z$ 轴，惯性矩应取 $I_z$，惯性半径取 $i_z$

$$(\lambda)_{xy} = \frac{l_{01}}{i_z} = \frac{l_{01}}{\sqrt{I_z/(bh)}} = \frac{l_{01}}{b\sqrt{1/12}} = 52$$

在 $x-z$ 平面内弯曲时，因一端固定，一端自由，所以 $l_{02}=2l=6000\text{mm}$，因弯曲的中性轴为 $y$ 轴，惯性矩应取 $I_y$，惯性半径取 $i_y$

$$(\lambda)_{xz} = \frac{l_{02}}{i_y} = \frac{l_{02}}{\sqrt{I_y/(bh)}} = \frac{l_{02}}{h\sqrt{1/12}} = 138.56 > (\lambda)_{xy}$$

所以 $(\lambda)_{xz}$ 起决定作用，由

$$\lambda_p = \sqrt{\frac{\pi^2 E}{\sigma_p}} = \sqrt{\frac{\pi^2 \times 200 \times 10^3}{265}} = 86.31 < (\lambda)_{xz}$$

欧拉公式成立，所以

$$F_{cr} = (F_{cr})_{xz} = \frac{\pi^2 E I_y}{(l_{02})^2} = \frac{\pi^2 \times 200 \times 10^3 \text{MPa} \times \frac{1}{12} \times 100\text{mm} \times 150^3 \text{mm}^3}{6000^2 \text{mm}^2}$$

$$= 1.54 \times 10^6 \text{N} = 1.54 \times 10^3 \text{kN}$$

（2）确定合理的 $b$ 与 $h$ 比值

在满足 $\lambda \geqslant \lambda_p$ 情况下，合理的截面应为

$$(F_{cr})_{xy} = (F_{cr})_{xz} \quad 或 \quad (\lambda)_{xy} = (\lambda)_{xz}，即$$

$$\frac{l_{01}}{i_z} = \frac{l_{02}}{i_y} \text{ 得 } \frac{1500}{b\sqrt{1/12}} = \frac{6000}{h\sqrt{1/12}}$$

所以　$h/b=6000/1500=4$

# 13.5　压杆的稳定计算

## 13.5.1　安全系数法

前几节中我们学习了理想压杆的临界力 $F_{cr}$ 及临界应力 $\sigma_{cr}$ 的求解方法，但是对于实际压杆，如以 $F_{cr}$ 作为轴向外力的控制值，这显然是不安全的。所以，为安全起见，使实际压杆具有足够的稳定性，应该考虑一定的安全储备，**稳定条件**为：

$$F \leqslant \frac{F_{cr}}{n_{st}} \tag{13-9}$$

或

$$F \leqslant \frac{\sigma_{cr} A}{n_{st}} \tag{13-10}$$

式中，$F$ 为压杆的轴向外力，$F_{cr}$ 为压杆的临界力，$\sigma_{cr}$ 为压杆的临界应力，$A$ 为压杆的横截面面积。

式（13-9）和式（13-10）中的 $n_{st}$ 为规定的稳定安全系数，可以从设计规范或设计手册中查到。一般来说，$n_{st}$ 取值比强度安全系数略高，这是因为实际压杆与理想压杆相比存在有诸多缺陷。以钢压杆为例，其缺陷可以归纳为三种：初弯曲、荷载偏心和残余应力（压杆截面上存在的自相平衡的初始应力），这些缺陷都会降低压杆的临界力。

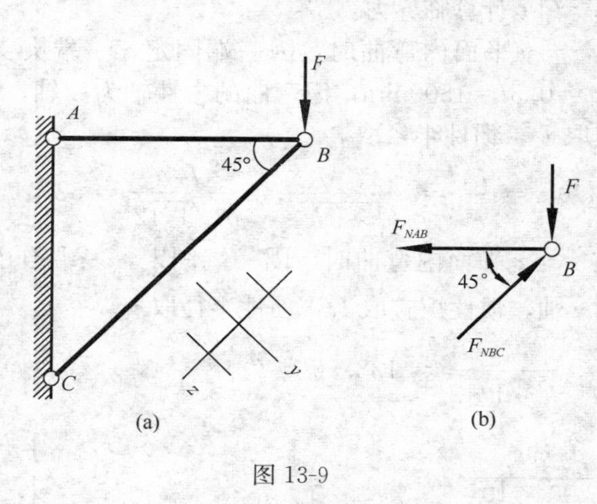


图 13-9

**例 13-7**　三角架受力如图 13-9（a）所示，其中 $BC$ 杆为 10 号工字钢，$i_{min}=i_z=1.52\text{cm}=15.2\text{mm}$，$A=14.345\text{cm}^2=1434.5\text{mm}^2$。其弹性模量 $E=200\text{GPa}$，比例极限 $\sigma_p=200\text{MPa}$，若稳定安全系数 $n_{st}=2.2$，试从 $BC$ 杆的稳定考虑，求结构的许用荷载［$F$］。

**解**　考察 $BC$ 杆，其 $\lambda_p$ 为：

$$\lambda_p=\sqrt{\frac{\pi^2 E}{\sigma_p}}=\sqrt{\frac{\pi^2\times 200\times 10^3\text{MPa}}{200\text{MPa}}}=99.3$$

其杆端约束为两端铰支，长细比 $\lambda$ 为

$$\lambda=\frac{l_0}{i_z}=\frac{1\times l}{i_z}=\frac{1\times\sqrt{2}\times 1.5\times 10^3\text{mm}}{15.2\text{mm}}=139.6$$

$\lambda>\lambda_p$，可以用欧拉公式计算其临界力，故

$$[F_{NBC}]=\frac{F_{cr}}{n_{st}}=\frac{\pi^2 EA}{\lambda^2 n_{st}}=\frac{\pi^2\times 200\times 10^3\text{MPa}\times 1434.5\text{mm}^2}{139.6^2\times 2.2}=66\text{kN}$$

最后考察结点 $B$ 的平衡，如图 13-9（b）所示，可得

$$F=\frac{\sqrt{2}}{2}F_{NBC}$$

所以

$$[F]=\frac{\sqrt{2}}{2}[F_{NBC}]=46.7\text{kN}$$

### 13.5.2　稳定系数法

对于轴向受压的压杆，由式（13-10）可得

$$\frac{F}{A}\leqslant\frac{\sigma_{cr}}{n_{st}}$$

在桥梁、木结构、钢结构和起重机械的设计中，常将上式中的 $\sigma_{cr}/n_{st}$ 用材料的许用应力 $[\sigma]$ 乘以一个折减系数的方式来表示，即

$$\frac{\sigma_{cr}}{n_{st}}=\varphi[\sigma]$$

式中的 $\varphi$ 称为压杆的稳定系数或折减系数，且 $\varphi<1$。这样，压杆的稳定条件为：

$$\frac{F}{A}\leqslant\varphi[\sigma]\quad\text{或}\quad\frac{F}{A\varphi}\leqslant[\sigma]\tag{13-11}$$

稳定系数 $\varphi$ 是由压杆的材料、长度、横截面形状和尺寸、杆端约束形式等因素决定的，$\lambda$ 越大则 $\varphi$ 越小。$\varphi$ 可由设计规范中的稳定系数表查得。

## 13.6　提高压杆稳定性的措施

由压杆的临界力及临界应力公式即 $F_{cr}=\dfrac{\pi^2EI}{(\mu l)^2}$、$\sigma_{cr}=\dfrac{\pi^2E}{\lambda^2}$ 可知，压杆的稳定性取决于以下因素：长度、横截面形状与尺寸、约束情况和材料的力学性能。所以，提高压杆稳定性的主要措施可以从以下几方面考虑：

1. 合理选择截面形状

压杆的临界力 $F_{cr}$ 或临界应力 $\sigma_{cr}$ 与形心主惯性矩 $I$ 成正比，因此采用 $I$ 值较大的截面可以提高压杆的稳定性。从例 13-2 也可以看出，圆管截面比矩形、等边角钢更合理。同理，相同面积的箱形截面比矩形截面更合理。再如，建筑施工中的脚手架就是由空心圆管搭接而成的，钢结构中的轴向受压格构柱常采用的截面形式如图 13-10 所示。

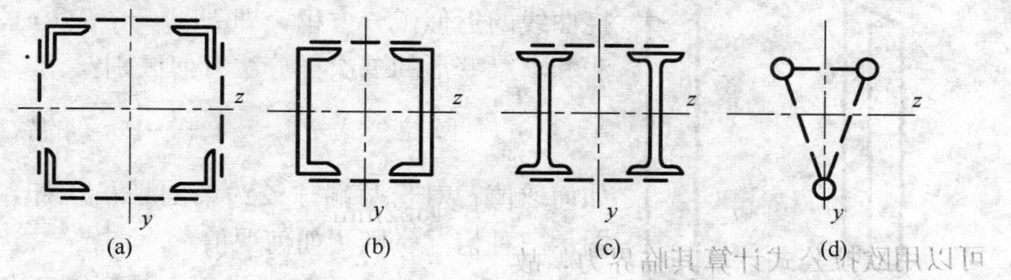


图 13-10　轴向受压格构柱

此外，压杆的截面形状设计中，应尽量实现对两个形心主轴的等稳定性。例如，当压杆的杆端约束沿各方向相同时，应使 $I_y=I_z$，则满足 $\lambda_y=\lambda_z$［图 13-10（a)］。当压杆的杆端约束沿两个形心主惯性平面的约束不同时，可以采用图 13-10（b)（c）所示截面形式，通过调整 $z$ 方向的尺寸以满足 $\lambda_y=\lambda_z$。

2. 加强压杆的约束

压杆的杆端约束刚性越强，则长度系数 $\mu$ 越小，其临界力越大。因此，应尽可能加强杆端约束的刚性，提高压杆的稳定性。例如框架柱中，刚接柱脚比铰接柱脚的约束更强一些。

3. 减小压杆的长度

压杆的长度越小，其临界力越大，所以应可能减小压杆的长度以提高稳定性。当长度无法改变时，可以在压杆的中部增加横向约束，如脚手架与墙体的连接即是提高其稳定性的举措之一。

4. 合理选择材料

压杆的临界力与材料的弹性模量 $E$ 成正比，$E$ 越大，压杆的稳定性越好。但须注意，各种钢材的 $E$ 区别不大，但是对于中、小柔度压杆，高强钢在一定程度上可以提高临界应力。

## 本 章 小 结

本章主要研究压杆稳定问题。通过本章学习，理解压杆稳定的概念，掌握两端铰支细长压杆的欧拉临界力，杆端约束对细长压杆欧拉临界力的影响，临界应力及欧拉公式的适用范围，压杆的稳定条件及稳定计算。了解提高压杆稳定性的主要措施等。

## 思 考 题

13-1 一张硬纸片，用图示三种方式竖放在桌面上，试比较三者的稳定性，并说明理由。

13-2 对于理想细长压杆，稳定的平衡、临界平衡及不稳定的平衡如何区分？其特点分别是什么？

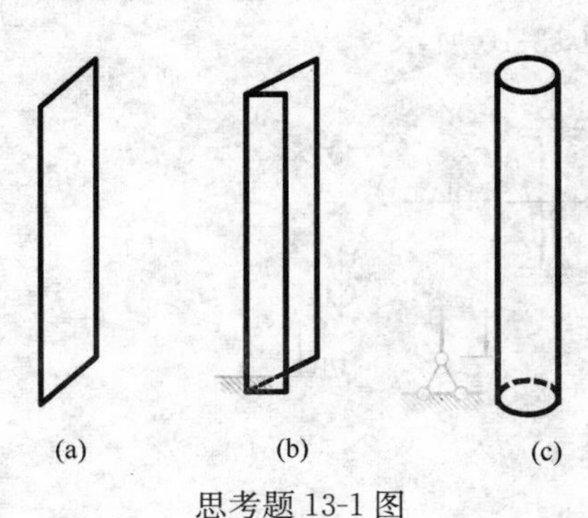


思考题 13-1 图

13-3 欧拉公式的推导过程中（13-2 节），使用了梁挠曲线的近似微分方程，即 $EIy''=-M(x)$，试问这一方法和求梁变形的二次积分法有何区别？

13-4 欧拉公式 $F_{cr}=\dfrac{\pi^2 EI}{l^2}$ 中，$I$ 的含义是什么？$I$ 如何取值？对于两端球铰约束的细长压杆，截面分别为图示三种情况，则 $I$ 如何取值？

13-5 一中心压杆的横截面为等腰三角表，如图所示，试分析压杆失稳时将绕何轴弯曲？图中 $C$ 为截面形心。

13-6　为何压杆的 $\lambda \geqslant \lambda_p$ 时，该杆为细长杆即可以用欧拉公式？$\lambda \geqslant \lambda_p$ 代表的本质含义是什么？

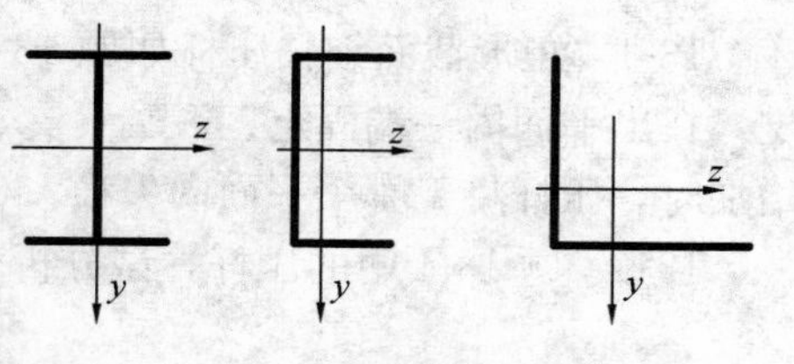


思考题 13-4 图

13-7　图示两根直径均为 $d$ 的细长立柱，下端固定于底座上，上端与一刚性板刚结，并承受竖向力 $F$ 作用，试分析其可能的失稳形式，并求临界力。

13-8　试从受压杆的稳定角度比较图示两种桁架结构的承载力，并分析承载力大的结构采用了何种措施来提高其受压构件的稳定性。

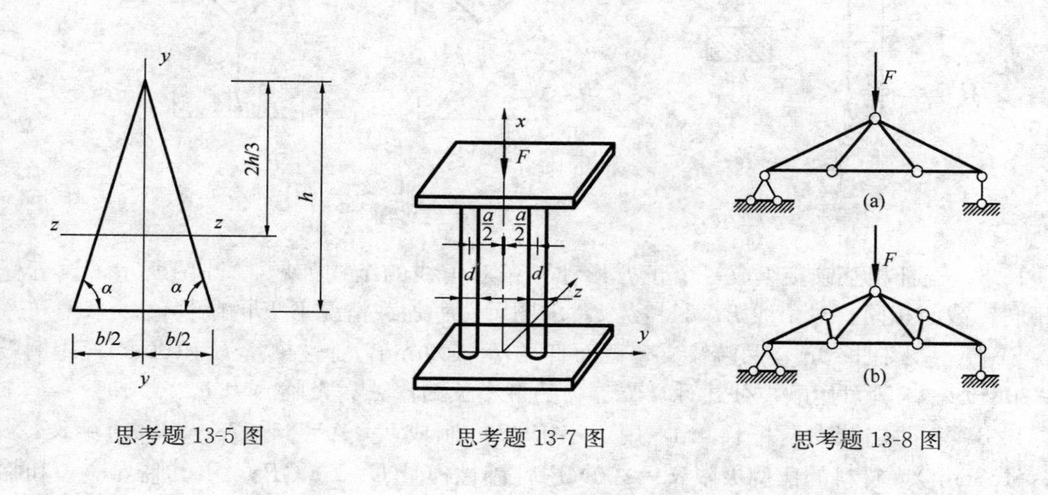


思考题 13-5 图　　思考题 13-7 图　　思考题 13-8 图

## 习　题

13-1　试用 13-2 节中的方法推导一端固定、一端自由的中心压杆的临界力。

13-2　试用 13-2 节中的方法推导一端固定、一端夹支的中心压杆的临界力。

13-3　题 13-3 图所示诸细长压杆的材料相同，截面也相同，但长度和支承不同，试比较它们的临界力的大小，并从大到小排出顺序（只考虑压杆在纸平面内的稳定性）。

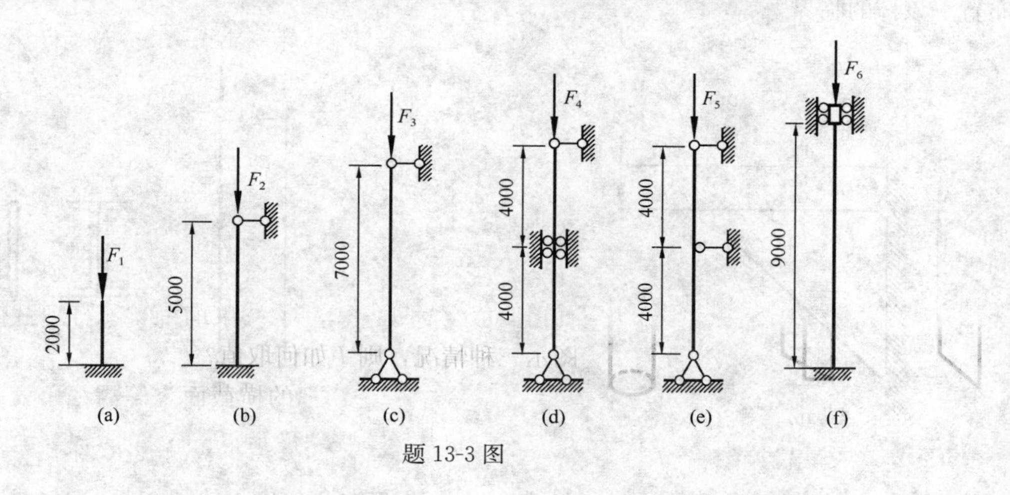


题 13-3 图

13-4　矩形截面细长压杆如题 13-4 图所示，其两端约束情况为：在纸平面内为两端铰支，在出平面内一端固定、一端夹支（不能水平移动与转动）。已知 $b=2.5a$，试问 $F$ 逐渐增加时，压杆将于哪个平面内失稳？

13-5　题 13-4 中的压杆，试分析其横截面高度 $b$ 和宽度 $a$ 的合理比值。

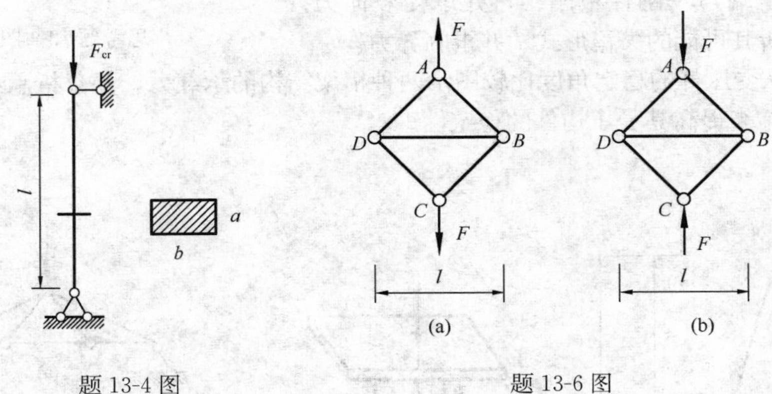


题 13-4 图　　题 13-6 图

13-6　五杆相互铰接组成一个正方形和一条对角线的结构如题 13-6 图所示，设五杆材料相同、截面相同，对角线 $BD$ 长度为 $l$，求图示两种加载情况下 $F$ 的临界值。

13-7　一木柱长 3m，两端铰支，截面直径 $d=100$mm，弹性模量 $E=10$GPa，比例极限 $\sigma_p=20$MPa，求其可用欧拉公式计算临界力的最小长细比 $\lambda_p$，及临界力 $F_{cr}$。

13-8　一两端铰支压杆长 4m，用工字钢 I20a 制成，（$A=35.578\text{cm}^2$，$i_{min}=2.12$cm，$I_{min}=158\text{cm}^4$），材料的比例极限 $\sigma_p=200$MPa，弹性模量 $E=200$GPa，求其临界应力和临界荷载。

13-9　题图 13-9 所示支架中压杆 $AB$ 的长度为 1m，直径 28mm，材料是三号钢，$E=200$GPa，$\sigma_p=200$MPa。试求其临界轴力及相应荷载 $F$。

13-10　两端铰支（球铰）的压杆是由两个 18a 号槽钢组成，槽钢按题 13-10（a）图和题 13-10（b）图所示两种方式布置，已知 $l=7.2$m、材料的弹性模量 $E=200$GPa、比例极限 $\sigma_p=200$MPa。。试：(1) 从稳定考虑，分析 a、b 两种布置中哪种布置合理；(2) 求合理布置下该杆的临界力。

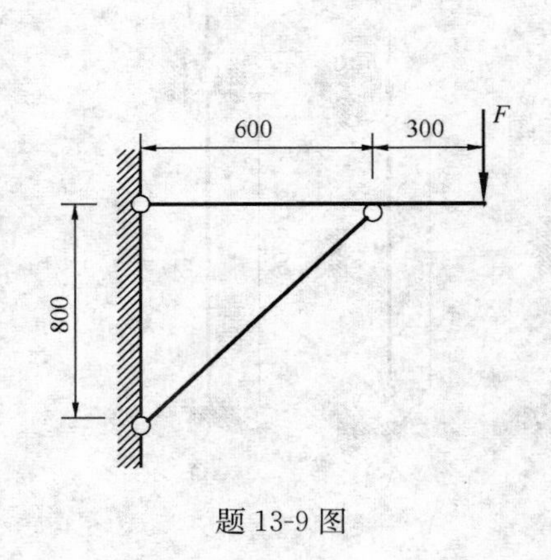


题 13-9 图

题 13-10 图

13-11　题13-11图所示结构中杆1和杆2材料相同，截面相同。假设结构因在图平面失稳而丧失承载能力，求使$F$值为最大的$\theta$角。

13-12　圆形截面铰支（球铰）压杆如图所示，已知杆长$l=1\text{m}$、直径$d=26\text{mm}$、材料的弹性模量$E=200\text{GPa}$，比例极限$\sigma_p=200\text{MPa}$。如稳定安全系数$n_{st}=2$，试求该杆的许用荷载［$F$］。

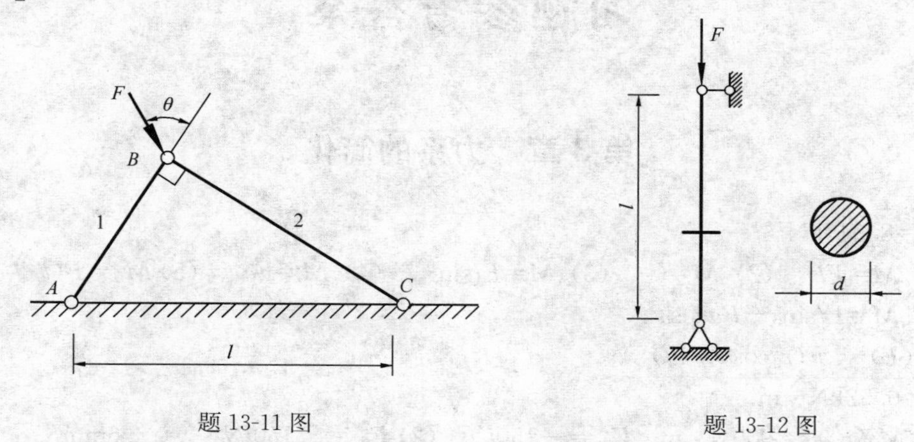


题13-11图　　　　题13-12图

13-13　某自制简易起重机如题13-13图所示，其$BC$杆为20号槽钢，（$A=32.837\text{cm}^2$，$I_{\min}=144\text{cm}^4$，$i_{\min}=2.09\text{cm}$），材料为A3钢，$E=200\text{GPa}$，$\sigma_p=200\text{MPa}$。起重机最大起吊重量是$F=40\text{kN}$。若规定稳定安全系数$n_{st}=5$，试校核$BC$杆的稳定性。

13-14　题13-14图所示结构中，横梁为14号工字钢，（$A=21.516\text{cm}^2$，$I_{\max}=712\text{cm}^4$，$W=102\text{cm}^3$），竖杆为圆截面直杆，直径$d=20\text{mm}$，二杆材料均为A3钢，$E=200\text{GPa}$，$\sigma_p=200\text{MPa}$，$\sigma_s=235\text{MPa}$。已知：$F=25\text{kN}$，强度安全系数$K=1.45$，规定的稳定安全系数$n_{st}=1.8$，试校核该结构是否安全。

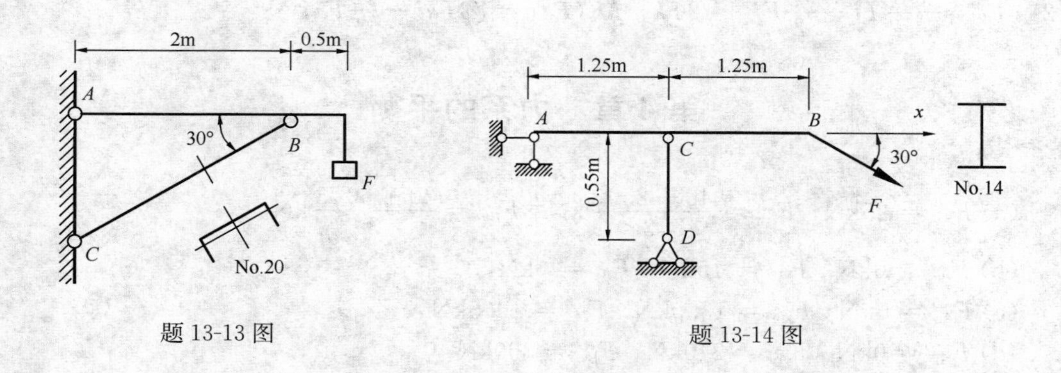


题13-13图　　　　题13-14图

# 习题参考答案

## 第3章　力系的简化

3-1　$F_R=8.345\text{kN}$

3-2　（1）$M=Fl$　（2）$M=0$　（3）$M=Fl\sin\alpha$　（4）$M=Fa$　（5）$M=F(l+r)$

（6）$M=Fl\sin\alpha-Fa\cos\alpha$

3-3　$M_A(\boldsymbol{F})=F(r_2\cos\theta-r_1)$

3-4　$M=0.52\text{kN}\cdot\text{m}$

3-5　（1）$M_o(\boldsymbol{F}_i)=900\text{N}\cdot\text{m}$　$\boldsymbol{F}_R=-150\boldsymbol{i}$　（2）$\boldsymbol{F}_R=-150\boldsymbol{i}N$　$y=-6\text{mm}$

3-6　$\boldsymbol{F}_R=400\boldsymbol{i}-700\boldsymbol{j}\text{kN}$　$x=0.47\text{m}$

3-7　$\boldsymbol{F}_R=400\boldsymbol{i}\text{N}$　$M_o(\boldsymbol{F}_i)=550\text{N}\cdot\text{m}$

3-8　$\boldsymbol{F}_R=50\boldsymbol{i}-50\boldsymbol{j}\text{N}$　与 $x$ 轴的交点为 0.2m

3-9　$\boldsymbol{F}_R=6\boldsymbol{i}+3\sqrt{3}\boldsymbol{j}+12\boldsymbol{k}\ \text{kN}$

3-10　$M_o(\boldsymbol{F}_1)=0.2\boldsymbol{i}\text{kN}\cdot\text{m}$　$M_o(\boldsymbol{F}_2)=-0.0816\boldsymbol{i}+0.0408\boldsymbol{j}\text{kN}\cdot\text{m}$

3-11　$M_x(\boldsymbol{F})=\frac{2\sqrt{3}}{3}Fa$　$M_y(\boldsymbol{F})=\frac{\sqrt{3}}{3}Fa$　$M_z(\boldsymbol{F})=-\frac{\sqrt{3}}{3}Fa$

3-12　$\boldsymbol{F}_R=-\frac{\sqrt{2}}{2}F\boldsymbol{i}-\frac{\sqrt{2}}{2}F\boldsymbol{j}+\sqrt{2}F\boldsymbol{k}$　$\boldsymbol{M}_o(\boldsymbol{F}_2)=\sqrt{2}Fa\boldsymbol{i}-\frac{\sqrt{2}}{2}Fa\boldsymbol{j}$

## 第4章　力系的平衡

4-1　(a) $F_{Ax}=25\text{kN}$　$F_{Ay}=\frac{40+25\sqrt{3}}{3}\text{kN}$　$F_{By}=\frac{20+50\sqrt{3}}{3}\text{kN}$

(b) $F_{Ax}=0\text{kN}$　$F_{Ay}=15\text{kN}$　$F_{By}=5\text{kN}$

(c) $F_{Ax}=0\text{kN}$　$F_{Ay}=13.5\text{kN}$　$F_{By}=16.5\text{kN}$

(d) $F_{Ax}=0\text{kN}$　$F_{Ay}=240\text{kN}$　$F_{By}=360\text{kN}$

(e) $F_{Ax}=0\text{kN}$　$F_{Ay}=5\text{kN}$　$F_{By}=35\text{kN}$

(f) $F_{Ax}=0\text{kN}$　$F_{Ay}=55\text{kN}$　$F_{By}=5\text{kN}$

(g) $F_{Ax}=0$　$F_{Ay}=\frac{5qa^2-2Fa-2M}{4a}$　$F_{By}=\frac{2M+6Fa-qa^2}{4a}$

(h) $F_{Ax}=0\text{kN}$　$F_{Ay}=3.75\text{kN}$　$F_{By}=-0.25\text{kN}$

(i) $F_{Ax}=0\text{kN}$　$F_{Ay}=3\text{kN}$　$F_{By}=11\text{kN}$

(j) $F_{Ax}=0\quad F_{Ay}=ql\quad M=\dfrac{ql^2}{2}$

(k) $F_{Ax}=F\cos\alpha\quad F_{Ay}=\dfrac{ql}{2}+F\sin\alpha\quad M=\dfrac{ql^2}{6}+Fl\sin\alpha$

(j) $F_{Ax}=0\quad F_{Ay}=\dfrac{(q_A+q_B)l}{2}\quad M=\dfrac{(q_A+2q_B)l^2}{6}$

4-2 (a) $F_{Ax}=0\quad F_{Ay}=\dfrac{ql}{6}\quad F_{By}=\dfrac{ql}{3}$

(b) $F_{Ax}=\dfrac{\sqrt{2}}{2}F_1\quad F_{Ay}=\dfrac{\sqrt{2}F_1+2F_2}{4}\quad F_{By}=\dfrac{\sqrt{2}F_1-2F_2}{4}$

(c) $F_{Ax}=20\text{kN}\quad F_{Ay}=0\text{kN}\quad F_{By}=20\text{kN}$

(d) $F_{Ax}=5\text{kN}\quad F_{Ay}=0\text{kN}\quad F_{By}=10\text{kN}$

(e) $F_{Ay}=6\text{kN}\quad F_{Bx}=0\text{kN}\quad F_{By}=-1\text{kN}$

(f) $F_{Ax}=0\text{kN}\quad F_{Ay}=60\text{kN}\quad F_{By}=60\text{kN}$

(g) $F_{Ax}=20\text{kN}\quad F_{Ay}=20\text{kN}\quad M=5\text{kN}\cdot\text{m}$

(h) $F_{Ax}=4\text{kN}\quad F_{Ay}=3\text{kN}\quad M=16\text{kN}\cdot\text{m}$

(i) $F_{Ax}=3\text{kN}\quad F_{Ay}=4\text{kN}\quad M=23\text{kN}\cdot\text{m}$

4-3 (a) $F_{Ax}=0\text{kN}\quad F_{Ay}=\dfrac{3.6+18\sqrt{3}}{7}\text{kN}\quad F_{By}=\dfrac{21.6+10\sqrt{3}}{7}\text{kN}\cdot\text{m}$

(b) $F_{Ax}=0\text{kN}\quad F_{Ay}=\dfrac{18\sqrt{3}}{7}\text{kN}\quad F_{By}=\left(\dfrac{10\sqrt{3}}{7}+5\right)\text{kN}$

4-4 $F_{Ax}=3000\text{kN}\quad F_{Ay}=40\text{kN}\quad M=800\text{kN}\cdot\text{m}$

4-5 361kN

4-6 $F_C=26\text{kN}$；$F_{Ax}=22.5\text{kN}(\leftarrow)$；$F_{Ay}=6\text{kN}(\uparrow)$

4-7 (a) $F_A=-15\text{kN}\quad F_B=40\text{kN}\quad F_D=15\text{kN}$

(b) $F_{Ax}=88\text{kN}\quad F_{Bx}=136\text{kN}\quad F_{Dx}=74.4\text{kN}\quad F_G=22.5\text{kN}$

(c) $F_A=13\text{kN}\quad F_B=97\text{kN}\quad F_C=148\text{kN}\quad F_D=88\text{kN}$

(d) $F_{Ax}=0\text{kN}\quad F_{Ay}=6\text{kN}\quad F_C=18\text{kN}\quad M_A=32\text{kN}\cdot\text{m}$

(e) $F_{Ax}=20\sqrt{3}\text{kN}\quad F_{Ay}=60\text{kN}\quad F_C=40\sqrt{3}\text{kN}$

$F_{Cx}=20\sqrt{3}\text{kN}\quad F_{Cy}=60\text{kN}\quad M_A=220\text{kN}\cdot\text{m}$

(f) $F_{Ax}=0\text{kN}\quad F_{Ay}=7.5\text{kN}\quad F_C=2\text{kN}\quad M_A=30.5\text{kN}\cdot\text{m}$

4-8 (a) $F_{Ax}=25\text{kN}\quad F_{Ay}=75\text{kN}\quad F_{Bx}=75\text{kN}\quad F_{By}=-25\text{kN}$

(b) $F_{Ax}=0\text{kN}\quad F_{Ay}=60\text{kN}\quad F_{Bx}=0\text{kN}\quad F_{By}=60\text{kN}$

(c) $F_{Ax}=20\text{kN}\quad F_{Ay}=4.9\text{kN}\quad F_B=42.6\text{kN}\quad F_D=10\text{kN}$

(d) $F_{Ax}=30\text{kN}\quad F_{Ay}=45\text{kN}\quad F_B=15\text{kN}\quad F_F=0\text{kN}$

4-9 $F_{Bx}=-0.625\text{kN}\quad F_{By}=1.25\text{kN}$

4-10 $F_x=0\text{kN}\quad F_y=-20\text{kN}\quad F_z=70\text{kN}$

$M_x=-260\text{kN}\cdot\text{m}\quad M_x=0\quad M_x=-30\text{kN}\cdot\text{m}$

4-11 $F_{N1}=F_{N5}=-F\quad F_{N2}=F_{N4}=F_{N6}=0\quad F_{N3}=F$

4-12 $F_{Ax}=866\text{kN}$ $F_{Ay}=0$ $F_{Az}=25\text{kN}$ $F_{DB}=F_{EB}=-371\text{kN}$

## 第5章 平面体系的几何组成分析

5-1 几何不变，无多余约束。
5-2 几何不变，无多余约束。
5-3 几何不变，无多余约束。
5-4 几何不变，无多余约束。
5-5 几何瞬变。
5-6 几何可变。
5-7 几何不变，有2个多余约束。
5-8 几何可变。
5-9 几何不变，有3个多余约束。
5-10 几何不变，无多余约束。
5-11 几何不变，无多余约束。
5-12 几何不变，无多余约束。
5-13 几何不变，无多余约束。
5-14 几何不变，无多余约束。
5-15 几何不变，有2个多余约束。
5-16 几何不变，有1个多余约束。

## 第6章 杆件的内力分析与内力图

6-1 (1) $F_{N,\max}=F$；(2) $F_{N,\max}=40\text{kN}$；(3) $F_{N,\max}=F$；(4) $F_{N,\max}=F+ql$

6-4 (1) $M_{\max}=Fa$；(2) $M_{\max}=qa^2/2$；(3) $M_{\max}=qa\left(l+\dfrac{a}{2}\right)$；(4) $M_{\max}=11Fl/36$

6-5 (1) $F_{Q,\max}=F$, $M_{\max}=Fl/2$；(2) $F_{Q,\max}=3ql/2$, $M_{\max}=3ql^2/2$；
(3) $F_{Q,\max}=3\text{kN}$, $M_{\max}=20\text{kN}\cdot\text{m}$；(4) $F_{Q,\max}=-3F/4$, $M_{\max}=3Fl/8$；
(5) $F_{Q,\max}=16\text{kN}$, $M_{\max}=30\text{kN}\cdot\text{m}$；(6) $F_{Q,\max}=-6.5\text{kN}$, $M_{\max}=5.28\text{kN}\cdot\text{m}$；
(7) $F_{Q,\max}=qa$, $M_{\max}=qa^2/2$；(8) $F_{Q,\max}=3ql/2$, $M_{\max}=ql^2$

6-8 (1) $M_{\max}=10\text{kN}\cdot\text{m}$；(2) $M_{\max}=5.28\text{kN}\cdot\text{m}$

6-9 (1) $F_{Q,\max}=-3\text{kN}$；(2) $F_{Q,\max}=-1\text{kN}$

6-10 (1) $M_{T,\max}=2M_e$；(2) $M_{T,\max}=2M_e$；
(3) $M_{T,\max}=3\text{kN}\cdot\text{m}$；(4) $M_{T,\max}=-6\text{kN}\cdot\text{m}$

## 第7章 静定结构内力计算

7-1 (a) $M_B=-6\text{kN}\cdot\text{m}$，$F_{QB左}=-8\text{kN}$，$F_{QB右}=2\text{kN}$
(b) $M_B=-21\text{kN}\cdot\text{m}$，$M_E=28.5\text{kN}\cdot\text{m}$，$F_{QA右}=13.5\text{kN}$，$F_{QE右}=-16.5\text{kN}$

(c) $M_{AB}=\frac{1}{2}ql^2$（上侧受拉），$F_{QAB}=ql$

7-2 (a) $M_{BA}=M_{BC}=48\text{kN}\cdot\text{m}$（内侧受拉），$F_{QAB}=24\text{kN}$，$F_{QBC}=16\text{kN}$，$F_{NBC}=0$

(b) $M_{BC}=24\text{kN}\cdot\text{m}$（下侧受拉），$F_{QBC}=F_{QCB}=-0.75\text{kN}$，$F_{NCD}=-0.75\text{kN}$

(c) $M_{CD}=ql^2/4$（左侧受拉），$F_{QCD}=0$，$F_{NCD}=-ql/4$

(d) $M_{DB}=8\text{kN}\cdot\text{m}$（下侧受拉），$F_{QDB}=4\text{kN}$，$F_{NAD}=-4\text{kN}$

(e) $M_{BD}=10\text{kN}\cdot\text{m}$（下侧受拉），$F_{QDB}=18\text{kN}$，$F_{NAD}=-30\text{kN}$

(f) $M_{AD}=8\text{kN}\cdot\text{m}$（左侧受拉），$M_{DC}=4\text{kN}\cdot\text{m}$（右侧受拉），$F_{QAD}=0$，$F_{NAD}=-10\text{kN}$

(g) $M_{CF}=M_{CG}=ql^2$（上侧受拉），$F_{QBA}=0$，$F_{NAB}=-6ql$

(h) $M_{BE}=M_{CE}=12\text{kN}\cdot\text{m}$（上侧受拉），$F_{QEB}=-2\text{kN}$，$F_{QEC}=-6\text{kN}$，$F_{NCD}=-6\text{kN}$

(i) $M_{BA}=10\text{kN}\cdot\text{m}$（右侧受拉），$F_{QDC}=2.5\text{kN}$，$F_{NDC}=-10/3\text{kN}$

(j) $M_{BA}=20\text{kN}\cdot\text{m}$（右侧受拉），$F_{QCD}=5\text{kN}$，$F_{NDC}=-10\text{kN}$

(k) $M_{BA}=5\text{kN}\cdot\text{m}$（右侧受拉），$M_{BE}=3\text{kN}\cdot\text{m}$（上侧受拉），$M_{CE}=15\text{kN}\cdot\text{m}$（上侧受拉），$F_{QCD}=3.75\text{kN}$，$F_{NBA}=-15\text{kN}$，$F_{NBC}=1.25\text{kN}$

7-4 $F_H=90\text{kN}$，$M_K=65.6\text{kN}\cdot\text{m}$，$F_{QK}^{\text{左}}=38.6\text{kN}$，$F_{QK}^{\text{右}}=-36.3\text{kN}$

$F_{NK}^{\text{左}}=110.6\text{kN}$，$F_{NK}^{\text{右}}=82.5\text{kN}$

7-5 (a) 9 根；(b) 4 根；(c) 11 根

7-6 (a) $F_{NDG}=60\text{kN}$，$F_{NAF}=-30\text{kN}$

(b) $F_{N12}=F$，$F_{N25}=-\sqrt{5}F$

7-7 (a) $F_{Na}=-F$，$F_{Nb}=\sqrt{2}F$，$F_{NC}=F$

(b) $F_{Na}=\sqrt{2}F$，$F_{Nb}=0$，$F_{Nc}=0$

(c) $F_{Na}=-60\text{kN}$，$F_{Nb}=60\sqrt{2}\text{kN}$

(d) $F_{Na}=27.04\text{kN}$，$F_{Nb}=78.75\text{kN}$，$F_{Nc}=54.08\text{kN}$

(e) $F_{Na}=-35\text{kN}$，$F_{Nb}=10\sqrt{2}\text{kN}$，$F_{Nc}=25\text{kN}$

(f) $F_{Na}=0$，$F_{Nb}=\frac{\sqrt{2}}{3}F$，$F_{NC}=-\frac{\sqrt{5}}{3}F$

## 第 8 章　轴向拉压杆的强度计算

8-1 $-95.5\text{MPa}$

8-2 $\sigma_{AB}=25\text{MPa}$；$\sigma_{BC}=-41.7\text{MPa}$；$\sigma_{AC}=33.3\text{MPa}$；$\sigma_{CD}=-25\text{MPa}$

8-3 $\sigma_{\max}=-10\text{MPa}$

8-4 $\sigma_{\max}=100\text{MPa}$

8-5 $\sigma_\alpha=30\text{MPa}$，$\tau_\alpha=17.3\text{MPa}$

8-6 $\sigma_{AB}=165.7\text{MPa}$

8-7 杆①：103MPa；杆②：93.2MPa

8-8　45°

8-9　$d=69.1\text{mm}$

8-10　$[F]=15.1\text{kN}$

## 第9章　梁的强度计算

9-1　(a) $\left(\frac{4r}{3\pi},\frac{4r}{3\pi}\right)$；(b) $\left(\frac{b}{3},\frac{h}{3}\right)$；(c) (271，204)；(d) (180，122.6)

9-2　(a) $\frac{bh^2}{8}$；(b) $\frac{t^2}{2}(3b+t)$；(c) $\frac{t^2}{2}(3b+2t)$

9-3　$I_z=I_y=\frac{\pi r^4}{16}$，$I_{yz}=\frac{r^4}{8}$；(b) $I_y=\frac{hb^3}{12}$，$I_z=\frac{bh^3}{12}$，$I_{yz}=\frac{b^2h^2}{24}$

9-4　$I_y=\frac{hb^3}{3}$，$I_z=\frac{bh^3}{3}$，$I_{yz}=-\frac{b^2h^2}{4}$，$I_p=\frac{bh}{3}(b^2+h^2)$

9-5　(a) $\frac{b(b+2t)^3}{12}-\frac{(b-t)b^3}{12}$，$\frac{bt^3}{12}+\frac{tb^3}{6}$；(b) $8.19\times10^8\text{mm}^4$，$1.5\times10^9\text{mm}^4$；(c) $6.6\times10^7\text{mm}^4$，$5.1\times10^6\text{mm}^4$

9-6　$a=214.6\text{mm}$

9-7　$\sigma_a=9.26\text{MPa}$；$\sigma_b=0$；$\sigma_c=-4.63\text{MPa}$；$\sigma_d=-9.26\text{MPa}$

9-8　$\sigma_k=123.5\text{MPa}$

9-9　105MPa

9-10　2MPa

9-11　±40.9MPa

9-13　$\tau_a=0.67\text{MPa}$；$\tau_b=0$

9-14　2倍

9-15　$a=1.39\text{m}$

9-16　(1) $q_1=0.47\text{kN/m}$；(2) 10倍

9-17　$[F]=5.38\text{kN}$

9-18　$\sigma_{\text{t,max}}=74.42\text{MPa}$，$\sigma_{\text{c,max}}=148.84\text{MPa}$

9-19　$2\text{kN}\leqslant F_2\leqslant5\text{kN}$

9-20　$d=115\text{mm}$

9-22　$\sigma_{\max}=144\text{MPa}$；$\tau_{\max}=3.6\text{MPa}$

9-23　No. 25a

9-24　$[F]=3\text{kN}$

## 第10章　结构的位移计算

10-1　(a) $y_{\max}=\frac{M_e l^2}{9\sqrt{3}EI}$，$\theta_{\max}=-\frac{M_e l}{3EI}$；(b) $y_{\max}=\frac{5Fl^3}{6EI}$，$\theta_{\max}=\frac{3Fl^2}{2EI}$

10-2　$y_B = \dfrac{ql^4}{8EI}$；$\theta_B = \dfrac{ql^3}{6EI}$

10-5　(a) $y_B = \dfrac{71qa^4}{24EI}$；(b) $y_B = \dfrac{41qa^4}{24EI}$；(c) $y_B = \dfrac{3Fa^3}{2EI}$

10-6　$\dfrac{f_{\max}}{l} = \dfrac{1}{535}$

10-7　$\Delta_{CV} = \dfrac{Fl^3}{48EI}$ (↓)

10-8　$\Delta_{CV} = \dfrac{680}{3EI}$ (↓)

10-9　$\Delta_{CH} = \dfrac{3ql^4}{8EI}$ (→)

10-10　$\Delta_{CV} = 2.64\text{mm}$ (↓)

10-11　(a) $\Delta_{BV} = \dfrac{41ql^4}{384EI}$，$\theta_B = \dfrac{7ql^3}{48EI}$；(b) $\Delta_{BV} = \dfrac{3ql^4}{8EI}$，$\theta_B = \dfrac{7Fl^2}{24EI}$

10-12　(a) $\Delta_{CV} = \dfrac{3M_e l^2}{8EI}$；(b) $\Delta_{CV} = \dfrac{5ql^4}{768EI}$

10-13　(a) $\Delta_{BV} = \dfrac{71qa^4}{24EI}$，$\theta_B = \dfrac{13qa^3}{6EI}$；(b) $\Delta_{BV} = \dfrac{41qa^4}{24EI}$，$\theta_B = \dfrac{7qa^3}{6EI}$

(c) $\Delta_{BV} = \dfrac{3Fa^3}{2EI}$，$\theta_B = \dfrac{5Fa^2}{4EI}$

10-14　(a) $\theta_A = \dfrac{Fl^2}{12EI}$，$\Delta_{CV} = \dfrac{Fl^3}{12EI}$，$\theta_C = \dfrac{5Fl^2}{24EI}$；

(b) $\theta_A = \dfrac{qa^3}{12EI}$，$\Delta_{CV} = \dfrac{5qa^4}{24EI}$，$\theta_C = -\dfrac{qa^3}{4EI}$

10-16　$\Delta_{CV} = \dfrac{ql^4}{24EI}$(↓)

10-17　$\theta_A = \dfrac{5}{8EI}ql^3$(↻)

10-18　$\theta_D = \dfrac{13}{12EI}ql^3$(↻)

10-19　$\Delta_{CV} = \dfrac{2354}{3EI}q$(↓)

10-20　$\theta_{AB} = \dfrac{11}{24EI}ql^3$(↻↺)

10-21　$\Delta_{CV} = \dfrac{\sqrt{2}Fl^3}{24EI}$(→←)，$\theta_{C_1C_2} = \dfrac{1}{6EI}Fl^2$(↻↺)

10-22　$\Delta_{AB} = \dfrac{ql^4}{60EI}$(→←)

10-23　$\Delta_{CV} = 0.07a$(↓)，$\theta_{B_1B_2} = 0$

10-24　$\Delta_{BH} = 1.16\text{cm}$(→)

# 第 11 章　超静定结构内力计算

11-1　(a) 1 次；(b) 2 次；(c) 1 次；(d) 2 次；(e) 3 次；(f) 4 次；(g) 5 次；(h) 2 次

11-2 (a) $F_{RB}=5F/16$；(b) $M_A=0.25Fl$（下侧受拉），$M_B=0.5Fl$（上侧受拉）；
(c) $M_B=13.5\text{kN}\cdot\text{m}$（上侧受拉）；(d) $M_B=-3ql^2/28$（上侧受拉）

11-3 (a) $M_{CA}=6\text{kN}\cdot\text{m}$（左侧受拉）
(b) $M_{AB}=7.72\text{kN}\cdot\text{m}$（左侧受拉），$F_{QAB}=6.5\text{kN}$，$F_{NAB}=-1.14\text{kN}$
(c) $M_{CA}=qa^2/14$（左侧受拉）

11-4 $M_A=225\text{kN}\cdot\text{m}$（左侧受拉）

11-5 $F_{RB}=1.173F$（向上）

11-6 (a) 2；(b) 3；(c) 4；(d) 6；(e) 7；(f) 2

11-7 (a) $M_{BA}=25.2\text{kN}\cdot\text{m}$（上侧受拉）
(b) $M_{BA}=6.57\text{kN}\cdot\text{m}$（左侧受拉）
(c) $M_{DB}=7ql^2/96$（左侧受拉）
(d) $M_{AB}=-\frac{41}{280}Fl$，$M_{BC}=-\frac{11}{280}Fl$
(e) $M_{AC}=-150\text{kN}\cdot\text{m}$，$M_{CA}=-30\text{kN}\cdot\text{m}$，$M_{BD}=M_{DB}=-90\text{kN}\cdot\text{m}$
(f) $M_{AC}=-225\text{kN}\cdot\text{m}$，$M_{BD}=-135\text{kN}\cdot\text{m}$

10-8 (a) $M_{BA}=70\text{kN}\cdot\text{m}$，$M_{BC}=-70\text{kN}\cdot\text{m}$

11-8 (b) $M_{BA}=32.14\text{kN}\cdot\text{m}$，$M_{BC}=22.86\text{kN}\cdot\text{m}$，$M_{CB}=41.43\text{kN}\cdot\text{m}$
(c) $M_{AB}=-28.75\text{kN}\cdot\text{m}$，$F_{QCB}=-27.92\text{kN}$，$F_{RB}=63.02\text{kN}$（↑）
(d) $M_{BA}=8.8\text{kN}\cdot\text{m}$，$M_{DC}=74.9\text{kN}\cdot\text{m}$

11-9 (a) $M_{BA}=38.5\text{kN}\cdot\text{m}$，$M_{CB}=-6.2\text{kN}\cdot\text{m}$
(b) $M_{BA}=48.09\text{kN}\cdot\text{m}$，$M_{CB}=77.67\text{kN}\cdot\text{m}$，$M_{CE}=-33.29\text{kN}\cdot\text{m}$，$M_{CD}=-44.38\text{kN}\cdot\text{m}$
(c) $M_{BA}=42.19\text{kN}\cdot\text{m}$，$M_{BC}=-38.44\text{kN}\cdot\text{m}$，$M_{BE}=-3.75\text{kN}\cdot\text{m}$，$M_{CB}=18.75\text{kN}\cdot\text{m}$，$M_{CF}=-9.37\text{kN}\cdot\text{m}$

## 第12章 影响线及其应用

12-1 $F_{RA}=1$，$M_C=3\text{m}$，$F_{QC}=1$（均为 $B$ 点值）

12-2 $F_{NBC}=\sqrt{5}/2$，$M_D=1\text{m}$（均为 $D$ 点值）

12-3 $M_A=-2\text{m}$，$M_C=-4/3\text{m}$，$F_{QA左}=-1$，$F_{QA右}=1/3$（$D$ 点值）

12-4 $M_A=3\text{m}$，$F_{RB}=1$（$A$ 点值）

12-5 $F_{RB}=17.5\text{kN}$（↑），$M_C=15\text{kN}\cdot\text{m}$（下侧受拉），$F_{QC}=2.5\text{kN}$

12-6 $F_{RB\max}=236.9\text{kN}$，$M_{D\max}=314.3\text{kN}\cdot\text{m}$

## 第13章 压 杆 稳 定

13-3 (d) (b) (a) (e) (f) (c)

13-4 出平面内先失稳

13-5 2

13-6　(a) $\pi^2 EI/l^2$；(b) $2\sqrt{2}\pi^2 EI/l^2$

13-7　$\lambda_p=70$，$F_{cr}=53.4$kN

13-8　$\sigma_{cr}=55.5$MPa，$F_{cr}=194.9$kN

13-9　59.6kN，$[F]=31.8$kN

13-10　(2) 548.7kN

13-11　arctan ($\cot^2\alpha$)

13-12　$[F]=22.1$kN

13-13　$n=5.3>n_{st}=5$

13-14　$AB$ 梁 $\sigma_{max}=163.2$MPa，$CD$ 杆：$n=2.05>n_{st}=1.8$

# 附录　简单荷载作用下梁的转角和挠度表

| 序号 | 支承和荷载情况 | 梁端转角 | 最大挠度 | 挠曲线方程式 |
|---|---|---|---|---|
| 1 | A, B, F, $\theta_B$, $y_{max}$, x, y, l | $\theta_B=\dfrac{Fl^2}{2EI}$ | $y_{max}=\dfrac{Fl^3}{3EI}$ | $y=\dfrac{Fx^2}{6EI}(3l-x)$ |
| 2 | A, B, F, a, b, $\theta_B$, $y_{max}$, x, y, l | $\theta_B=\dfrac{Fa^2}{2EI}$ | $y_{max}=\dfrac{Fa^2}{6EI}(3l-a)$ | $y=\dfrac{Fx^2}{6EI}(3a-x),0\leqslant x\leqslant a$<br>$y=\dfrac{Fa^2}{6EI}(3x-a),a\leqslant x\leqslant l$ |
| 3 | A, B, q, $\theta_B$, $y_{max}$, x, y, l | $\theta_B=\dfrac{ql^3}{6EI}$ | $y_{max}=\dfrac{ql^4}{8EI}$ | $y=\dfrac{qx^2}{24EI}(x^2+6l^2-4lx)$ |
| 4 | A, B, $M_e$, $\theta_B$, $y_{max}$, x, y, l | $\theta_B=\dfrac{M_el}{EI}$ | $y_{max}=\dfrac{M_el^2}{2EI}$ | $y=\dfrac{M_ex^2}{2EI}$ |
| 5 | A, B, F, $\theta_A$, $\theta_B$, $y_{max}$, x, y, l/2, l/2 | $\theta_A=-\theta_B=\dfrac{Fl^2}{16EI}$ | $y_{max}=\dfrac{Fl^3}{48EI}$ | $y=\dfrac{Fx}{48EI}(3l^2-4x^2)$,<br>$0\leqslant x\leqslant \dfrac{l}{2}$ |
| 6 | A, B, q, $\theta_A$, $\theta_B$, $y_{max}$, x, y, l | $\theta_A=-\theta_B=\dfrac{ql^3}{24EI}$ | $y_{max}=\dfrac{5ql^4}{384EI}$ | $y=\dfrac{qx}{24EI}(l^3-2lx^2+x^3)$ |

续表

| 序号 | 支承和荷载情况 | 梁端转角 | 最大挠度 | 挠曲线方程式 |
|---|---|---|---|---|
| 7 | a F b A B x $\theta_A$ $\theta_B$ l y | $\theta_A=\frac{Fab(l+b)}{6lEI}$<br>$\theta_B=\frac{-Fab(l+a)}{6lEI}$ | 设 $a>b$<br>$y_{\max}=$<br>$\frac{Fb(l^2-b^2)^{3/2}}{9\sqrt{3}lEI}$<br>在 $x=\frac{\sqrt{l^2-b^2}}{3}$ 处 | $y=\frac{Fbx}{6lEI}(l^2-b^2-x^2)$<br>$0\leqslant x\leqslant a$<br>$y=\frac{F}{EI}\left[\frac{b}{6l}(l^2-b^2-x^2)x\right.$<br>$\left.+\frac{1}{6}(x-a)^3\right]$<br>$a\leqslant x\leqslant l$ |
| 8 | $M_e$ A B x $\theta_A$ $\theta_B$ l y | $\theta_A=\frac{M_e l}{6EI}$<br>$\theta_B=-\frac{M_e l}{3EI}$ | $y_{\max}=\frac{M_e l^2}{9\sqrt{3}EI}$<br>在 $x=\frac{l}{\sqrt{3}}$ 处 | $y=\frac{M_e x}{6lEI}(l^2-x^2)$ |

# 参　考　文　献


[1]　肖允徽，张来仪．结构力学（Ⅰ）[M]．北京：机械工业出版社，2006.
[2]　文国治，王达诠．结构力学[M]．重庆：重庆大学出版社，2010.
[3]　赵更新．结构力学[M]．北京：中国水利水电出版社，知识产权出版社，2004.
[4]　李家宝，洪范文．结构力学：3版[M]．北京：高等教育出版社，1999.
[5]　刘德华，程光均．工程力学[M]．重庆：重庆大学出版社，2010.
[6]　肖明葵，程光均．理论力学[M]．北京：机械工业出版社，2007.
[7]　刘德华，黄超．材料力学[M]．重庆：重庆大学出版社，2011.
[8]　孙俊，郑辉中，董羽蕙．建筑力学[M]．重庆：重庆大学出版社，2005.